苏州传统建筑构造节点营造

祝纪楠　编纂　　刘归群　校阅

中国建筑工业出版社

图书在版编目（CIP）数据

苏州传统建筑构造节点营造/祝纪楠编纂. —北京：中国建筑工业出版社，2017.3

ISBN 978-7-112-20374-1

Ⅰ.①苏… Ⅱ.①祝… Ⅲ.①古建筑-建筑构造-研究-苏州 Ⅳ.①TU-092.953.3

中国版本图书馆CIP数据核字（2017）第023508号

本书着重介绍了苏州传统建筑建造技艺中一些设计、施工技术积累的丰富经验，加以总结汇集，用现代科学方法演绎表达，用意说明在相应部位各种节点规范做法之取舍缘由，力求返璞归真，究其本意，并附有详细插图，方便使用参考。

本书可供从事传统建筑设计、施工、修缮工程技术人员以及相关专业师生和园林工程等各界人士参考使用。

责任编辑：许顺法

责任校对：焦　乐　李欣慰

苏州传统建筑构造节点营造

祝纪楠　编纂　　刘归群　校阅

*

中国建筑工业出版社出版、发行（北京海淀三里河路9号）

各地新华书店、建筑书店经销

北京楠竹文化发展有限公司制版

北京君升印刷有限公司印刷

*

开本：787×1092毫米　1/16　印张：19¾　字数：407千字

2018年1月第一版　2018年1月第一次印刷

定价：**58.00**元

ISBN 978-7-112-20374-1

(29721)

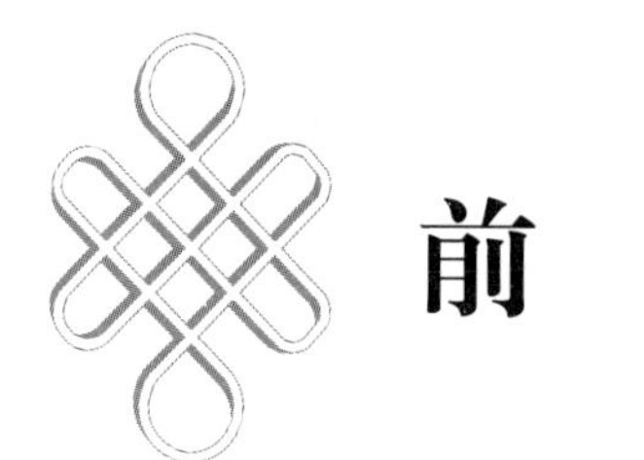

前　言

我国历代以来传统建筑遗产甚丰，主要结构形制特征，概以构架式木结构为主的一种“东方独立系统”，包括抬梁式、穿斗式、干阑式三种不同结构方式，流布之广，除国内广大地区，更影响到韩、日、缅、泰等国。这套系统是以框架结构体系搭建而成，用木柱、梁、枋串连成完整构架，再外包墙体、屋面。该木结构体系之关键，在于构件的交接点，采用了合理的榫卯节点、柔性连接，使木结构能保持很好的刚度和强度。由于木材特有的韧性和弹性，有吸收并减弱外加能量的能力。这种空间箱式木结构刚柔结合的特点，有极大的耗能、减震作用，发挥了可控的变形作用，即使产生移位，亦难以散架、倒塌，往往还有自我修复功能。当经受地震灾害后，正是这种结构形式能使“墙倒屋不塌”，稍加整形就能恢复原貌。

中国传统木结构建筑分布于全国各地，如西南地区流行之穿斗式高脚木寮房，通透敞亮，却是避风挡雨之所。中部地区的抬梁式屋架，恰能扩大室内使用空间，边贴穿梁式又能加固整体结构的稳定而不失衡。这些建筑充分利用了木材的力学性能，取其极强的顺纹承载能力，如所谓“立木顶千斤”的立柱。同时利用其横纹较强的抗剪能力，如梁端的榫卯接头都是“一卯一榫”密缝匹配组合。并使用大量小断面木构件纵横串联，有时还增加了叉柱、斜撑体系，及中腰、楼面层构件或穿枋等加固，组成稳定的木结构体系。

对于整体建筑物，从实用、牢固、美观方面而论，传统建筑根据木材特性，如开间、进深、高度尺寸上的模数，都有一定的规律。对单体建筑物外形上的变化，如外围柱脚外移的“侧脚”① 做法，屋面“提栈”② 的弧度、曲度、屋角起翘做法，屋脊两端头的“升起”③ 做法，这些传统做法既实用，保持了建筑物的牢固稳定，又庄严美观，体现了传统木结构营造过程的特色文化。

---

① “侧脚”：四周外檐木柱下脚，外移（掰开）约1/100柱高收分，呈内倾状。

② “提栈”：两桁间距之水平长与垂直高之比，相当于“举架”。

③ “升起”：屋脊从脊中向两侧山墙方向逐步升高昂起。

中国传统木结构，按现代方法评估其优劣，往往只着重在建筑特点之外形优美，而忽略了设计工程中构造节点之细部构成。究其原因，在于时下一般的传统建筑设计编绘的工程施工图纸，多数仅停留在“小样”图、方案图的细化阶段。真正的各细部节点详图，所画的深度多数流于虚夸浮华的外表，最终导致在某些繁复精致之处常常会显得一筹莫展。所幸尚有一班“老法师”在施工过程中把关，才能安然渡过“难关”，但终究不是正常现象。

《易经·系辞》：“形而上者谓之道，形而下者谓之器，化而裁之谓之变，推而行之谓之通，举而措之天下之民，谓之事业。”着手设计一项新工程，总不能反复套用过去的工程项目图纸吧？不喜欢动脑筋，只学会一些皮毛技术，对于传统式建筑，仍然一知半解，没有用场。而反之如果只去用心构思，创新立意，不去考虑可行性，就只能犹似空中楼阁，浮夸不实而已。孔子曰：“学而不思则罔（无用），思而不学则殆（不达、危险）。”而对于节点构造，若没有经历实地考察，很难熟知其深奥内容。如何做好传承历史遗产，发扬传统建筑的技术和艺术，创新我国民族特色的建筑艺术风格。在设计及构思过程中，要想能得心应手，必然要求设计师熟谙细部节点的构造尺寸和各构件搭接关系，如先确定斗栱规格、组合后高度和挑出尺寸，再决定柱高、檐高、出檐尺寸。又如平座、重檐所抬高的尺寸、屋面提栈、屋脊造型等详图，不先行作图定位，是无法确定剖面高度的，更不能确定立面外形了。这屡见不鲜的懊恼，皆源于对传统建筑的整体把握不够和各构件尺度的不熟悉。各构件尺度之比例关系的权衡，尽管有一定的模数制和定型化指导，但用在不同规模的建筑上，乃至建筑设计中不同形式风格就会有不一样的效果。因此，选用定型化节点详图时，还是要仔细斟酌其适用范围和部位，不要张冠李戴。更多的时候还要有变化，改进后才能使用，选择对象不一定要求整体完全适用，有一点启示，“举一反三”也就从设想到实践迈进了一大步。

关于传承与创新，经过时代的演变，随着技艺的进步和材料的更新，除了修复历史遗产要求原汁原味，遵循古制，不宜创新变异外，对于现在新建项目，能保持外貌不失为传统建筑。而其外露构件之外形在保持不变的前提下，更换材料也未尝不可，如混凝土预制斗栱组合构件及现浇梁架结构等。在不少砖石古建筑的遗存中，有模仿木结构的古砖塔（见图0－1）、石牌坊、砖雕照壁、砖雕门楼（见图0－2）、铁塔、铜殿等，不计其数的模仿木结构的梁、柱、斗栱构造形式也都能接受，并未被视为“赝品”或“伪作”。

近代建筑中的南京中山陵，广州中山堂等，也是一批优秀古式建筑，深受人们认可敬慕。这些都是运用新材料、新技术的瞩目作品。其外观檐口、梁、柱依然是按照古式木结构形式组成。同样近年也还有不少复建、重建的历史性建筑，如黄鹤楼、大明宫等，保持了外观形态，内部结构基本“脱胎换骨”了，功能上增加了电梯、水、

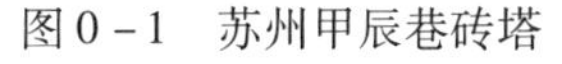

图0－1　苏州甲辰巷砖塔

图0－2　苏州开元寺砖造无梁殿

电、通信等现代设施，适应了现代使用要求所必不可少的设置。这是一种进步，就像汉代的叠木块挑檐，到三国、晋、五代出现完整的斗栱挑檐形式，在构造上的演变，亦是自然的进程，不能说“叠木块”是古董而“斗栱”就是其“假古董”，这是裹足不前、故步自封的说法。现存多少名刹庙堂大多是咸丰兵燹后，同治、光绪年间重建的宋、明、清建筑物，亦从未有人称其为“假古董”，而现代基本都是百年以上的“控保建筑”了。又如苏地民居木结构楼堂厅屋，一向有“落架翻造”的整新增建之举，亦是平常之事。特别是油漆翻新是“三年两头”要做的事，从未讲究是否被称“假古董”，只是说祖传老屋要精心维护，代代相传。除非家道中落，无力修缮，即使易主亦要大修一番，尊重原貌，并增新添筑而引以为荣，没有一点贬义之说，被指为异类，大可不必认真。关键在于要按规矩做，不要“造屋请了箍桶匠”弄得不像样。

中国古建筑绵延数千年，经历各时期朝代的演变，创造了许多形式独特、结构灵活的中国建筑体系，尚存留了不少珍贵的遗物实体。所幸由以梁思成、刘敦桢两教授为首的前辈们参与的“中国营造学社”做出了创世之举，对中国古建筑的调查研究，留下了功不可没的成果资料，推动了现代研究中国古建筑的车轮前进，从建筑史到建筑技术史的研究得到了可观的发展和丰硕的成绩。过去的一阶段多偏重于理论、考古、论证方面，对于工艺技术及其科学内涵尚觉不足。近见今人为继承古建筑技术和艺术的优良传统文化遗产，也做出了可喜的成绩，其研究成果如《中国古建筑木作营造技术》、《中国古建筑瓦石营法》、《中国古建筑油漆彩画》、《中国古建筑修缮技术》等，都以官式营造《营造法式》为例。而以苏州为代表的中国江南民间传统建筑工艺技术，见于《古建筑工艺系列丛书》、《苏州古典园林营造录》等。以《营造法原》为代表，多见厅堂（抬梁、穿斗、搭搁）、牌科（斗栱）、戗脊（翼角）等不同做法。还有不少川、滇、闽、粤地方传统建筑营造技艺的调查研究成果，散见于世，并有许多为古典原作所作的《注释》、《解读》、《诠释》书册，对于了解、掌握中国古建筑技术史是一条重要途径，可供参考。

在以木结构为主体的建筑体系中，在建筑形式、构造方式的许多具体部位，构件尺寸的做法上都遵循着一定规律，除力学构造的需要，还要满足建筑部位体量、美观比例关系等法则，构成多样形式，又是统一风格和艺术特色的完整而有机的组成（见图0－3）。明确建筑物形式，完善各部位构造节点，既是设计者编绘完善施工图纸内容，又是确立建筑物骨架的关键。构造节点是建筑的营造技艺精华所在，所含内容涉及工种范围甚广，有木、瓦、土、石、油漆、雕饰等方面，各工种彼此相互密切配合，是一个有机组合体。而目前所见各类节点详图，往往偏重于一种专业方面的表达形式，只能“窥豹一斑”，只及一点不及其余，不是各工种中关联一起的完整关键节点。同时制图中没有遵照《建筑制图标准》要求，绘制节点详图时，应包括所有剖面上和投影方向可见到的建筑构造，及其他专业有关的图形尺寸、标高。如在木梁、桁、椽搭接关系表示中，还要将瓦、檐口，以及水戗、垂带、筑脊等，能在剖切面上看到的，都应该用细投影线一一表示清楚。

图0－3　一柱十二头转角木架梁

曲尺形转角平面，中脊柱落地承抹角搭搁梁及两侧三步架，12头梁架汇集一根中脊柱上的复杂榫卯接合构造。

鉴于此，在继承前辈成果的基础上，结合具体工程中的一些尝试和感受，将过去工作中所留下的部分节点详图，略加整理，并辅以说明，试图从功能作用角度来说明其做法的所以然。能否达标，尚待日后同好斧正。抛砖引玉之举亦一善事，能为传承传统建筑技艺献出一份微薄之力，亦甚自慰矣。

感谢苏州景苏建筑园林设计有限公司的大力支持。

2013 年冬至日　祝纪楠　于桃花坞

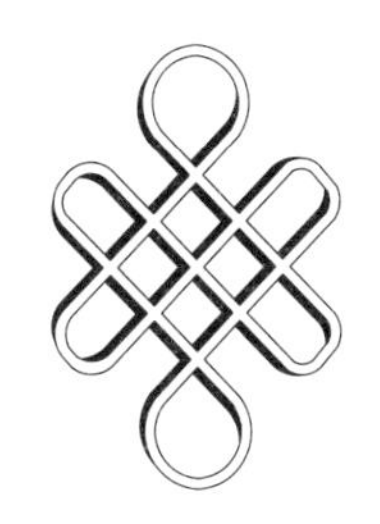

目 录

绪　言

本书引导性地介绍了苏州传统建筑各部位节点构造详图，是在学习继承前人之经验基础上，用现代绘图制图标准表述方法来解析技术中具体要点，补充详述一些常见构造详图，着实能清晰了解不同部位、不同构造的使用规律，解决传统建筑在设计、施工方面的技术问题。至于单体构件制作，尚有许多专门技术要求，已见于各家专著说明详述，不再重复。如木工的《中国古建筑木作营造技术》（马炳坚）、瓦工的《中国古建筑瓦石营法》（刘大可）、油漆画工的《中国古建筑油漆彩画》（边精一）以及苏州版《古建筑工艺系列丛书》中木工、瓦工、砖细、假山等专著，都是可执牛耳者。后文依照施工顺序先后，从基础到屋顶分项阐述之，如下：

第一章　单体建筑概述——构架类型

第二章　地基·台基——放线、挖土、筑基、露台、踏步

第三章　木柱梁构架——柱、梁、枋、檩（桁）、椽、斗栱、戗角

第四章　木结构连接——木构件榫卯连接

第五章　木结构取材——梁柱构件营造中取材

第六章　屋顶·檐口——铺瓦、筑脊、发戗、出檐

第七章　墙壁·地面——内外墙、照壁、内外地面铺筑

第八章　门窗·装置——门、窗、纱隔、挂落、地罩、藻井、轩顶

第九章　髹漆·彩画——地仗、油漆、彩画

第十章　园林·杂项——建筑小品、假山堆掇、构件雕塑

第一章　单体建筑概述

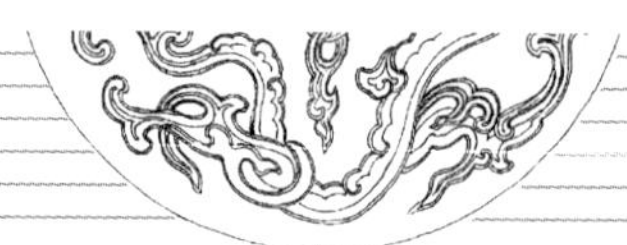

苏州传统建筑梁架为大木构架，以成片组合式，加以纵向穿（川）、枋联系构成。苏式称“贴”，位于开间前后“缝”中。以“间”为传统建筑的基本组成，在平面中心的开间，称“明间”或“当心间”。梁架即称“正贴”，两侧边即称“次间”，再外侧即称“边间”或“尽间”，如此平面可称为“五开间”或“七开间”（图1－1）。依此类推。组合梁架确切地说，应属穿斗式，苏式大多位于山墙尽间的“边贴”，是名副其实的成片组合式，是在地面拼装后站立就位的，不是每根桁条下立柱，而是用双步川梁连系脊柱和步柱，上立童柱，架金桁组成。而厅堂是梁柱抬梁式，虽亦称“正

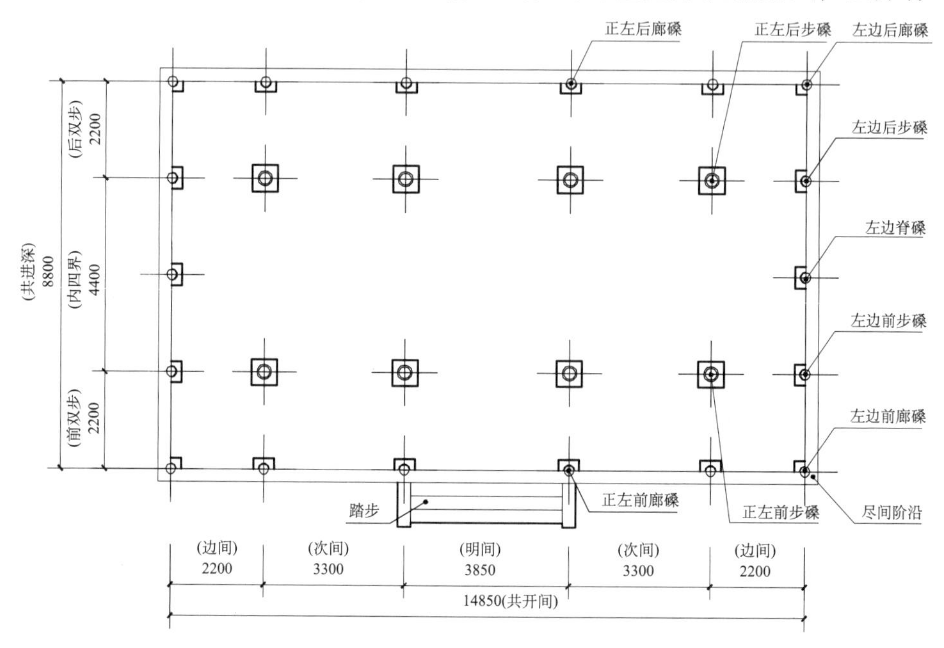

图1－1　地盘平面图

贴”，但施工中是先立“步柱”，再架大梁（四界梁、山界梁）组合成屋架，然后以川梁、枋、桁、槛，左、右横向联系定位，校正各就各位后，桁檩上可以加钉椽子。此时，大木构架的框架体系，基本建立完成。

苏式民居传统建筑“贴”式样较多（见图1－2），常见以用料断面不同分“圆堂”，梁架全部用圆料组合，除内四界抬梁式，前后廊可加接二步架，前廊抬高做轩，即成前高檐、后矮墙八架梁形式。若梁架改作扁方料时，称“扁作”。房屋等级规模就高一档次，内四界前如加筑二架持平者称“抬头轩”，高低者称“磕头轩”，尚可再加深一界的翻轩廊，而后檐可加筑一架“后廊”或两架“双步架”彻上明造如此形式，进深大，空间高，气势轩昂（见图1－9）。

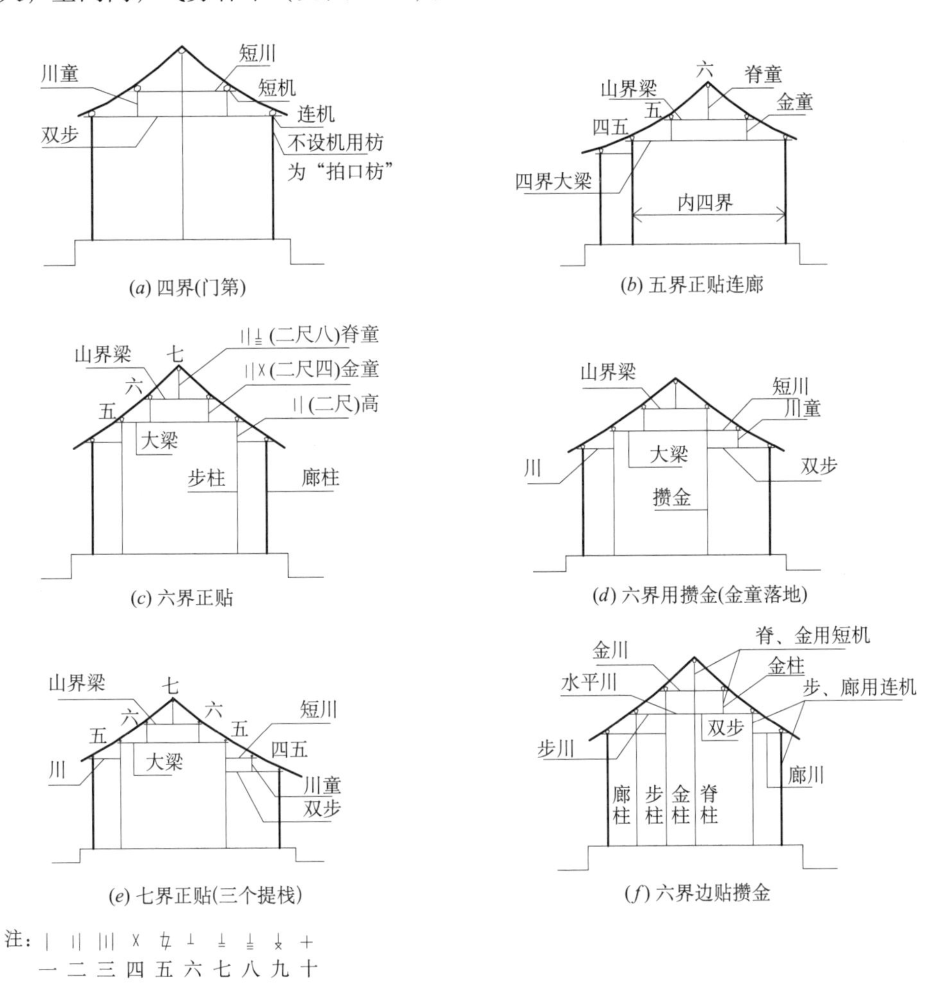

图1－2　平房贴式简图

大厅平面前后平分成两部分，用圆堂、扁作造前后廊轩及前后内四草架，改做复水重椽，重做回顶或“花篮厅”形式。脊柱落地，前后亦分别方、圆款式，明间脊柱间用屏门、纱隔分隔前后，侧边次间则以飞罩、挂落虚隔之。

“花篮厅”者，取消内步柱，以上花篮短柱悬吊于上梁桁枋上，意在扩大空间，但开间进深不能太大，往往以“破二作三”变通做法而已。轩顶做法更多见后专篇。

木梁架中主要构件分类由柱、梁、枋、桁、川（穿）、槛、框等组成，由各独立构件相互间用各种榫卯节点敲合成形，在施工中逐件装配而成（见图1－3、图1－4）。

立贴木架就位后，加钉椽子时场景

歇山回顶屋面铺就椽、望后，抹护望灰，开线垄瓦作檐头

穿斗式梁架(施工中)

徽派建筑内天井檐口交会施工中

八角藻井右旋斗栱穹顶

五凤楼梁架施工中

图1－3　木构件榫卯接合施工现场

（1）柱：指垂直竖向受力构件，房屋檐口立柱为“廊柱”又称“檐柱”，内里第一界称“步柱”，第二界称为“金柱”。在苏式传统建筑中，用内四界大梁时，就没有落地金柱，而缩升到大梁上成为“矮金童柱”，中心前后分界处更不设“脊柱”，只在山界梁中腰上处设“矮脊童柱”，脊柱就不落地。余则楼房在外檐口“硬挑头”上立小“方柱”可支撑挑檐口。

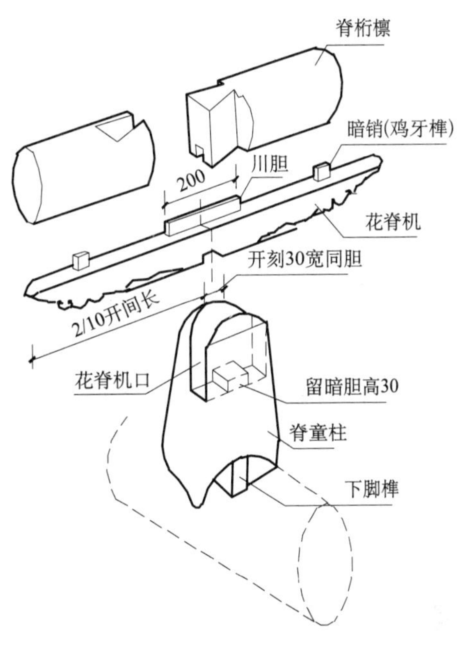

图 1－4　脊柱与脊桁搭搁图

（2）梁：通常苏式规模较小，进深亦浅，以四界梁最为常见，故称“四界大梁”，梁背驼置两个金童柱，位于两端退后一界处，以支承“山界梁”，实际山界梁长度仅为“二界”进深，因其位于山尖处，故名。而北方称“三架梁”是指抬架三根桁檩而名，其实是一个构件，名称有南、北称谓不同而已，易被“三界”相混。当在“边贴”中“脊柱”落地时，四界大梁处断成两截，则仅二界进深连跨二步，故称“双步”，中心设“童柱”，架设分段后的“山界梁”处，改称为“金川”上搁置“金桁檩”，此构件与脊柱相接以“大进小出”透榫卯接，前后“金川”均用溜肩半榫穿透脊柱，因其半榫长度有限，除将插入的前后金川做透榫长达柱径，左右分上下二半，各按“等”和“压”相合关系，做 2/3 榫长压台阶面的接榫做法，为防止脱滑，在柱身相应榫卯位置，左右各加竹销钉，予以固定位置。或川下加“替木”，两端伸出卯口用暗销与川底左右联结，既不让滑脱，又可增强搭接面。穿（川）另一端则与“廊柱”或“童柱”顶端箍头榫卯接合，支承桁条连接后界“穿梁”，此构件亦称“短（廊）穿”、“川”，仅一界进深，起到串联、拉结和整合的重要作用。另一种“搭搁梁”常见于歇山屋面转角处，45°斜搭搁于檐桁上。亭式建筑收顶时也用到。北方习惯用顺、趴梁垂直交扣扒搁处理，层层收顶，搭交而成。

（3）枋：构件本身不受力，但起到穿针引线，围固、整合框构体系和柱间联系杆的作用，断面呈长矩形，通称“枋子”。位于梁、桁檩连机下方，相距十多厘米或数十厘米空当者则称为檐（廊）枋。唯于檐桁底紧接一起的大于连机截面的枋子，称为“拍口枋”。在步桁下者称“步枋”。大梁底下者，称作“随梁枋”，是为辅助大梁受荷而设，空当中设“襻间栱”来传力。“双步”梁下枋者称“夹底”。大式建筑设有斗栱者，在檐桁檩斗栱的大斗下设有平板枋，称为“斗盘枋”，带斗栱檐柱顶间的联系构件（枋类）北方称“额枋”。

（4）桁檩：搁置于梁、柱顶端，支承椽子，按顺开间方向与檐口平行设置的受弯杆件，依部位各异分檐、步、金、脊桁等名称。上覆椽子，取望砖规格，通常取230mm中距排钉椽子，务必与檐口、屋脊和山墙成垂直、平行关系。“脊桁”为屋顶两坡分界处，其背上设置屋脊荷载。做高屋脊饰既增建筑物美观、气势，也是压重需要；由于荷载比其他桁檩大，故除其断面应略加大外，背部还驼加“帮脊木”来共同担承荷重。脊桁不像其他金、步、廊桁那样是搁置在梁、川头部，而是直接安装在“脊（童）柱”顶，除了脊桁本身左右相邻接头，仍旧照其他桁檩的“大头榫”敲合一样榫卯接合，其底部左右桁檩均开刻“川胆”槽口，与下面托承的“花脊机”顶面预留置的露面40mm高的“川胆”榫头吻合，“川胆”榫头一般用硬木制作，高80mm埋入机身一半，宽15mm，长200mm，近两端机头另设二只暗“鸡牙榫”亦与左右桁檩卯合，因“花脊机”是通连的，下面与“脊（童）柱上花脊机口穿通时，与柱头中留出暗胆咬合，“花脊机”底中开凿30mm高槽口，宽同为1/3柱顶直径，如此，可保证其定位而不会错动移位了。但边贴不是悬山时，柱顶仅留单边开凿留出“花脊机”口，桁檩单边出挑，不必做“大头榫”连接。水浪（花）脊机，既起到定位作用，又可辅助脊桁檩传递屋面荷载于脊（童）柱，增加了承托面（见图1－4）。

另外，为了增加出檐进深，往往在大梁出檐挑头做成的云头上搁置一根“梓桁”，与檐桁的平行距离，可从“一斗三升云头挑”到蒲鞋头托云头（斗口跳），增加从220mm开始，每增加一层“铺作”斗栱叠层，就可以相应挑出2.6～3倍栱身宽（斗口）的尺寸，依此类推。但是当七铺作以上出挑过大时，在“梓桁”（撩檐枋）后，还要增加一根“牛脊槫”桁檩，搁在正大梁挑头上，以增加伸出檐椽的后座支点，加强檐口稳定性。

苏式传统建筑中通常在厅、堂、廊、榭中，有一种各式天花板（顶棚）做法的“轩”顶，有茶壶档、船篷、菱角、鹤颈、一枝香等形式（另见专篇），其“轩桁”是在大屋面下另做的重复构件，不受屋面荷载，仅承受自重外的上部轩椽、望砖及护望灰等荷载。因此可作为同样断面做成各式花样轩椽刻槽口的搁置构件，亦同“轩梁”一样可作适当雕凿美化，而有观赏功能。“轩梁”根部与立柱接合处与扁作大梁相似，常见梁垫、蜂头、蒲鞋头等辅助构件，以插榫形式与柱身大头榫结合，组合成严密的柔性铰接点，对整体框架组合体起到整合功能。

斗栱在苏式民间传统建筑中很少见到，偶尔在一些大型宅邸的门厅、堂馆檐下可见，仅在斗三升或斗口挑、斗六升做法之间徘徊。至于更多铺作（出踩）做法，只有大型寺庙、殿宇中才能看到。斗栱（牌科）位于桁梁、柱头间通过升、斗、翘、华栱、栱、昂等构件，为分散均匀，传递上部荷载和增加檐口外伸的一种特殊组合构件，由此，亦可缩短承重杆件跨度或减小上部桁梁构件截面。

苏式斗栱具体尺寸依大斗高宽为名称，以五七式（基本型）为例，指“斗面”七寸见方（约200mm），斗高五寸（约140mm），底面为五寸方，斗面开槽安栱身宽（斗口）为二寸五分（约 70mm），深二寸（约 60mm），“亮栱”断面为三寸半（约 100mm）高，实栱应为五寸高，二寸五分（约 70mm）宽，“升”面三寸半见方（约 100mm），升高二寸五（约 70mm）（见图 1－5）。

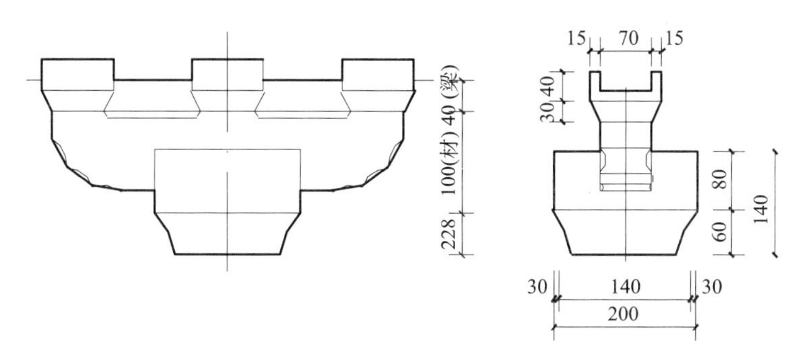

图 1－5　五七式一斗三升斗栱组合图

五七式斗料用材仅相当于《营造法式》或《工程做法则例》中三等材而已，截面小了八倍，相当于“斗口”或“材”之厚（宽），“栱”断面也就是“升”断面，由此推算，苏式传统民用建筑，若使用五七式斗栱时仅相当于《工程做法则例》规定使用类型的八等材——垂花门、亭子类，比小式建筑类还低一等，更是《营造法式》斗口第八等最小级之外了。另如苏式亭、阁、牌楼尚有用四六式斗栱者，其用料均为五七式用材之八折数。总体讲苏式传统建筑规模都比北方“官式”建筑要小得多的因素。至于在大等级的殿堂、庙宇，有用到“双四六式”，甚至于“双五七式”，亦可根据建筑物性质或场所来择取，基本上都以五七式为原型。在特大型殿宇相应可放大尺寸，乘以 1.2、1.4、1.6 倍测算，而用于小型场合如藻井、佛道帐近乎模型级，因使用硬木类制作，尚可依次打八折、六折、四折或二折，按构件各个比例来收缩而满足需要。

斗栱组合均以一斗三升和一斗六升分层次搭构而成。形式上按所在部位常见有：

柱头栱——专门在立柱顶端的斗栱组合。

转角栱——在建筑物角柱转向为阴角或阳角上有三个方向的斗栱组合。

平身栱——一斗三升的“单栱”，一斗六升的“重栱”，桁檩与枋间隔架的“襻间栱”，为一字形栱。

丁字栱——桁间一字平身栱，有单面外挑华栱（翘）成丁字形，升口托梓桁或素枋者。唯后尾用“大头榫”与斗三升栱以 3/4 栱宽的榫长连接。

十字栱——亦是穿透一字栱十字相交，前后出甯，翘、昂外挑组成倒品字形斗栱组合。

余则尚有琵琶撑（挑杆），北方称“镏金斗栱”，由外昂伸入进深内里，斜上挑住桁檩的做法，或搁于桁下枋面上，是加强廊、步柱间联系及装饰作用，构造复杂，难于施工，要求内外荷载趋于平衡，故采用较少。不作详述，更多见于专著。

更有一种木屋顶牌楼的“网形斗栱”由于翘（抄）、昂料均为前后贯通，加之转角处还有斜栱，各料交错甚密，以至无法在上腰开口，大都用“平盘升”，不留侧耳。杆件交合的处理原则：按悬挑杆件，开底下卯口，和下面与受压杆件交合在背上开卯口咬合。为避开通长直杆件上开凿口过多时，有用插件断料“虚做”，斜插昂（栱）后根正好留出“菱形榫”与直角交合阴角内咬合，似插栱做法。逐层相间十字直栱之上层置45°斜交栱（半截栱称为“虾须栱”），其上则又出十字直栱叠交，华栱翘头二层以上多数做成“昂”头，各层“昂”相叠都用昂栓串联，上透昂背，下达栱身一半，甚为华丽。另有专著详述。

外“昂”头实为“下昂”端部向下延长部分，常见有凤头昂和靴脚昂（琴面批竹昂）等，昂尖宽为昂根（栱料）之八折，昂底不宜超过下升底线。昂尖形无定式，可审时出料。

栱身长度，可随部位场合适当调整，如受开间尺寸、出檐长度等因素影响。如果依上一层“升”口内侧边与下一层栱头架“升”或“斗”口外侧边留出一倍“升”底宽则为最大距离。而缩短尺寸时，至多将上述“一倍升底”距离取消，成为上架“升”内侧边与下层架“升”之外侧边处在同一垂直线上时即为最小值（见图1－6），有时如华栱（翘、抄）挑头上，不做“计心”造，加设横栱架升者是一种“偷心造”做法，“升”上留出空当，就可缩紧外挑尺寸，会有此举措了。这是最小栱长尺寸，否则无论在里外受力状况，美观造型上都不相宜，显得窘迫了。

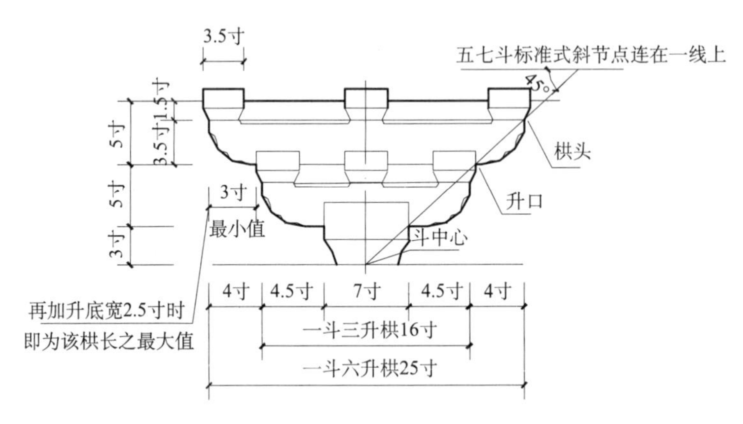

图1－6　标准斗栱身长权衡关系

楼房也是苏州传统建筑常见的贴式，有图示各种（见图1－7）：楼房梁架构造基本在平房基础升高加层称升楼，也有底层内四界前后加前廊轩和后双步，楼层在前檐二界廊轩上，升到楼层时收进小半界，立小柱于轩梁上，用作楼层前廊外柱。楼前檐下做半窗，窗槛下双层裙板，挞板封宕口，裙板龙骨墙架上下水平料称“光子”，左右小立筋称“跌脚”，外侧面加卷材做防水处理。此谓“骑廊轩”。楼厅通天（长）内步柱间，装置落地长窗或半窗裙板，后包檐有砖砌墙身直到后楼檐口，墙身设小窗者，或楼下砖墙，楼上裙板短窗者，此皆随业主喜好而设。亦有前檐柱通天，楼底前面再添加廊轩称“副檐轩”，上覆屋面，下做翻轩，连缀于楼房。还有在楼底檐口上装置一种“软挑头”做法的“雀宿檐”戗水挞板，相当于雨篷板使用。楼层前檐常见一种“硬挑头”，由“承重”挑出作悬臂梁架设的小阳台，立小柱顺大屋面延伸下架阳台屋面（见图1－7（d））。

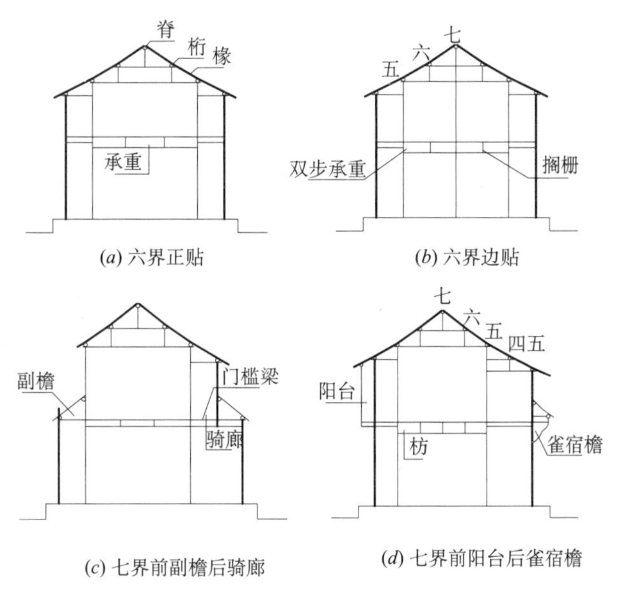

(*a*) 六界正贴　(*b*) 六界边贴

(*c*) 七界前副檐后骑廊　(*d*) 七界前阳台后雀宿檐

图1－7　楼房贴式简图

楼房于楼板下架设“搁栅”、“承重”。“搁栅”上口与“承重”面相平，传统做法有“对脊”和“对界”二种。通常按标准模式“对脊搁栅”为内四界对准脊桁中置一根时，用九五（寸）（250mm×200mm）和八六（寸）（220mm×170mm）式，“对界搁栅”即对应每界设一根搁栅，则取七五（寸）（200mm×140mm）、六四（寸）（170mm×110mm）式，即大斗尺寸立置，具体工程中平面开间进深不同时，应以计算为准，方觉安全可靠。

“承重”为楼下前后步柱间之大梁，相当于平房内四界大梁位置，只是承受楼面荷载而非屋面荷载，承重较大，故有《营造法原》中的“进深丈尺交加二半”的说法（见后篇）。

楼板以下承重构件均用扁作构造，如“楼下轩”、“前廊轩”之轩梁，内“四界承重”，后“双步承重”的梁面皆有雕花饰面。两端与柱相交接处，均做“剥腮”、“挖底”，上开刻“卷刹”驼背，透榫穿柱或柱头架落斗槽，承托剥去梁身两侧腮帮后剩下的3/5梁头宽，称为的“剥腮”（拔亥）等的加工处理，但进入柱身卯口和斗上腰槽口时还要作留（吞）肩处理，按榫卯口尺寸接榫厚度还要求减薄。传统做法一般要求等于梁枋1/3身厚，或1/4接榫柱径作为卯口宽，为了增加支座搭接面，应在承重梁端底面加设“梁垫”蜂头雕花装饰，垫背上近蜂头一边加暗销（鸡牙榫）与“剥腮”底卯

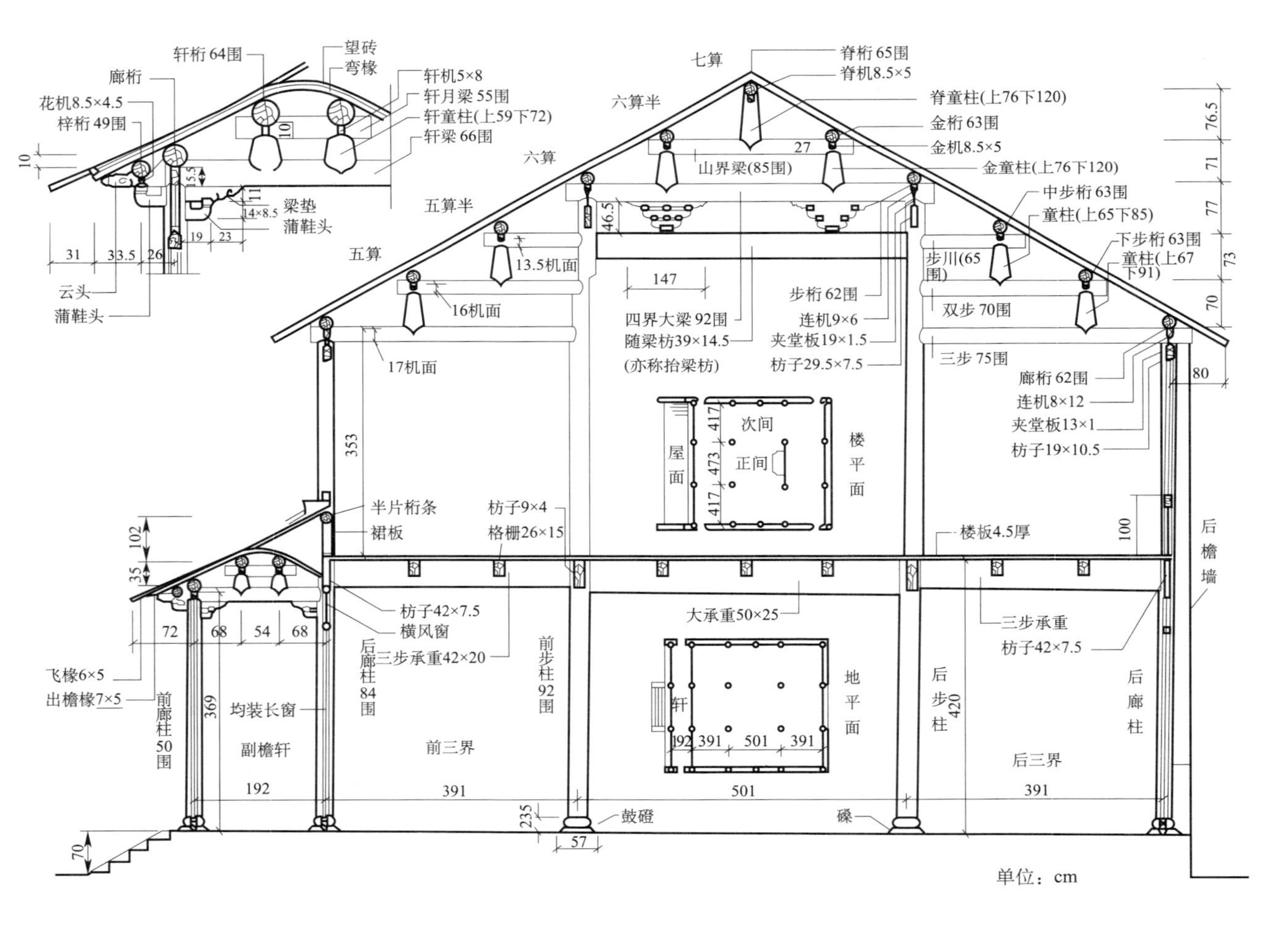

图1－8 副檐轩楼厅正贴式

接，根部用“大头榫”与柱吞肩插接，为了增强承重梁根端部的稳固性，在“梁垫”下更加设一种斗口跳式，单挑华栱，是“实栱”连升腰做法不剔挖“亮栱”，端头小升托住梁垫，苏式称为“蒲鞋头”，后根部以大头半榫插入柱身，故亦为插栱做法，如此做法可大大增强承重大梁因为与柱身结合而减弱支座截面的缺憾而作的稳固措施，为美观有时升口架置“棹木”，形如枫栱，所谓“官帽厅”之形象官帽两侧的飞翅状而名之。

扁作山界梁端头下的寒梢栱，功能亦相同于梁垫斗栱座，仅做法上改蒲鞋头移至梁垫外侧成为一体构件，搁置于斗三升坐斗上，座于四界扁作大梁上，而代替了圆堂的金童柱做法，同样在山界梁背之脊桁檩下，亦以斗六（三）升桁向栱方式，分两层左右上下向外倾斜安置，“山雾云”和“抱梁云”的雕花板饰件，增加了内堂外露构件空山尖上的装饰做法，有美观的欣赏效果。当平房进深较大，规模等级高时，有的达十二界者，如苏州三十六鸳鸯馆，前后分成四份，若明彻造作，则内山尖空宕太大，今改作四个天棚轩连成一片，称“满轩”者，立柱落地，分隔前后两个大厅，以脊柱为界，前后分别以扁、圆用料，称“双造合脊”，明间处作屏风纱隔相间，次间前后以飞罩纱隔虚隔空间，构成适合人居活动空间之渗透。且轩顶构造分作鹤颈轩和船篷轩，做法各异，梁、桁、椽都作雕花美化处理，给人一种富丽堂皇的大气感觉，真正的大屋顶结构件均以草架隐于轩顶内，达到了功能与实用的统一。

苏州传统建筑，虽然经历漫长岁月逐渐从包容吸引到创新演变过程，但万变不离其宗，对于建筑构造的基本原型仍保持和继承下来了，且现在对传统有一种怀旧心情，体现在一种民族感情，一种乡土思念，依然深埋在心灵深处，待一种浮躁的感觉叛逆过后静下心来，缓过神来，还是千思万念地去寻根觅祖，这就是历史的不可抗拒性。为了不忘记过去，丢掉遗传下来的宝贵财富经验，应该积极地、尽可能地设法做好记录，保存于文字记载、书籍实物中，让后来者知道其事其因，能认真继承发掘，更上一层楼地创新发展，加快前进步伐。

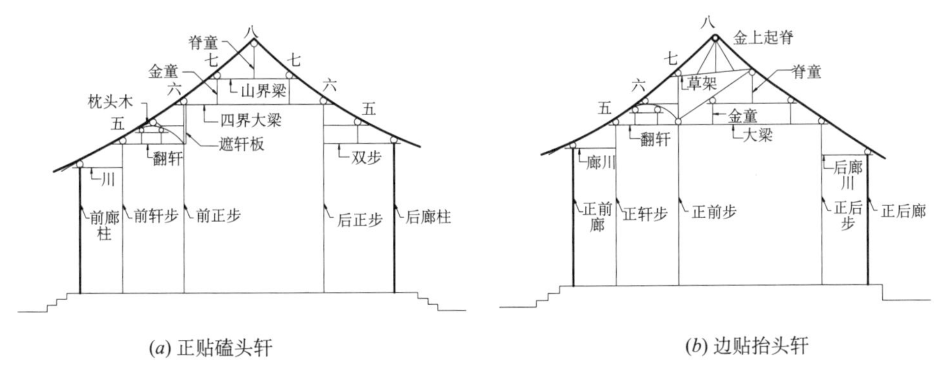

(*a*) 正贴磕头轩　　(*b*) 边贴抬头轩

图 1－9　内四界不同轩式简图

第二章　地基·台基

一、地　基

中国传统建筑的地基平面，基本为规则的方、圆、多角形。地面建筑物多数以木结构框架系统构成，由木柱网格支撑系统，承托上部楼、地面荷载，传至地基基础。过去传统营造过程，尚不知根据钻探、勘察地质情况，如何来合理选用基础式样和深浅尺度，仅靠过去积累的经验而为，或由拿一定截面的钢筋铁棒以一定高度使劲往基底掷出凹坑以其深浅决定基础地基的承载力，这已经算有点科学依据了，但仍很难判断其深处有无河道、井坑之类隐患，但对于一般性民间小型建筑物还是能实用应付。而对大型殿宇、塔、阁、城墙、桥梁等沿用“传统做法”，用糯米浆、石灰夯实的做法，现在看来确是劳民伤财之举。过去封建朝代根本就不用考虑财力、劳力，都是由劳役百姓征工解决的。当然以现在科学技术先进之运用新材料、新工艺，要来得合理合情了。

了解传统营造之源，也能发现其合乎道理的科学根据，知其所以然，才能知道为什么是这样做的。虽然是施工中的工艺技术，对于设计者而言也是必须知晓才好，不然只能停留在方案图纸上，往往难于付诸实践，再好看的东西不能付诸实践那就是“镜中花”而已。

江南民居宅院规模虽小，所谓“麻雀虽小，五脏俱全”，依此解剖麻雀基本可见一斑了。建筑物体量不大，施工力量很小，仅靠体力手工劳动，更谈不上使用机械工具，什么挖土机、压桩机，甚至于蛤蟆式夯土机都没有，只用丁镐、铁铲、锄头、铁搭等简易农具，而劳力大多是当地农民及亲朋好友的支援，造房子专业工具只有“作头”老师傅带领徒弟们随身携带，且不少都是现场制作，如三脚木马、丈杆、长木凳。在山区农村逢到某家造房，往往邻居村民互助共建集体出动，合拢、立架、上梁、夯墙。这正是中国传统民居建筑营造的特色。

建房之始，在平整好场地后，首先根据房屋地盘平面图，在地面打下轴线中心标桩，确定一边一角作为基准点、线。待全部外框成形后，即在四角外敲打“龙门板桩”，在桩板顶钉标记钉，确定各柱（墙）轴心线及墙外边线。应特别注意，柱轴线与墙体偏心关系，传统建筑轴线以柱中心为准，外墙内边线是离开外柱中心有1寸（约30mm），而使木柱面外露于内墙面，留出“柱门”，是为确保木柱透气通风，不易腐朽。因此，放线时一定要在瓦、木工间协调统一步骤，有时还要考虑外柱是否有“侧脚”，外墙向内倾的为“正升”，木柱下脚向外挪移的为“掰升”（有柱高的0.7%斜势），此时放线就应相应留出尺寸，以免日后“竖屋”立架时出现大问题。

依此打灰线于地面上作挖土之依据。板面内侧画线，定出地坪高程线标记，以此决定开挖地基坑的深浅（见图2－1）。

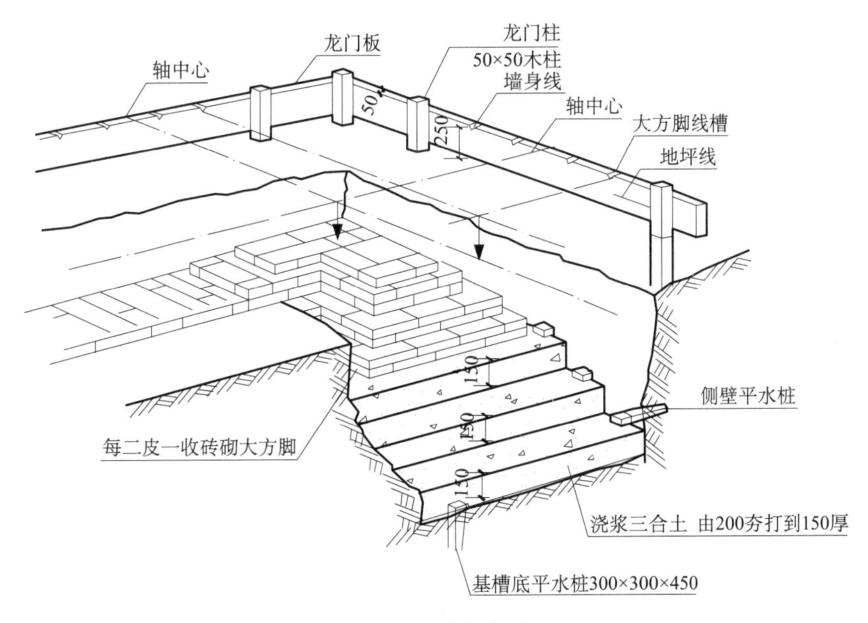

图2－1　龙门板桩

挖土前，脚手架头层柱脚应先予搭妥，以免挖槽弃土时堆土后难以立脚。

开槽挖土应按要求宽、深施工，并随时校正，槽底预留深度，待验槽后修正达标，即刻拍打底层，做三合土垫层，夯实为止。避免“晾槽”损坏基槽土情。挖槽时如遇不良土层，如河底淤泥、井穴洞窟、垃圾回填杂土之类，必先及时挖除处理后，才能继续动工。如有涌水、积水更要及时处理排干，并将浮泥浆刮清。沟槽壁有坍塌的，必须用木板支撑。逢雨天应设法遮挡，不使槽沟泡水，以保证地槽干燥。并应尽量将基础部分，做出地面，并及时回填，以防积水浸泡基础，软化地基面，而导致加大沉降量。

江南地区气候温暖，地基不必考虑冰冻，一般挖深仅在0.5m～1m之间，即可承载于老土（原土）上，不良地基上如有淤泥、杂土等情况往往要加打梅花杉木桩（约ϕ150mm，桩距均为500mm左右）加固处理。基槽以下先打木桩，于梅花形桩头间隙以狗头（三角）石塞挡，灌浆（石灰、混合砂）夯实。或亦可采用尖头石打入槽底轧脚加密土层，待夯打出回震声响为准。槽底垫基分层（三层以上）将3∶7的灰土分层卸入槽沟内，底层（第一步）可虚铺厚约250mm，第二步220mm，第三步210mm，每层要夯实到150mm厚为止，每层下料后在夯实前须浇浓浆踩实，然后依顺序来回压边，夯打结实待发出回声时，再用黄砂结面，复夯两次以上，即可砌筑大方脚（墙基）按每二皮（两层砖）一收，每边1/4砖收势，直至墙身厚度，或达到砖砌立柱磉墩、柱础石和柱墩间拦土墙脚底面。如此刚性地基支承于基槽下、木桩群面上的柔性结构，刚柔结合，十分有利于抗震对建筑物的稳定性，实堪称绝。

坑槽回填土，有素土、灰土、三合土三种做法：

（1）素土，常用于地面垫层，一般黏性土、砂性土都可使用，但土内不可混杂有机物如竹、木、塑料等废料垃圾，否则将会影响日后地面稳定。夯打前必先洇水，让其起润滑作用，然后再夯打结实。但绝不可以水代夯，靠自然沉降，否则将会泡松地基，造成事故，后患无穷。

（2）灰土，是传统建筑中，常用且最实用的一种建筑材料，通常是白（石）灰和黄（黏）土以3∶7的比例，为常用的最佳配比。次之，可选用2∶8或1∶9灰土，注意含灰量过大，强度反而下降，故配合比不宜超过4∶6，因为白灰的碳酸钙强度不如与黏土、二氧化硅反应生成的硅酸钙高。

（3）三合土，过去有利用碎砖、砂、碎石按1∶3∶6或1∶2∶4等比例、级配作为填料，下槽虚铺，在打夯前有灌浆做法。常用灌3∶7石灰泥浆，而在宫殿、城楼等重要的建筑物中的地面、基础，古时常灌糯（江）米汁、掺水和白矾泼洒在铺好的灰土面上，再行夯打，可增强灰土垫层的紧密度。更有甚者在2.5∶7（体积比）灰土浆内掺40%～50%碎砖量（总体积），再掺入生石灰重量的5%生桐油，拌匀后即时入槽大夯打平。这种使用有机材料和无机材料的复合组成，来提高灰土的防水性和强度，确实是一种有效的做法。曾见于20世纪50年代北京拆除阜成门券门洞地面，去除石面后在挖灰土垫层时，用尖镐挖掘时，留下的是白痕，可见其坚硬程度不亚于石材了。

在殿宇前的露台或厅堂前高筑台基是从室外地面进入室内的一种过渡，多数用石材垒砌镶边，或砌拦土墙、磉墩外包砌台明、阶沿石、陡板石、土衬石等，为保证台面整洁，要在全部工程最后结束前，收尾完成时，在构件衔接缝口，进行修整加工处理。拦土墙内回填土，亦是待墙体稳固后再做的，过早回填夯打时，会损坏拦土墙的稳固性（见图2－2）。

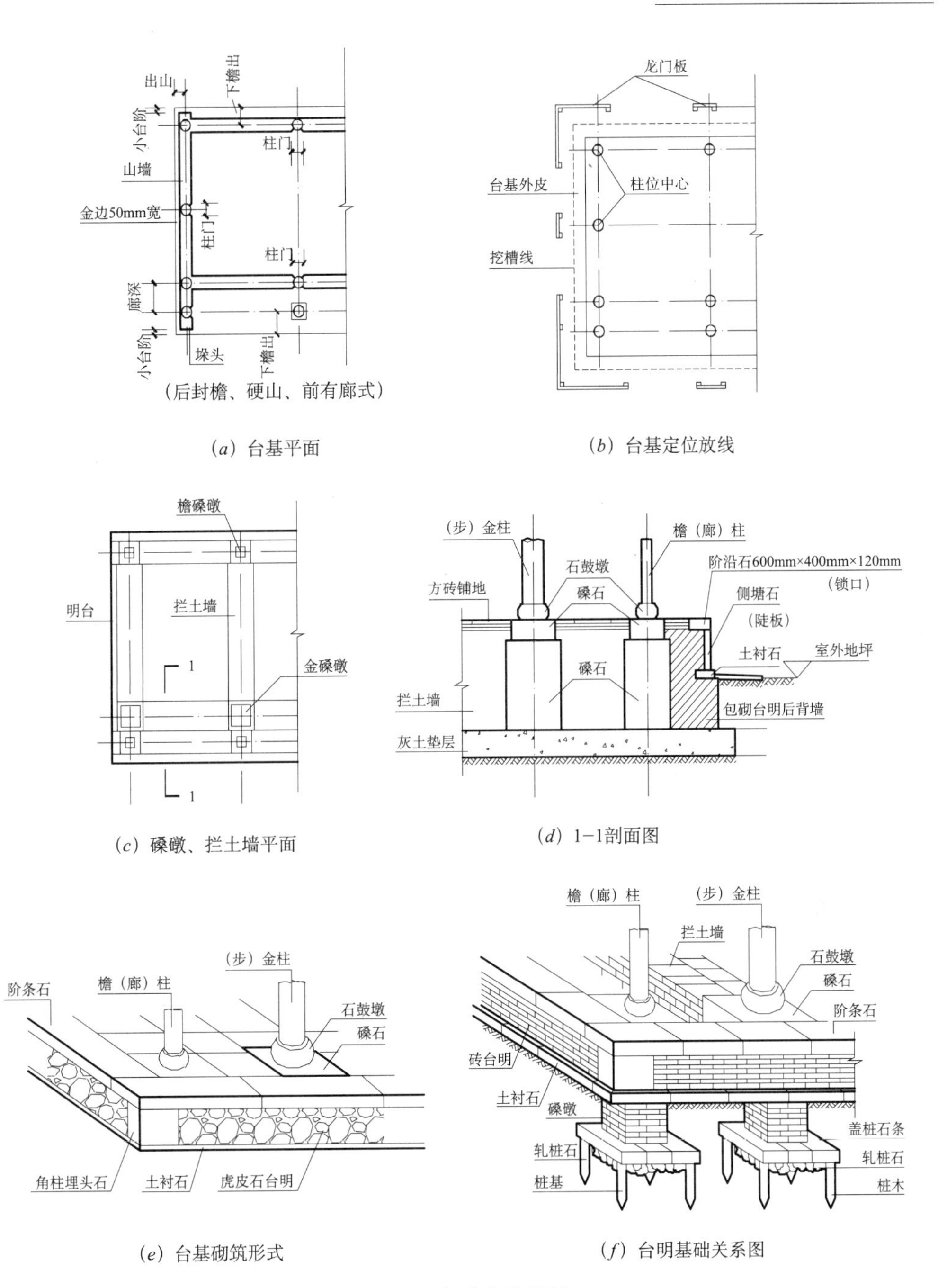

图2-2 各式台基详图

园林中，临水轩、榭、阁楼以及挑台驳岸等地基，亦必然应落实到老土上，其他水边出水面石柱基或是临水驳岸墙，必须用丁石伸脚头入墙基拉固，多数采用柱基石驳岸与石柱顶，架石梁联结，铺石板均以石榫卯结合，只是在水面上、下部分采用石材铺筑，来得耐久、实用，更为生态自然，水下桩顶轧脚石面，用长条石铺砌墙脚，出水面再砌墙身，既防水免受潮，又美观整齐，是很好的搭配。

一般民居建筑墙基常见尺寸（以九五标准砖为例）：

（1）一砖（240mm）墙底脚宽用950mm，砖基二皮二放，两边每砌二皮，各放出1/4砖，分二次放出；

（2）一砖半（370mm）墙底脚宽用1400mm，砖基二皮三放，若安装木地板搁栅，加装沿游木时，尚须单边多加一放；

（3）二砖（490mm）墙底脚宽用1700mm，砖基二皮四放。若单面落地做，而另一边铺木地板时，则应多放一皮，搁沿游木条，备安装地搁栅用，避潮层必在其下（见图2-3、图2-4）；

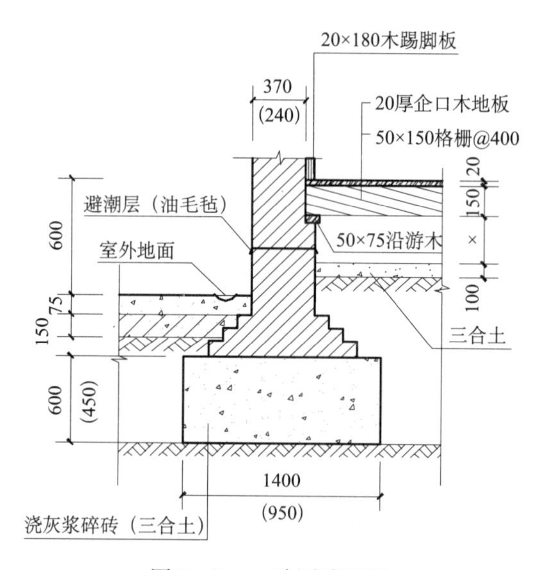

图2-3　一砖厚墙基图

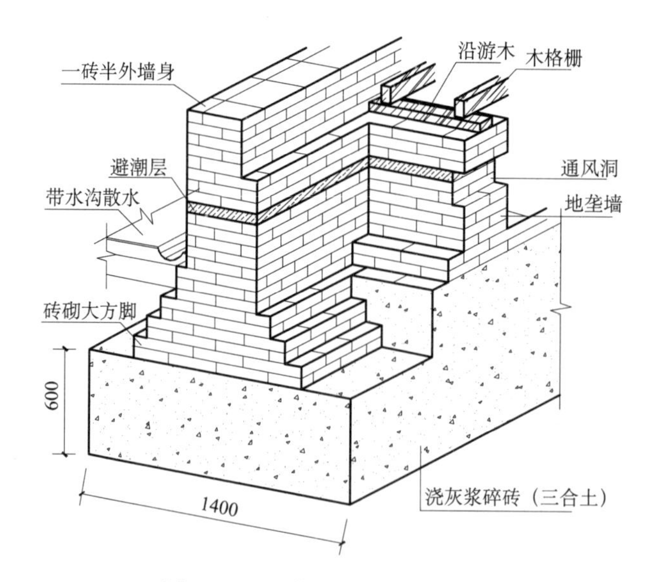

图2-4　一砖半墙带地垄墙基图

（4）地槽的老土层耐力适宜在 8～10t/m²；

（5）地垄墙一砖厚（240mm）墙底脚 600mm 宽，砖基二皮一放即可，有时尚须适当开设通风洞 360mm×180mm 换气，墙顶接通沿游木，同时（卷材）避潮层一并贯通。

实际施工中以现代科学依据而论，应以地质勘探资料为准，核算该建筑物实际荷载情况，根据设计采用不同类型基础形式和材料。

单丁斗子一卧一斗顶、走砌法空斗砖墙一般在砖砌大方脚墙裙以上，镶包于木柱间作分隔用，外墙斗子内又常以灰砂及斫下碎砖填塞，处理了建筑废料，既保温又安全牢固，墙体砌法还有多种砌法，详见下章节墙体（见图 2－5）。

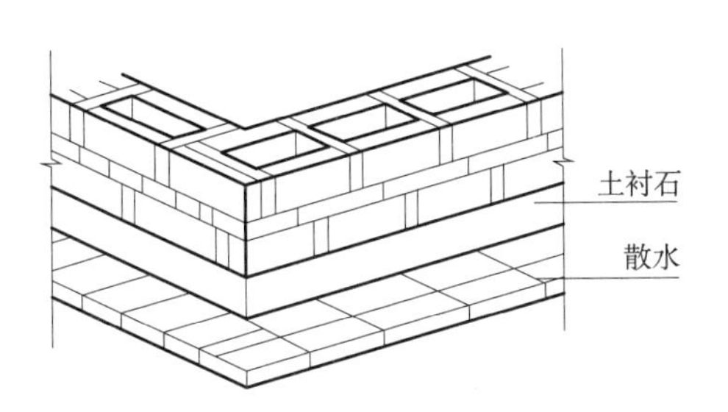

图 2－5　单丁斗子空斗墙叠砌图

在传统建筑的地基基础、地面以上施工过程中，除砌筑砖、瓦、木作及装饰油漆等主体工程外，还有一项重要的石作工程使用石材的地方很多，如台基、阶沿、鼓墩、石柱、门框、门鼓（坤石）、过梁、发券以及铺地等各部位都配合建筑物而构成。此外，尚有独立全部使用石材建构的石屋、石牌坊、石桥、月台、栏杆、驳岸、踏渡级（水码头）以及起到标志性、纪念性作用的石构筑物，如石碑、石幢、石塔、石像、石窟等。大部分都是因地制宜，就地取材，使用合理的选材做法。当然也有特殊要求，从远方产地采购用材，如有特殊意义的纪念性构筑物、建筑物用材，或园林景观要求缀置的假山石峰等。

工程建造时使用石材，首先在于选料，当属安全因素为首位，一般凭经验观察鉴定其优劣：（1）“看”，外貌完整，不破碎无裂缝，色泽均匀，组织细致；（2）“听”，用小锤敲击，声脆不哑，这样基本是可用之材。已粗加工的石构件，应验尺寸的准确，无缺损。色差严重，材质不一致的石材，则在配置时均不可取。根据工程要求，对使用石材表面应选用符合相应加工要求者，如表面处理当按加工等级分档，《营造法原》上分“双细”者仅为出山毛坯。运至加工场经粗加工后，去“潭”剥“峰”，称“出潭双细”。再进一步錾凿一遍，表面较为平整“粗凿面”者称“市双细”。更用錾斧剁斩整平称“錾细”。再进一步用尖头“蛮凿”细刭后，更为细致平服，谓“刭细”（细凿面），俗称“出白”。对于拼装铺砌，要求相互连接的边缘，必须凿出约 30mm 宽光口边，这道工序称“勒口”。

石料加工基本工序：

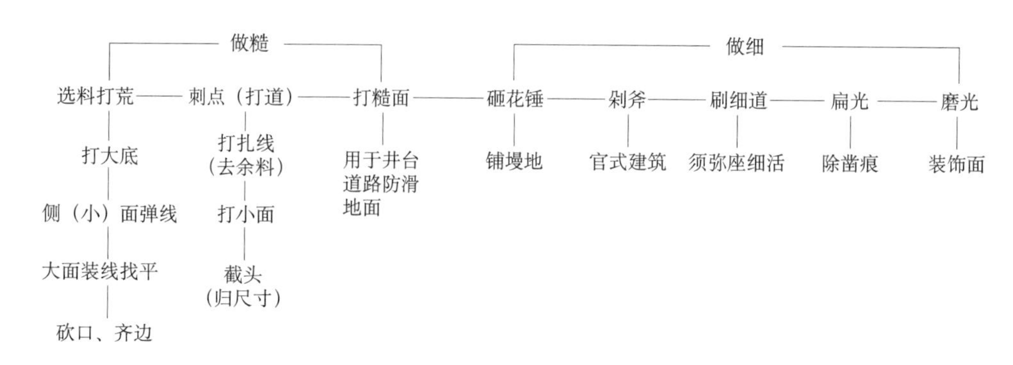

石作在建筑物常用部位，自房屋地基开始即予介入，如当墙基础、地槽松软，承载地耐力不佳时，除应加打木桩来加强承载力，利用桩群挤压土壤，增加其密度，凭摩擦力来阻止建筑物的下沉。特别如在临水建筑、泊岸（一般指船码头）、驳岸（指挡土墙）、假山基础等处，选用花岗石桩“石丁”，200mm×200mm 桩头，下端打尖，用木夯打入土内，长度根据土质情况决定，试打时感觉有震动、应声踏实为止。桩位排列，基本与木桩相仿，呈梅花形布置。独立柱基下不少于 3 根桩。露出地面约 160mm，柱头间周边用块径大小 200mm～300mm 的块石轧紧夯实，勾搭铺满一层，以确保桩位不位移。找平后，可因地制宜多铺几层条石层，有多到垒叠五层者做法。再在其上结平后，驳砌整条石或砖砌墙脚，接近到室外地坪处，沿外周墙基之上，出土面摆砌一皮“土衬石”（又名地栿、拖泥），必须核准设计高程标高建造尺寸。砌筑台基部位，由侧宕石侧立坐落在土衬石落槽口内，槽口深为土衬石身厚 1/10，常用大式 150mm 厚，小式 120mm 厚，上口面可露出室外地坪 30mm～60mm。槽口露出水平面称金边（40mm～60mm 宽）。侧宕石、金刚座、须弥座位置用料可与阶沿石相同，与转角石侧面、阶沿石底面可用 30mm 方高榫头连接，侧宕石上口还可用铁扒锔扣住，后尾压砌于金刚墙内（见图 2－6）。

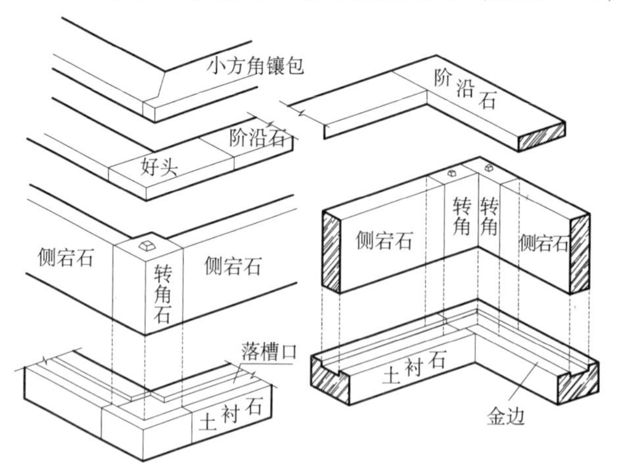

图 2－6　阶沿侧宕石砌筑详图

台基侧宕石位置，根据建筑规模亦可改用砖砌、虎皮石、大卵石、方正石砌筑。

阶沿石一般常用尺寸，宽 350mm ~ 400mm，不大于 500mm；厚 150 ~ 200mm。阶沿踏步石常用 300mm 宽，120mm ~ 140mm 高，一般干垒叠，不用砂浆。但应确保基础稳固，应与房基础同步做成，以免沉降裂缝。顺横直角相交处应采用镶包角留有 50mm × 50mm 小方角的做法，不做 45°割尖角做法。

磉石是柱脚石鼓墩下与地面相平的垫脚石，民居中仅是一块方形石板，大小尺寸按《营造法原》（见图 2 – 7、图 2 – 8）。

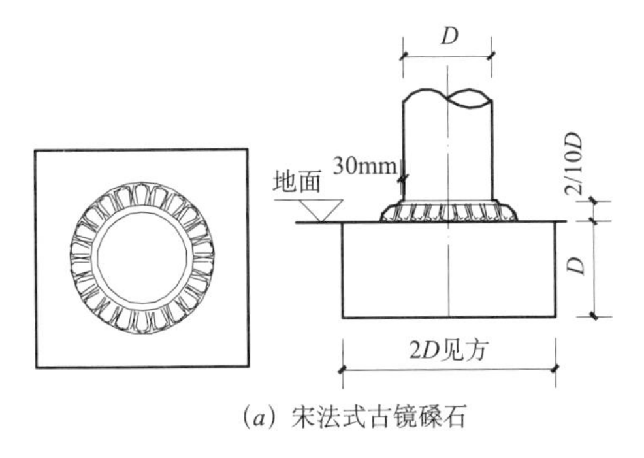

(a) 宋法式古镜磉石

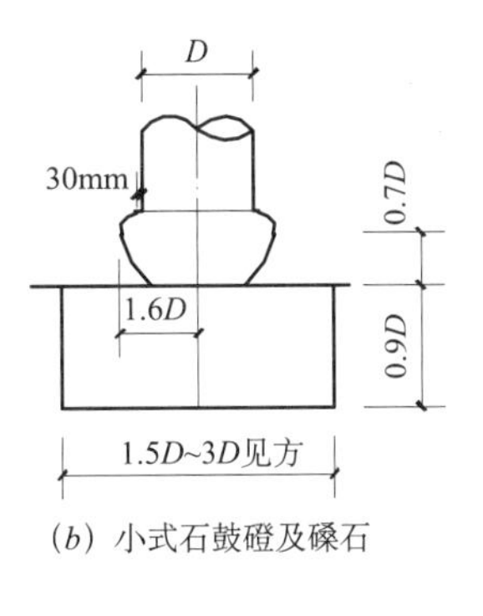

(b) 小式石鼓磴及磉石

图 2 – 7　磉石示意

图 2 – 8　磉石

鼓墩高按柱径七折，口面按柱径外放宽约 30mm（一寸），上中腰胖凸出各 60mm（二寸），底径同柱径，方、圆形随木柱，亦可依照整幢建筑物规格相适配均衡为宜。全磉石面宽按鼓墩面放 3 倍。厚同阶沿石大于 120mm，顶“细凿面”与室内地坪齐平，边楞“勒口”光边，其余五面荒料即可。厚约为鼓墩面宽八折左右（官式长宽为 2 倍柱径，厚为 1/2 长宽，小式为 1/3 长宽）。柱脚鼓墩随各地域不同，有各种式样。北方官式、《营造法式》中有与磉石连在一起的称“柱顶石”，只于柱子底抬高 1/2 柱径作鼓镜面。亦有做各式雕花式样，官式多用莲瓣（梵语音译作巴达马）式，亦有游龙飞凤式。另外如安徽、福建一带，鼓墩高度做得很高，为避潮气侵袭木柱脚，做成多种线脚式样组合并施以雕花饰，加以美化。

木柱与鼓墩构造连接处理，在大型建筑柱径粗大，且有重大屋顶和墙槛围护，稳定良好者，或者普通简易者，反而多数只在柱根部平面搁置即成。正规建筑中常在鼓墩面柱中心凿出“管脚榫”窝，承接木柱脚“管脚榫”，其长度尺寸定位在 3/10 ~ 2/10 柱径之间，头端收势倒楞，方便就位。另外园林中爬山廊、游廊等四面落空，孤立空旷处的小型建筑物，为防风袭，每隔 3 ~ 4 间就将柱脚一体的“管脚榫”榫径加大尺寸至1/2柱径见方，深长至少为柱高的1/3～1/4，称为“插扦”，将鼓墩（柱顶石）穿透，谓“套顶”，直抵磉石下垫底石（厚为1～1/2柱顶石）上，如此可增加柱子稳定。木柱插入部位用生桐油浸泡，榫眼内灌油灰浆（见图2－9）。

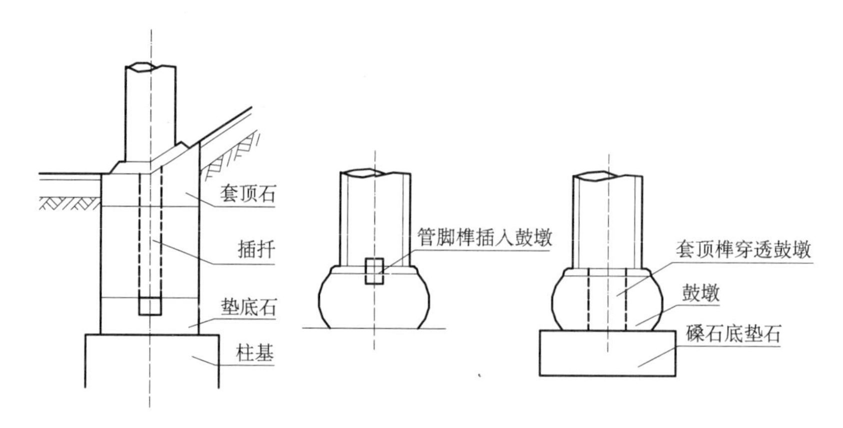

图2－9　柱脚安装示意

楼房木柱通长穿过楼板柱脚，鼓磴可使用拼合式套顶，明式尚有用两个半圆木锁础合并抱紧代鼓磴者。“插扦”亦常用于垂花门、牌楼，特别是牌楼为排架一片，招风临空，故按清《营造算例》规定木柱子埋入地下长度接近地坪以上部分的一半，相当于夹杆石地面上高度（地下埋深8/10高），夹杆石包裹木柱起柱脚稳定作用，且保护木柱免受外损和湿气侵害，并做好夹杆石与木柱交接缝的防水措施，以免渗入积水，腐朽木柱。南方雨水多，一般牌楼都选用石柱底脚外加坤石狮座撑靠加强稳定，石柱亦深埋地下，地面用大块整石料铺筑地坪，排紧镶实，周边砌锁口石镶边。柱间设石槛撑住，固定柱间定位，檐下地坪石几乎连成整体。地坪石下，基础以外均用散石轧脚填实，找平后做多层灰土夯实垫层，使整座牌楼坐落在一完整硕大稳定的基础上。现在新建筑混凝土柱为装饰效果亦常选用花岗石镶贴柱面做法，但应作背面防渗以增美观。

二、台　基

台基（阶台）在传统建筑中，作为房屋基础一部分，亦可以扩展连接殿宇大堂前通常布置的露（月）台。常比正屋地坪低一级踏步高度，再铺地台面，于出土处用土衬石垫基，石条面露头，以上侧置侧塘石（陡板）有用砖、乱石，明砌造，石平面上也有雕饰花纹者，亦有讲究者常作须弥座（金刚座）式样，转角处设角柱石，台口均铺设阶沿石（锁口石）榫卯连接，锁住台口边，厅堂前台基高至少300mm，正间前加一级踏步，踏面宽至少二倍于高度。殿宇体量庞大者，台基相应加高至1000mm上下为宜，沿四周檐下绕通宽以上檐出4/5左右为准，供行香、祭祀之用。台高设多级踏步，可用三角形“菱角石”封住两端头收势，面宽同踏步级。踏步级高约120mm～150mm。

露（月）台高出地面约为1/4～1/5廊檐柱高，当位于特殊地形时，亦可随机而行，酌情增减为之。总之露台、配房的台基应比正房低一级踏步，这是为了主次分明的规矩。反衬中央主建筑的重要地位。

露台阔度基本与房屋台基阔相等，但殿宇等亦可略缩窄每边一间，进深与房屋总进深加上底层出檐尺寸为准。露台口边沿常设置石栏板，既是功能需要，安全保护，又能起到装饰美观的效果。正间及两侧山均可设置踏步联系上下，正面阶沿阔同正间面阔。如若正面台基甚为宏伟，相应阶沿石亦较宽阔时，往往在该台阶中间部分不做踏步，而改换为雕花装饰的斜面"御路石"，雕有云龙戏珠、山海云纹等花纹，或改斜面为礓礤代替踏步，表面凿斫出100mm～120mm间距的锯齿状面，两侧端"菱角石"面上斜铺"垂带石"，其材料同阶沿石。露台（月台）两侧山边上有时设有侧（抄）手阶沿踏步，是为方便通行便道而设，其宽度仅供单人通行即可。

台基（阶台）、露台及踏步之地基与房屋建筑之地基应同时一并施工，夯打结实。如若后期分开施工，往往由于沉降不均产生开裂断缝，既影响使用，又不美观，还会产生安全隐患（见图2－10）。

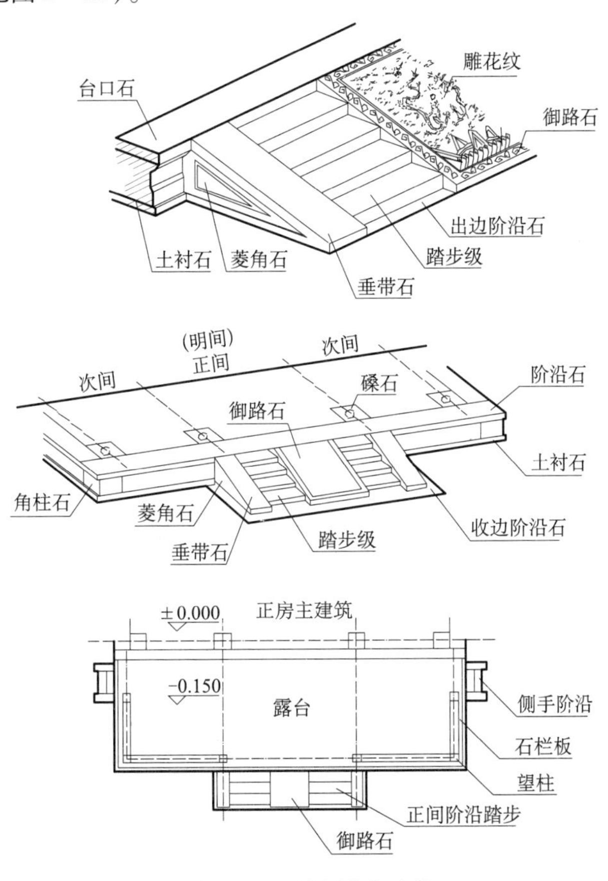

图2－10　露台踏步示意

台基外周一般会在侧宕石板砌筑时与背后的“金刚墙”间缝隙灌生石灰浆（3∶7或4∶6白灰黏土浆），此比灌水泥砂浆优于凝固时不会收缩、留空。亦有加铁件连接侧宕石者，预留孔槽内，过去用灰浆白矾水或铁屑加卤水混合物灌填塞实。如今用环氧胶泥填塞即可。“金刚墙”（墙身后藏匿粗砌墙体之通称）随侧宕石镶砌升高而砌高，同时亦将铁拉条等连接件压砌墙体中（见图2－11）。

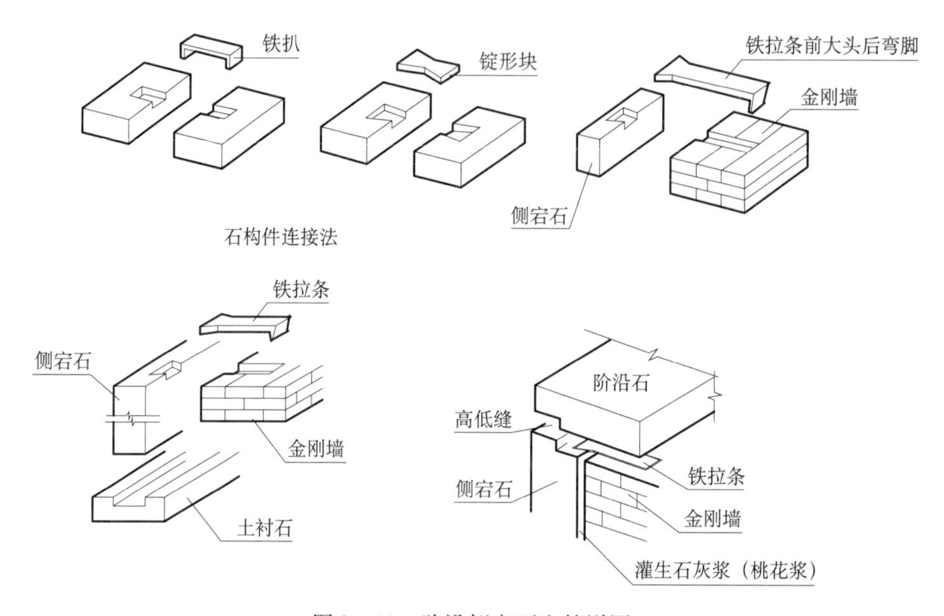

图2－11　阶沿侧宕石砌筑详图

侧宕石坐落于土衬石面“落槽”中，用铁片等件校正定位后灌浆。因其缝隙较小，过去用油灰（泼水白灰：面粉：桐油＝1∶1∶1）。如今多用适当稠度的环氧胶泥，灌足缝口，应注意封堵外缝口，不得外溢，凝固时间可大大缩短（见图2－12）。

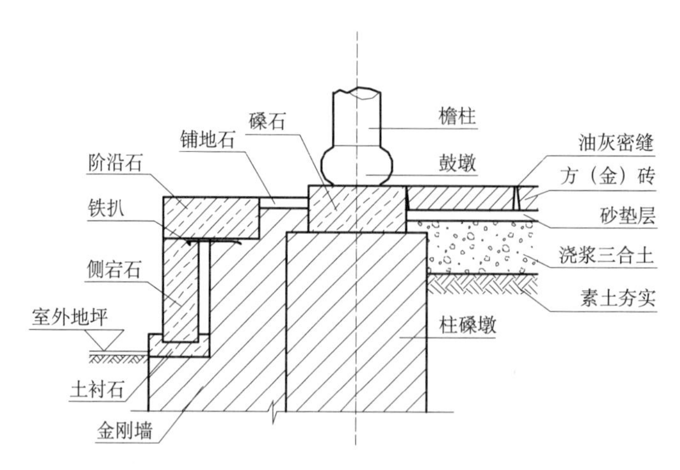

图2－12　阶沿侧宕石砌筑剖面图

所有石构件结合处连接方式均可随机选用，总之应保证“安全第一”。

大型建筑由于规模宏大，在台基侧宕石位置上，多采用“须弥座”式样（表2－1）。全高一般为1/4～1/5檐柱高（见图2－13）。高台须弥座外周边常设置石栏杆（见图2－14、表2－2）。至于须弥座各段上雕花形式，过去常有各种固定模式，如底座、束腰、上下枋、削（枭）等都可用如意云、莲花、椀花、蕃草、串枝、宝相花等传统纹饰，简单地用卷草花纹组合。现在就不受程式规定限制，可相机而行，由设计者创造运用了。同样，石栏杆、石望柱头、抱鼓石等皆可随不同场合选型，所有石构件结合处，均应有相应节点配合，上下卧式条形构件都用仔口即“落槽”做法。槽深为卧置石构件本身1/10厚，槽宽略宽于上连接构件的宽度，仅可在划线内外加工误差范围内。如栏杆、地栿石位于台基口阶条石或须弥座上口的上枋之上，或石栏板坐落于地栿石之上等，皆属此类。柱型构件与下置卧式条形石构件间连接，采用管脚榫式，在下卧石构件柱中心位置留榫眼，对接坐浆定位。同一水平卧式构件平（地栿）头相接时，常用铁扒、银锭形块嵌入预留槽眼内，再灌浆固定之。另外，如石栏板与石望柱间，亦在望柱身相应位置，留出仔口、榫眼卯口，配合石栏板侧端留榫拼接，缝口与预留的栏板槽仔口及栏杆扶手外凸榫，落榫坐浆入位。

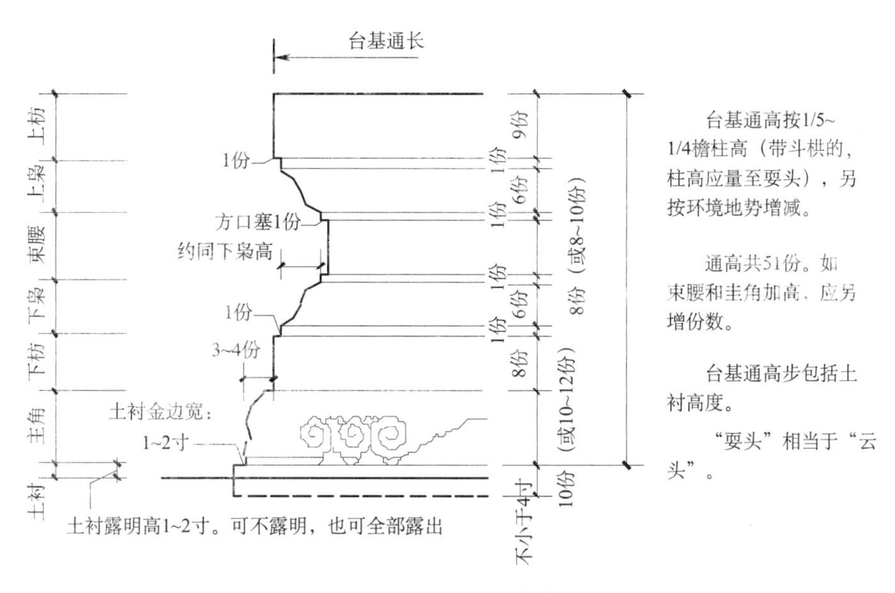

图2－13 石须弥座的各部尺寸

上高台基踏步级多时，设有石栏杆，则相应跟通台基口栏杆，连贯而下，做法悉如台基上栏杆，唯下脚收头用抱鼓石结尾。传统做法栏板高往往偏低，应考虑现有《民用建筑设计通则》要求（见图2－15）。

另外，临河岸边驳岸上，有简易小石柱落榫槽于驳岸盖面石上，只有水平坐槛条石底面留榫孔坐落搁置在柱顶榫头上，此栏杆往往兼作坐凳，亦为水巷、池边休憩一景观（见图 2－16）。

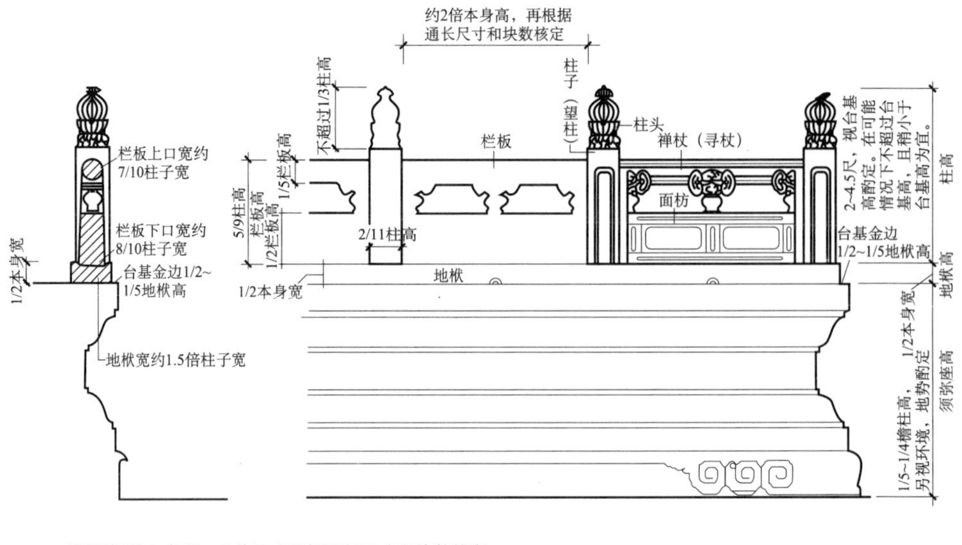

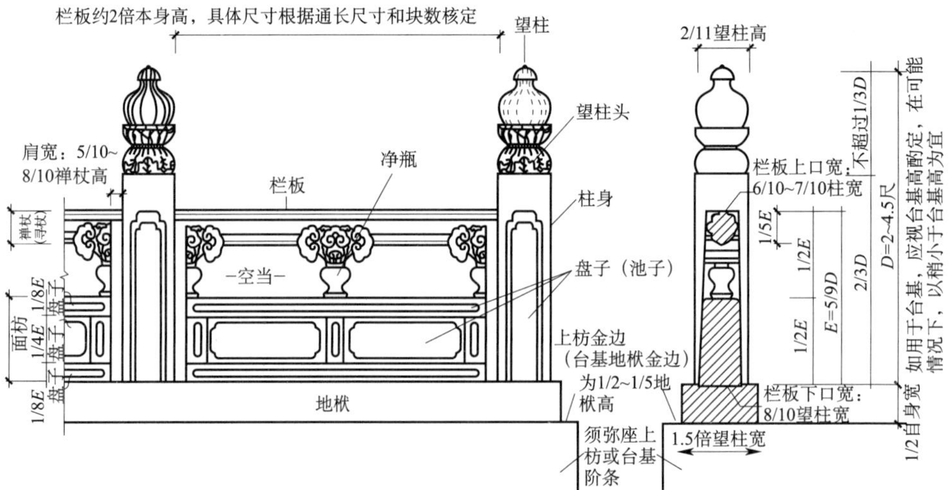

（*a*）栏板柱子的各部比例及名称　注：*E*=栏板高，*D*=望柱高

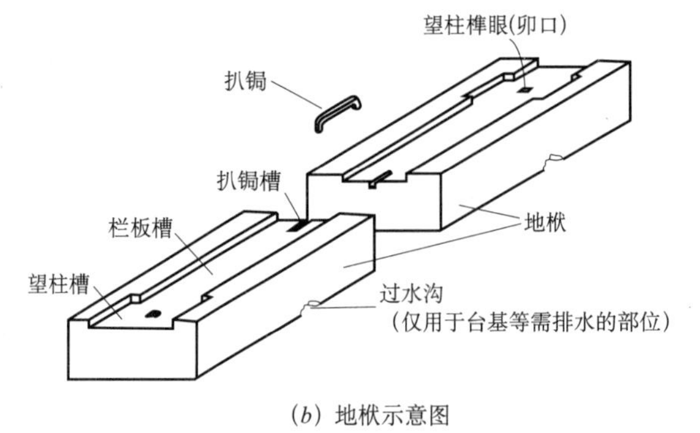

（*b*）地栿示意图

图 2－14　带栏板柱子的石须弥座以及地栿细节示意图

石须弥座尺寸（录自《中国古建筑瓦石营造法》）　　**表 2－1**

<table>
<tr><th colspan="2">项　目</th><th>长（出檐原则）</th><th>宽</th><th>高</th><th>说　明</th></tr>
<tr><td colspan="2">土　衬</td><td>同圭角
金边 1～2 寸</td><td>主角宽加金边宽</td><td>4～5 寸
露明高：以 1～2 寸为宜。可不露明，也可超过 2 寸，但最高不超过本身高</td><td rowspan="7">1. 通高一般定为 51 份，如圭角和束腰需要增高时，应在 51 份之外另行增加
2. 上、下枋可为双层，高度另加，其中靠近上、下枭的一层较高
3. 带勾栏的须弥座，上枋表面可落地栿槽
4. “枭”和吴语“掀”意思相近，指其外形像揭起书页时向上或向下呈曲线形状的称呼</td></tr>
<tr><td colspan="2">圭　角</td><td>台基通长加 1/4～1/3 圭角高</td><td>3～5 倍本身高</td><td>10 分，可增高至 12 份（土衬如做落槽，应再加 1 份落槽深）</td></tr>
<tr><td colspan="2">下　枋</td><td>等于台基通长</td><td>2～2.5 倍圭角高</td><td>8 份</td></tr>
<tr><td colspan="2">下　枭</td><td>台基通长减 1/10 圭角高</td><td>同　上</td><td>8 份（包括 2 份皮条线）</td></tr>
<tr><td colspan="2">束　腰</td><td>下枭通长减下枭高</td><td>同　上</td><td>8 份，可增高至 10 份</td></tr>
<tr><td colspan="2">上　枭</td><td>同下枭</td><td>同　上</td><td>8 份（包括 2 份皮条线）</td></tr>
<tr><td colspan="2">上　枋</td><td>同下枋</td><td>1. 不小于 1.4 倍柱径，不大于须弥座露明高
2. 无柱者，不小于 3 倍本身厚</td><td>9 份</td></tr>
<tr><td colspan="2">角 柱 石</td><td></td><td>宽：约为 3/5 本身高
厚：或同本身宽，或为 1/3～1/2 本身宽</td><td>上枋至圭角之间的距离</td><td>又称“金刚柱子”，即转角处立一块光面转角石</td></tr>
<tr><td rowspan="2">龙头</td><td>四角大龙头</td><td>总长：10/3 挑出长
挑出长：约同角柱石宽</td><td>等于或大于角柱斜宽</td><td>大龙头高：角柱宽≈2.5：3　应大于上枋与勾栏地栿的总高度</td><td rowspan="2">在须弥座上方位置安置挑出的石雕龙头，口内接通栏杆后露台面排水沟，俗称“喷水兽”</td></tr>
<tr><td>正身小龙头</td><td>总长：5/2 挑出长或按后口与上枋里棱齐计算
挑出长：约为 2.5/3 大龙头挑出长</td><td>小龙头宽：望柱宽＝1：1</td><td>小龙头高：略大于本身宽</td></tr>
</table>

注：一尺（一营造尺）＝320mm，1 寸＝32mm。

除了建筑物本身配套工序，配合施工进程，同步协作外的石作工程，另外常在一些特殊场合，专设有独立体系的石构件、建筑物，大到石窟、雕像，小到石碑、石幢。常见的街坊、巷头、村前、祠庙广场耸立的石牌坊、石牌楼过去作为标志性纪念建筑物，为表彰功勋、功德、功名等专设。石柱出头无楼者，常用以旌表忠孝者，而柱不出头有楼盖者，多用以褒扬功德者，规模随柱数分间多少而定。现代兴起的“明清一条街”入口处往往也设立大型牌坊（楼），显然光用石材是不经济的，没有必要这样做，多数采用钢筋混凝土结构的混合木屋顶构造。过去的形式规矩可不受限制，怎么合适就怎么选型，大跨马路通衢口照样可做得像模像样，如苏州张家港香山公园、华盛顿中国城等。这就是不拘泥于食古不化的套路，适应时代新工艺、新材料的运用，这是符合时代精神而有所创新的思路。苏州玄妙观前宫巷口的牌坊，就不用管过去只限于孔庙（文庙）才有之棂星门格式。现在无论儒、佛、道教祠庙前都可引用，已并非儒教专用的了。这也是融合的精神，不属考古范畴之内（见图2－17～图2－19）。

栏板柱子尺寸（录自《中国古建筑瓦石营造法》） **表2－2**

项目	长	宽	高	其它
地栿（长身地栿）	通长：等于台明 通长减1～1/2.5地栿高 每块长：无定	地栿宽：望柱宽≈1.5：1 落槽（仔口）宽：等于望柱宽	地栿高：地栿宽＝1：2 落槽（仔口）深：不超过1/10本身高	地栿落槽内凿榫窝，地栿下应凿过水沟
柱子（长身柱子）		望柱宽（见方）：望柱高≈2：11；栏板槽宽等于栏板宽，槽深不超过1/10本身宽	全高：2～4.5尺，视台明高酌定，在可能情况下不超过台明高，但台明超过1.5或低于0.8米时，可不受台明高的限制 柱头高：约1/3全高 多层须弥座望柱高：（1）高度约为最上层须弥座高的7/8；（2）各层望柱高可相等	望柱底面要凿榫头，榫头宽为3/10望柱宽，榫头长约等于宽。栏板槽内应凿出榫窝，以备安装栏板榫头
栏板（长身栏板）	露明长：高≈2：1 根据实际通长和块数决定长度	栏板下口厚：8/10望柱宽； 栏板上口厚：6/10～7/10望柱宽	栏板高：望柱高＝5：9 面枋高：栏板高≈5：10 禅杖厚：栏板高≈2：10	每块长度应另加栏板槽深尺寸。栏板两端应做榫，榫头长约为0.5寸
垂带上地栿（斜地栿）	通长：垂带长加上枋金边（1/2～1/5地栿厚）再减垂带金边（1～2倍上枋金边） 每块长：无定	同长身地栿	斜高同长身地栿高	地栿槽内应凿栏板和柱子的榫窝
垂带上柱子		同长身柱子宽	短边高等于长身望柱高	榫头规格同长身望柱榫头规格。栏板槽内应凿出榫窝，以备安装栏板榫头
垂带上栏板	约同长身栏板长，根据实际通长及块数合算	同长身栏板	斜高同长身栏板高	如只有一块栏板，且长度较短，可只凿出两个净瓶（均为半个）
抱鼓	1/2～1份栏板长	同栏板	同垂带上栏板	

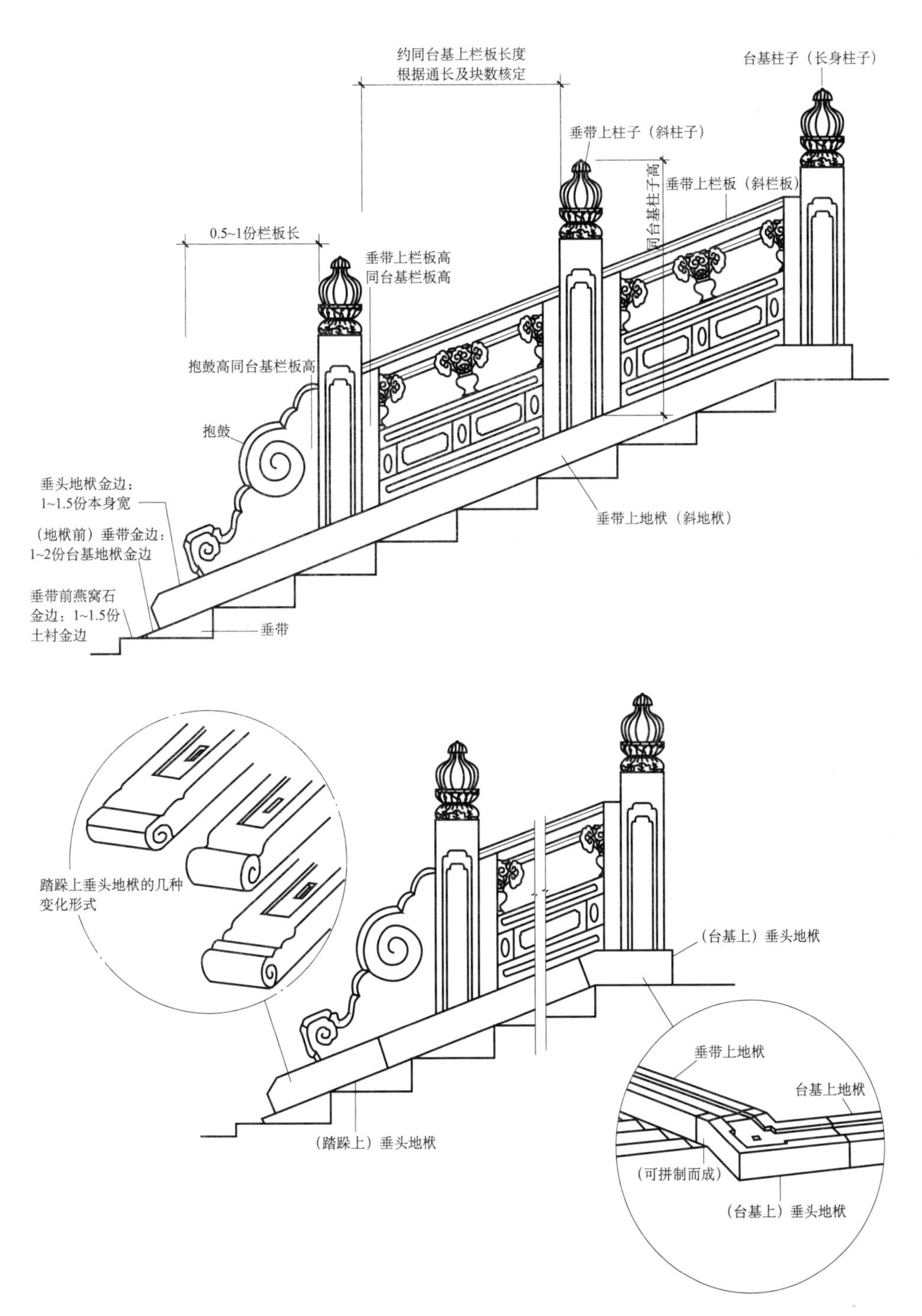

图 2－15　垂带上栏板柱子以及垂头地栿

（录自：刘大可《中国古建筑瓦石营法》）

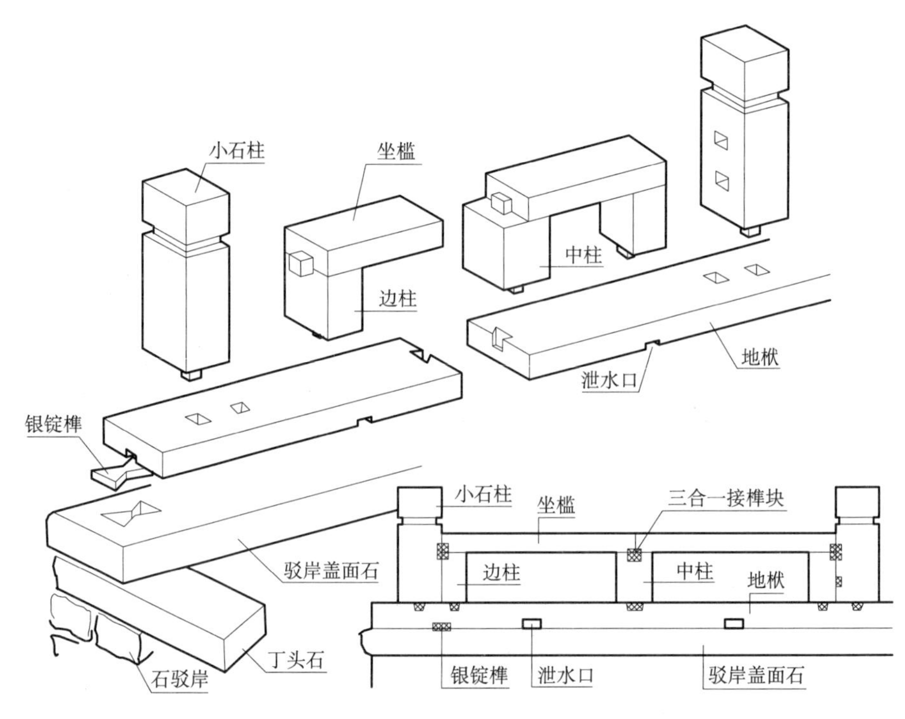

图 2－16 驳岸边石座槛

石材连接基本模仿木结构，同样在适当部位选用直榫、大头榫、“打上扣”或“打下扣”，同样在梁柱间连接（见图 2－20）。石梁长度不应超过 3.5m，石桥梁板按惠安石匠师经验取梁厚为梁跨的 12%。石柱约按柱高 1/10 取柱截面宽，板宽手工开片的石板厚不宜少于 80mm，板面积不宜太大，常见到惠安石匠盖建石屋，楼板用料基本类似预制空心板规格，300mm～420mm 宽，厚约 110mm～150mm 之间，板长在 3300mm～4500mm 之间，单挑出外悬长度小于 1.20m，构件过分长，易在搬运施工中受损坏，加厚桥面板不宜大于 0.6m 宽，是为了运输施工方便。

石构件间接合，除榫卯口及锚固件结合外，间隙缝道中，尚须用灌浆填充加固，如阶沿石、柱顶石、垂带、压面、腰线、铺墙、地面镶贴件等。待各构件就位结束后，固定外形，并封闭缝口不使走样漏浆，先用稀浆灌入空隙，润湿后，再用稠浆继续灌满，排气坐实。过去讲究的用白灰：江（糯）米：白矾（1：0.019：0.01 重量比）煮浆汁使用。遇水工程还在白灰浆中掺入若干生猪血料调成灰浆砌筑使用。石柱、梁顶要用桐油、面粉和白灰（1：1：1 重量比）调浆灌注使用。驳岸、石坝砌筑时，更有在油灰中掺加麻丝修捻石缝与造船相似。另外小式地方建筑石活灌浆用桃花浆（3：7 石灰：黏土体积比）。普通大式建筑中，石活用生石灰浆（石灰加水搅成稠浆状），重要建、构筑物石活灌浆，用江（糯）米浆（100：0.3：0.33 生石灰浆不过淋：江米浆：白矾水重量比）。现在用水泥砂浆时，亦可根据现场需要添加相对应的添加剂，如防水、速凝以及调制特殊要求的高效砂浆等，则使用时相当方便了，只要不损外观，确有其优越性。但石灰浆流动性好，凝固过程有胀性，而水泥砂浆流动性差，易堵塞造成蜂巢麻洞，且凝固过程会干缩而空亏留缝隙，造价上水泥砂浆是白灰浆之2~3倍，各有千秋，可供选择，因地制宜为上。

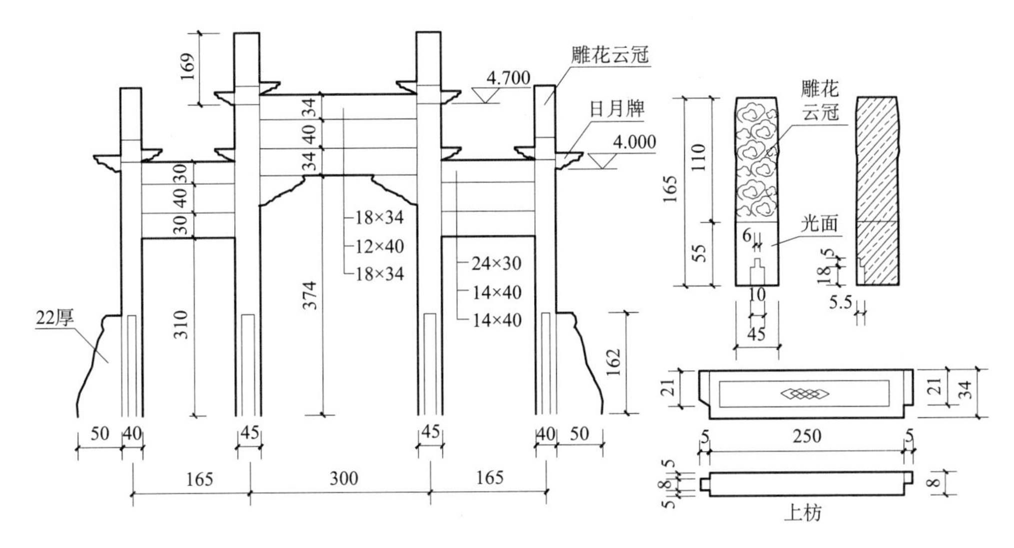

三间四柱无楼石牌坊（苏州泰伯庙前石牌坊）

注：本图为泰伯庙前广场之石牌坊，落地移位复建时，现场实测所得。（本图中尺寸单位为cm）

枋柱接合，均采用仿木结构榫卯节点，用大头（束腰）榫，插入卯口，落槽后上、下抬就位契合，枋卯口上（下）留下小孔，系定位后，用后置件明牌、雀替等插入填塞，鼓卯接合左右入榫，程序很有先后讲究，传统是用油灰浆灌注，现在用环氧胶灌缝的。

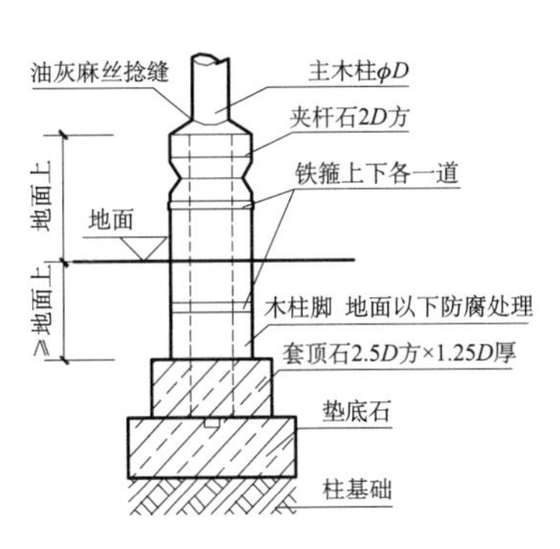

注：木柱牌楼，柱脚加固做法，用夹杆石镶合夹持，上下加铁箍抱紧，木柱下伸到垫底石，管脚榫定位，防腐处理。

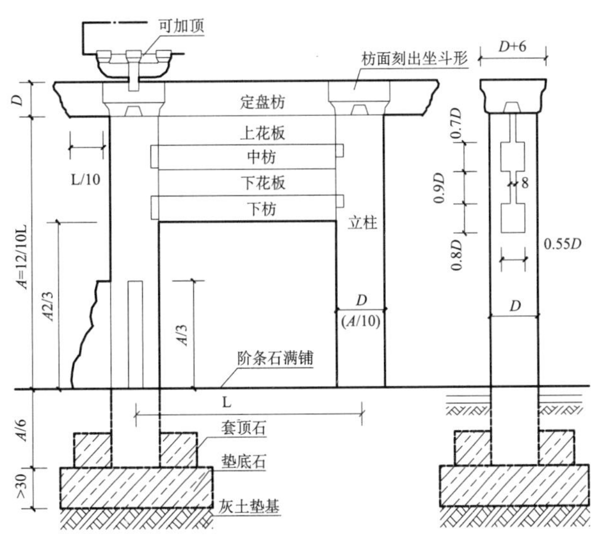

图2-17　石牌坊做法

七折（×1.43）　　七五折（×1.33）

八折（×1.25）　　八五折（×1.12）

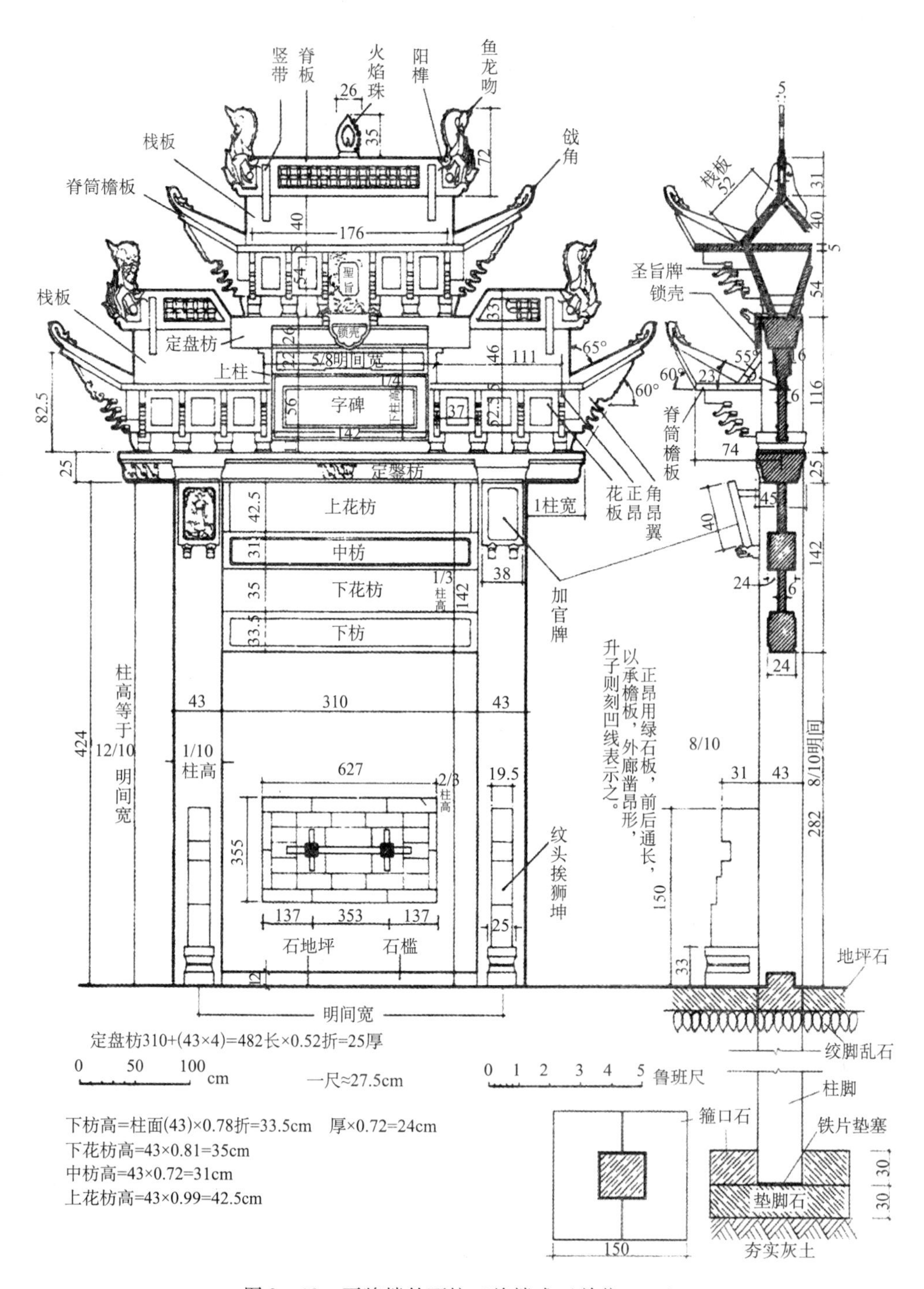

图2－18　石牌楼的两柱三牌楼式（单位：cm）

(*a*) 天池山石屋

(*c*) 天池山石亭

(*b*) 天池山石屋戗角

(*d*) 龙虎山石屋

图 2-19 石庙、石亭

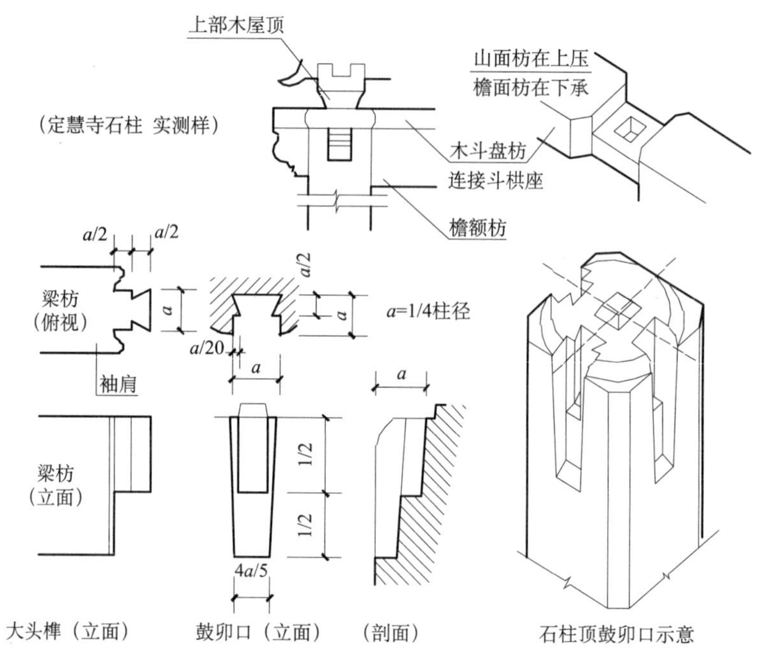

注：大头榫及鼓卯口，打入扣面宽，下端部窄，便于落榫，越落越紧。
榫卯口“讨模”配置，连结紧密，严禁用楔子纠偏和现场凑合误操作。

图 2－20 苏州双塔寺大殿石柱顶鼓卯口实样

石构件除本体与建筑、构筑物组成整体中的结构部分外，往往在外露面亦作一定规模的装饰性雕刻艺术，以增观赏美化作用。如大门镶框边的石门券脸常作云龙、卷草、宝相花等花纹，御路石面的雕刻有海水龙、宝相花纹饰，以及各种杂件，如“券窗”、挑头挑出墙上的“挑头沟嘴”、地面接水的“水簸箕”、墙面上排水通气的“沟门”、排水沟上的“沟盖”和“沟漏”。更有常见在大门入口处门框边的一对门鼓石（坤石、抱鼓石、盘陀石），有多种形式，如圆鼓子（见图 2－21）、滚墩石、方形门鼓石（幞头鼓子）、官衙、寺庙前的石狮子、旗杆的夹杆石头等。和柱脚鼓磴面、须弥座外表面、栏杆（板）、望柱头，还有很多已不常见到，不一一叙述了（见图 2－22、图 2－23）。根据设计方案，进行镌刻雕凿出立体感强，且层次分明受光效果显著者，特别纹样细部，如若表现动植物时，更要符合设计画意显露出生动活泼的神情，线条流畅贯通全幅，不现生硬和凿痕，保持光洁纯净。操作步骤：先找平面，齐边定基准边、面，“过谱”画样，小凿定样，“穿”出沟槽，再剔底落地，根据方案花样进一步加工，分清阴阳面，按图案线性“打糙”后，再次描绘细部节点，用小扁凿顺线细凿，“扁光”纹形和清底。边缘棱面直角相交称“筑方”，角线棱边称“快口”，接缝线内侧可向内倾小于90°斜面称“板眼”。为了便于安装就位，操作时，对细花纹，锤要轻，錾要细，斧口要窄，落锤要正，錾顶应退火回软，以免击碎石屑伤人，雕活期还应该注意保持工作面整洁，做好防晒、防雨淋，免除污染雕活。

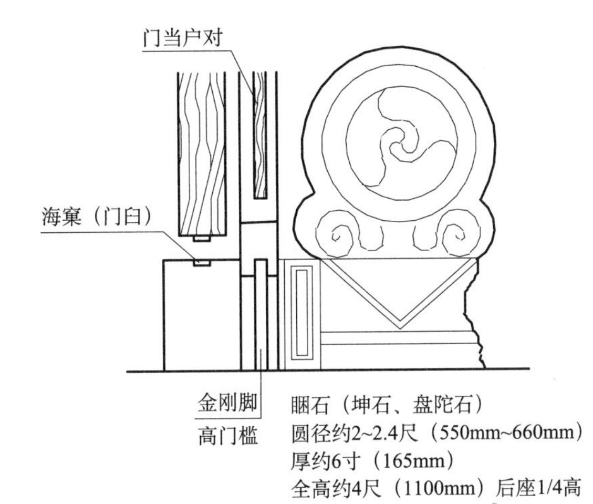

图 2－21 圆鼓子砷石

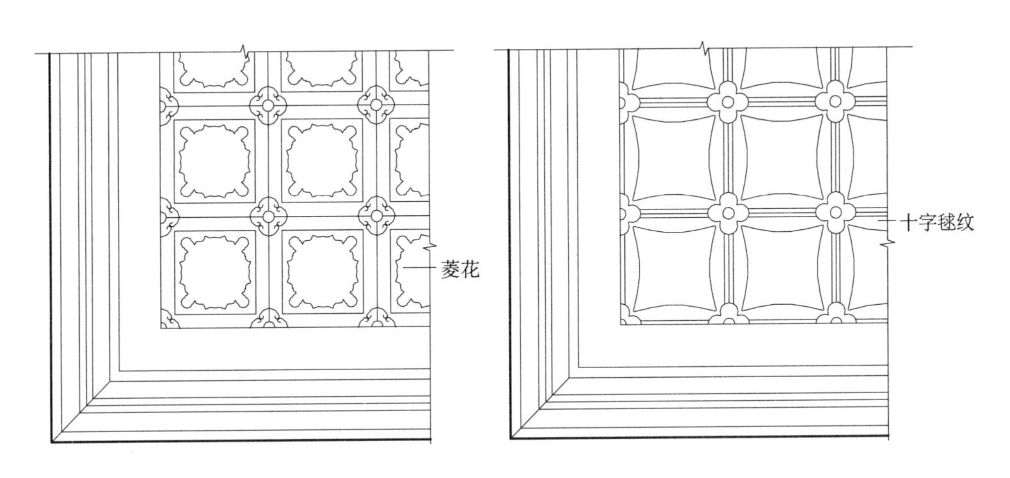

(*a*) 雕花石窗1

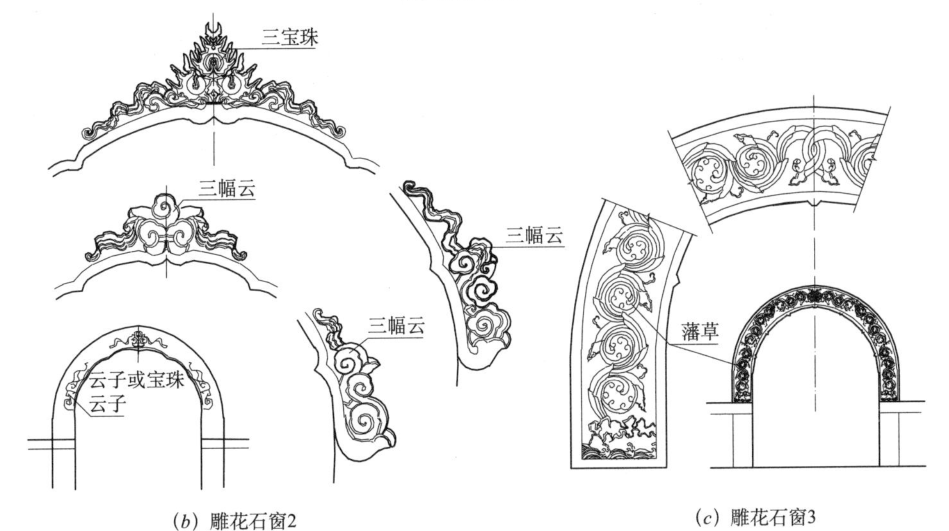

(*b*) 雕花石窗2

(*c*) 雕花石窗3

图 2－22 雕花石窗

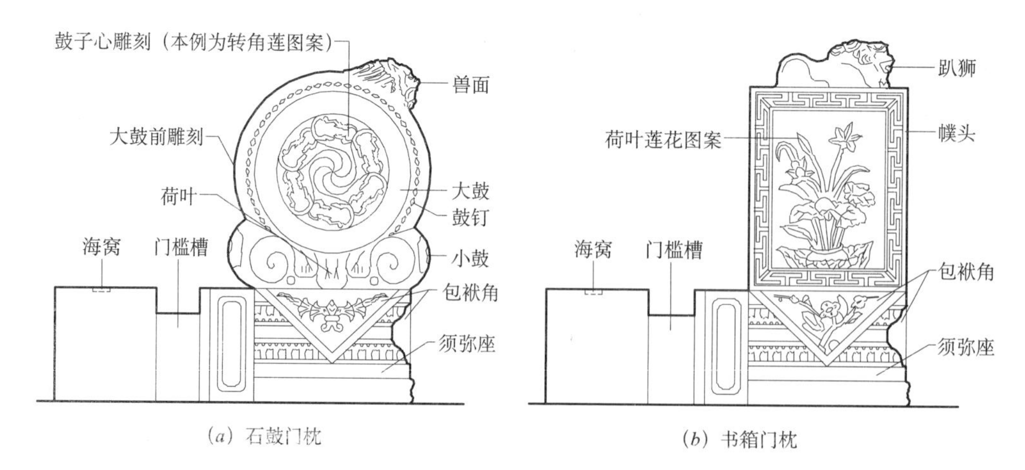

（*a*）石鼓门枕　　（*b*）书箱门枕

图 2－23　门枕

（*a*）驳岸挑筋石上筑房舍

（*b*）挑筋石水埠头

（*c*）沧浪亭

（*d*）三间四柱无楼石牌坊

图 2－24　各种石作构、建筑物

第三章　木柱梁构架

苏州传统建筑中，不论平房、楼房，各种亭、台、楼、阁、殿宇、寺庙、宗祠、民居，皆以木结构框架，由柱、梁、枋、桁搭构建成。

结构造型无论庑殿、歇山、硬山、悬山、单檐、重檐、攒尖，都用大木构架，成片构成单元，称“贴”，连缀而成。构造形式上主要有“抬梁式”和“穿斗式”，或者两者混用一起。“抬梁式”（《营造法式》称“柱梁作”）以进深的前后二根柱头上架起大梁，也有柱头上安栌大斗和替木的“单斗只替”《营造法式》做法，偶见于宅第门中，再在大梁上逐步收缩梁架长度聚成两坡尖顶屋面，这样可使梁下进深的使用空间大大增加，有利于实际使用，但用料较大。另一种“穿斗式”因其能利用小直径材料，以柱、川（穿）逐层串搭编组成一片墙架“贴”，数片（贴）组合排列成构架，再以间枋、穿枋等串连成网络框架，以支撑屋面木基层。因其由每根直径 150mm ~ 230mm 的小断面立柱直接落地，支撑柱顶上一根或二根桁檩，并以宽 60mm ~ 80mm、高 120mm ~ 140mm 的板料形式穿枋，贯通柱身而过。纵横编组成一片构架“贴”，这样立柱间距较小，所以川枋用料皆可利用小截面材料构成，但不利于生活功能上的使用，只能当作夹墙的立柱墙筋，起分隔用，往往仅成为屋内房间隔壁板之功能，唯一优点是所用料头皆是小截面规格，造价经济，物尽其用。在苏州传统建筑中，往往用在边贴山墙部位，镶在墙体内，无碍于日常使用空间中，立柱林立之窘境。

苏州传统民居建筑的房屋构架布局，大致以三开间、四界屋为基本单元，然后纵横方向扩充，添加次间、边间和前后廊轩来增加其容量。对于正屋架组合，常常设在中间以及两侧前后柱轴间（北方称缝），为了宽敞其空间，都采用抬梁式大梁（内四界梁），搁于前、后步柱上，再在大梁上通过矮柱（又称童柱、金童柱）托起山界梁（三架梁），在此梁中加脊童柱，以承托脊桁檩，构成山尖屋顶。而房屋两侧外边（边贴）山墙位置，则往往采用立贴式（穿斗式），中间脊柱落地，边柱因只承一半屋顶荷载，受力较轻，且往往山墙以砖石封砌，柱间梁川仅起穿带联系作用。因此，该边贴山墙房梁，用料上可大为节约用材，选用小截面木料足以应付了，由此可见，苏州传统建筑构造形式、格局采用方式的包容性，不囿于单一地域性，而是广纳四方，只要有利，一概采用。苏州传统建筑，特别在园林建筑中，往往在山墙面有开设景窗之例，因此，山墙边贴也没有像真正意义上的每根桁檩下、柱柱落地的穿斗式样，如那种在用料上真正的用板梁穿插，立柱落地构成“片”的房架形式，那样柱距间仅容过人，整个尺度也只能供居住隔壁使用而已了。房前屋后的扩充，往往另外架立廊（檐）柱，有一、二界者，或甚至于更多。以川梁（廊穿），双步、轩梁等与步柱联络，如此足以加深总进深，以达到扩充整体建筑的占有建筑面积及规模了。

根据建筑平面上的变化和用料形式、截面的不同，以及剖面、进深各异，而组合成各种构造型式：有“扁作厅”和“圆木堂”以用材矩形和圆形来区分；室内天花多用“轩”，形式有不同的“船厅”（回顶）；“卷棚”和“满轩”之分；不同用料截面，有矩形扁作和圆料圆堂，前后厅组合，以中脊柱分界，按用料及形式上的不同，功能上亦随之不一样者，称谓“鸳鸯厅”式；再就是上述的扁作“花篮厅”格式；屋顶形式不同，有歇山与硬山，落翼（厦）以搭搁梁，架起歇山面；升屋二层为“楼”，上层屋面构造与平房相同，唯楼板面结构承重梁、搁栅、穿枋等另有布局，搭建构造有所不同，更有挑阳台、重檐、雀宿檐等悬挑结构。尽管构造形式不同，但构件节点、连接榫卯形式、方法基本还是相同的。至于哪种节点，合适哪种场合，掌握受力情况作用后，根据以后专篇介绍节点详图构造，可对号入座，选择使用。

一、梁柱构架

无论“抬梁式”或“穿斗式”全木结构的每一“贴”——每一组木构架，都是由若干柱、梁、川枋、童柱等组合而成。彼此的连接也都以各种式样的榫卯节点紧密串联一起，成为一片完整的框架系统。然后每贴依照开间在进深，轴向“缝”中竖立起来后，在“贴”与“贴”相邻之间，纵向用川（穿）枋连缀成立方体空间框式构架，构成一座完整的网架框构体系（见图 3－1）。

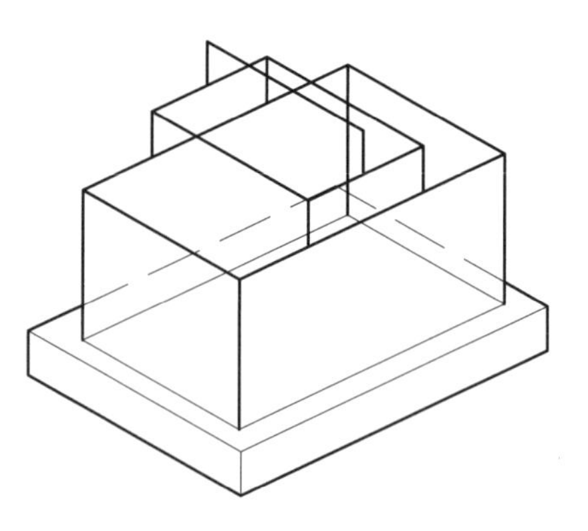

图 3－1　立体构架简图

苏州传统建筑尺寸各部位各构件，称谓上与北方官式（大木结构）做法的称呼，略有不同，如廊柱亦称檐柱（同官式），又称现柱、步柱（《园冶》），为屋檐口下第一排柱子的名称，而往内里的一排柱称“步柱”，而官式概称“金柱”（《园冶》）或“襟柱”现写作

“今柱”者，对于苏州传统称“金柱”是位于脊中柱到步柱间的位置，相当在“山界梁”两端，离开脊中一“界”距离处。对于“界”的意思，是指两根平行桁（檩）条之间水平距离为一“界”，所以称“四界梁”，是指该梁上方有四个桁（檩）距，亦是常用的“内四界”规模的大梁（见图3－2），说明苏州传统建筑的室内空间，普遍只有“四界”进深，顶多是将四界化作五界卷棚形式，没有北方官式“五架梁”（即四界梁、四椽栿）、“七架梁”（即六椽栿）、“九架梁”（即八椽栿）这样规模。其实北方官式的称谓“架”是指该大梁上架起多少根桁檩而名之。清《工程做法则例》中列举的“七檩小式”、“六檩小式”、“五檩小式”等几种硬山建筑例子的称谓只是指房屋规模大小，并不是指讲单根大梁上架几根檩数，而主要中间主跨也常是“五檩”（四界），余则为前后廊檐附加之数，和苏式传统建筑是一样的，只有大式建筑的主跨大梁上才有“七架梁”、“九架梁”的规模，若理解为“架”与“界”是谐音同义字，那就错了！由于口语中易混淆，然而在数字上却错了一个自然数，实际上“四界梁”就是“五架梁”，所以在工程中要慎之。又如不要以为“山界梁”就是“三界梁”，而形而上学地认为，亦会犯错误了。此外还可发现北方官式工程中的一些称呼，由于历史原因多少留了不少苏州南方口音的痕迹，如泥道栱（泥似乎是吴语的“二”，第二的意思），又如屋面“灰背囊度”（囊字为吴语音，常用以形容棕棚松软中间陷下）。所以说在编绘木结构节点详图过程中，在弄清构件相互关系之前，都应将相适合的名称写上，再标明尺寸，才能让施工者明白，可让非苏州的工匠，亦能照图施工才是。

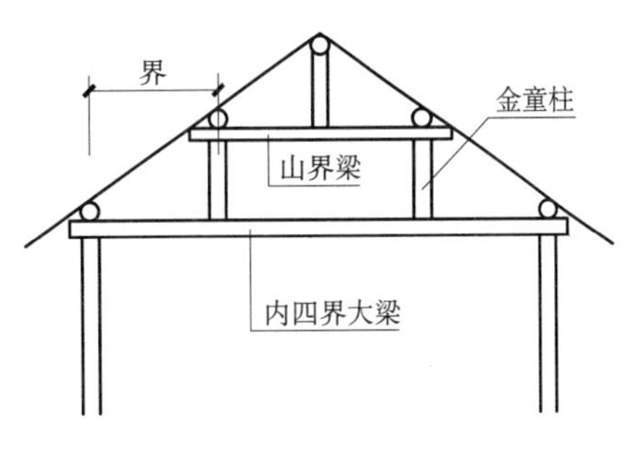

图3－2　内四界贴式

苏州传统建筑中，木结构基本单元，梁架谓“贴”，由前后步柱抬架一根“内四界”的大梁，梁头架“步桁”，离梁头1/4处各架立两个短柱，称为“金筒（童）柱”，其上再架上长二界的“山界梁”，梁端头架“金桁”，在此梁中点置一个“脊童柱”，上架“脊桁”、“帮脊木”，桁背自上而下排列加钉头停椽、花架椽、出檐椽等各档椽子，铺设屋面。当正堂间“内四界”梁架外，须要扩大使用空间时，可在其前后增加一、二“界”用地。作为廊檐，在“步柱”前加一排“廊柱”，用短梁（川）谓“廊穿（川）”串连之，亦有增至二界者，可加筑轩顶。而后檐“步柱”常可扩充二“界”，成为“后堂”使用时，所用短梁串连“后檐柱”，此二界的横梁称“双步”；也有增扩三界者，就称谓“三步”了，即在此梁背上再架置矮柱与“双步”、“短穿”组成“后堂”，整个木构架组成一“贴”，为缝中横向一片房架的基本单元体（见图3－3）。当一座建筑物，如“五开间”组成，就有正堂明间，左右缝中各置一“贴”梁架，称“正、左、右贴梁柱”，两侧称“次间”，相应称“左次贴梁柱”、“右次贴梁柱”，再临山墙边的称“左、右边贴梁柱”，此“边贴”梁架往往镶在山墙中，所承担屋面传下的荷载也就少了一半，为节约起见都设脊柱落地的“穿斗式”梁架，既不影响实际使用，所用梁、穿（川）枋等，也都可改为以板式用料，贯穿通透所有边柱。边贴式脊中柱都是落地布设，其他虽不至于在每根桁檩下柱柱落地，最起码也是间隔童柱落地布置，因此柱、穿枋等用料均可大为节省了。

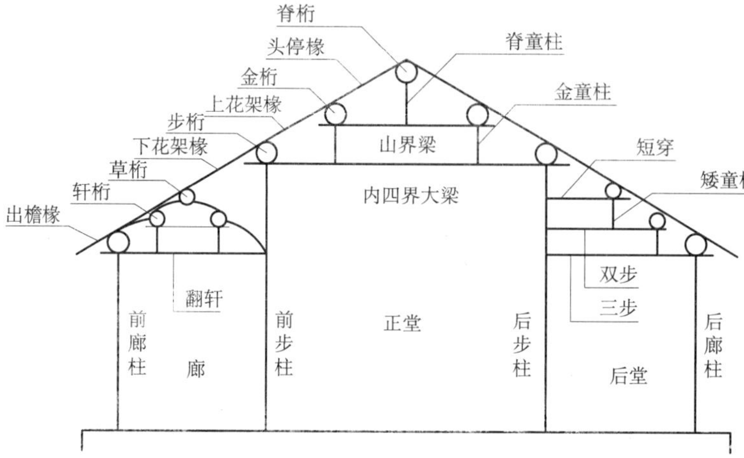

图 3－3　房架贴式简图

每一贴梁柱架地面装配完成后，即可按照建筑物柱网布局，在每一进深轴向位置（《营造法式》称“缝”），逐一竖立就位，并在每贴立柱间纵向用枋、桁连贯结合一起，组成一座完整空间网形框构，是起到稳定作用的至关重要构件。当然“贴”刚站立时，要用斜支撑使各方定位稳固后，待加装桁、枋才算定局。

按其功能还有并不直接承受负荷，仅起辅助作用的构件，如大梁底下的随梁枋；或隔空设置攀间斗栱，而托起大梁的称“抬梁枋”；脊桁下为协助承担大型正屋脊荷载而增用的“抬脊枋”；在“双步穿”下增加的为“夹底枋”；用于联系稳定柱间起串连作用的，在檐口柱（廊柱）桁条下直接置“拍口枋”或施以“连机”，即是通长置于柱间的纵向长条木料，在与檐枋间留空 80mm ~ 200mm，填以 15mm ~ 20mm 厚夹宕板，犹似组合梁，有时按开间可分三段，添加两个小“蜀柱”分隔，为避免太薄而长的夹宕板发生翘翘，板面亦可镂空雕刻花纹装饰。其下檐口枋（廊枋，由额）就用作柱顶初步构连成的框架。“连机”多用于廊桁和步桁下，作用近似枋，是为南方小式建筑所特有。而北方官式多直接在桁檩下置“垫板”（夹宕板）填塞于“檐枋”上。在金桁、脊桁下，不设“连机”而改用“短机”（插机），机头常饰以镂雕各式花纹，有水浪、卷草、金钱如意、三幅云等纹饰，长度仅为开间的 2/10，机厚约 50mm ~ 100mm（约 1/3 柱径），高约 70mm ~ 140mm。“金机”插榫直至“穿（川）枋”榫面，“脊机”可两侧连成一体（见图 3－4）。“机”的功能，都是为了补足上面桁檩接头处搁置长度不够而设，是具有极为有利的整体性措施。

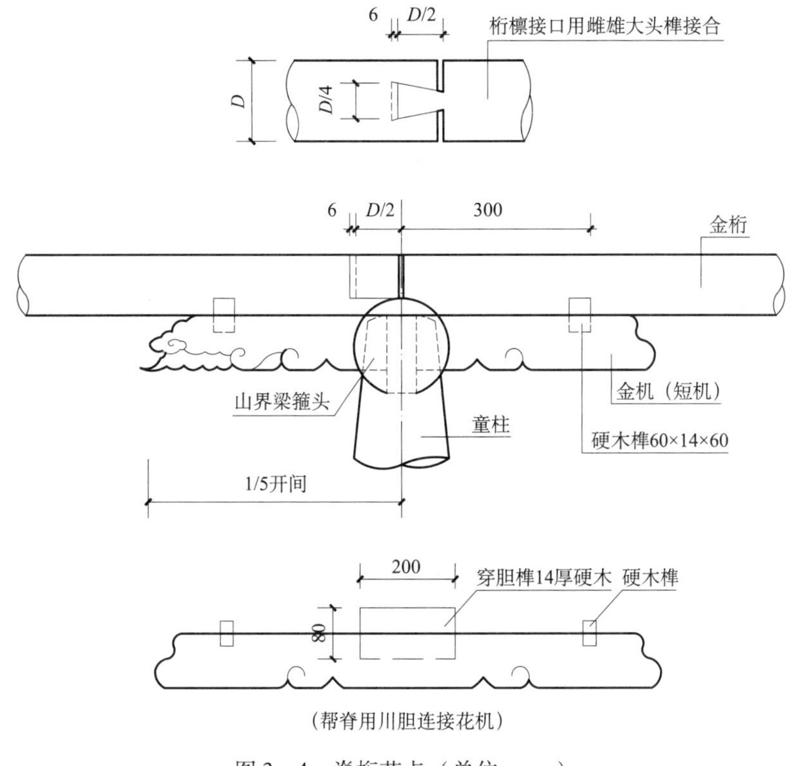

图 3－4　脊桁节点（单位：mm）

桁条“缝口”接榫用“大头燕尾（束腰）榫”（扎榫）结合。榫大头宽为桁条直径1/4，榫根束腰为两侧收势约0.7倍折头宽，形成燕尾状，另一桁条相配的卯口深可加深6mm，以备调节。

当桁条下直接连着“檐枋”者。另外称其为“拍口枋”，此时廊柱和步柱已由廊川（穿插枋）与檐柱用“箍头榫”、“大头榫”、“透榫”或“聚鱼合榫”等法，紧密牢固连接一起，檐桁再与之连接后，便是一个很好的结合点了。可详见后面榫卯结合专篇。

二、构件连结

苏式传统建筑中的小式民居建筑一般不设斗栱，仅是檐檩搁在大梁头。由檐柱承托大梁构成，旧时为省工，大木料仅稍加整理。此时用料设置有个规定，木料大头（根）一律是柱根向下，梁根朝后，穿时大头做榫朝中穿柱身，正是考虑根部木质坚实耐用之故。为控制房屋高度统一、便于掌握，规定了梁底面到檩底面也就是连机或短机面上线，按部位各段设置一个统一的尺寸。称谓“机面线”（见图3－7），依此开挖桁檩椀，在制作安装上得到统一标准，使房屋高度和屋面坡度始终平行一致，机面线尺寸一般为从梁底（柱顶）至檩底（机面）之尺寸为该梁直径之0.7～0.8倍。其桁檩椀深亦相当于檩径的1/4～1/3的范围内，一般圆大梁对径七寸约200mm时，机面线高取五寸（140mm），扁作大梁取七寸（200mm），山界梁、双步取六寸半（180mm），眉川取五寸半（150mm），轩梁取150mm～180mm，荷包梁取三寸半到四寸半（100mm～120mm）。此与《营造法式》之“从枋、槫背上”计不同。

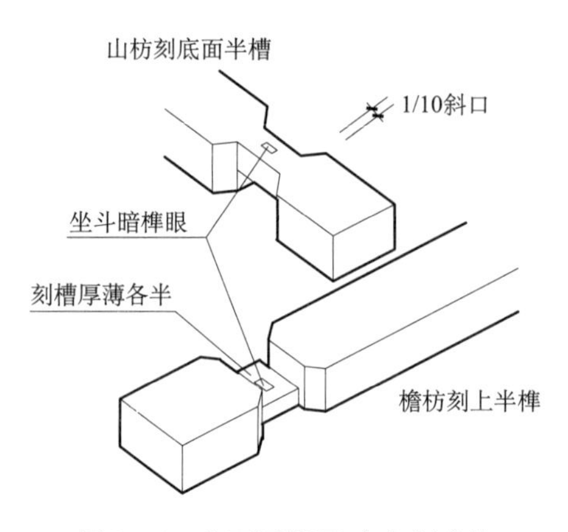

图3－5　山面压檐面 十字刻半榫

檐口下设有斗栱时，其大斗下有一平板枋，厚同栱料（一斗口），阔同大斗面二边各加出30mm，称“斗盘枋”（平板枋），板面按坐斗位凿榫眼，以备安装斗栱定位，板底面与“檐枋”（额枋），亦以每间2～3个大小相适应的暗销（栽销、鸡牙榫）稳固之。此类平板枋在转角相交时，采用的十字交叉厚薄刻半榫，以山面压檐口面组合、镶合口刻凿八字状1/10斜势抹角成喇叭口，下槽口等上槽口压下，十字扣搭找平面，交点凿坐斗暗榫眼（见图3－5）。除上述主要部位布设外，余下为辅助主梁、柱、梁架构的枋类，起着联系、牵拉、支撑定位的作用，也还有协助其他构架，承担搭构作用的，诸如楼面层的“间枋”，天花平顶的“棋盘枋”、“天花枋”。这类做吊天棚的笨重结构形式，现在已不再采用，而以轻钢龙骨、压力水泥板加贴彩绘面料代替了。在重檐屋面上段部分在升高的通天步柱间，为承接下面屋面的椽子，需要加设“承椽枋”（里方木）。在歇山屋面根部，有一根特殊的梁架，朝外侧面挖凿一排可插入“落翼”山墙斜屋面的椽子的“椽窠”，两端与“下金桁”垂直相交，用“十字卡腰榫”镶合，背面直接驮“山架梁”，此梁称“踩步金”，作用亦同“承椽枋”相似，承托下屋面椽子用，却是一件制作复杂的梁（见图3－6）。另外在步柱、金柱、脊柱上布置有选用“大头榫”和“透榫”连结的廊穿枋（穿插枋）、金、脊枋等。而在梢间或转角处，柱顶都

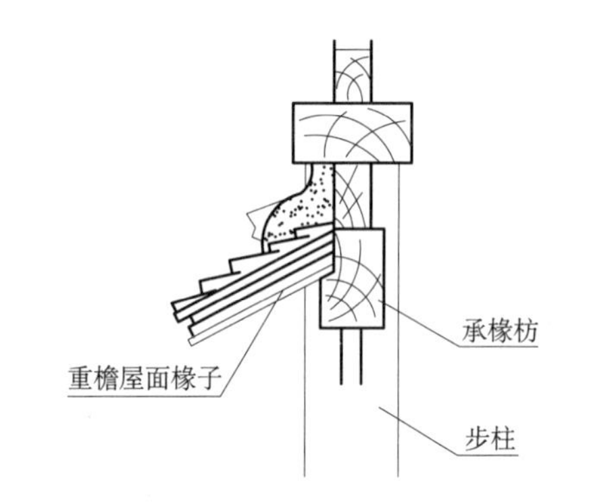

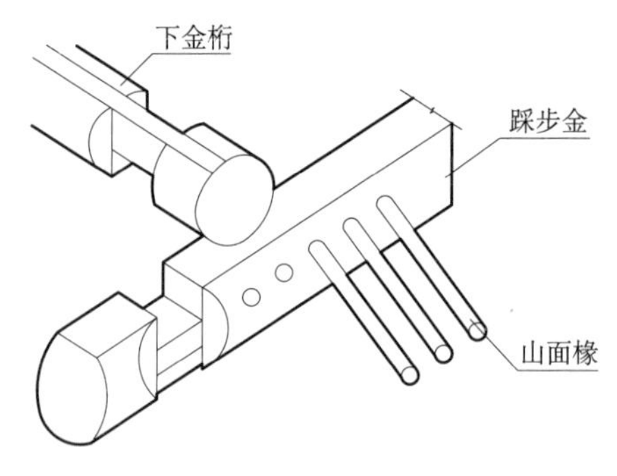

图3－6　山面踩步金

做“箍头榫”连结的“箍头枋”，作用都是将柱顶端箍住不让散架。这些榫卯节点受力位置不同，所以命名也不同（见图3－7）。

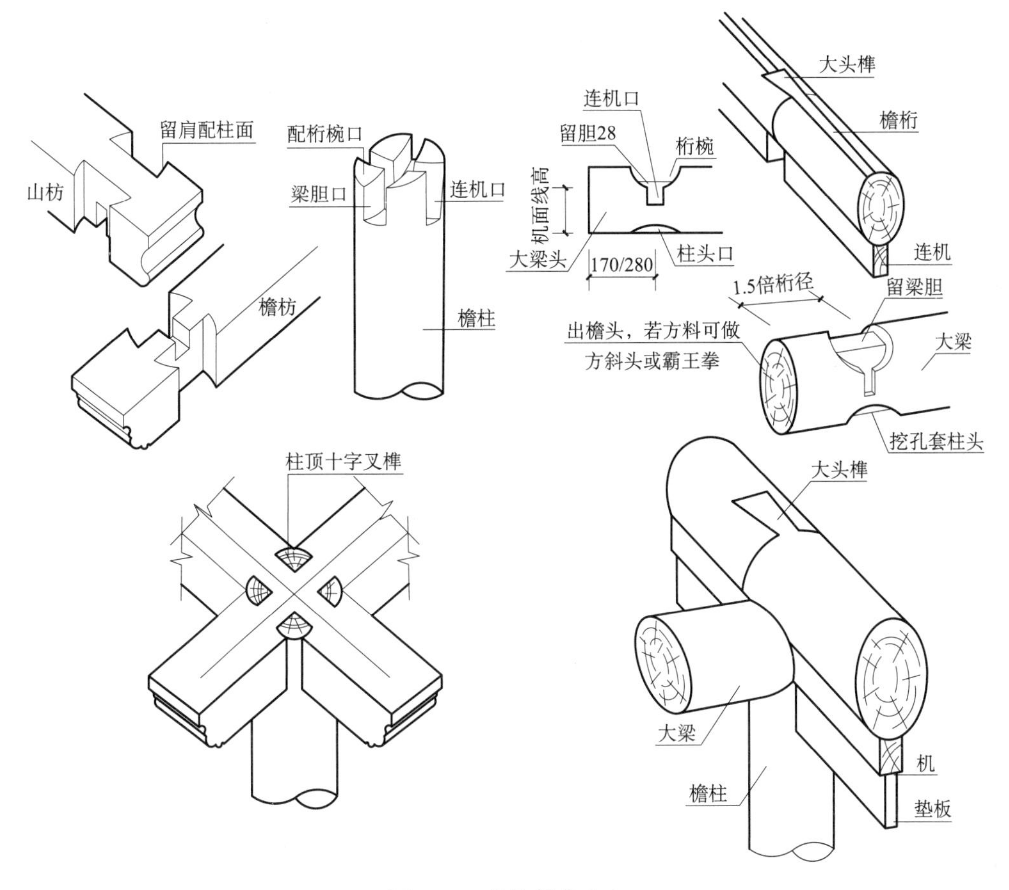

图3－7　檐桁梁柱节点

柱子与梁枋的榫卯结合原则是：首先，梁、枋、穿榫头插入柱身卯眼内；其次，梁、柱顶用箍头榫，或柱头半榫插入大梁底面卯眼口。具体做法根据部位不同，可选择多种式样如下：（见图3－8）

（1）在柱顶端头开叉口，由梁身挖槽，扣住柱头箍紧的“箍头榫”；

（2）柱身凿鼓卯孔，梁枋做“大头榫”，用“打上扣”或“打下扣”的方式连接梁、柱；

（3）柱身穿透卯孔，梁、枋做“大进小出”透榫连接梁、柱，小出头榫尾往往再加楔形木销，锁紧定位；

（4）柱、梁身凿不穿透的半榫口，相交的梁枋用直榫连结；

（5）柱身凿透卯孔，略高于梁枋榫头高，为双向梁枋用的“互扎榫”、“柱内键榫”，空出的上口可加楔木封堵固定；

（6）柱身凿透卯孔，孔内朝上留胆（内键）填空口由插入梁填（垫）担任，为了

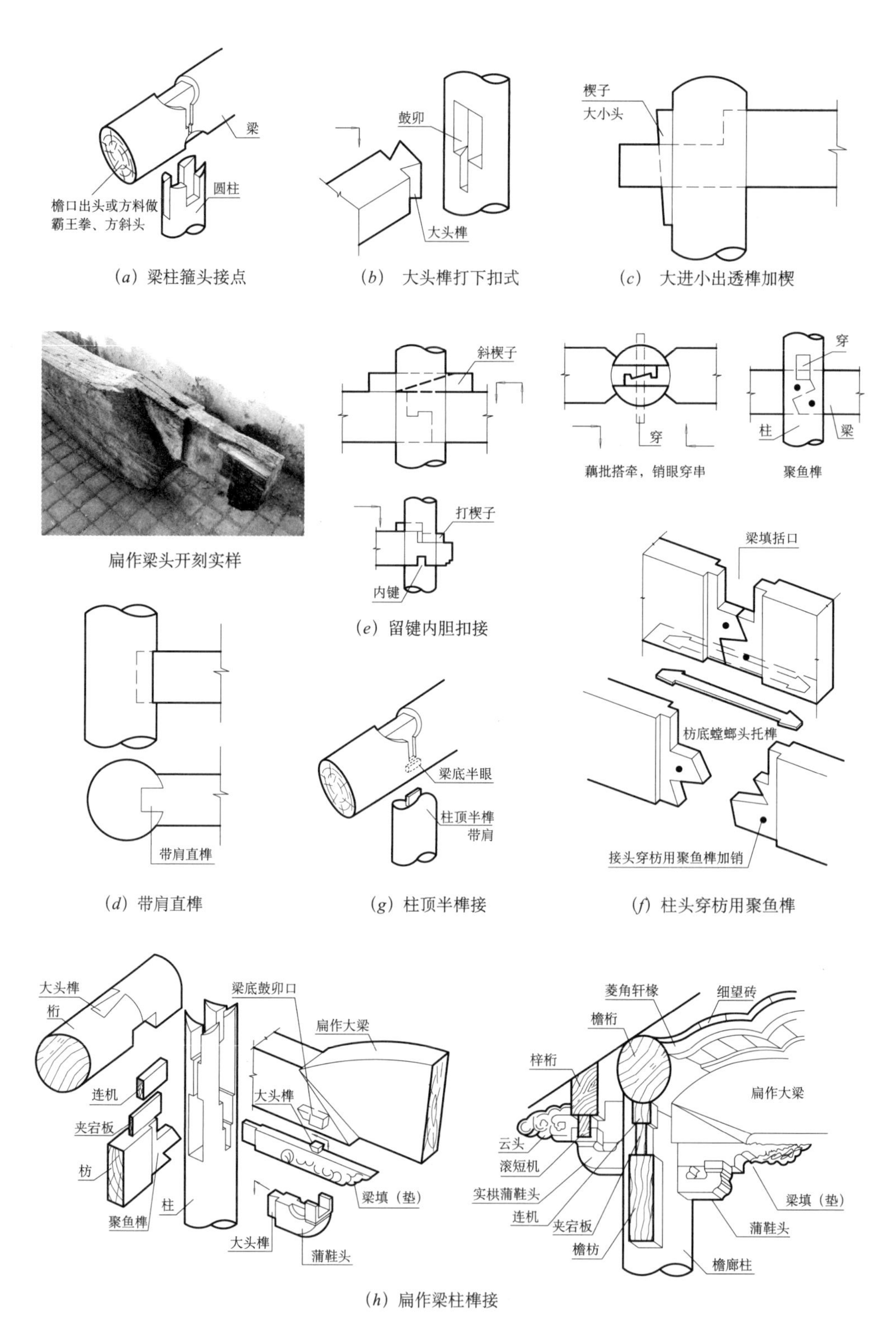

图3－8　梁、穿、柱头接榫节点

定位防止相接构件窜动，有“聚鱼榫”、“对卯藕批搭牵”等形式，柱面外加销、栓插钉固定；

（7）扁作梁、桁、柱及辅件组合，有用多种榫卯形式结合，随机选用；

（8）柱身作为轴心受压构件，凿孔削损面积大小会影响使用计算面积，在结构力学中规定：当削损面积不在边缘上时，且不超过总面积25%时，仍可照常作为计算面积；但超过1/4总面积时，计算面积将只有总面积扣除受损后余下3/4的净面积作为计算面积；若边缘有对称性削损时，只能是扣除削减后的净面积作为计算面积。因此在木结构柱身上开凿榫卯孔的宽度，仅限于柱径1/4是符合力学原理的。

柱子下端中心常设有30mm×30mm×30mm管脚榫，于鼓墩安装定位用，也有在柱脚中心开凿30mm×30mm十字通风槽，有一定防潮作用。

三、天花、轩顶

苏州传统建筑中常用轩顶做法，而北方官式就很少使用这种梁架布局，用于室内天棚位置，北方“回顶”（卷棚）其做法，是屋面直接铺设在双檩罗锅椽上的卷棚屋面。而与苏州南方式样构造上有所不同，是在尖顶大屋面下，另做“重椽”（复水椽）翻轩梁架的做法。可分为轩梁低于内四界大梁者，称“磕头轩”，与大梁底相平者称“抬头轩”（见图3-9）。轩顶式样，常见有“茶壶档轩”、“弓形轩”、“一枝香轩”、“船篷轩”、“菱角轩”等（见图3-10）。

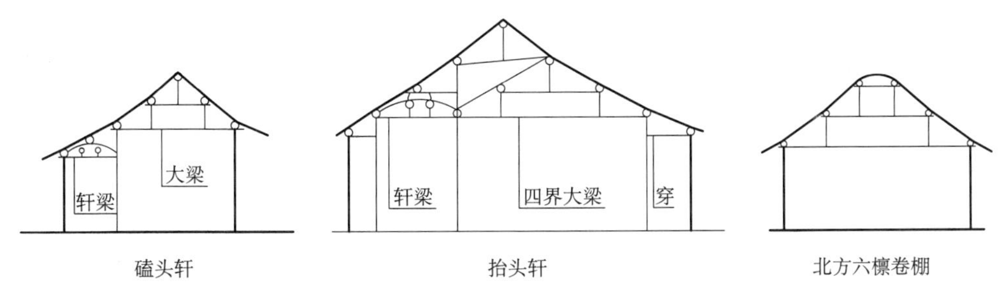

图3-9　轩顶贴式

轩顶望砖上有刮糙浆（泥）面，称“护望灰”，既能固定望砖，不会移位掉落，又可挡尘。望砖铺设在弧线形轩椽上，必须进行细加工磨砖、对缝、浇刷、披线、铺设才能达到美观大方的目的。

在园林建筑中常见有一种特殊的“花篮厅”梁架形式。典型的如狮子林“真趣亭”，为了腾出空间而将室内原来落地的前廊檐“步柱”取消，蜕变为悬吊于上空桁、梁上，在柱底端雕刻呈花篮状的吊脚柱。是用扁铁环，悬挂于通长专设的枋子桁条或草架梁上。吊脚柱上端开叉脚榫，竖向夹骑于进深的轩梁和大梁下面，在开间方向有

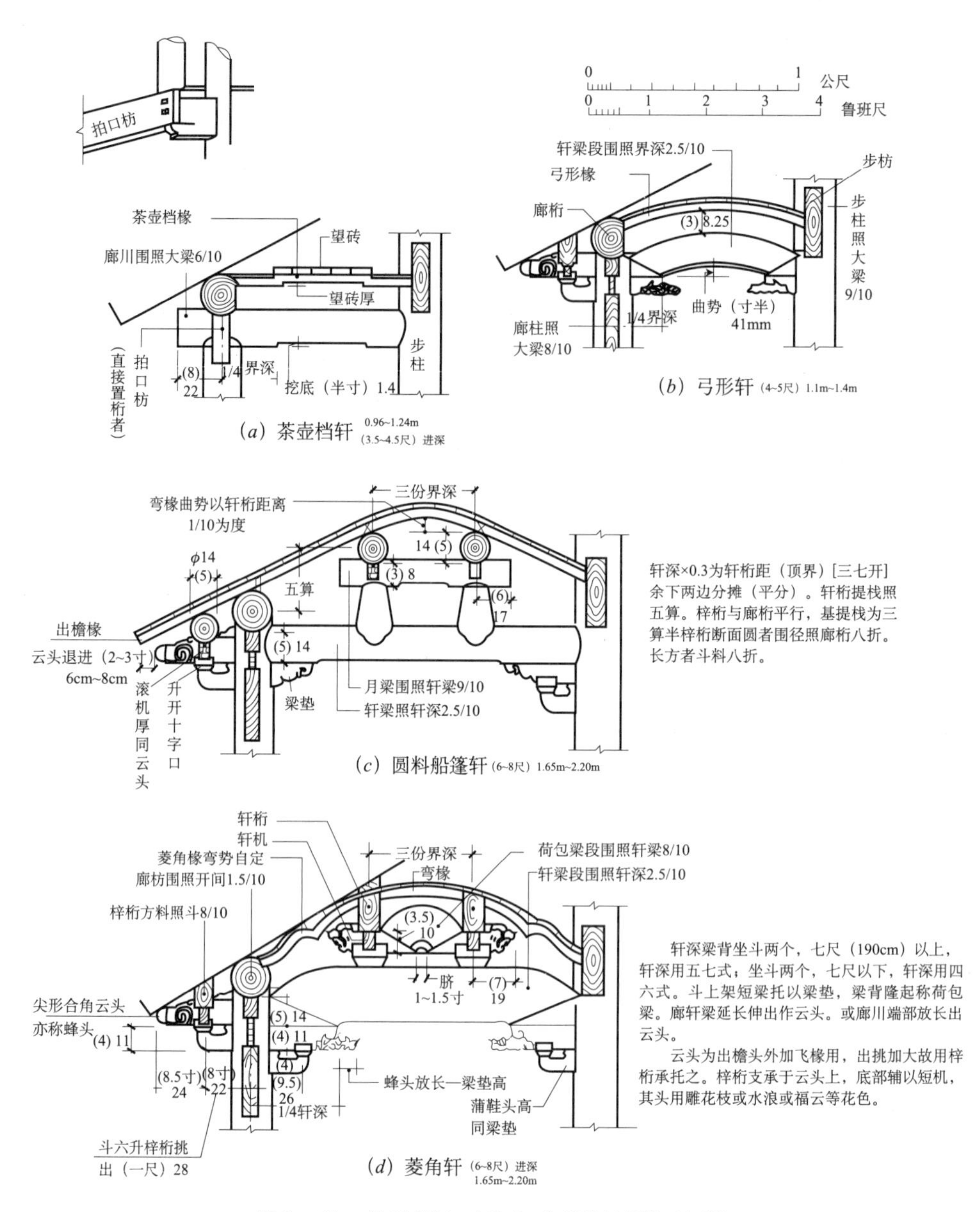

图 3 – 10　各种轩法（录自《营造法原》诠释）

穿过下方卯口，伸向边贴步（或檐）枋者，用料加大、叠拼，亦有用下加夹宕板、穿枋成组合梁式，花篮柱节点处下面加“雀替”托脚，吊柱顶头以半榫插入通长枋梁底面定位卯口，和吊铁环上销眼用楔形扁铁销锁紧固定之。用材虽选硬质木料制作，限于木材强度应力不高，截面不能过大。故建筑物开间和进深均较窄浅，常一般以“二间匀作三间”的布局形式，来减轻屋面荷载，适应木梁、柱截面用料（见图 3 – 11、图 3 – 12）。

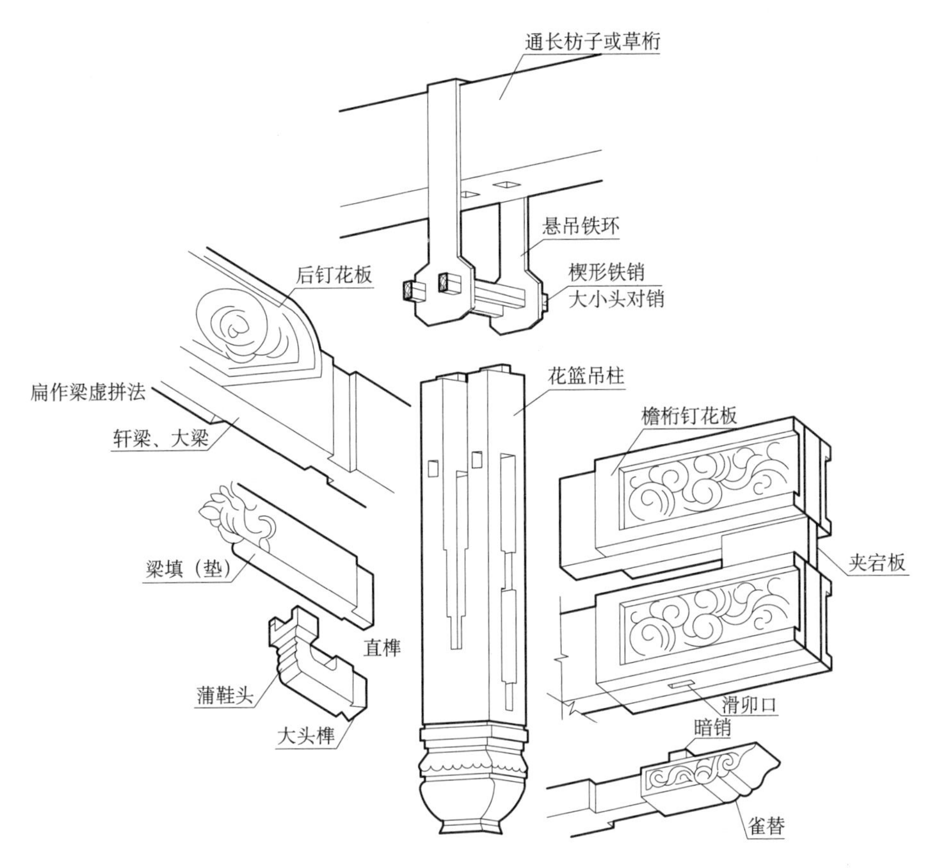

图 3－11　吊花篮柱头交接节点

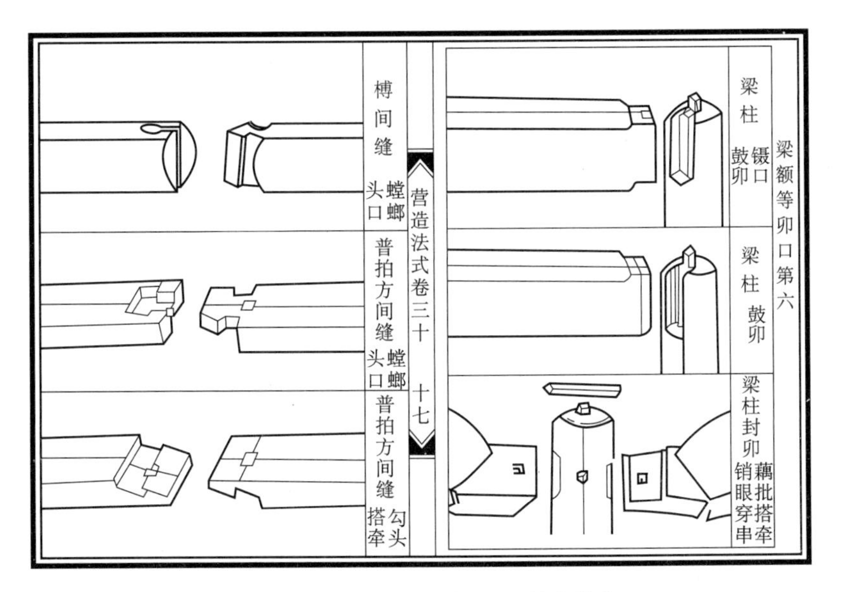

图 3－12　《营造法式》梁柱榫卯节点

寺庙大殿中佛像上方、戏台中央的天花往往选择一种与皇室宝座上方相似的穹起合钵式的藻井式样。简单地一层层从井字架搭搁成八角形，最后收拢变成圆顶，俗称“鸡笼罩”式。亦由此用斗栱式样，呈旋转式达圆顶中心结顶，甚为华丽壮观。基本构造梁架搭搁均用刻半榫镶平接合，斗栱纯粹为装饰性，都是单面镶贴装置，仅为半面，用大头榫插榫挂于“斗槽板”围成藻井壁面，木骨草架上，中心圆明镜收头，亦有采用精美木雕饰件如龙头等，更多见于装置篇。除此之外，仅用井口梁错45°斜叠交替，或采用兜八，四锥拱起藻井口的简易做法，藻井口四周镶边则常选用“井口天花”或“海墁天花”。只不过是将木龙骨筋明装或是暗做之分。因用料太笨重又不防火，现在为满足防火要求多半采用轻钢龙骨、压力水泥板或石膏板亦可贴花彩画，组成天花吊顶较为实用，同样可做成传统建筑的外形几可乱真。

四、构件拼材

在工程中有时限于采购用材规格难以满足设计要求时，常用多件小料拼合而成。如有些特大殿宇的梁或柱子，有用两根、三根甚至像大船桅杆一样多根拼攒组合成一根柱子（见图3－13）。

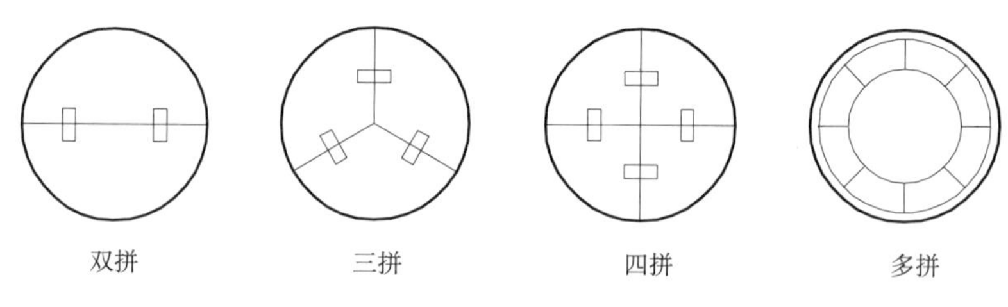

图3－13　圆柱拼合示意图

为了拼接牢固达到传力均匀直接，除拼交接合面须刨平、拼接缝严密，明、暗鼓卯、鞠卯相配合适，尚可加刷胶粘合。并外围在一定距离上开槽增加铁箍箍紧，或对栓螺钉紧固（M16×22mm），然后构件面，照样再做糙底、批灰、嵌麻、油漆面，仍然可保持建造工程要求之外观（见图3－14）。

梁枋的拼合，一般在尺寸特大的扁作梁和枋，多用方料，常采用拼叠合成，才能满足使用要求。除有条件者使用“独木”外，拼叠时有“实叠”和“虚拼”两种做法，梁枋拼叠以心木拼为宜，不可用边片、板料木纹相背者，容易翘曲。扁作大梁制作高度为其厚度的双倍，即1∶2成材，此为“实叠”。结合面须刨平，相合密缝，用橄榄状铁钉或毛竹带青皮竹篾钉在两接合面相应位置，钻略微小一点直径的孔眼，置入钉子，合缝入扣后用檀木锤敲打结实，不留隙缝。缝中尚可加涂专用胶辅之，只能薄敷一层，钉眼排列布置可按木结构规范中规定，垂直木纹时钉距≥3.5D销钉直径，

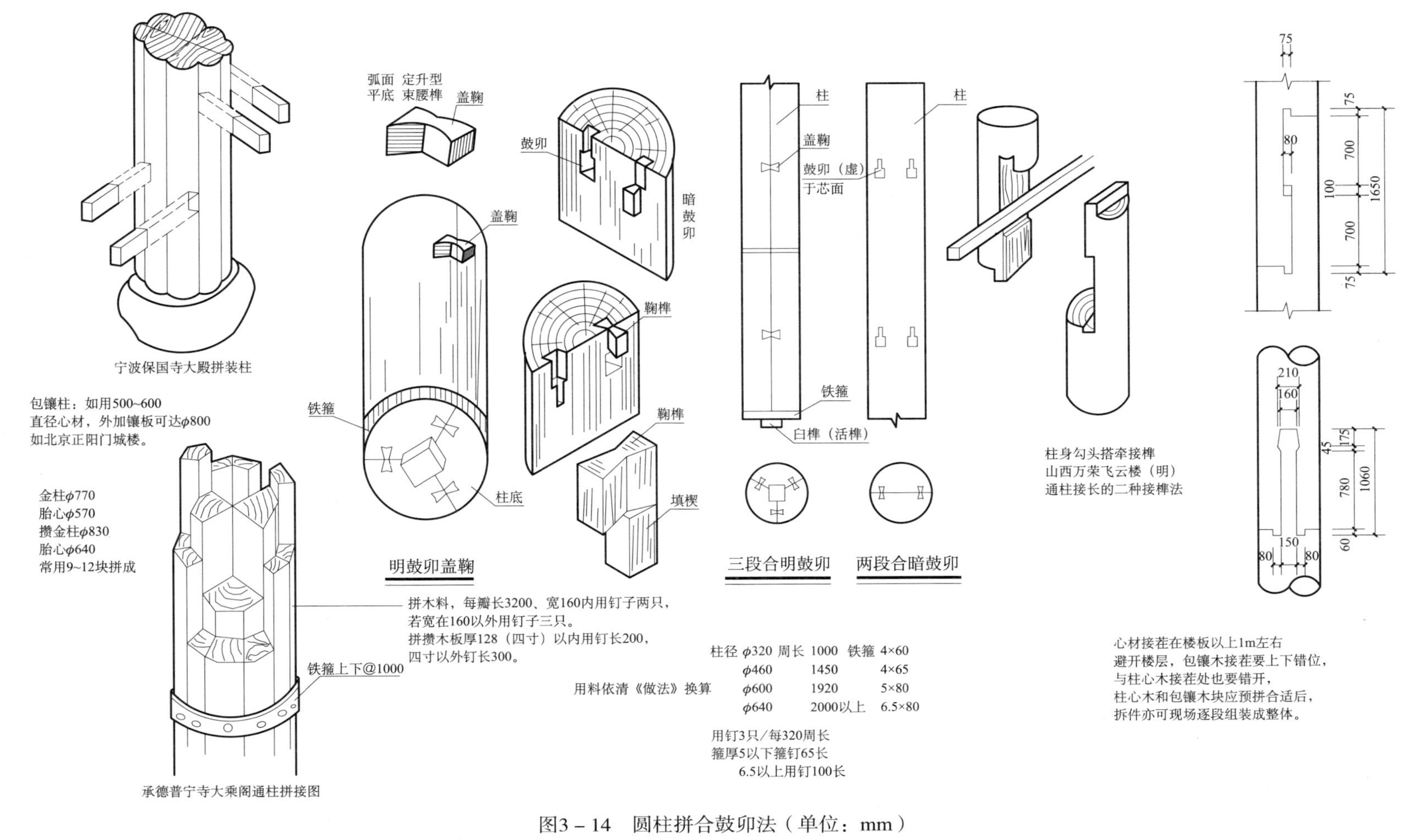

图3－14　圆柱拼合鼓卯法（单位：mm）

平行木纹钉距≥7*D*，销钉到纵向板边≥3*D*。传统做法是梁枋宽度大于80mm以上，类似现代做法宜选双排钉布法，常用这种暗销为$\phi16\times100$mm。实际使用的铁橄榄钉，系手工锻造，规格没有这样大。定位第一只钉位，离开梁枋端头榫肩口，往内150mm处为宜，可不影响榫头牢度。

另一种"实叠拼合法"用"板销结合"，在构件结合面预开槽口，用硬木销紧密嵌入，结合成一体，可共同受力。板销尺寸可由机械加工，厚度可在12mm～16mm，高度为4.5倍厚，但不得大于每块叠拼木料的1/5高（厚）。拼梁厚*b*小于150mm，可施贯通式明销。若*b*大于150mm时，则可采用隔错位排列的暗销组合（见图3－15）。

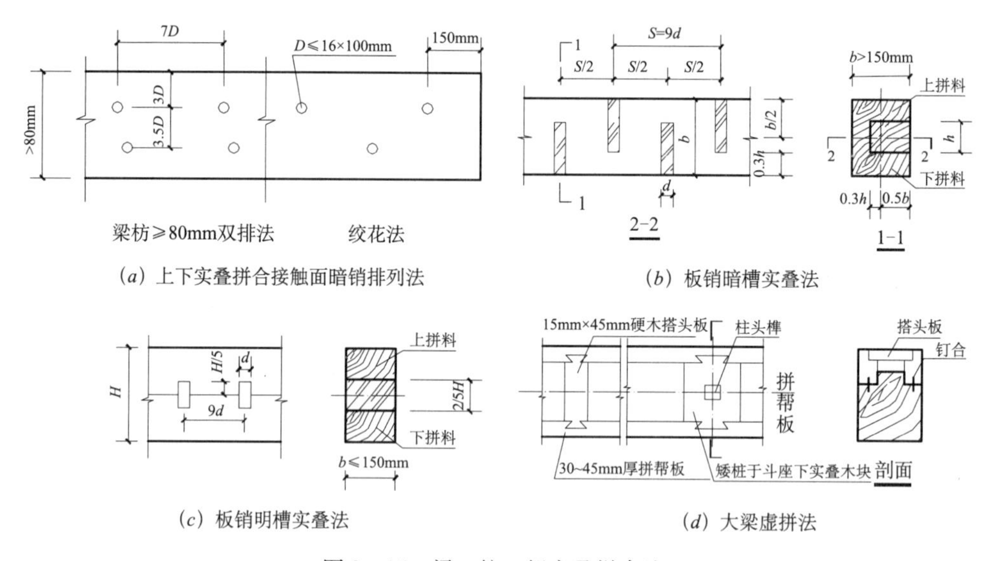

(*a*) 上下实叠拼合接触面暗销排列法　(*b*) 板销暗槽实叠法

(*c*) 板销明槽实叠法　(*d*) 大梁虚拼法

图3－15　梁、枋、板实叠拼合法

实叠拼合法，常用在大梁和穿枋中，还有传统做法在厚板的拼合时，用到的"银锭扣"、"穿带式"和"抄手带楔形销式"而拼合板缝尚有"企口"、"公母榫"等，都是有效的榫卯结合方法。

除上述"实叠法"还有"虚拼法"，即按实际需用材料断面的大梁高度，在绘制山界梁下寒梢栱组合大斗底面，到四界扁作梁脊面的高差，超过构造需要时，要加高扁作大梁外观断面尺寸时，可将梁上口两侧添补大于30mm，或1/5梁厚的木板拼做帮板。上口用15mm×45mm硬木搭头板，用大头榫连接，下口用竹钉、铁钉拼合。遇到矮童柱或坐斗位置时，应增加实木块承托，上平齐梁面，并加做承接寒梢栱大斗或矮童柱下脚直榫胆卯口，或30mm×30mm桩头榫，以便承接上部构件定位切合（见图3－16）。

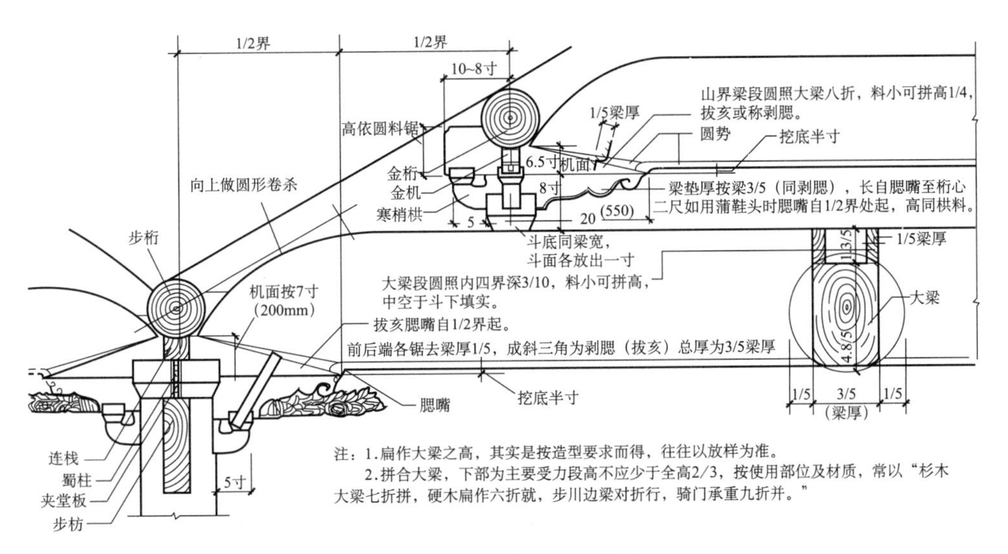

图 3－16 扁作大梁虚拼图

五、屋面找坡

苏州传统建筑形式上，较为特殊的在屋顶外形上，与北方官式大木作做法形态、构造上都有所不同：

（1）屋面斜面上弧线型《营造法原》称“提垂（栈）”。而官式谓“举折之法”乃是提线连接中脊到橑檐枋背上绷紧后，在各桁檩位挂重物，看其垂直坠下高度，即《营造法式》之“抨绳令紧”而得，计算之法则，自脊檩顶面至橑檐枋（梓桁）顶面得总举高，总举高由前后橑檐枋（不设斗栱以檐柱中心）间距分多份，取其一份为总举高称“多分举一”，然后按进深（前后橑檐枋间距）之一半，分得若干“架”数，逐次自上而下，第一上桁檩在橑檐枋背上至脊桁檩背上绷绳后，在“架”位处减 1/10 举高，再到下一架处，又从橑檐枋背连线到第一上桁檩背绷绳后，在去一架处，举高减折上架 1/10 举高之半数，依次类推，逐架举高减上架之半来确定屋面的弧线型。而苏式的“提垂”法，以檐口桁檩底面（机面线）为基准，向上按起算数后，每一“界”距逐次提高 1/20～1/10 称“算”。如檐桁到步桁的水平距离（界）用“四算半”起算，即自廊檐柱中心到后面第一根步桁的水平距离（界）的屋面增高尺寸是其 0.45 折。再往内进深的后一界提高为 0.55（五算半）或 0.5 折（五算）的提垂数，依此类推，直到中脊，而越近中脊提高值越大。

旧时第一界民房以三算半起，即“依照界深即是算”，六界的民房，界深为三尺半（约 960mm）时的做法。以上每界增半算 0.5 折算。若檐口以四算起算，加之飞椽“翘瓦头”，瓦片即使“五搭五”铺设，其时屋面坡度只剩二算半～三算半了。所以“出头椽易烂”也是其原因之一。所以有“四算不飞椽”的说法。同样“五算不发戗”也是这个道理，五算相当于《营造法式》中“四分举一”（2：1），用于厅堂余屋。殿堂则用“三分举一”相当于六近七算，即 3×1/2（桁平长）比 1（举高），四算则称“五分举一”，屋面坡度就相当的平坦了，水平夹角仅 21°50′。照《营造法式》底瓦泄水沟，相搭重叠 4/10 做法，即所谓“压四露六”，则与清式和现代铺法“压六露四”和“压七露三”相差甚大，显然照《营造法式》当时地域、气候定下的规矩，在苏州地区是绝对行不通的，非“屋漏不可”，而且都是屋面排水不畅的缘故。具体编绘剖面图样式，为使屋面弧线曲度自然顺畅，还有一句名言“囊金、叠步、翘瓦头”起到点睛作用。“囊”字吴语音，意为中间陷落凹下之意，指金柱处要下陷调低些，相应檐步柱处就要显得突高了，而檐口的瓦头应往上翘起些，这样可使屋面泄水急时，会往外飞出飘远些，不至于溅及檐下阶沿（见图 3－17）。

（2）屋外转角发戗做法亦与官式大木作做法不同，屋角翻翘向前上方，有一种前进向上的动感“正能量”。根据档次分为“嫩戗发戗”，即转角老戗出头端，加一根挑出斜插深入老戗头车背 40mm 左右的“嫩戗”，飞翘势头较明显。老戗与嫩戗的上翘夹角根据屋面斜度“提垂（栈）”算数决定，通常对称居中分在 120°～130°夹角之间，可在绘详图时调整，看得顺眼即可。不要“矫枉过正”，太竖直“一飞冲天”显得霸气，太低平有点“倒霉瞌冲”（见图 3－18）。

另一种“水戗发戗”做法接近官式大木作翼角做法（见图 3－19、图 3－20）。即在老戗头端上驮一“角飞椽”，截面尺寸大于正檐口飞椽高宽 1～2 成，官式称“仔角梁”，角檐口亦向外放长叉出，较正檐口水平伸出约 300mm，定为转角老戗尖端，同时亦接连角椽顶端与步桁交角处的平檐口依此连成水平面上的缓顺弧线形，转角飞椽以此为中心，逐根成放射状布设称为“摔网椽”，同嫩戗发戗做法相同布置，翼角上翘亦用“戗山木”逐个填高找准曲面。余下屋面上的“水戗脊”尽端头饰，均由瓦工水作砌筑而成，即将戗座垫高 160～200mm，前端水戗收头参照“嫩戗发戗”做法，戗座上设滚筒或者省去不做，尽端收口作壶形开口状。以上逐皮出挑弯起，用钢筋、扁铁作骨架，牢牢固定于戗木上（见图 3－21）。以上两种做法，除戗脊头有所不同，水戗构造基本相同，其弯势自随屋面坡度及其高矮尺寸，以成正比相称为准，观之以轻盈、秀丽舒展的形象为美，但应特别注意结构牢度，安全第一位。及四隅对称相应位置上转角戗的翘势方向，不能有一点差异。

这样的戗角做法，不光是在楼阁厅堂上应用，还在攒尖式的多角亭上使用，唯老戗木尾根的节点，有搁置于步桁交合角处，上接由戗木者；在重檐屋面时，留榫插透步柱后，加楔销固定者；有挑杆式将老戗尾放长一界到金桁，用榫接或上托住金桁式；还有攒尖式亭子类多角的老戗木，汇总到灯芯木（雷公柱），用插榫或铁件连接以保太平。老戗木长度的计算比较复杂，分两次计算才行。首先计算其转角（45°）水平斜长，再依此斜长换算成转角处斜屋面屋脊上翘的实际斜长，才是老戗木的真实长度（见图 3－22）。

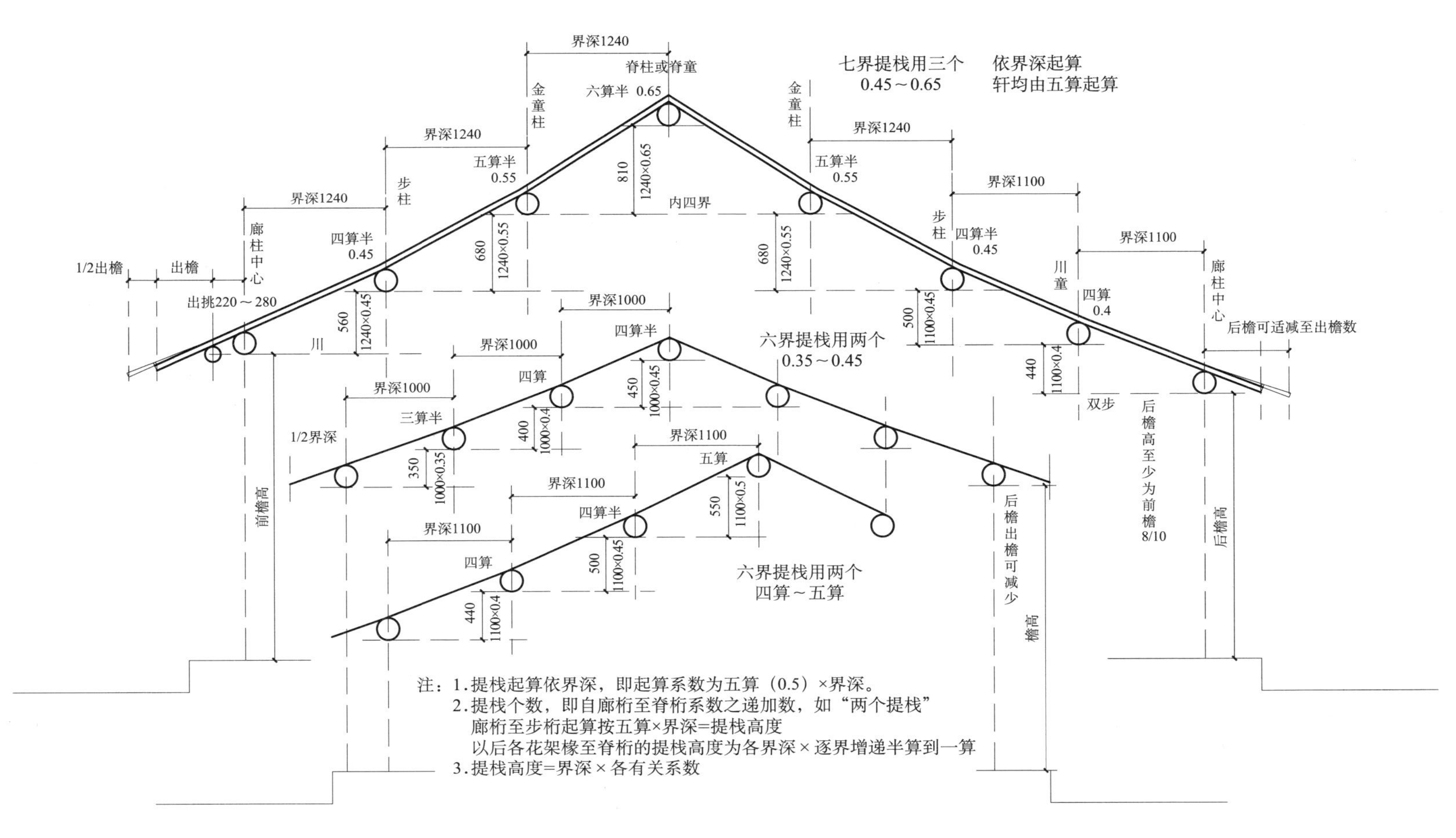

图3－17 《营造法原》提垂图（单位：mm）

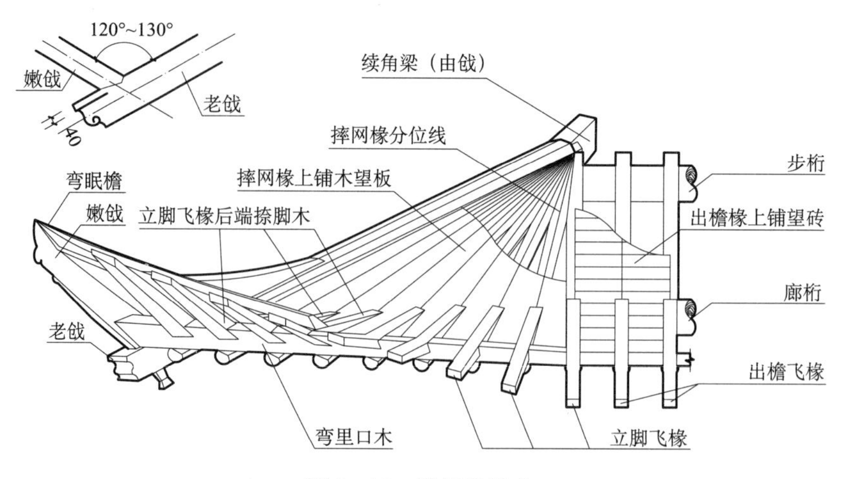

图 3－18　嫩戗发戗式

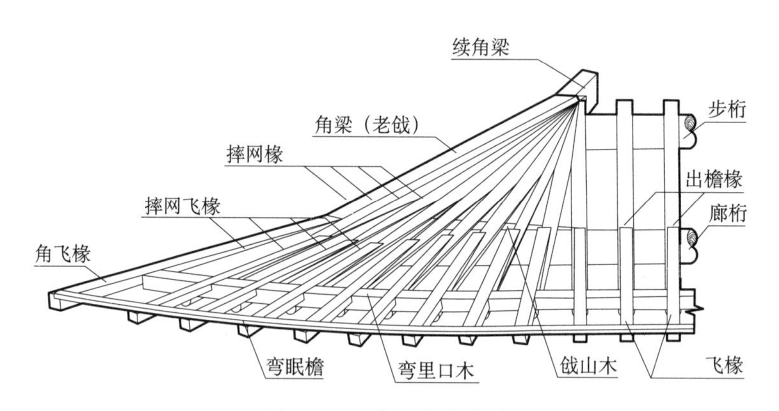

图 3－19　角飞椽发戗式

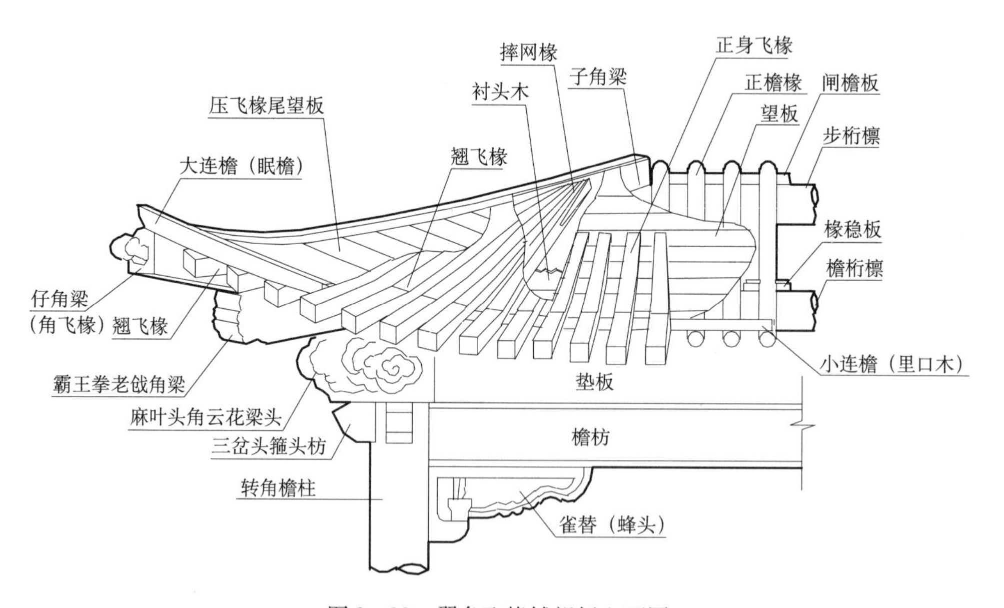

图 3－20　翼角飞椽铺望板立面图

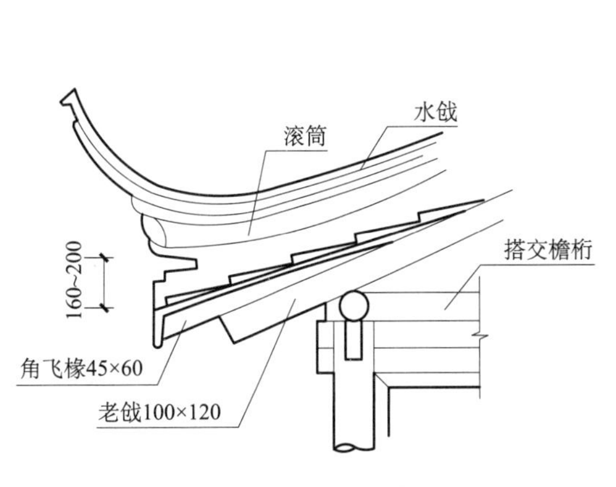

图 3－21　水戗发戗做法

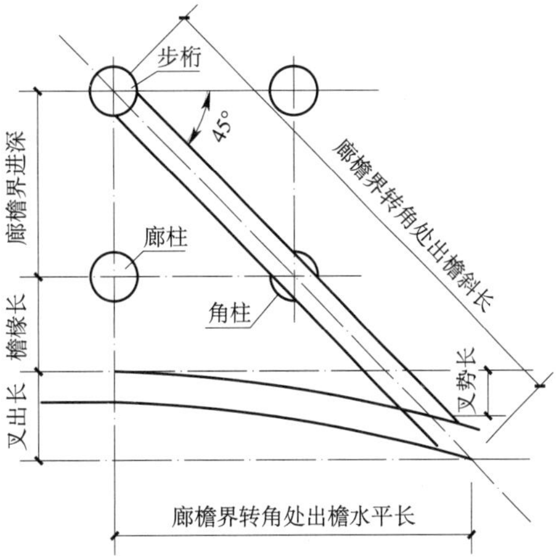

图 3－22　老戗木计算简图

先算出转角处廊檐挑出长，包括廊界进深、老檐长、飞椽长，再加上戗角叉势长的总长度，按正交夹角求斜弦长，此为水平斜长。第二步依此斜长根据该檐口屋面“提垂（栈）”算数高度，仍按“勾股弦定律”——两个直角边平方之和等于斜边平方，开方后算出的斜长结果，即是该老戗木的实际计算长度，当然还要加上榫卯损耗长度，才可作为断料加工用料长度（见图 3－23、图 3－24）。

嫩戗长度约为飞椽挑出长度的 2.5～3.3 倍，所谓“嫩戗之长三飞椽”，其实际长度尚可根据建筑形体大小，具体情况决定为宜，建筑本来就是艺术创作，可因地制宜运作。

老戗出叉长度：录自过汉泉《古建筑木工》：

殿堂、宝塔：“殿宇殿堂足飞椽”，老戗出挑 1.0 倍正檐口飞椽出檐长。

一般厅堂：“厅堂楼屋足九折”，老戗出挑 0.8～0.9 倍正檐口飞椽出檐长。

亭子、小阁楼：“亭台小阁过半数”，老戗出挑 0.5～0.6 倍正檐口飞椽出檐长。

一般水戗、发戗：“水戗发戗是八折”，老戗出挑 0.5～0.8 倍正檐口飞椽出檐长。

老戗用料选择：一般以该建筑物的大斗尺寸选择，取其 1.1 倍计，不失稳重。

佛道帐：60mm×80mm（二三式，为苏州香山木匠传统称呼，下同。）

殿内佛龛、特小亭子：80mm×120mm（三四式，即三寸高，四寸宽，依斗尺寸，下同。）

一般亭子：110mm×160mm（四六式，其升、栱料相当于斗口尺寸，55mm×80mm。）

一般厅堂：140mm×200mm（五七式，基本型，相当清式三等材即斗口尺寸。）

厅堂、小殿宇：170mm×240mm（八六式，八寸宽六寸高，规模稍大厅堂可用。）

200mm×280mm（一七式，十寸宽七寸高，为大斗尺寸。）

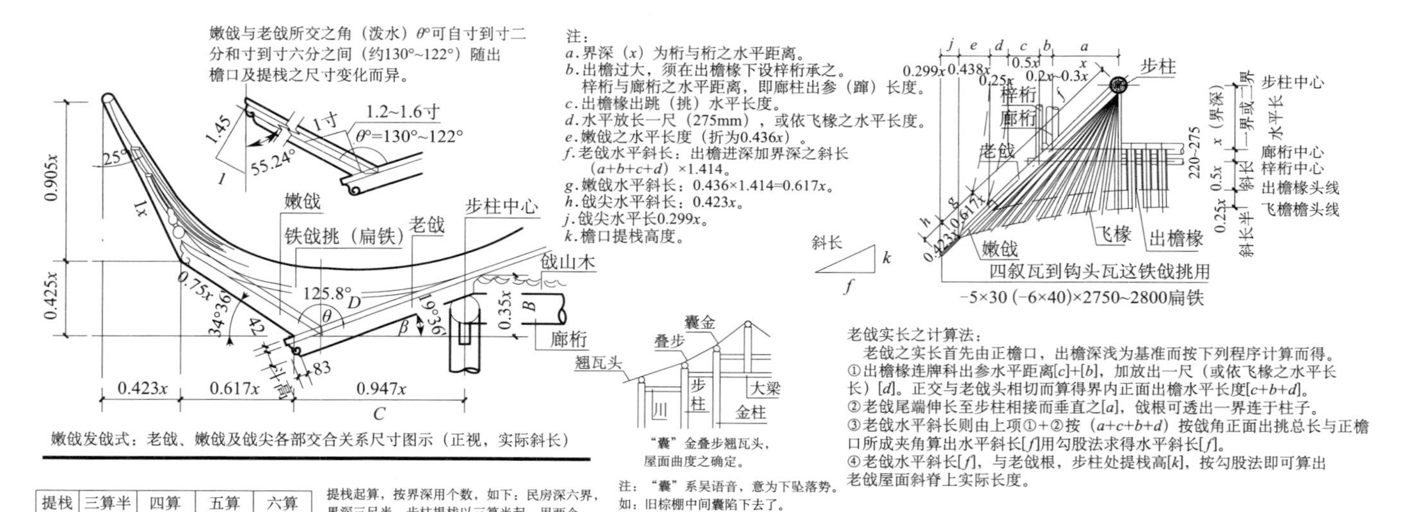

嫩戗发戗式：老戗、嫩戗及戗尖各部交合关系尺寸图示（正视，实际斜长）

注：
a.界深（x）为桁与桁之水平距离。
b.出檐过大，须在出檐椽下设梓桁承之。梓桁与廊桁之水平距离，即廊柱出参（蹿）长度。
c.出檐椽出跳（挑）水平长度。
d.水平放长一尺（275mm），或依飞椽之水平长度。
e.嫩戗之水平长度（折为0.436x）。
f.老戗水平斜长：出檐进深加界深之斜长（a+b+c+d）×1.414。
g.嫩戗水平斜长：0.436×1.414=0.617x。
h.戗尖水平斜长：0.423x。
j.戗尖水平长0.299x。
k.檐口提栈高度。

"囊"金叠步翘瓦头，屋面曲度之确定。

注："囊"系吴语音，意为下坠落势。如：旧棕棚中间囊陷下去了。

提栈	三算半	四算	五算	六算
A	0.707	0.696	0.671	0.644
B	0.248	0.279	0.335	0.386
C	1	0.984	0.947	0.910
D	1.03	1.02	1	0.99
α°	19°20'	21°50'	26°34'	31°
β°	13°50'	15°38'	19°36'	22°55'
θ°	131°34'	129°46'	125°48'	122°29'

提栈起算，按界深用个数，如下：民房深六界，界深三尺半，步柱提栈以三算半起，用两个。（3.5算、4.5算）
厅堂深七界，界深五尺，步柱提栈以五算起，用三个。（5算、6算、7算）
"堂六、厅七、殿庭八，厅堂殿宇递加深"
亭台提栈较挑陡，步桁提栈五、六算，脊柱提栈可对算。"囊"金叠步翘瓦头，（金柱酌取半）。
提栈自三算半、四算、四算半、五算，直到九算，十（对）算。

注：A出檐口进深。
B提栈高（前后桁之高差）。
C老戗水平斜长（即f）
D老戗实际斜长。

α° 出檐口提栈垂直夹角。
β° 老戗提栈垂直夹角。
θ° 老、嫩戗交合夹角。

翼角相对应之正檐口进深尺寸

（廊柱外无梓桁时）

例：若以混凝土现浇，出挑檐口之老戗角实际斜长，嫩戗以前另加。
A=1时（正出檐长），则
B=0.5（即K檐口提栈高）
C=1.414（老戗角水平斜长即f）
D=1.5（翼角正交斜角实际长）

注：x为界深，出檐椽斜长为0.5界深，飞椽挑出斜长为0.25界深。梓桁为出檐挑出过多而设，由轩梁一端挑出梁头，梁端刻云头称"云头挑梓桁"。梓桁与廊桁平行，提栈为三算半（0.35界深）水平距离；以蒲鞋头、五七式斗三升外挑梓桁出八寸（220mm），而斗六升挑梓桁则进深出可为一尺（275mm），即牌科出参（蹿）长。

老戗实长之计算法：

老戗之实长首先由正檐口，出檐深浅为基准而按下列程序计算而得。
①出檐椽连牌科出参水平距离[c]+[b]，加放出一尺（或依飞椽之水平长）[d]。正交与老戗头相切而算得界内正面出檐水平长度[c+b+d]。
②老戗尾端伸长至步柱相接而垂直之[a]，戗根可透出一界连于柱子。
③老戗水平斜长则由上项①+②按（a+c+b+d）按戗角正面出挑总长与正檐口所成夹角算出水平斜长[f]用勾股法求得水平斜长[f]。
④老戗水平斜长[f]，与老戗根，步柱处提栈高[k]，按勾股法即可算出老戗屋面斜脊上实际长度。

例：1.界深四尺（1100mm）[a]。
2.牌科出参[b]加出檐椽[c]等于二尺八寸（770mm）。
3.放出一尺[d]（275mm）老戗水平直边长[a+c+b+d]按勾股法算出水平斜长[f]。f=[a+c+b+d]=1100+770+275=2145mm即七尺八寸。
提栈按五算：
4.老戗提栈高[k] 2145×0.5=1072.5mm即三尺九寸。
5.老戗水平斜长[f]=[a+c+b+d]×1.414=七尺八寸×1.414=3033mm，即一丈一尺余。按"方五斜七"法则为（2145/5）×7=3003mm近似。
6.老戗实际斜势长度即为：

$\sqrt{[f]^2+[k]^2}=\sqrt{(一丈一尺)^2+(三尺九寸)^2}$=一丈一尺七寸

（换算公制）实斜长=$\sqrt{3033^2+1072.5^2}=\sqrt{10349345}$=3217mm

计算出老戗实际斜势长度后，如为木构件式，戗端、梢为锯凿榫头宜各放长五寸（140mm）备用。

说明：本图根据《营造法原》演绎而成。

（正交直角）cos45°=0.70711 sec45°=1.414
（八角亭角）cos22.5°=0.924 sec22.5°=1.082
（六角亭补角）cos30°=0.866 sec30°=1.155

图3－23　老嫩戗木长度计算

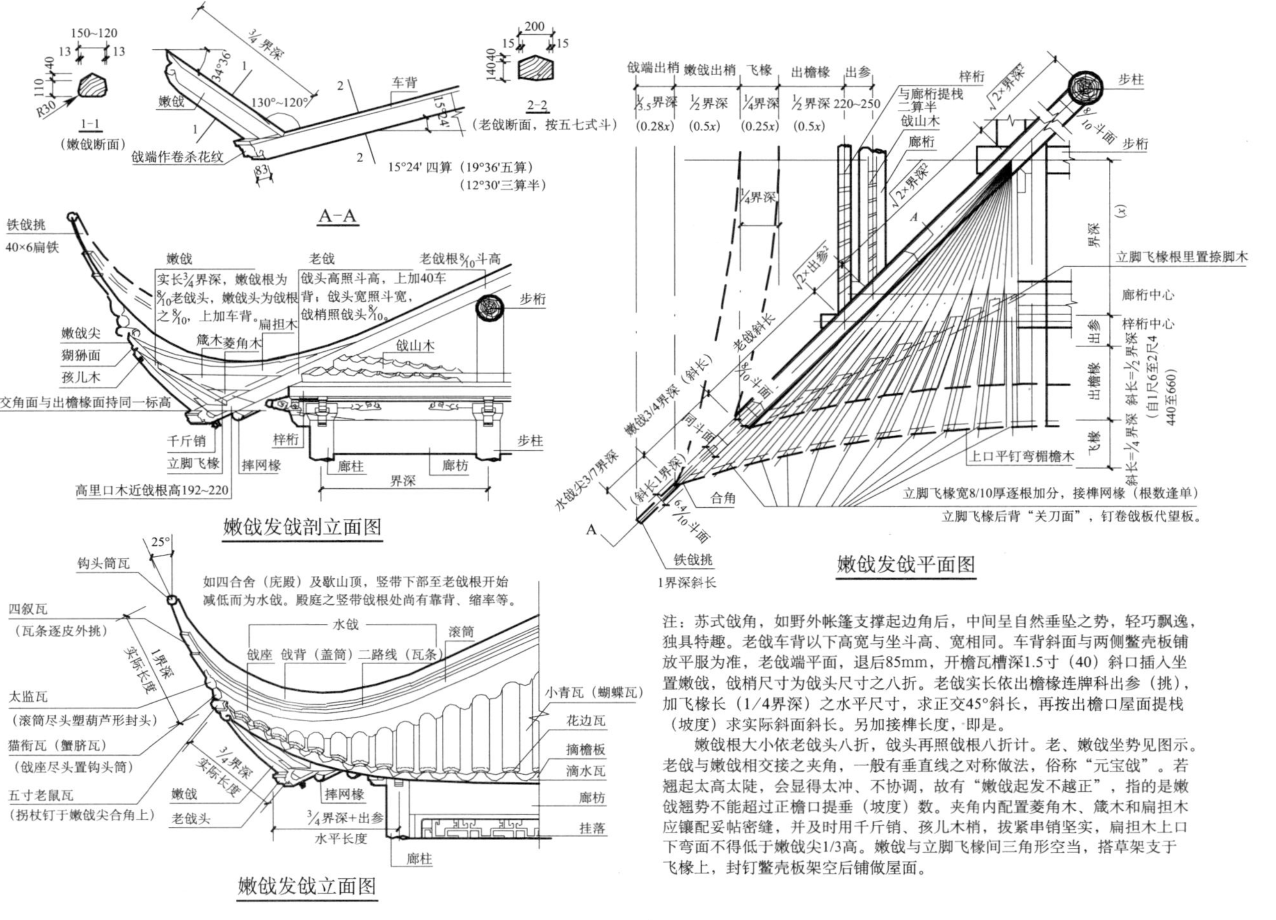

注：苏式戗角，如野外帐篷支撑起边角后，中间呈自然垂坠之势，轻巧飘逸，独具特趣。老戗车背以下高宽与坐斗高、宽相同。车背斜面与两侧鳖壳板铺放平服为准，老戗端平面，退后85mm，开檐瓦槽深1.5寸（40）斜口插入坐置嫩戗，戗梢尺寸为戗头尺寸之八折。老戗实长依出檐椽连牌科出参（挑），加飞椽长（1/4界深）之水平尺寸，求正交45°斜长，再按出檐口屋面提栈（坡度）求实际斜面斜长。另加接榫长度，即是。

嫩戗根大小依老戗头八折，戗头再照戗根八折计。老、嫩戗坐势见图示。老戗与嫩戗相交接之夹角，一般有垂直线之对称做法，俗称“元宝戗”。若翘起太高太陡，会显得太冲、不协调，故有“嫩戗起发不越正”，指的是嫩戗翘势不能超过正檐口提垂（坡度）数。夹角内配置菱角木、箴木和扁担木应镶配妥帖密缝，并及时用千斤销、孩儿木梢，拔紧串销坚实，扁担木上口下弯面不得低于嫩戗尖1/3高。嫩戗与立脚飞椽间三角形空当，搭草架支于飞椽上，封钉鳖壳板架空后铺做屋面。

图3－24　老嫩戗木长度计算

220mm×320mm（双四六式，一尺二宽方，八寸高斗料，相当清六等材斗料。）

规模型殿宇：250mm×360mm（九十三式，尺三方，九寸高，升、栱料相当于清四等材。）

280mm×400mm（双五七式，大斗尺四方，一尺高，升、栱料为五七式合三等材。）

老戗木截面外端头与尾部并非一致，尾根部截面仅为端头之八折，而嫩戗座根与老戗尾根梢尺寸同，嫩戗头尖又是其根的八折，是"老戗尾巴嫩戗根，嫩戗面头再八折"之故，老戗木截面，旧时亦按大斗式横置，纯粹形式上的稳重感，按受力而论，当然竖立式来得符合力学理论，刚性最好，而高宽相当的梁，最富有弹性（见图3－25、图3－26、图3－27）。

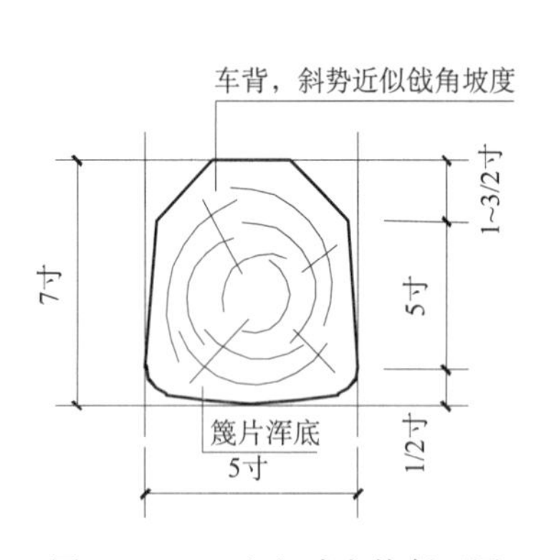

图3－25　五七竖式老戗断面图

图3－26　施工现场发戗照片

六、翼角发戗

苏州的戗角形式与其他地域的式样有所不同，无论外形构造上，变化风格、工艺技术均差异不同，虽在总体上都是在转角屋面呈现上翘外伸的优美屋角形态。而北方较为平缓稳重，南方偏重灵巧雅逸，整体建筑均有不一样的艺术效果。

苏州的传统戗角做法，有木作的"嫩戗发戗"和"角椽发戗"。常见于殿宇、厅堂等，较为正规的主建筑上，以及亭、阁之类，为了外形上突出美观要求，在转角老戗木端头加置嫩戗斜插上翘，使屋角又出成向上斜飞指向天穹的"嫩戗发戗"做法。其他书房、琴室、轩、榭等次要建筑往往采用的是"角椽发戗"，其法只是在转角老戗上驮背一根加长加大尺寸的"角飞椽"，基本相当于北方官式翼角的"子角梁"做法，略使转角有上翘又出外伸的态势，余下屋脊水戗挑出收头处仅将攀脊戗座端垫高150～200mm开口作壶口形，背上滚筒瓦条，戗头做法相同，由瓦作完成（见图3－28）。

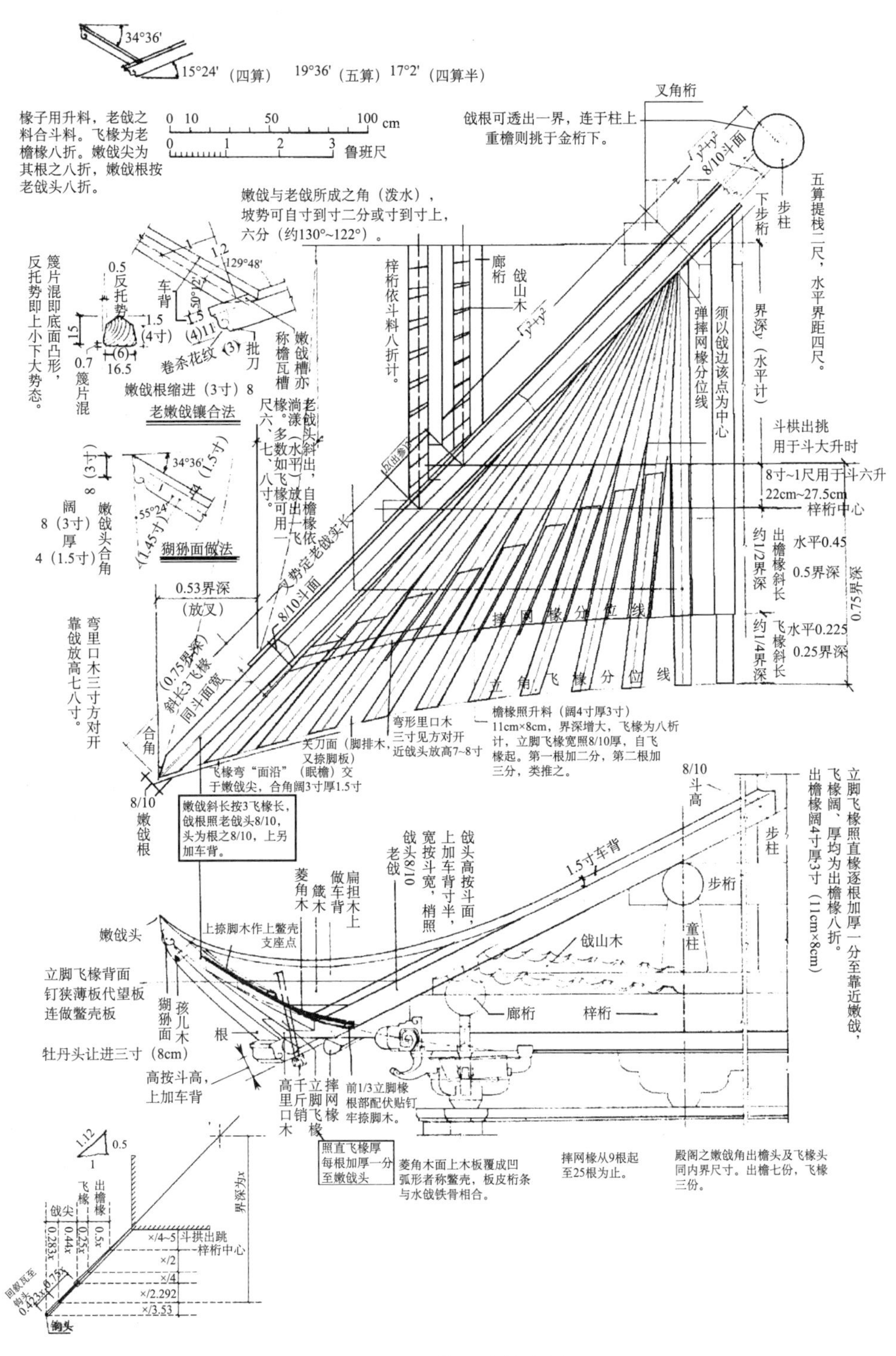

34°36'
15°24'（四算）　19°36'（五算）17°2'（四算半）
椽子用升料，老戗之料合斗料。飞椽为老檐椽八折。嫩戗尖为其根之八折，嫩戗根按老戗头八折。
0 10 50 100 cm
0 1 2 3 鲁班尺
叉角桁
戗根可透出一界，连于柱上重檐则挑于金桁下。
8/10斗面
五算提栈二尺，水平界距四尺。
步柱
下步桁
嫩戗与老戗所成之角（泼水），坡势可自寸到寸二分或寸到寸上，六分（约130°~122°）。
反托势即上小下大势态。
箴片混即底面凸形，
129°48'
车背
反托势
卷杀花纹（3）
批刀
箴片混
嫩戗根缩进（3寸）8
老嫩戗镶合法
嫩戗槽亦称檐瓦槽
老戗头斜出，自檐椽依淌漾（水平）出，多数如飞椽放可八寸。用一飞六、七
桁依斗料八折计。
廊桁
戗山木
弹摔网椽分位线
须以戗边该点为中心
界深y（水平计）
斗栱出挑用于斗大升时
8寸~1尺用于斗六升
22cm~27.5cm
桁中心
嫩戗头合角
阔 8（3寸）
厚 4（1.5寸）
34°36'
55°24'
狮狲面做法
0.53界深
（放叉）
叉势定老戗实长
8/10斗面
出檐椽斜长 约1/2界深
水平0.45
0.5界深
0.75界深
飞椽斜长 约1/4界深
水平0.225
0.25界深
摔网椽分位线
立角飞椽分位线
弯里口木三寸方对开靠戗放高七八寸。
（0.75界深）
斜长3飞椽
同斗面宽
合角
8/10嫩戗根
关刀面（脚排木，又捺脚板）
弯形里口木三寸见方对开近戗头放高7~8寸
檐椽照升料（阔4寸厚3寸）11cm×8cm，界深增大，飞椽为八折计，立脚飞椽宽照8/10厚，自飞椽起。第一根加二分，第二根加三分，类推之。
飞椽弯“面沿”（眼檐）交于嫩戗尖，合角阔3寸厚1.5寸
嫩戗斜长按3飞椽长，戗根照老戗头8/10，头为根之8/10，上另加车背。
8/10斗高
立脚飞椽照直椽逐根加厚一分至靠近嫩戗，飞椽阔、厚均为出檐椽八折。出檐椽阔4寸厚3寸（11cm×8cm）
步柱
步桁
1.5寸车背
戗头高按斗面，上加车背寸半，宽按斗宽，梢照
戗头8/10老戗
扁担木上做车背
箴木
菱角木
嫩戗头
上捺脚木作上鳖壳支座点
戗山木
童柱
立脚飞椽背面钉狭薄板代望板连做鳖壳板
狮狲面
孩儿木
根
廊桁
桁
牡丹头让进三寸（8cm）
高按斗高，上加车背
高里口木
千斤销
立脚飞椽
摔网椽
前1/3立脚椽根部配伏贴钉牢捺脚木。
照直飞椽厚每根加厚一分至嫩戗头
菱角木面上木板覆成凹弧形者称鳖壳，板皮桁条与水戗铁骨相合。
摔网椽从9根起至25根为止。
殿阁之嫩戗角出檐头及飞椽头同内界尺寸。出檐七份，飞椽三份。
1.12
0.5
1
界深为x
出檐椽
飞椽
戗尖
0.5x
0.25x
0.44x
0.283x
×/4~5 斗拱出跳
桁中心
×/2
×/4
×/2.292
×/3.53
钩头

图3－27　戗角木构造图

因此对木作而言就比较简单了。而“嫩戗发戗”翼角木骨架构造相对要复杂多了。转角上主要构件有：老戗木位于两个方向屋面相交合处，系戗脊组合的主要承重构件，斜向叉出端头水平位置与正檐口飞椽头在纵横两方向檐口正交点平线上，构成翼角坐标点，然后顺势弯缓接通至步柱正向前铺筑檐口的出檐老椽头，为檐头椽口的曲线。而飞椽檐口按平行宽度接通至嫩戗合角处交会。老戗端头截面基本等同坐斗尺寸，加上削角“车背”高度后，相当于正方断面。“车背”者是为了使两方向戗角屋面相交接合，而钉置斜坡状“鳖壳板”的倾斜接触面，斫削的八字形斜面。老戗根梢部截面缩减八折，斜向搁置伸入步柱（后廊柱）上的檐口交角桁条交叉处，以“山面压檐面”，正搭平交咬合的桁条叉口中间，分中划出交错斜角中线，将老戗木底开挖相适配的桁椀槽，座居于夹角中线上就位，校正端头叉出位置，稳实坐入桁条夹角处开挖的桁椀槽座内，戗根紧接加设“由戗”连系上部屋顶结构相当于“压金”做法（见图 3－30）中（*a*），根梢部常以插榫式与柱身连接，如在亭子屋脊悬空的中心柱头，灯芯木上（*b*），在重檐屋面的下檐口，老戗木根梢与步柱（后廊柱）交接则常采用穿榫拔紧加销固定（*c*），另有一些较大型亭式翼角老戗根梢可多伸进一界步桁或置于搭搁梁上，直到金桁或与其榫接（*d*），或反托于金桁下类似上昂后尾挑杆琵琶科做法，成悬挑式可平衡檐头分量，对外挑出檐口更为有利（*e*）（见图 3－29、图 3－30、图 3－31）。

图 3－28　水戗发戗头饰

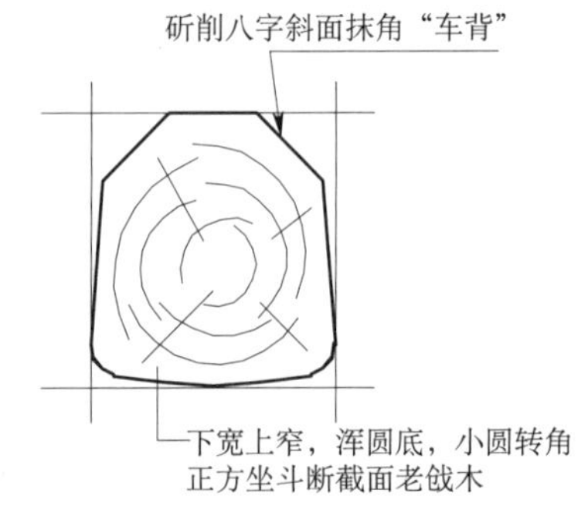

图 3－29　老戗木制作

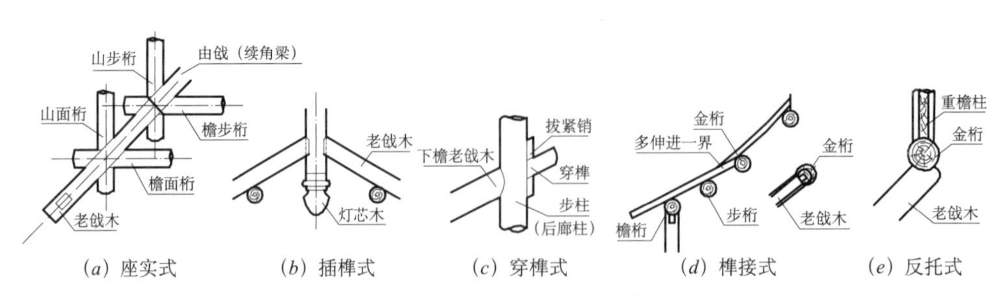

图 3－30　施工现场发戗照片

图 3－31 艺圃乳鱼亭挑杆式

无论老戗木或嫩戗截面底部，为了增加美观，都做成带凸曲面浑圆“篾片混”，顶窄底宽反托势形的弧面，在北方官式彩画中则画成龙蛇腹部的横鳞状图纹，更形象化了。而整根嫩戗从“合尖头”外缘竖交会缝口基本垂直于地面的称“猢狲面”，到根部戗座，插在老戗头端“檐瓦槽”口，亦呈弧腹形，并且戗身还带有凸弧状，此皆是艺术处理手法而已。嫩戗长度以三倍飞椽的挑出长度计，下料时适当加长留做尖头、插榫即可。断面一般是嫩戗根相当于老戗根梢，即老戗头端的八折大小，实则是为了便于安装嫩戗根坐实，在离老戗卷杀纹端头，缩进 80mm 左右，开凿外口深 15mm、内深 40mm 斜面形卯口的“檐瓦槽”内，安装时必须要校正中心轴位置，保持居中对称状态，否则将直接影响屋面外形整齐美观，该处榫接非常重要，关系到整个翼角构造上的安全牢固，必须做到接合面严丝密缝，不能晃动，要牢固可靠。对于老戗与嫩戗交合（夹角约 129°48′）的三角形空当内，用菱角木、础木、扁担木相叠合密缝镶配在一起，既能传递翼角屋面荷载于老戗木上，同时组合成一片三角形翼角受力构件，因此在嫩戗尖猢狲面下方约 60mm 处用“孩儿木”穿销，（30mm × 40mm 硬木栓）使嫩戗与后面弧形带车背上口的扁担木，串连组合在一起，下端露出嫩戗面处端头，加以倒圆棱角修饰处理。另外在老戗头底面同样亦有与菱角木、础木、扁担木贯通一起，用“千斤销”（40mm × 60mm 硬木制）做留肩盖面的硬木楔，穿出扁担木，再用竹钉予以锁紧固定，下端亦作多形式花头。所有接口应相互紧配勾搭结实，压密平服。组装完成后，往往要经 1 ~2 人吊压不松动为准，经重力测试满足其悬挑强度及牢固程度，亦是重要的隐蔽工程验收一环。

此时老戗片架基本定位，接下来架设檐桁以山面压檐面两个方向，交叉处平搭的檐口，梓桁和檐口桁条面上，紧贴平服，再扣嵌配置，经放样、划线定位后，将挖有摔网椽斜椀槽口，并带有斜坡高低的戗山木（衬头木）定位钉好后，即可进一步固定住老戗组合片架，同时，亦造就了配置放射状摔网椽的基座，由正间屋面檐口斜坡面逐渐提升过渡到转角老戗脊背上，斜翘弧面的施工条件。安装摔网椽从靠近老戗边开始，逐根以摔网状放射形排列就位钉牢，直到靠近正间出檐椽。因其扇形转角摔网椽距前口面与后根部，前后有变化，椽面上不能使用望砖，只能改用木望板，底看面须刨光，顶背面可毛板，既可便于施工操作，又利于减轻荷载。摔网椽转角弯曲外檐口边上的椽距基本与正檐口相同，只是荷包椽上顶面，随着戗角外伸上翘，使摔网椽头面，会有不是正截面的斜口变化，因为从靠近嫩戗侧面，摔网椽头端要安装一根“高弯里口木”，上面开槽口为安装立脚飞椽使用，依次顺翼角之弯势逐渐平缓降低趋平，连接到正檐口出檐椽头上的里口木（小连檐），因此由一个双向扭曲翘翅“扭麻花”样翼角立脚飞椽，形态上逐渐过渡归于正矩形看面的正间飞椽，端头露面为配合发戗檐口上翘外伸，其截面亦从斜菱形面，转变到正矩形截面（见图3－32）。立脚飞椽按序紧扣插入高弯里口木上，预先开凿挖刻的斜槽口内，定位校正后，从嫩戗尖头上到立脚飞椽上口，端头配钉一段“弯楣檐”，一直顺弯势延伸，接通正檐口挑出的正飞椽头上，配钉一根拉直的“眠檐”（大连檐）木条80mm×40mm，既作为挑飞椽定位的支撑，又是起到拉结作用，并在其上面由瓦工分档定尺寸，按瓦楞位置，配钉“瓦口板”，便于日后摊瓦之用。而立脚飞椽插入“高弯里口木”的根梢尾部，对准下面摔网椽位置，居中钉牢，并在里口木背后下端，复钉“捺脚木”一条，与立脚飞椽背面配合贴紧，同样椽身间余下空当内，身后配钉外光面“卷戗板”，上下相叠合密缝，俾使外观整齐完美。立脚飞椽背里后面的支撑“衬头木”草架，固定于摔网椽背面的摔网望板上，既拉结立脚飞椽不使外倾，又要作为配钉“鳖壳板”时，做出戗角弯势，垫衬草架支座点，作为封闭空间的架空支撑点。立脚飞椽根梢固定的“高弯里口木”是一根带有平面顺翼角上翘外伸又有平面弯势的扭曲构件，同时配合翼角嫩戗飞翘，便于配装第一根靠近嫩戗边的翘翅立脚飞椽，故“高弯里口木”从嫩戗侧边的最高点，逐渐平缓过渡，接通到正檐口飞椽头的平直里口木，成斜坡形高低截面，又带平面弯曲的一根复杂形态的木构件，上面开刻槽口亦照事先按足尺放样，排列好相应对的摔

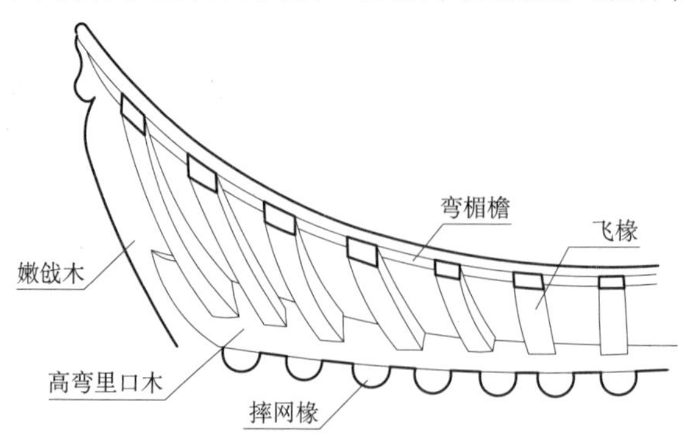

图3－32　立脚飞椽的渐变形态

网椽当距，分配均匀，又基本近似正檐口椽距，在进行画线、定位时，略可调整。槽口内侧距底边留出统一的望板厚度，而外口则从高端留底，高度约为低端留底高的2~3倍，槽口亦随势做成斜菱形。与立脚飞椽上口匹配的“弯楣檐”也是一条上下、前后带弯势的木条，断面呈直角梯形，高同椽高，底宽1.2倍椽宽，顶面宽1/3底宽。为了便于施工时能达到要求的弯曲度，制作时，起翘段在水平方向分片锯劈成上下2~4层，底下一层锯道直达正檐口平段，以上各层分别作200mm~400mm退缩递减，锯缝不可太大，以免损伤构件及影响构件高度。加工后为了方便施工容易弯曲，应浸泡水中待用（见图3-33）。整个戗角地面试装定型后，再拆卸出样板以供另隅戗角制作安装使用。

另有一做法为使立面整齐不显零乱，加装钉“封檐板”（摘檐板）者，板面与飞椽头均呈垂直椽身截面，紧贴覆置，做法俗称“顺滚倒”。即从正檐口垂直面逐渐倾斜弯曲，顺势均匀，以相等宽度接通到嫩戗尖猢狲面，合角相交后居缝中垂直地面，而两交合面应对称协调，才算合格，且要求其他各个戗角必须要达到相同出挑距离、上翘高度、水平、左右对称匀络的三维向效果，应用弯样板或样杆，予以校验。

“封檐板”依势在翼角弯曲段，可将各弧曲板间，分段使用企口插榫，续接敲入、扣紧装合，接头处缝口，应设在椽头等有背衬物处，利于固定，接口不论板缝间，或与楣檐间，都应顺畅密缝，并在仰面、立面上均不应看见折角线出现，同时在外檐桁条上，椽豁间应设置“椽稳板”以堵鸟雀侵入，并于两椽旁开设的15mm槽口内，用通长的“椽稳板”，镶钉于桁中心偏里侧30mm处。其他内里步、金桁上，椽豁间亦有配置单块间断的，称“椽闸板”，则位于桁中心，上口可加钉扁放的“勒望板”30mm×70mm，既可防望砖下滑，又可规范铺望砖时均匀排列，当陡屋面作“灰梗条”40mm×70mm糊座灰泥（护望灰）用，可防止瓦块下滑坠落。

苏州传统翼角面上翘、外伸均较北方者大，显得轻巧灵动，在木骨构架搭建上，从檐椽底面到戗角顶面，屋面在铺设时，会有一舱架空旮旯，为此，能使该段戗角弧形屋面更加丰满，顺缓过渡到正檐口，必须要另外搭建架空草架，作为支撑点，就是在转角立脚飞椽背后，加设上口与翼角面弧曲线相适应，逐根变缓趋直，弧形背脊的“衬头木”支撑草架，前面斜口与立脚飞椽背面相适配钉牢，底面与下面摔网椽居中位置的摔网望板上钉住，变化的弧曲顶面上铺钉“鳖壳板”，自扁担木上口八字车背上，按序排列横钉，找坡，直到接平正檐口出檐椽上，与摔网椽望板交接处弥合来完成，构成封闭“戗旮旯”提供了构筑“嫩戗发戗”翼角铺瓦的施工平台。因为有此基座，才能有继续进行瓦作的滚筒、水戗脊及戗尖外挑部位的四序瓦（朝板瓦）、太监瓦、猫御瓦、老鼠瓦等程式化构造。必须注意的是搭建鳖壳板时，应找出一个顺畅和缓的连接面，不能太依靠瓦作丢灰来找出弧面，这样荷载太大了。在扁担木八字车背上的平面上，才有可能钉牢，担当挑出滚筒以上水戗头端脊饰所有荷载，用预置“铁扁担”

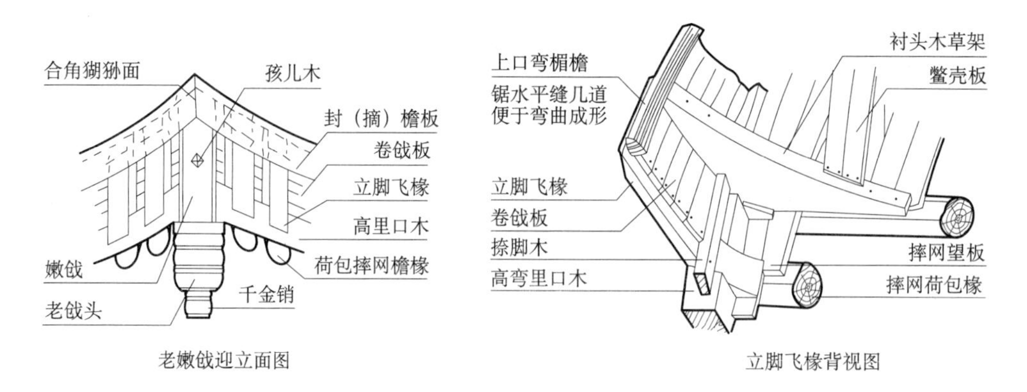

老嫩戗迎立面图　　立脚飞椽背视图

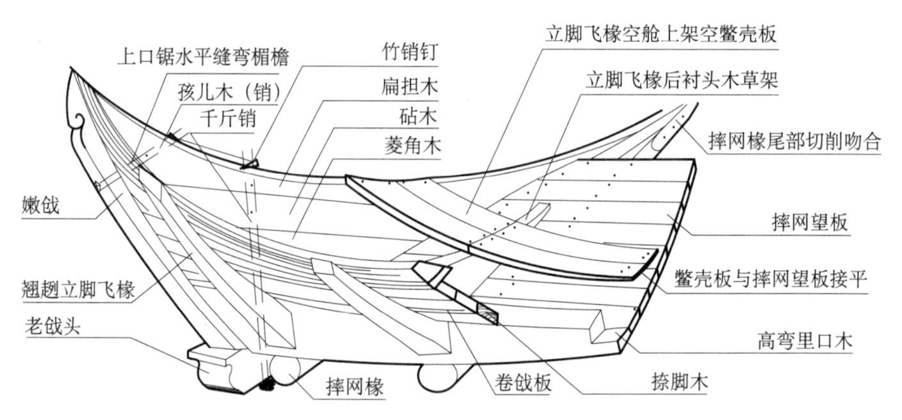

立脚飞椽后空舱示意图

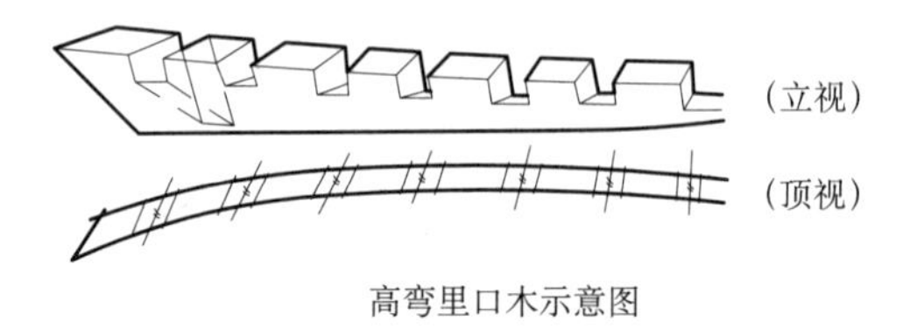

高弯里口木示意图

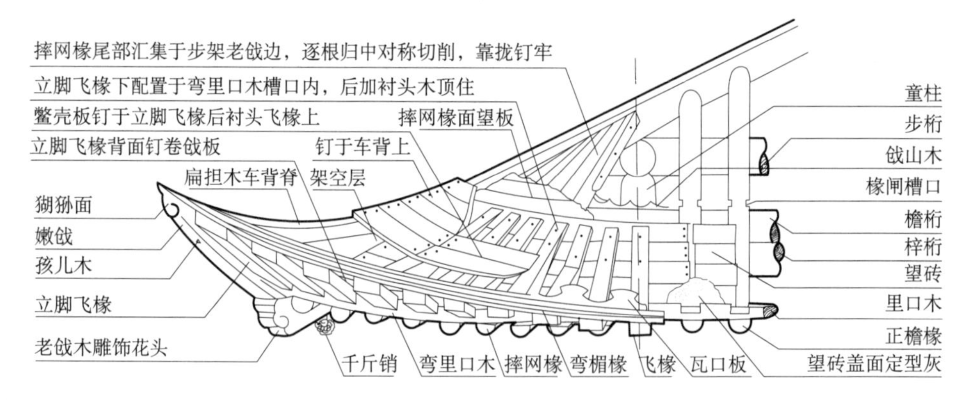

图 3－33　苏式嫩戗发戗翼角木骨架构造示意图

加固件来承担。猢狲头加钉的“拐杖钉”是为安置横放的“老鼠瓦”用以盖住转角上两侧面相交合成最外档戗角屋面的底瓦外边缘之用，其上用“攀脊”收头称“猫御瓦”的勾头瓦压住，而“太监瓦”其实是一个葫芦形斜切面——是由滚筒瓦包裹砌筑收头而成的抹灰封头，顶部再逐级外挑“四序瓦条”。其上铺设的“铁骨戗挑”作为压顶“盖筒”出挑的主心骨，此长扁铁一般有1.2～1.4m，甚至更长。顶尖端用“勾头瓦”收头，此段水戗尖收势由戗根到戗尖逐渐收窄，形态秀美灵动，顶背设置装饰小兽3～5件，就没有北方官式那样规范化了，此外小型园林建筑物的戗尖更加趋向美观为主，有“洋叶戗”等类型各式花戗，自由度较大，用细径钢筋固定于戗头造型后，用麻丝缠绕，水泥纸筋灰塑成型后，再精心修整外形成活。

戗角构筑是构造上的必须，且是不可或缺的部分，在苏州传统建筑中，亦占有重要一环，尤其是与众不同独特的风格、艺术性，比较飘逸、秀美、灵动、活泼，由此也体现出施工工艺技术有一定难度和复杂性，特别在转角上摔网椽和立脚飞椽的下料制作方面，非普通工匠能够担当操作。必须要有一定经验的专业技术水平的“老法师”亲作亲为，往往先做样板，再可画线断料，安装面留毛面余量，可待安装时修正，构件组合先行预装，然后到现场最后修正定装，装配过程必须依靠样板及时校正，慎之又慎，才能保持左右、前后各方面的形态一致，转角处各只翼角都能统一整齐规范，相互对称协调，没有差异才算合格。

七、牌科斗栱

苏州传统建筑中难得遇到斗栱做法，匠家称“牌科”，形式相同，本来源自中国古代传流至今，经历代建筑艺术不断演变进展，加之地区和官式、民间做法不同而产生差异，北方官式都遵循宋《营造法式》和清《工程做法则例》规定做法及称谓。相比苏州一般根据《营造法原》做法及取材用料有较大差别。虽说斗栱组合规格、尺寸、形式及名称不同，但仍可对照相通，基本类似。北方官式建筑所有尺度、构件尺寸均以“斗口”作为基本模数。“斗口”者亦就是宋、清之“材、分”按照建筑物类别及适用范围，选用“材”等级，决定“栱”料的“材”（高）、“厚”（宽），其材就是“口分”（宋《营造法式》中为“口分”，读音四声），也就是“斗口”，作为标准模数单位，大斗尺寸宋、清式规格繁多约为面宽3斗口（即2材广）略有出入，高2斗口，而“栱”料与“升”料在截面上是相等的，等于一个材分。而八个“升”叠合一起等于一个大斗的尺寸。《营造法原》就是这样，便于施工（见图3－34）。

宋式斗栱各料照建筑规模，定为八等可选择用材，除以“材分”数确定用料大小外，其余主次构件如柱径：殿堂定42～45材分，厅堂定36材分，余屋定21～30材分，都有明确规定，这些都在项目设计中会一一确定，因其尺寸上下，决定建筑物高矮、

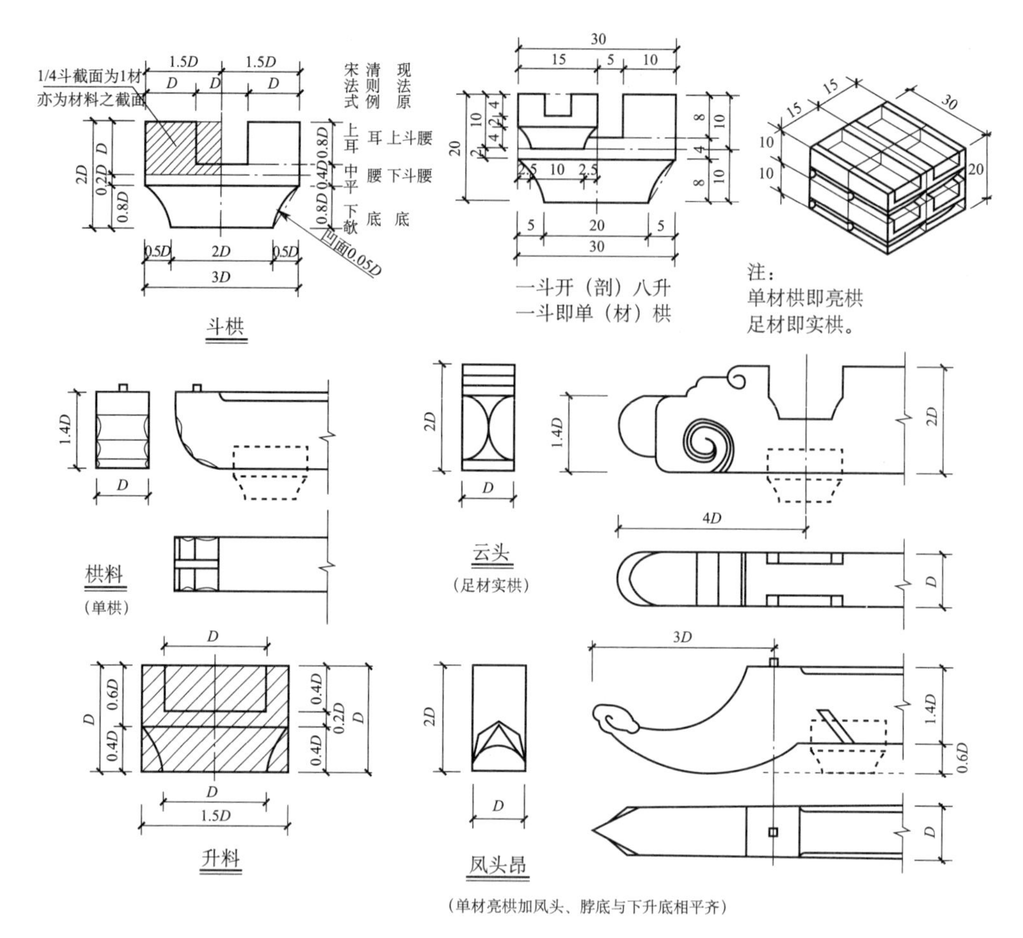

注：（一）图示按《清式营造则例》

1.等材的栱料称单材（高14分，宽10分）；

2.每踩一材一絜，高为二斗口；
即两倍斗口宽称足材（20分）；

3.材之高：宽=14:10，絜高6分。

（二）按宋法式（材高大于清式）

1.每铺作为上下两层斗栱相叠之单位；

2.每铺作为一材加一絜高称足材（21分）；

3.材之高：宽=15:10，絜高6分。

图 3－34　斗栱分件

长宽的总体尺寸。

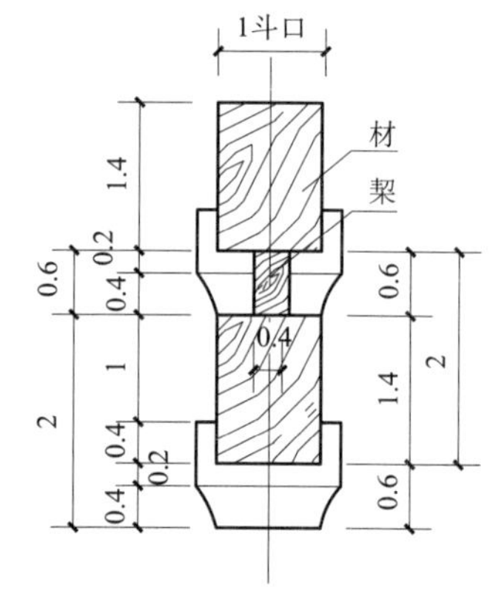

图 3－35　清式斗栱组合关系

清式按清工部《工程做法则例》规定，将“斗口”分为十一等，最大口分斗口为 6 寸（营造尺），最小末等为 1 寸。每一等材间，级差为半寸，这样较宋《营造法式》来得简单明了。单材宽为一斗口，材高 1.4 斗口，较宋式矮 0.1 斗口，加上鞋麻板（絜）0.6 斗口高，合计成 2 斗口整数（见图 3－35），或用于“实栱”时，在柱头或承重结构部位，顶面平上层栱底面，合成一层“铺作”，便于施工。宋《营造法式》规定：“材有八等，度屋用之。”（见表 3－1）

宋《营造法式》规定之八等材　　表3-1

(宋) 第一等材	第二等材	第三等材	第四等材
材广(高)九寸(290mm) 厚(宽)六寸(190mm)	广八寸二分五厘(265mm) 厚五寸五分(180mm)	广七寸五分(240mm) 厚五寸(160mm)	广七寸三分(230mm) 厚四寸八分(155mm)
殿身9~11间用之，副阶及偏屋材分可减殿身一等级，廊屋可再减一等。 4　6　栔　广15　材　足材　厚10	殿身5~7间用之。	殿身5~7间用之，厅堂7间用之。	殿3间，厅堂5间用之。
第五等材	第六等材	第七等材	第八等材
广六寸六分(210mm) 厚四寸四分(140mm)	广六寸(200mm) 厚四寸(130mm)	广五寸二分五厘(170mm) 厚三寸五分(110mm)	广四寸五分(145mm) 厚三寸(100mm)
殿小三间，厅堂大三间用之。	亭榭、小厅堂用之。	小殿、亭榭用之。	殿内藻井、小亭榭斗栱细密者用之。

清工部《工程做法则例》大式建筑以“斗口”用材标准划分　　表3-2

一等	二等	三等	四等	五等	六等
8.4寸×6寸 (269mm×192mm)	7.7寸×5.5寸 (246mm×176mm)	7寸×5寸 (224mm×160mm)	6.3寸×4.5寸 (202mm×144mm)	5.6寸×4寸 (179mm×128mm)	4.9寸×3.5寸 (157mm×112mm)
三等材以上未见实例			城楼	大殿	
七等	八等	九等	十等	十一等	
4.2寸×3寸 (135mm×96mm)	3.5寸×2.5寸 (112mm×80mm)	2.8寸×2寸 (90mm×64mm)	2.1寸×1.5寸 (67mm×48mm)	1.4寸×1寸 (45mm×32mm)	
小型建筑	垂花门及亭子		藻井装修		

注：宋、清1营造寸≈32mm，营造法原用1鲁班尺=275mm。

大斗上开刻“斗口”槽承插的就是“栱”身厚度。栱的高度比为1.4∶1，按建筑物等级分类，选定用材等级，即可决定该建筑物体量及各部尺寸。如某建筑物为“大雄宝殿”选定采用五等材，明间面阔为77斗口，则斗口为4营造寸（1营造寸=32mm）计算面阔应为30尺8寸，合9.856m；柱高58斗口到大斗下则应为23尺2寸，合7.424m；檐柱径6斗口则应为2尺4寸，合0.768m。此项相关尺寸权衡，均由清《工程做法则例》规定执行（表3-2）。

苏州传统建筑基本模数单元构件，如斗栱、梁等取材准则如表3-3。

苏州传统建筑取材准则　　表 3－3

用料截面比	高（广）	厚（宽）
宋《营造法式》	1.5	1
清《工程做法则例》	1.4	1
《营造法原》	1.4/1.5	1

《营造法原》基本斗式为五七式和四六式，几乎符合于宋、清等材、斗口标准，且基本近似于（英）汤姆士·杨对构件的研究，从材料力学上得到理论上最强截面，所作的最佳高宽比例，证实如表 3－4。

最佳高宽比例表　　表 3－4

最大梁截面比	高（广）	厚（宽）
最大刚性	$\sqrt{3}=1.73$	1
最大强度	$\sqrt{2}=1.41$	1
最富弹性	1	1

由此结论可见，中国古建筑中选料截面比之取值，是符合科学结论的，且刚度与强度均同时考虑在内了。

对于小式不设斗栱的建筑物，以檐柱作为基本模数，而檐柱的高和柱径却与明间面阔（开间）有关。如某书房正间面阔 3.0m，则檐柱高为其八折（3.0m × 0.8）得 2.4m，檐柱径为柱高 1/11，应为（2.4m/11）0.218m，其檐椽径为 1D/3（檐柱径），得 0.218m/3 = 0.0727m，还是比较实用的。

苏州传统建筑依据，源自唯一系统论述江南建筑的宝典《营造法原》，相当于《营造法式》的南方篇，其以遗存苏州园林建筑以及庙宇祠堂为蓝本，对于建筑各部位都有较详细分述，及其构造要点说明，基本总结了苏地“香山帮”工匠的经验和传统文化遗产，并以科学的建筑理论，和实践经验的概括，加以总结性阐述。相比北方官式建筑，有许多不同之处，以斗栱用料而论，《营造法原》中斗栱基本模式以斗之高宽命名，如“五七斗式”指五寸高、七寸面宽的大斗形式，而北方官式是以“斗口”，即栱料为基数。就是说《营造法原》中的“斗”尺寸高宽，只相当于《营造法式》或《工程做法则例》中的“斗口”尺寸，不过是栱料的高、宽尺寸，只及三等材的栱料和斗口尺寸而已。这样在称谓上相差了八倍。一只斗料相当八只升，“一斗八升”。而“升”断面即是“栱”断面，“栱”料高等于“升”宽，“栱”料宽等于“升”高，此为亮栱断面，即明清之“材广”。与其对照起点，明显差异甚大，主要由于北方官式用料偏大，究其原因还在于屋顶构造上所受荷载比南方居民建筑大许多。由此照《营造法原》中“屋料定例”选配用料后根据现场还可以“如有情况需省减者九至六折”之说，可见尚有潜力存在，但要看如何使屋面减负处理。

《营造法原》选用牌科（斗栱）的使用范围见图3－36～图3－39。

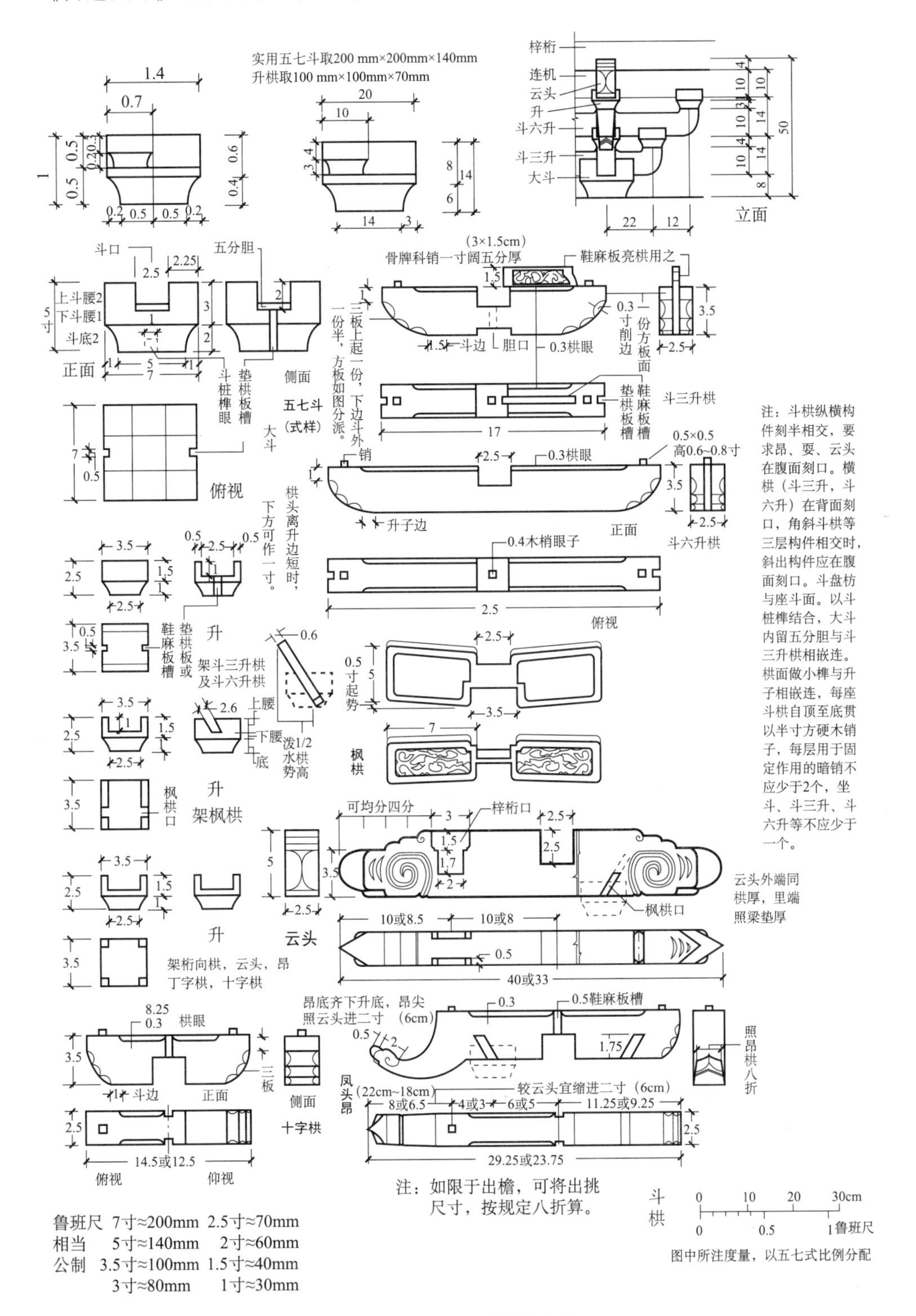

图3－36 五七式斗栱分件

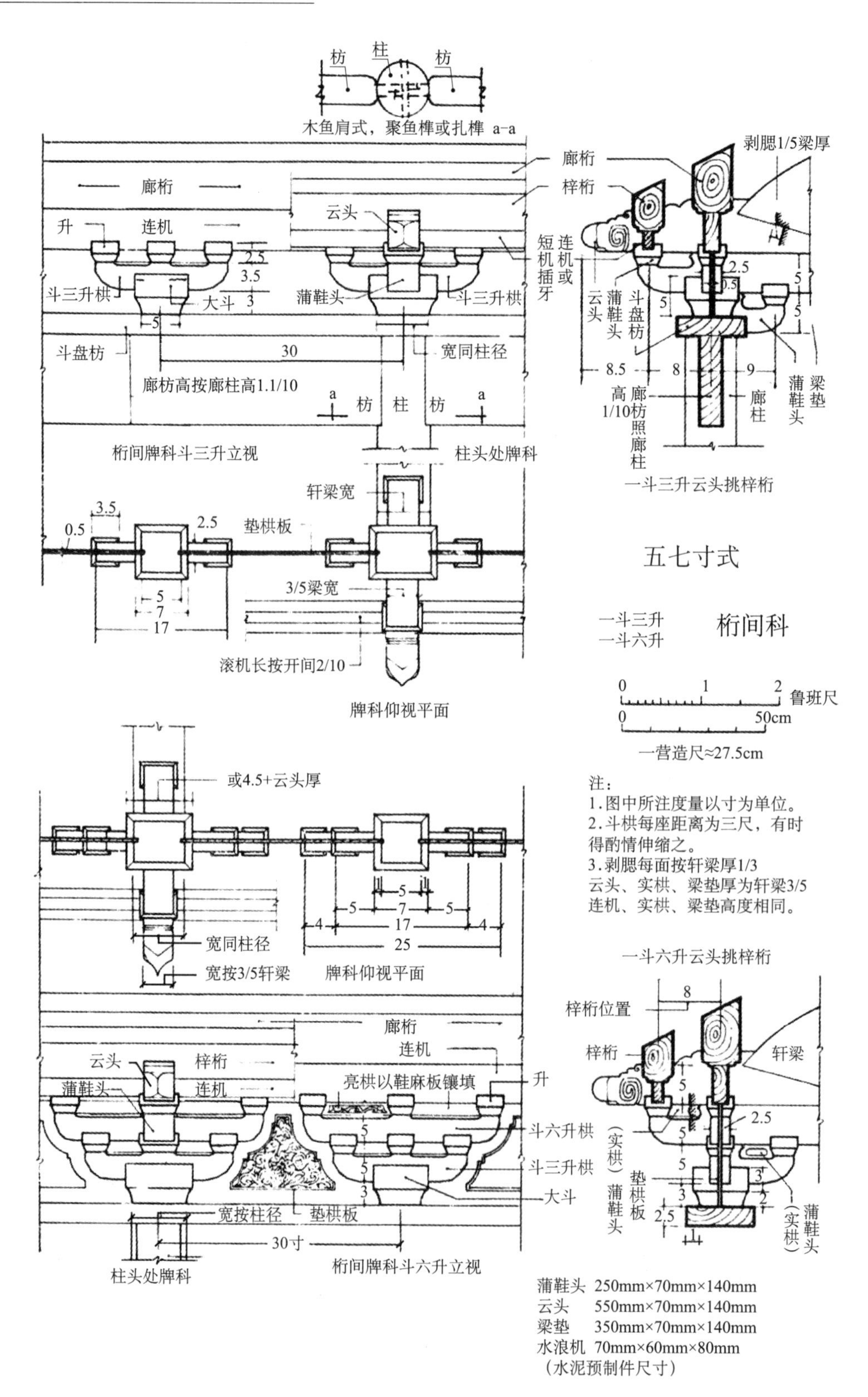

图 3－37　斗三升、斗六升桁间栱式

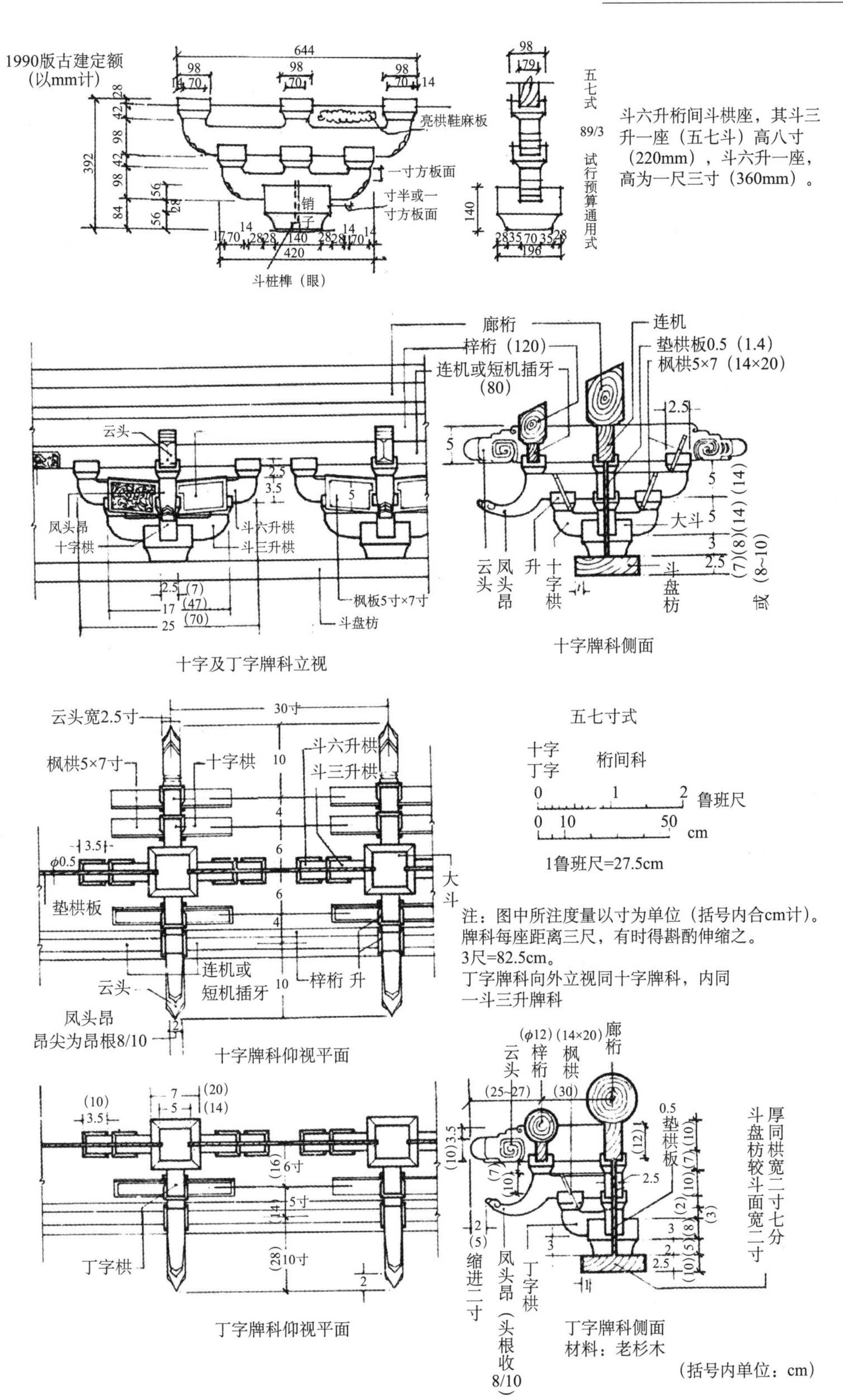

图3－38　十字、丁字桁间斗栱式

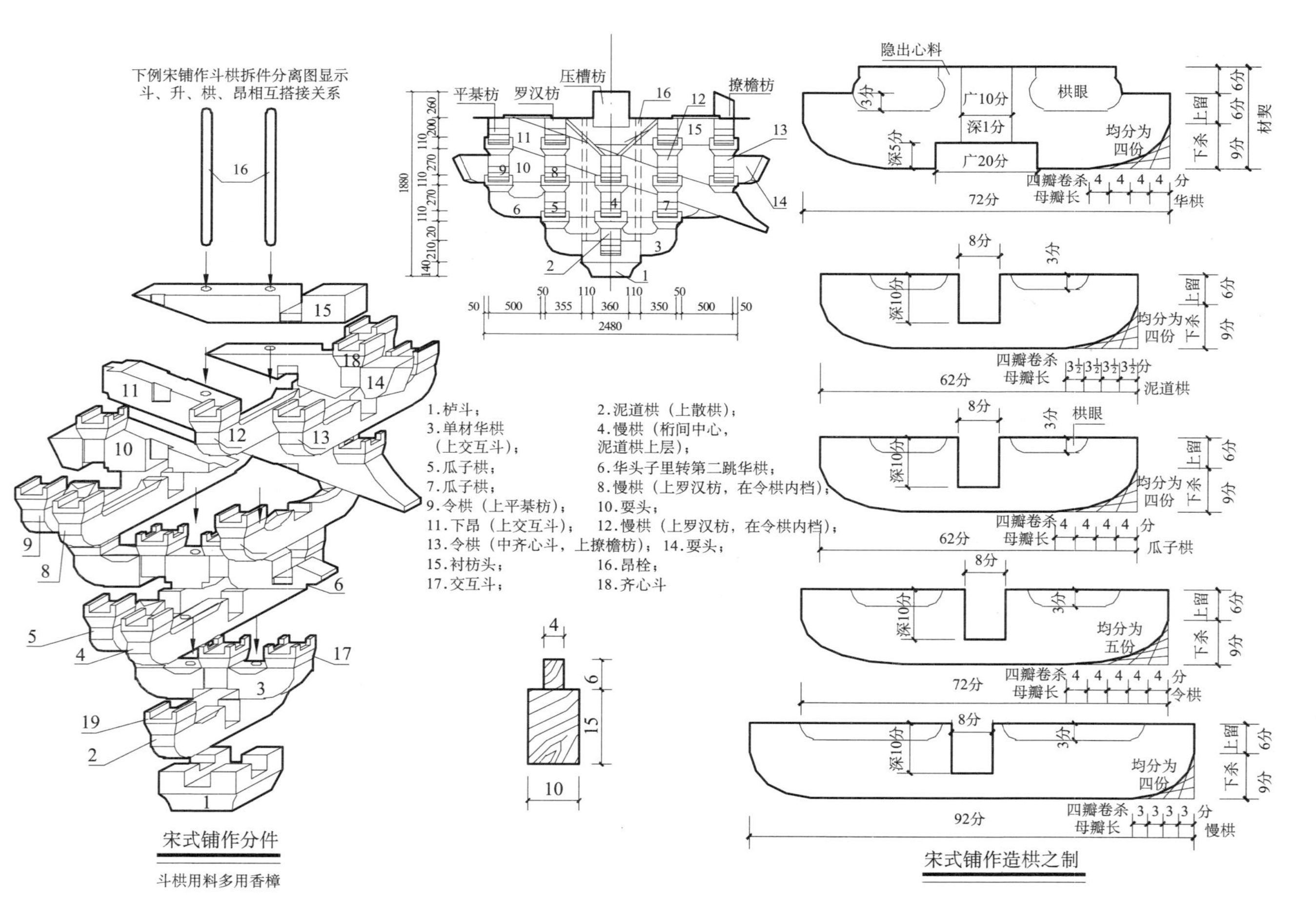

图3－39　斗栱装配图

注：1. 出挑华栱在上，开“下承口”镶压在下面，桁向栱面开“上等口槽”，骑压镶平。即为“山面压檐面”的原则。
2. 檐口出挑过长影响安全，故有说“檐不过步”。为此有加设铺作层，增加橑檐枋间距离，满足总出檐深度。

斗栱之存在，因为能使出檐口挑出更多，以逐层外挑铺作、叠摆、镶合栱、升组合而成的大出檐，另加“挑檐桁”（橑檐枋、梓桁）增加斗栱出踩（参、窜、跳）长度，如三踩为3斗口，五踩为6斗口，七踩为9斗口，九踩为12斗口。《营造法原》通常在斗三升为八寸（220mm），斗六升为一尺（280mm），加上“檐椽平出”（出檐椽和飞椽挑出水平长度），延伸挑檐口进深。整个斗栱座组成，当然也是传递屋面荷载，下达柱顶的中间装置。其都是选用小截面、零星材料做成，以相互勾搭、牵拽组合成复杂的网构形式。由于挑檐进深的大小，关系到栱座（攒）多层次组合的高低，直接影响到建筑物檐口标高，如何编绘设计方案以及后期施工过程，均是一项细致复杂的组织工作，其中有许多重要关键性劳动。因其实际工程不常使用和遇到，故本篇仅作一般性介绍，不作深入研讨。欲知更多可在专门著作如潘德华著《斗栱》等专辑中进一步研究。

苏州传统建筑特别是在取材用料上的权衡，应该说更趋于科学性，尤其大多为民居建筑，不设斗栱，不能以“斗口”为模数，而又不同于北方官式的小式建筑，同样也不设斗栱，却先定檐柱径为基模，再决定其他构件断面。《营造法原》的屋料采用“内四界”大梁为基准，有了大梁截面才能换算出檐柱截面，大梁截面根据“内四界”跨度尺寸决定，这就基本符合现代结构力学的要点，以跨距受力求力矩，再得梁截面。《营造法原》之用料虽说遵循匠师口诀而得，经理论验算所得尚可符合实际。

进深大梁加二算（跨径乘0.2）	开间桁条加一半（开间宜乘0.18，骑门梁同）
正间步柱准加二（面阔乘0.2）	边柱二梁扣八折（照正梁八折）
单川依边再加八（双八折）	柱高枋子拼加一（枋高为1/10柱高，槛同）
厅堂拼枋亦照例（拼料酌加5分/15mm）	殿阁照厅更无疑（料加五分）
楼屋下层承重拼（同右句）	进深丈尺加二半（锯方拼做进深0.25）
厚薄照界加二用（厚照界0.2，高倍之）	边承拼用照枋子（用料与枋子相同）
惟枋厚薄照斗论（枋厚照斗高）	通行次者下批存（不合格用料备后用）
椽子照界加二围（围径是界0.2）	椽厚围实六折净（荷包椽净厚为0.6高）

传统建筑主要用料是木材，千百年来一直沿用至今，以其质轻易加工、施工方便、工期短、成本低等优点占先。而木料更具有吸收能量和抗屈服力的特点，如木柱有极强的顺纹承载力和横纹抗剪力，构件间榫卯柔性连接，给整体木结构带来意外的韧性和吸收减弱外力能量的特性，如地震、风灾等，使得由各构件，如梁、柱、穿、桁、椽网、斗栱、楼板、栅、地栿、槛框等均以榫卯镶合，连接成为整体的空间箱型木结构建筑，具有优异的协同受力作用，远比钢结构和混凝土结构的刚性框架构造来得强。如强烈的地震中，可能会发生变形，但却难以散架、倒塌。如应县木塔，震后尚可神奇地自行修复恢复原状，缘是利用大量的小截面构件的缀合而成，分散了外力。如穿斗式结构，更为典型，把所有荷载均匀分散地分配到基础，得到最后的刚性和整体稳

定性。除此之外，木材性能的天然特性有优良的保温、隔热、隔声、吸音，还能调节湿度，不像水泥、石材面会有凝露现象出现。虽说木材为易燃材料，但一旦着火，表面形成的焦炭层反而会阻止火焰深入内里烧透，待整根大梁要使其彻底烧到丧失承载力时，反而需要相当长的一段时间，不会像钢结构那样很快烧软变形，失去刚度和强度，也不会像水泥混凝土构件受热崩裂坍塌，这样就延长了耐火时间，增加了逃生的有效时间。

当今木材资源短缺，日益紧张，天然原木特别是优质大型材更是捉襟见肘，如大厅堂、殿宇的扁作大梁及大柱等，往往采用拼作，已见诸留存遗物，古建筑中常有所见。现如今新型建筑材料的发展，现代轻型木结构建筑，随着现代实木类和重组类木质材料的出现而兴起，将来可以替代原木结构，大大地开拓了传统建筑的用料困境，且因传统建筑本身，就有一定的模数系列规格化，更适宜于工厂化生产。加之现代数字控制、电脑操作，应用CAD图样，在专用设备上可进行精确加工、预制，然后现场安装，此类工艺在国外（如日本）已普遍应用（见图3－40）。相信不久亦将在国内推广应用了。同时，材料的变化，除实木外还有重组类，有木基复合型，有经刨切加工

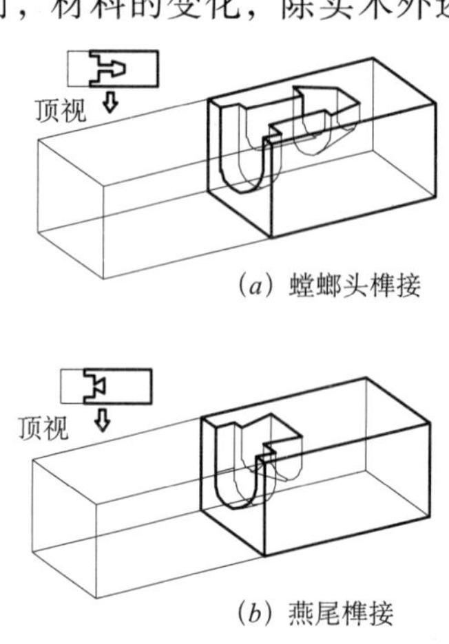

(*a*) 螳螂头榫接

(*b*) 燕尾榫接

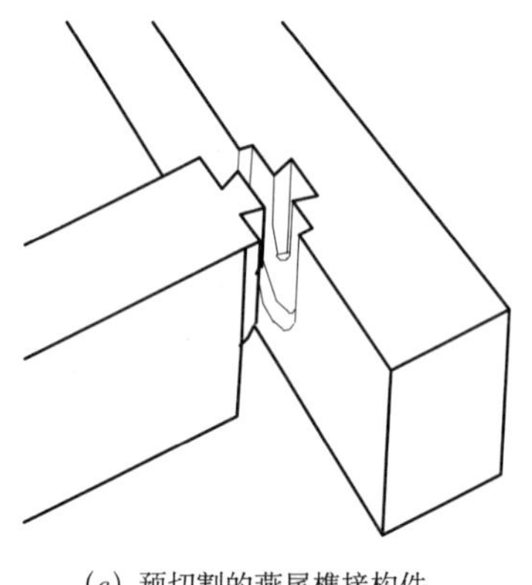

(*c*) 预切割的燕尾榫接构件

预切割木构件

预切割木构件是指对于传统梁柱式木结构使用榫卯连接或金属连接件连接，可在工厂内进行接合部预加工，然后到现场进行组装的木构件产品。木构件主要有普通干燥材和防腐处理材两类，包括柱、梁、桁檩、椽、枋等。柱材加工主要包括榫头、卯眼以及螺栓孔，梁材各种传统连接方式如螳螂头榫接、燕尾榫接，这些日本梁柱式木结构中已较为常见了。可以在工厂按CAD图样在专用设备精确加工成型，然后到现场安装即可。

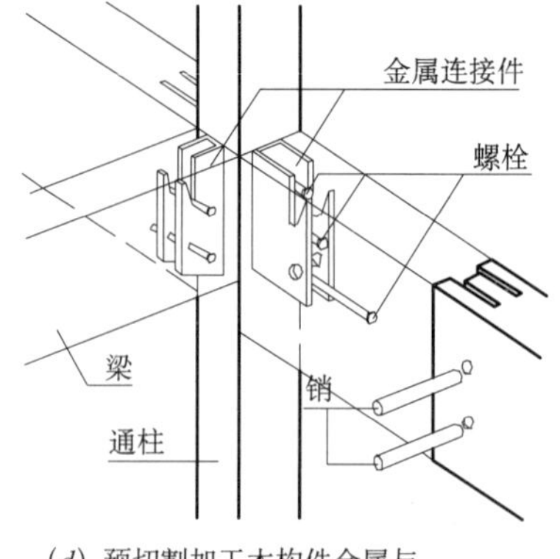

(*d*) 预切割加工木构件金属与连接件接合部组装示意

图3－40　预切割木构件

后的胶合板，有碎料重组型的，刨花板、纤维板、细木工板、集成材等。其中构件用集成材，尚可根据需要订制规格，由于木材事先经过脱脂、烘蒸等一系列处理后才进行制材、加工涂胶、冷压养护而成，后期稍作加工即可直接安装使用，大大减少了现场制作的过程。另外，在园林小品，如室外木平台、木栏杆等露天构件极易受雨淋风侵所损坏，俗语“干千年，湿千年，半干半湿二三年”，说明木料在露天是不耐气候被日晒风雨所侵蚀，极易腐朽的，而新型材料以树脂浸注实木，形成木塑复合型材料，是一种改性木材，外观似木质材料，尺寸稳定，吸水性小，无变形翘曲，耐老化，耐腐蚀，防虫蛀，强度高，寿命长等物理性能，加工性好，可切割，可用钉、螺栓连接固定。可着色并能订制异形雕饰制品，且无游离甲醛释放，并可生物降解，有利环保，还可达到防静电、阻燃等特殊要求。其应用范围较广，更适用于室内外各种铺板、栅栏、防潮隔板、扶手、站台、亲水平台等场合。特别在园林景观中，适用于日晒夜露的室外桌椅、扶手栏杆、露天铺地、垃圾箱、导引指示牌、游廊、花架等，提供了极大的创作空间，丰富了美观的景观艺术。

第四章　木结构连接

一、传统建筑全木结构榫卯节点

传统建筑除钉椽子外，主要构件几乎全部是用榫卯结合连接的，这是中国特有的一种构造方法，普遍存在于木作工程中，且漫及于其他工种如砖、石结构中，在装置、家具等方面演化得更加复杂多变。木结构榫卯节点的应用，更可考古到春秋战国时代湖南长沙的木棺椁上的搭边企口缝、大头（燕尾）榫和割肩透榫，基本上与现代红木家具桌面框边榫相近似。河南辉县出土木椁上的割肩透榫则更加复杂，带勾挂榫的兽形环，插进木楔块后，将不复能使二件木料分开了，可见其精巧程度，在刘敦桢的《中国古代建筑史》图 49 – 2 战国木构榫卯中表现了其熟练的技术水平。

榫卯结合形成的两个或以上的构件紧密结合成为一个完整的联合体，不能分离，但尚有变形的可能，甚至有恢复功能。可从现存遗的古建筑中得到认证。虽经几百年考验，仍然保留原有功能，充分显示其榫卯节点的生命力，如山西应县佛宫寺释迦木塔。

木结构榫卯节点形式种类很多，有地域性的不同，形状不同，构件部位不同，结合方式各异，以及安装程序，方法也相对有所差别。

苏州传统建筑民间木结构的榫卯节点，无论圆堂、扁作，联结方式基本一致，参考《法原》所载可见一斑（见图 4 – 1 ~ 图 4 – 3）。

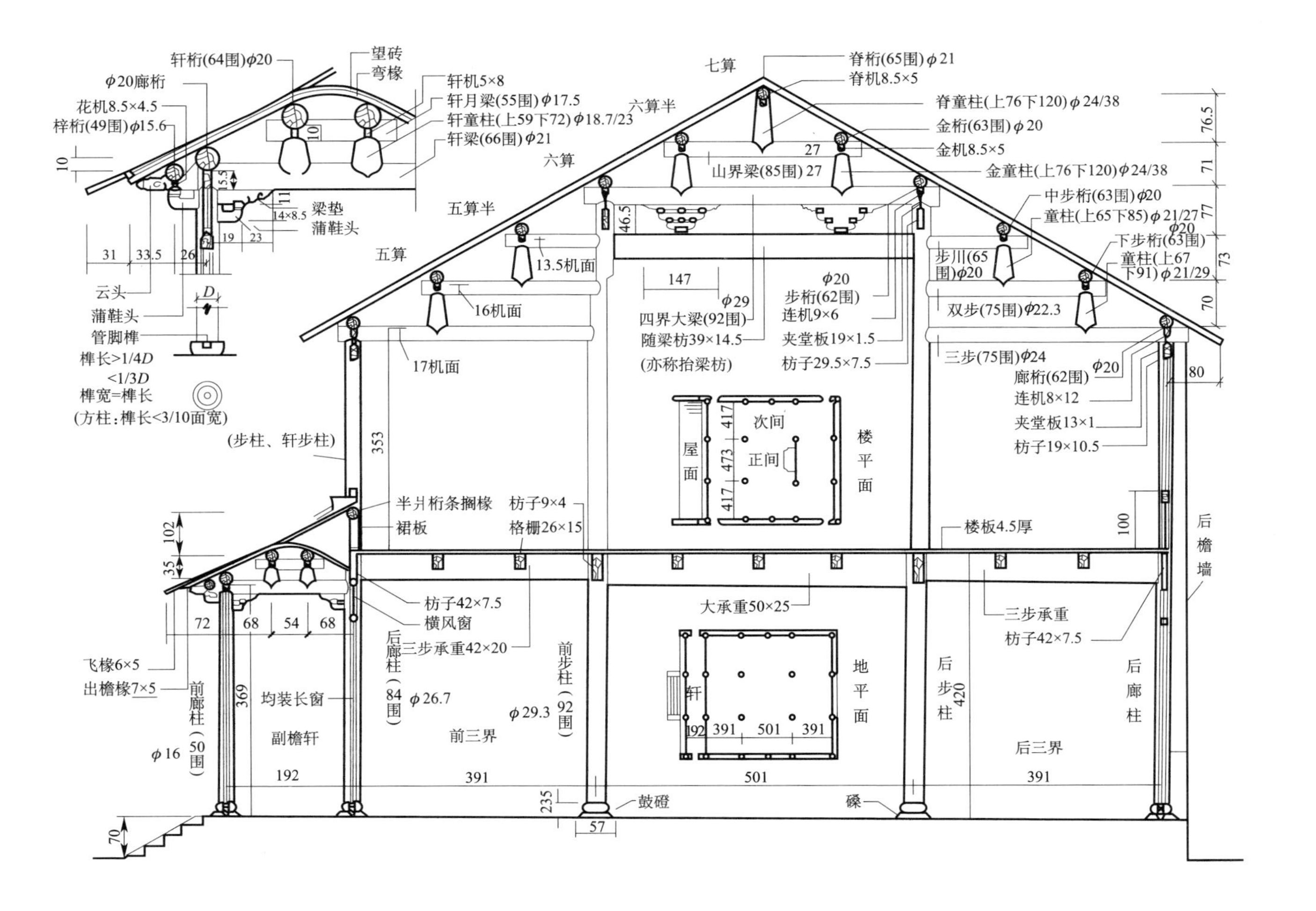

图4－1　副檐轩楼厅正贴式　图中单位：mm

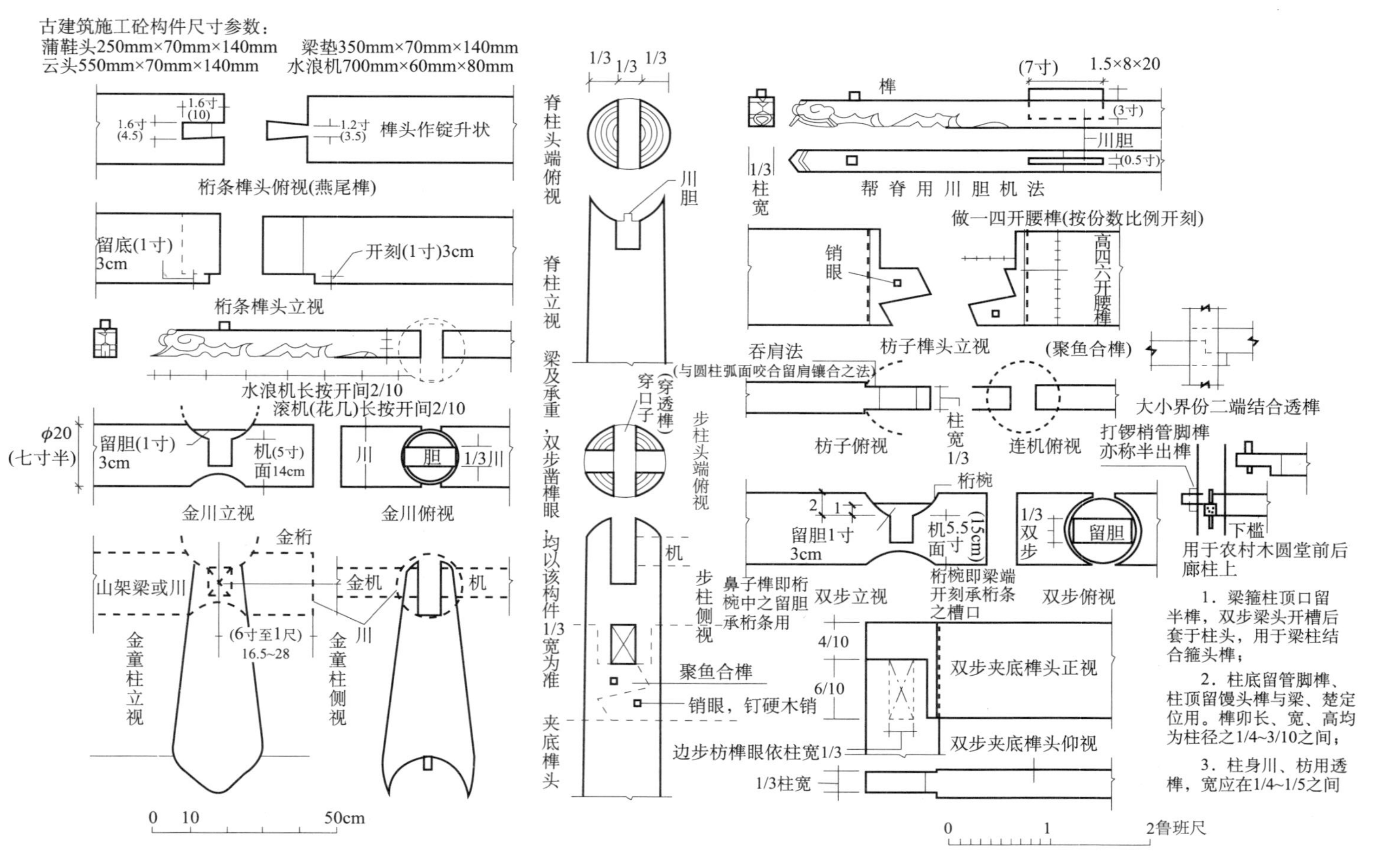

图4－2　边贴各部榫头做法详图

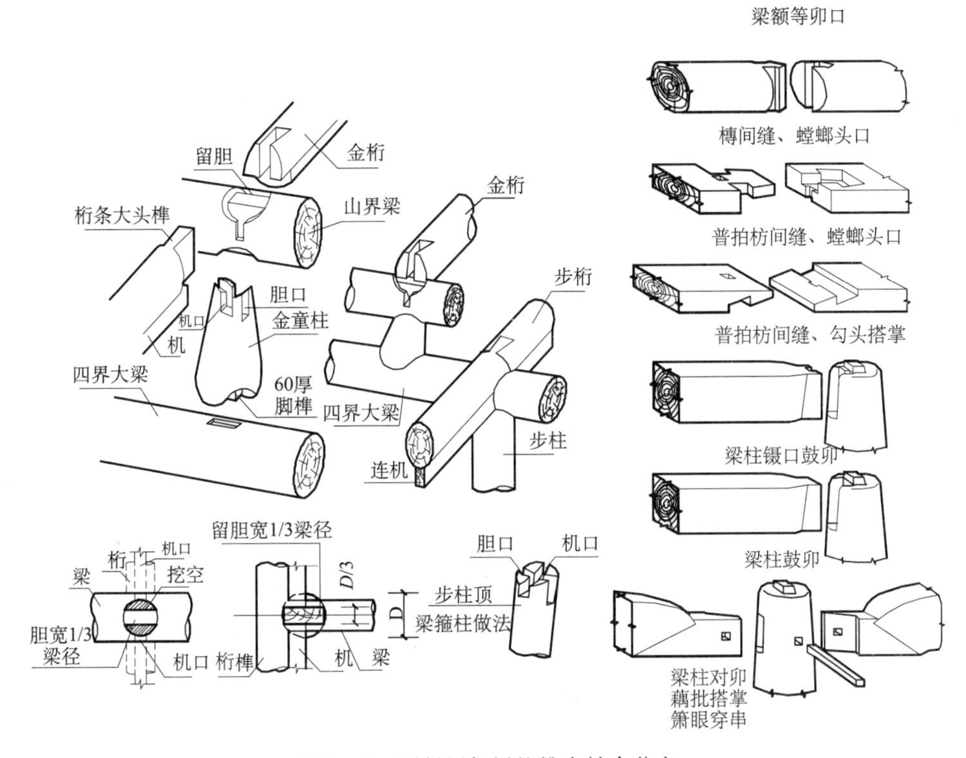

图 4－3　圆料屋架梁柱榫卯结合节点

二、通用施工做法

为保证全木结构整体网构完整性，通过柱、梁、枋、穿（川）、地袱（门槛），以及替木、角脊、瓜筒矮柱等纵横、上下构件贯串、搭接并运用相应不同榫卯节点形式，严丝密缝地以柔性连接的铰接形式，整合构成一个完全封闭式、框箱型的空间构架体系，保持了建筑物骨架的稳定和牢固。

有部分楼房边贴做法，实则与西南地区较为典型的穿斗式建筑相类似，今取云南丽江地区、白族、纳西族常见的穿斗式房屋建筑的一份调研报告中论述的榫卯结合节点做法，结合《古建筑木作营造》等著作中有关节点汇集一起加以说明，以供实际工程中参考应用。

对于相应构件间常用的榫卯做法，可如下列情况匹配选用：（见图 4－1～图 4－10 各节点详图）

1. 柱

（1）外围柱脚间地面处，常设柱脚地袱、垫脚枋围成一圈。柱、枋连接榫卯采

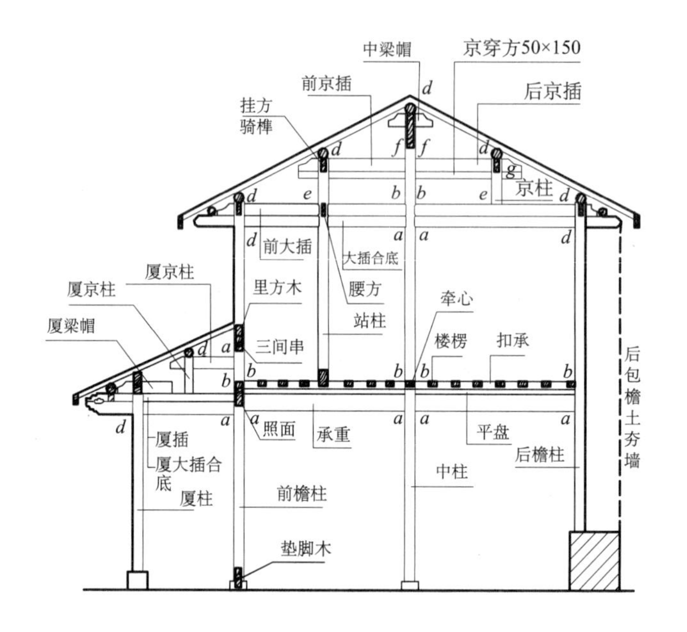

穿斗式木构架榫卯口选用实例：

a:打下扣(榫先入卯口，往下打入鼓卯口定位，用二肩蹬大头榫);

b:滑榫(直平榫，分全榫，半榫，穿榫出柱面为全榫高之1/2~1/3称大进小出);

c:骑马榫(十字口榫，跨骑在扣承上，镶入楼楞);

d:箍头榫(柱顶承卯口凭二肩袖扣紧柱头承卯口起箍锁作用);

e:直榫(管脚榫，京柱筒柱脚下半直榫);

f:打上扣(先入下卯口，往上反打入鼓卯口定位);

g:串通穿方(贯通京，中柱起串连作用)。

明楼中缝构架榫卯安装次序解析：

前后檐柱及中柱就位排列，自下而上各杆体依次装配入位。

承重二端入卯，打下扣“*a*”;

平盘，扣承二端半滑榫入位“*b*”;

大插合底，檐柱口用箍头榫“*d*”出挑，后根归中柱用打下扣“*a*”;

大插，檐柱口用箍头榫“*d*”出挑，后根归中柱用滑榫“*b*”;

京柱，柱顶开十字口槽，柱脚做直榫“*e*”(管脚榫)，插入大插顶面，顺开间方向连紧挂枋，均次打入扣大头榫相接，包括：“牵心”、“照面”、“挂枋(连儿)”、“垫脚木”、“里方木”、“三间串”、“腰方”联系，仅用半滑榫打入顶住大插和大插合底之间，兼为门窗上框槛支架；

京插，京柱口用箍头榫“*d*”出挑，后根归中柱用打下扣“*f*”；

京穿方，贯穿通过京(简)柱及中柱，两头出挑承托京插“*g*”;

厦合底，厦柱顶用箍头榫“*d*”，后根接檐柱用打下扣“*a*”;

厦插，厦柱顶用箍头榫“*d*”，后根接檐柱用滑榫“*b*”;

厦梁帽、中梁帽，柱顶下构件安装后用箍头榫“*d*”，锁紧柱头；

厦京插，厦京柱顶箍头榫“*d*”，后根接檐柱用打下扣“*a*”。

用料常用规格：

圆料：柱梢径ϕ170~230mm,桁檩梢径ϕ140mm、椽子梢径ϕ65mm通长。

方料：大房料130mm×200mm,小方料100mm×170mm,穿方100mm×130mm。

穿斗房常见尺度：

明间开间约为4m,次间略小于3.8m，进深约4m、4.6m、5.2m。

前廊进深一般在1.5m。楼房高“七上八下”(尺计)在2.3m和2.6m。

外柱脚1/100侧脚，“见尺收分”。贯穿方常用50mm×100mm、60mm×120mm。

工匠俗语：

方料：“梁下挂方三、五寸”(100mm×165mm),

“承重照面四、六寸”(130mm×200mm),

“五寸里方、四寸檩”(ϕ165mm, ϕ130mm),

“七寸柱径、二寸檩”(ϕ230mm, ϕ70mm),

“有穿方打上扣，无穿方打下扣”。“天宽地窄二肩蹬”。

屋脊“起山三、五寸”(100mm~165mm),

屋面“落脉一、三寸”(33mm~100mm)。

图4－4　穿斗式屋架梁、枋、柱榫卯结合节点

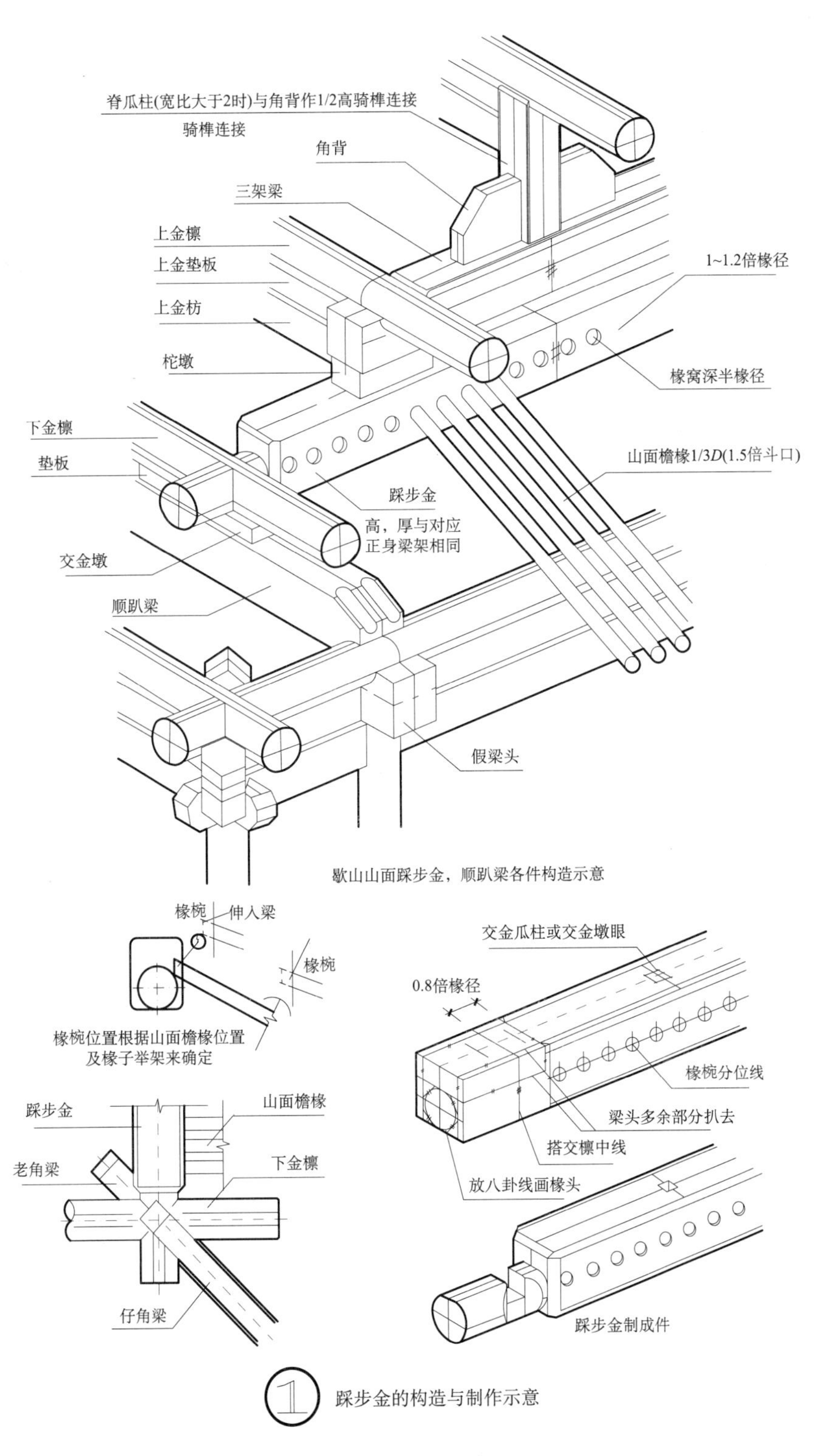

① 踩步金的构造与制作示意

图4－5 榫卯节点详图（一）

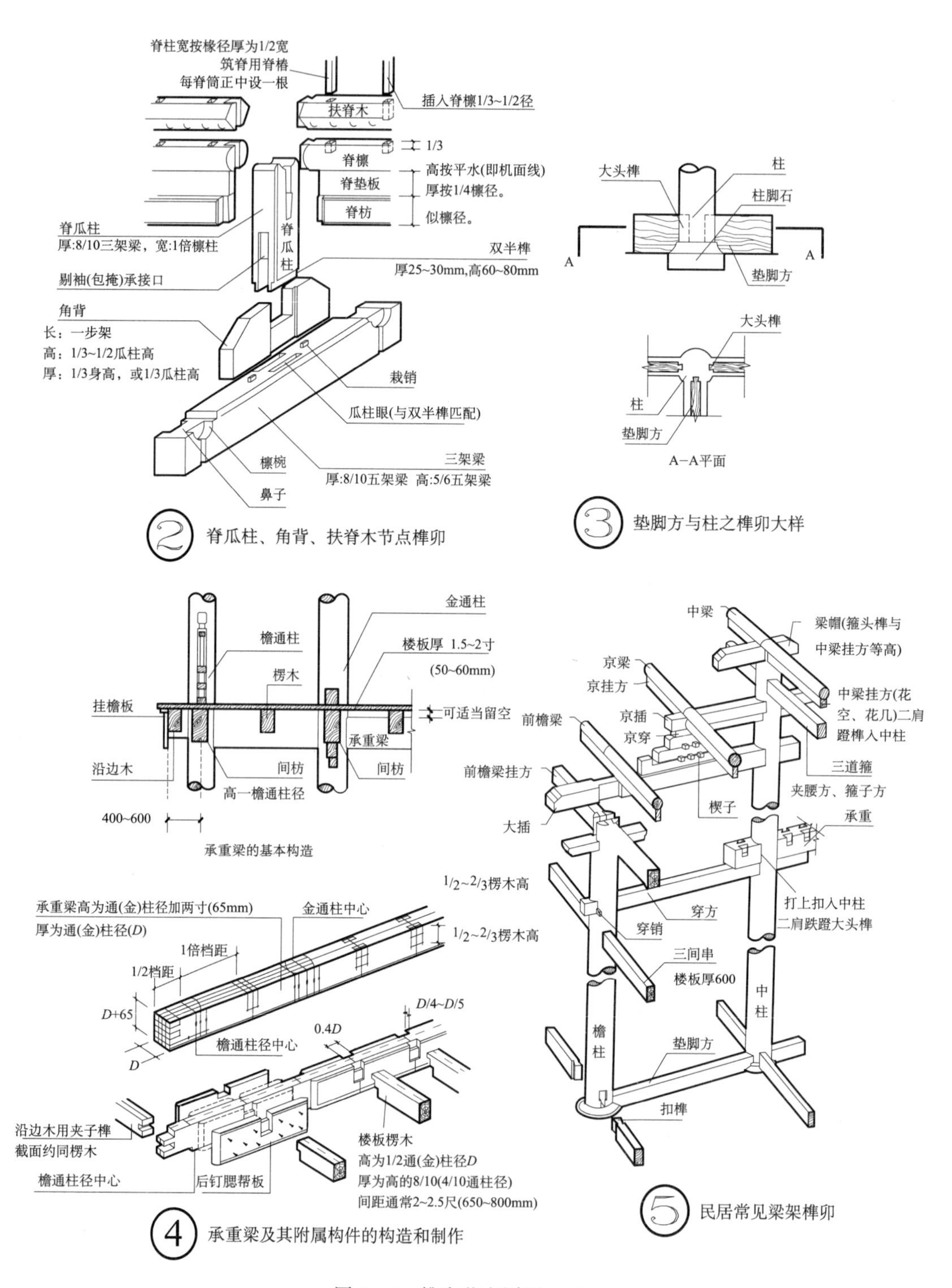

脊柱宽按椽径厚为1/2宽
筑脊用脊椿
每脊筒正中设一根
扶脊木
插入脊檩1/3~1/2径
1/3
脊檩
脊垫板
脊枋
高按平水(即机面线)
厚按1/4檩径。
似檩径。
脊瓜柱
厚:8/10三架梁，宽:1倍檩柱
剔袖(包掩)承接口
双半榫
厚25~30mm,高60~80mm
角背
长：一步架
高：1/3~1/2瓜柱高
厚：1/3身高，或1/3瓜柱高
栽销
瓜柱眼(与双半榫匹配)
檩椀
三架梁
厚:8/10五架梁 高:5/6五架梁
鼻子
脊瓜柱、角背、扶脊木节点榫卯
大头榫
柱
柱脚石
垫脚方
A
A
大头榫
柱
垫脚方
A-A平面
垫脚方与柱之榫卯大样
金通柱
檐通柱
楼板厚 1.5~2寸
(50~60mm)
楞木
挂檐板
可适当留空
承重梁
沿边木
间枋
间枋
高一檐通柱径
400~600
承重梁的基本构造
承重梁高为通(金)柱径加两寸(65mm)
厚为通(金)柱径(D)
金通柱中心
1/2~2/3楞木高
1/2~2/3楞木高
1倍档距
1/2档距
D+65
D
檐通柱径中心
0.4D
D/4~D/5
沿边木用夹子榫
截面约同楞木
檐通柱径中心
后钉腮帮板
楼板楞木
高为1/2通(金)柱径D
厚为高的8/10(4/10通柱径)
间距通常2~2.5尺(650~800mm)
承重梁及其附属构件的构造和制作
中梁
梁帽(箍头榫与
中梁挂方等高)
京梁
京挂方
中梁挂方(花
空、花几)二肩
蹬榫入中柱
前檐梁
京插
京穿
三道箍
夹腰方、箍子方
前檐梁挂方
楔子
大插
承重
打上扣入中柱
二肩跌蹬大头榫
穿方
穿销
三间串
楼板厚600
中柱
檐柱
垫脚方
扣榫
民居常见梁架榫卯

图4-6 榫卯节点详图（二）

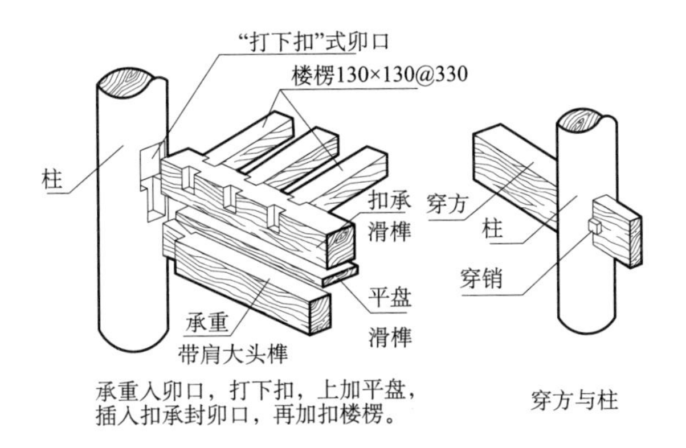

⑥ 楼楞、扣承、承重、穿方、柱等构件相互榫卯之大样

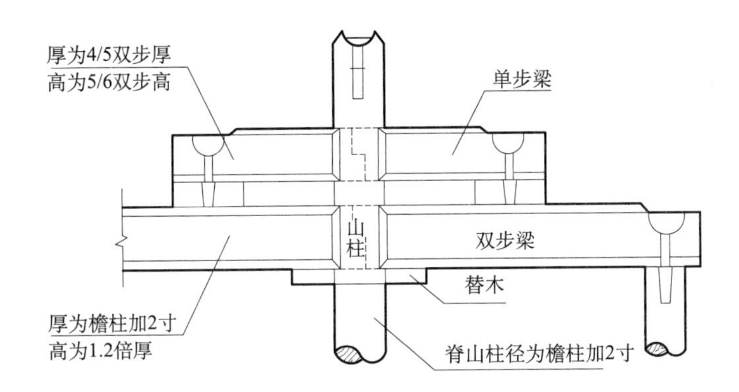

排山梁架侧面

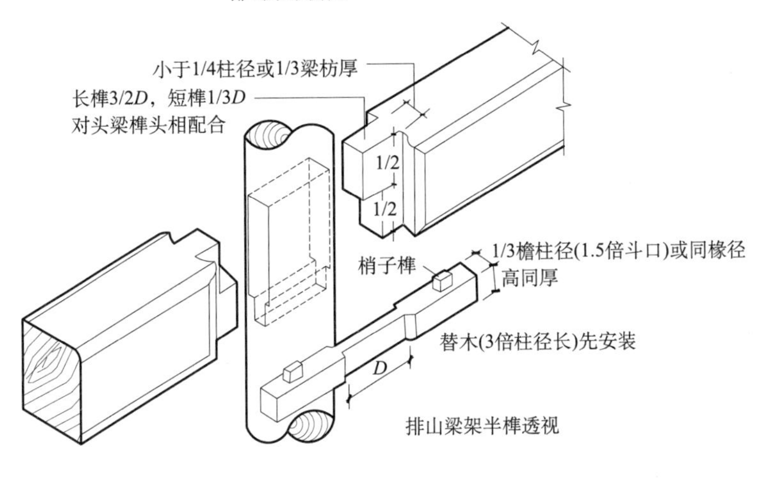

排山梁架半榫透视

⑦ 半榫

图4－7　榫卯节点详图（三）

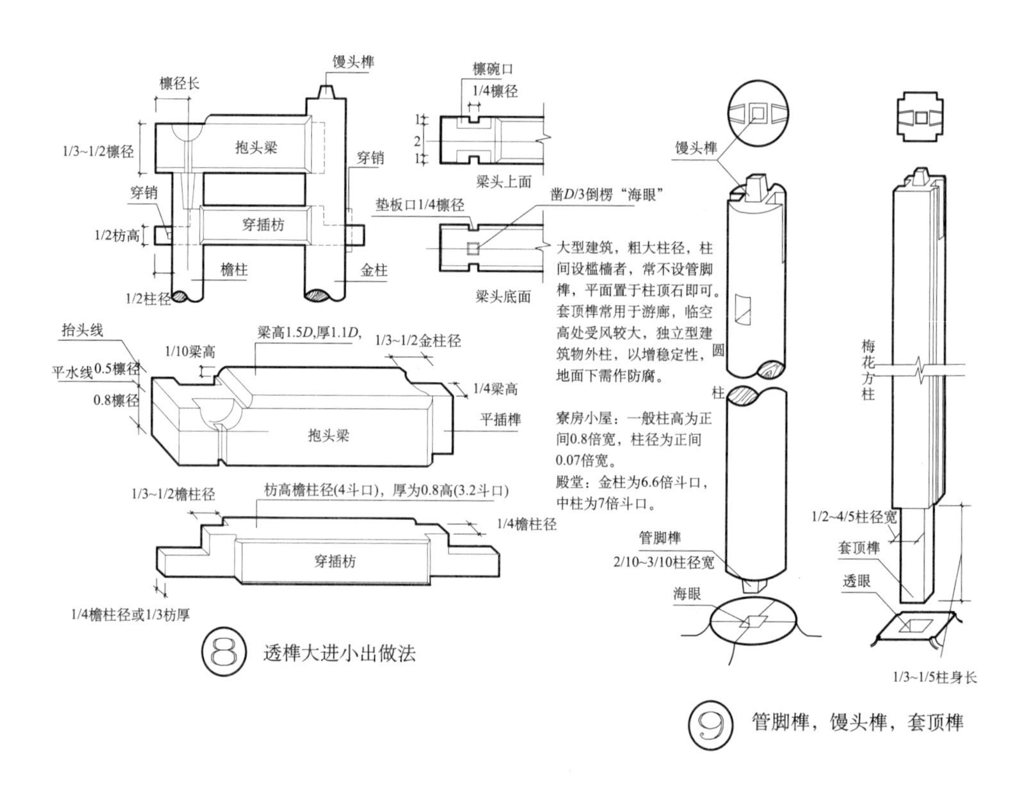
馒头榫
檩径长
1/3~1/2檩径
抱头梁
穿销
穿销
1/2枋高
穿插枋
檐柱
金柱
1/2柱径
檩碗口
1/4檩径
梁头上面
垫板口1/4檩径
凿D/3倒楞"海眼"
梁头底面
抬头线
1/10梁高
梁高1.5D,厚1.1D,
1/3~1/2金柱径
平水线
0.5檩径
0.8檩径
1/4梁高
平插榫
抱头梁
1/3~1/2檐柱径
枋高檐柱径(4斗口)，厚为0.8高(3.2斗口)
1/4檐柱径
穿插枋
1/4檐柱径或1/3枋厚
大型建筑，粗大柱径，柱间设槛墙者，常不设管脚榫，平面置于柱顶石即可。套顶榫常用于游廊，临空高处受风较大，独立型建筑物外柱，以增稳定性，圆地面下需作防腐。
寮房小屋：一般柱高为正间0.8倍宽，柱径为正间0.07倍宽。
殿堂：金柱为6.6倍斗口，中柱为7倍斗口。
馒头榫
柱
梅花方柱
管脚榫
2/10~3/10柱径宽
海眼
1/2~4/5柱径宽
套顶榫
透眼
1/3~1/5柱身长

⑧ 透榫大进小出做法

⑨ 管脚榫，馒头榫，套顶榫

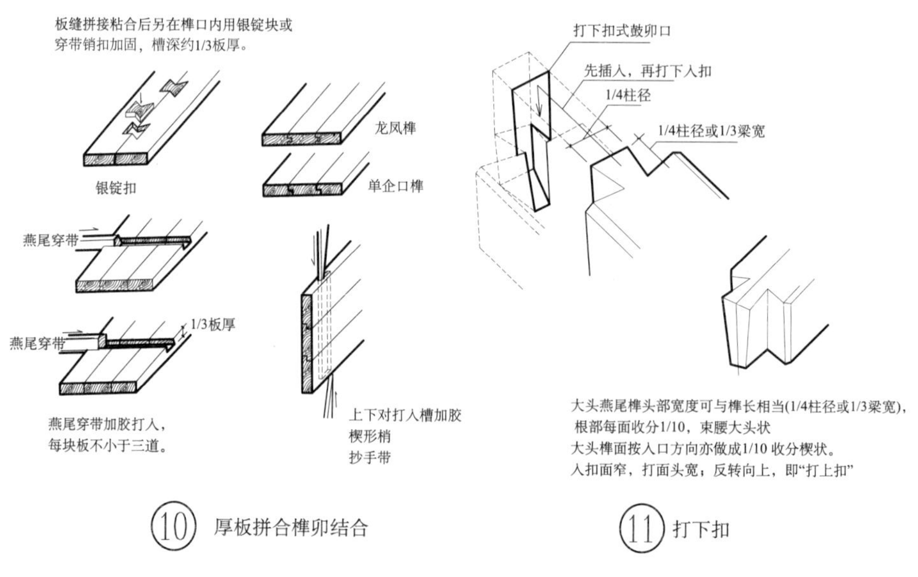
板缝拼接粘合后另在榫口内用银锭块或穿带销扣加固，槽深约1/3板厚。
银锭扣
龙凤榫
单企口榫
燕尾穿带
燕尾穿带
1/3板厚
燕尾穿带加胶打入，每块板不小于三道。
上下对打入槽加胶
楔形梢
抄手带
打下扣式鼓卯口
先插入，再打下入扣
1/4柱径
1/4柱径或1/3梁宽
大头燕尾榫头部宽度可与榫长相当(1/4柱径或1/3梁宽)，根部每面收分1/10，束腰大头状
大头榫面按入口方向亦做成1/10收分楔状。
入扣面窄，打面头宽；反转向上，即"打上扣"

⑩ 厚板拼合榫卯结合

⑪ 打下扣

图4-8　榫卯节点详图（四）

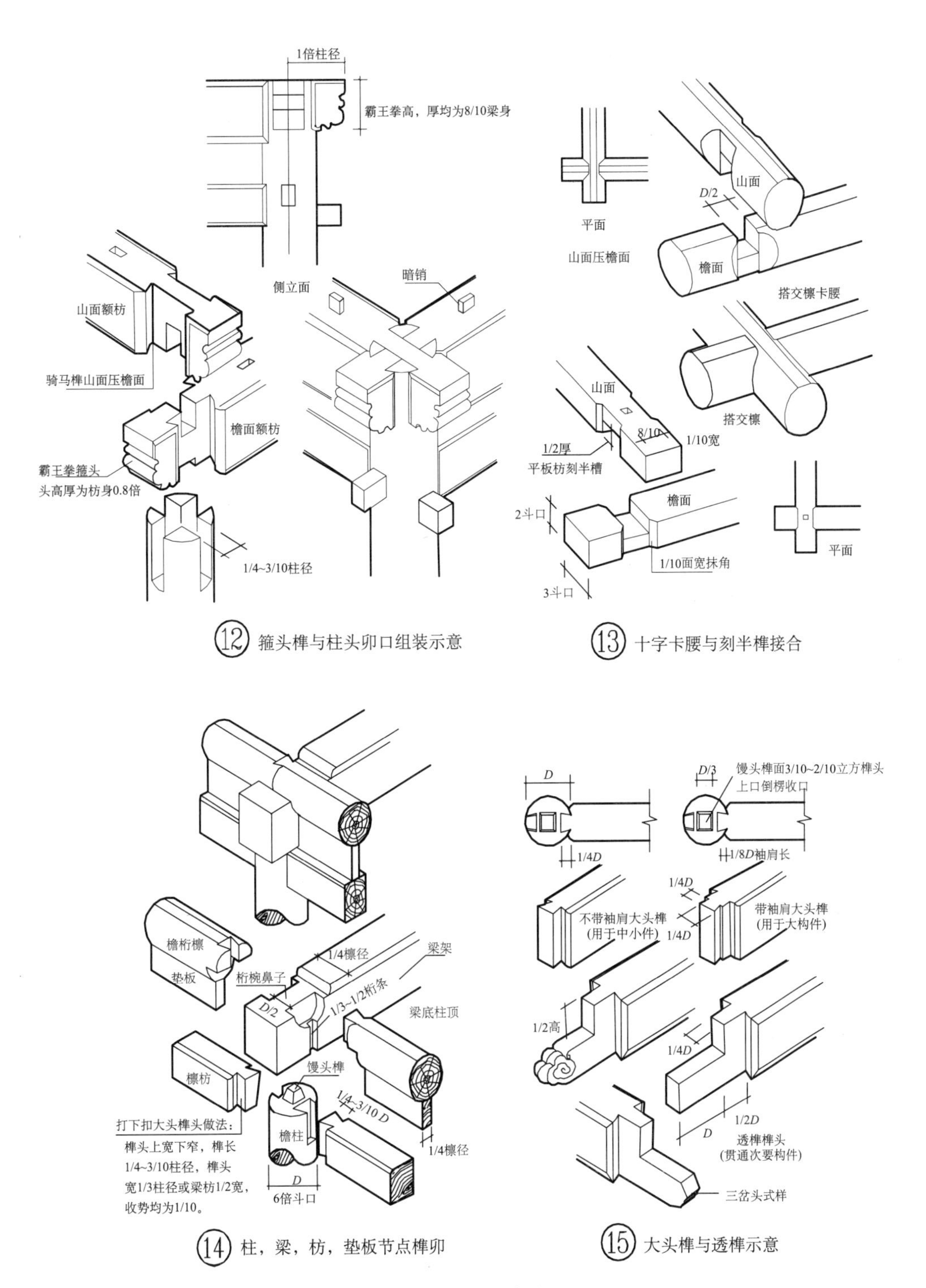

⑫ 箍头榫与柱头卯口组装示意

⑬ 十字卡腰与刻半榫接合

⑭ 柱，梁，枋，垫板节点榫卯

⑮ 大头榫与透榫示意

图4－9　榫卯节点详图（五）

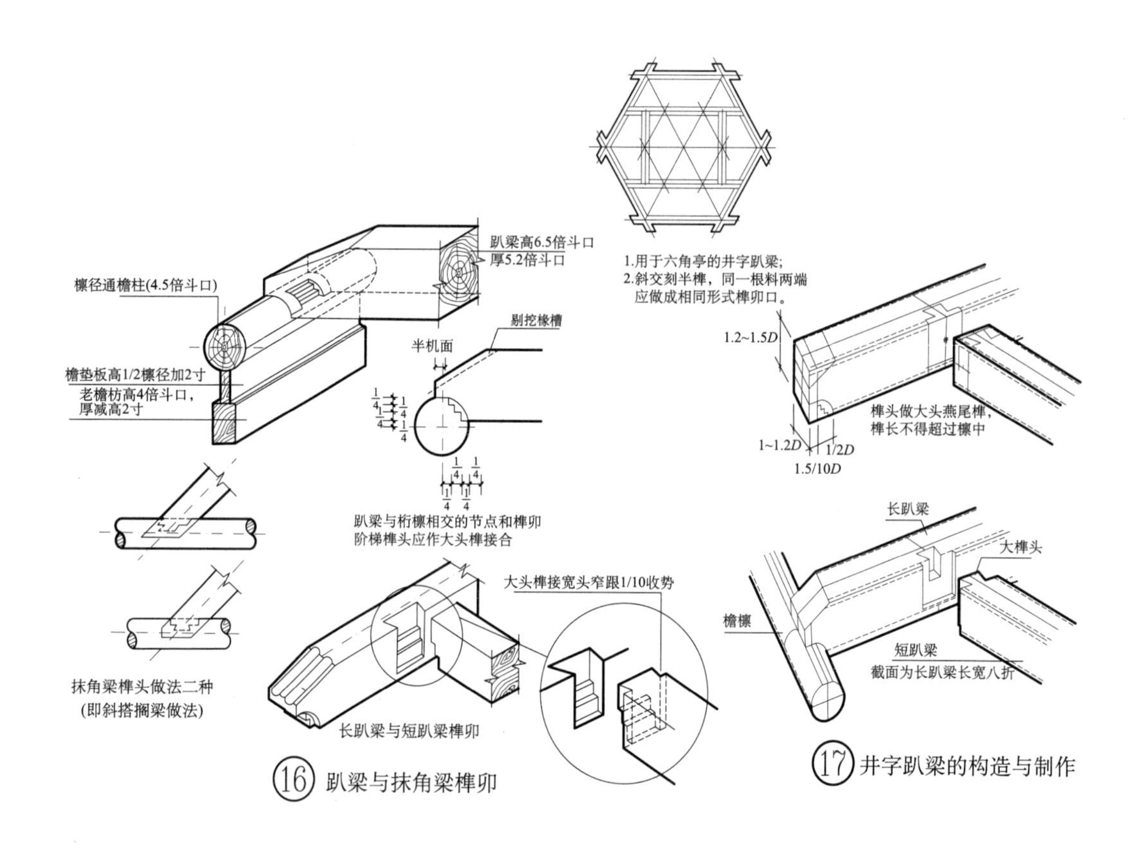

⑯ 趴梁与抹角梁榫卯

⑰ 井字趴梁的构造与制作

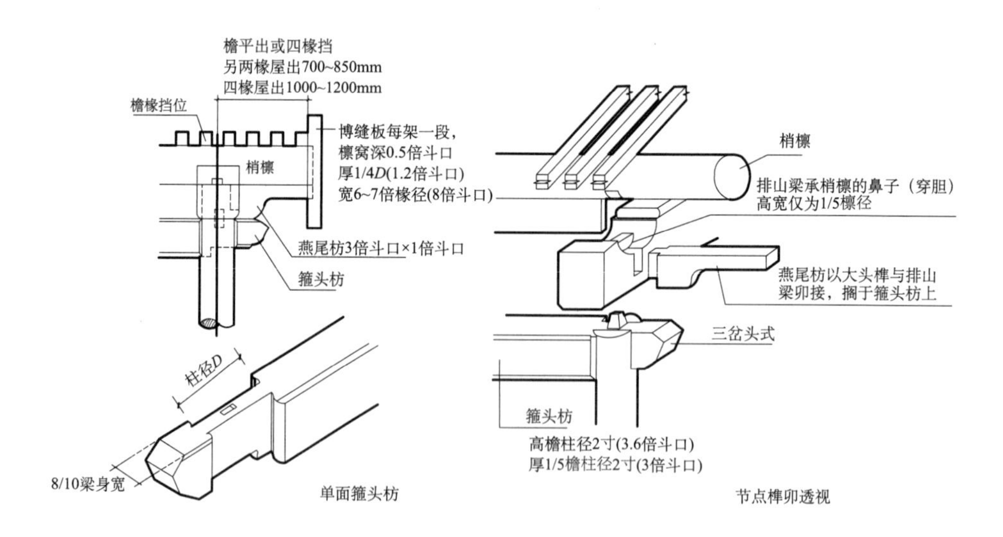

⑱ 悬山梢檩，小式箍头枋榫卯示意

图4－10　榫卯节点详图（六）

用“大头榫”（束腰榫、扎榫），长、宽各以2.5倍~3/10柱径，束根1/10收势（见图4-6中③和⑤）。

（2）柱本身在大型建筑柱顶与大梁连接，用“馒头榫”。柱脚根做“管脚榫”与柱脚石鼓磴、磉石面预留的槽孔匹配就位。尺寸同馒头榫，都呈斜坡收口，容易落榫（见图4-8中⑨）。

（3）孤立受风较大的建筑物的立柱脚根，应用“套顶榫”。为加强其稳定性，取榫长为地面上柱高1/3~1/5，榫径为柱径1/2~4/5，穿透柱脚石，并作防腐处理（见图4-8中⑨）。

（4）脊瓜筒柱与梁架站立交接，采用“双半榫”，骑跨于角背上，榫厚25mm~30mm，榫高60mm~80mm（或1/3瓜柱侧面宽）（见图4-6中②）。

（5）角背位于瓜筒柱骑插榫之下，卯口刻去上半高，两侧做袖口包掩落榫，起稳定作用，于梁架背叠合面，用两个硬木暗销固定，暗销宽10mm~20mm，长30mm~40mm，高60mm~80mm，半埋（见图4-6中②）。

2. 梁、枋

（1）主梁头底面，与檐步柱头顶面进深方向交接，以馒头榫上下连接（见图4-9中⑭）。

（2）檐柱头在顺檐口纵向的额枋（垫板用直榫）水平面交接，用大头榫“打下扣”衔接，可拉结牢靠（见图4-9中⑭）。

（3）垫板上檐桁檩垂直搁于柱梁头，锯去下半径镶入主梁头桁椀内。留下其上半径面的桁头，左、右桁以大头榫卯结合，骑架于主梁头、垫板、额枋上，与下面柱头紧密连接，组成稳固牢靠的柔性节点（见图4-9中⑭）。

（4）中脊（山）柱前后梁、枋或楼面承重等水平构件。常用“打上扣”或“打下扣”方式，先以带肩大头榫进入宽卯口，往上或下，打入窄卯口，进入就位。大头榫本身亦呈上下变化宽窄，相差3mm~5mm，受打面宽，落榫口窄，入卯口易打入卯口，越落越紧，扣住能严密接合。鼓卯口留下空出的卯口，可用“穿”、“插”或楔块填实，补强节点。此法石作牌坊之柱、枋节点亦用（见图4-8中⑪）。

（5）梁枋与中柱对接有用直榫，前后梁枋在透卯孔各以1/3进深退让，上下相配（见图4-7中⑦）梁枋下加设替木，加强支座点拉结作用。此外，尚有全柱径楔形对卯透榫，前后梁枋左、右竖向斜面镶配者，相当于宋法式之“藕批搭掌，梢眼穿串”做法，但不常用。

（6）梁枋穿插柱身，常用透榫大进小出做法。为减少柱身受力损伤，卯口进孔全高上半部部分仅凿深半柱径，下半部分卯口才凿穿透半分高。小出榫长伸出柱面半柱径。榫厚约1/4柱径或1/3梁枋厚。有时为加强联结，可在贴柱外橡加设硬木穿销，贴紧锁牢（见图4－8中⑧、图4－9中⑮）。

（7）梁枋与檐柱或角柱顶端相交连。常采用有、无带袖肩及两蹬大头榫两种做法。加强拉结作用。袖肩长取1/2榫长（见图4－9中⑮）。

（8）梁柱嵌于柱顶十字平直槽口内，为保护卯口，常采用“箍头榫”，借袖肩起箍紧作用。梁头伸出柱中心一柱径长，出头做成霸王拳、方头、三岔头或云头等式样。角柱顶十字卯口内，用山面压檐面做法（见图4－9中⑫）。

（9）转角柱顶、额枋上平板枋用“暗销”定位，纵横相交转角处，上下相叠采用“十字卡腰刻半榫”，上下面各割去1/2板厚作半榫，刻口两侧面以枋面1/10宽做包掩镶角，刻口以“山面压檐面”搭扣压平，吻合榫卯平面相接（见图4－9中⑬）。

（10）小式梁头桁檩角柱处纵横相交。搭角圆檩留 *D*/2 做卡腰扣搭。亦用“山（墙）面压檐面”法，以“十字卡腰刻半榫”镶刻配合找平（见图4－9中⑬）。下金檩与歇山搁檐椽的踩步金为山面之承椽枋兼山尖梁架之特殊构件（见图4－5中①）。

（11）搭搁梁（抹角梁）、趴梁与桁檩半叠角连接处，用“阶梯榫”分三级进退与桁檩1/4周长面交接，底级插入1/4桁径。依次递进、上端口伸出1/2桁中心半机面长，梁头抹角去斜坡面，并挖除相应椽椀配合，阶梯榫头应做大头榫，加强拉结功能（见图4－10中⑯⑰）。

（12）楼面承重梁头穿过廊厦（步）柱时，以穿斗式减薄梁身至3/5～1/2步柱径，穿柱而过，伸出上檐廊柱400～600mm，与沿边木、挂檐板相交接，就位后再在廊间两侧补钉腮帮板加固（见图4－6中④）。

（13）楼板楞木相接，可直接在承重上挖槽相连，此方法适用于承重用料较粗大时。小式楼面有采用在承重梁面加设平盘板穿插，再叠加“扣承”，在面上开大头榫卯口，承接楼楞做法。承重即可选用较小截面材料（见图4－7中⑥）。

（14）厚板拼宽，常用各式裁口；平口咬合、缝口有平缝、插缝、企口缝，板面另加银锭束腰卡楔，或开燕尾槽用明穿带拼攒的，或在板厚度中开凿通孔透眼，从两头对打入硬木楔穿带，可保持板面平整（见图4－8中⑩）。

（15）小式穿斗式构架，一般柱径约150mm。穿插枋断面为矩形方料，宽高比约为1∶3，通常高用150mm，也有上下数层较小枋料叠加成组合板型枋，亦有用半开圆料做成，贯通前后立柱做穿带用，脊下山界梁常前后各用一根插枋，交汇于脊中柱，各以大头榫镶接合，托底、穿插“合底”，贯通脊中柱，联结成一体。在下梁枋，承重上、下在“打上扣”或“打下扣”后，留下空当，亦以穿插入“合底”，经前后柱通透贯穿连成整体，并以竹木销固定锁紧（见图4－4中⑧）。

（16）木椽与桁檩只以斜劈面压钉即可，桁檩端头亦用大头榫对接，见图4－9中⑭悬山梢檩，小式箍头枋，燕尾枋用大头榫与排山梁卯接，悬山梢檩与排山梁面结合，用矮鼻子卯口榫接于梢檩底面（见图4－10中⑱）。苏式悬山梢檩及硬山梢檩多数作加长处理，不另外接料拼装。

（17）暗（栽）销用于相邻构件稳固接合而设。楔块销子采用硬质竹木材料，尺寸位置可现场决定，不作规定（见图4－6中②、图4－9中⑫）。

3. 装置

（1）柱间门、窗、隔断、花罩等木制装置，皆可拆卸移置，与柱、枋相接，均设槛、框构件，都以榫卯结合，是为了便于挪动另置。

（2）柱边的抱槛（抱楸、抱柱、抱框）与柱身采用栽销法榫卯结合，即“暗鼓卯”做法，先在柱身相应的位置开凿鼓卯口，载入银锭式大头“溜销”。余口填楔木，然后将抱槛对准鼓卯口，镶入鼓卯口，落下、套住“溜销”定位。看面宽约为下槛4/5高，或檐柱径2/3，与横槛看面高相同。

（3）横槛包括上槛和中槛，与柱身采用“倒退榫”结合。槛两端做外平双榫，分别做长短榫头，先插入柱身长卯口，倒退拉出长榫榫头，将另一端短榫头插入另一柱身上短卯口，并在空出的长榫夹眼内打下木楔定位（见图4－11）。

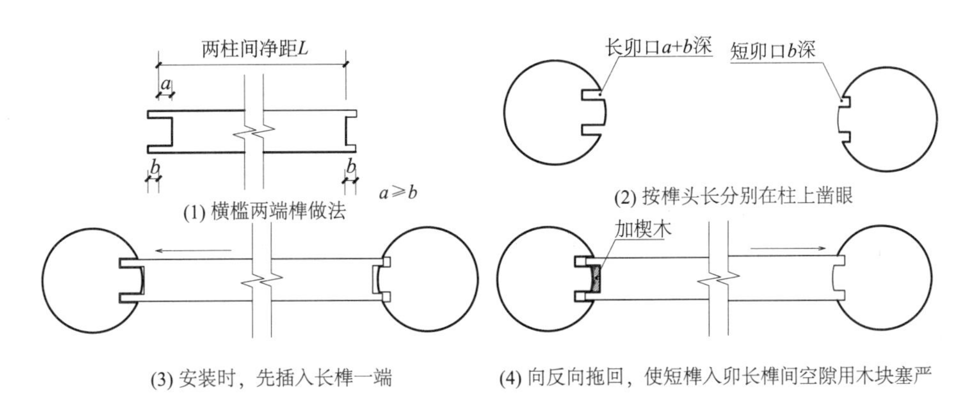

图4－11　横槛倒退榫

唯栏杆顶面捺槛用半榫与柱相交，单边向上扣，下方短抱槛直接镶接柱身和鼓蹬，用铁钉连接，组成框宕口，留出宕口以备镶置可拆卸式栏杆片。

（4）可拆卸式下槛，两端与柱下石鼓蹬边用特制的“金刚腿”相配置。宽于抱槛外各10mm，高为柱径八折，与石鼓蹬石面交接，就形状镶配置，石面以上高出（约1/10柱径）部分，开涨卯口（即卯口略带上小、下大）溜槽与柱身对应处加钉“溜销”上窄下宽木条块、下扣紧定位。另端仰斜面带留上窄下宽的凸榫，以备承接中间下槛用（见图4－12）。

（5）下槛两端做1/10～2/10斜度，倒斜面上开凿“涨卯口”，落槽在“金刚腿”仰斜面凸榫上。

（6）落地长窗下槛，若外开门槛做琴面（即鼓面），不做通常“铲口”，只在窗扇

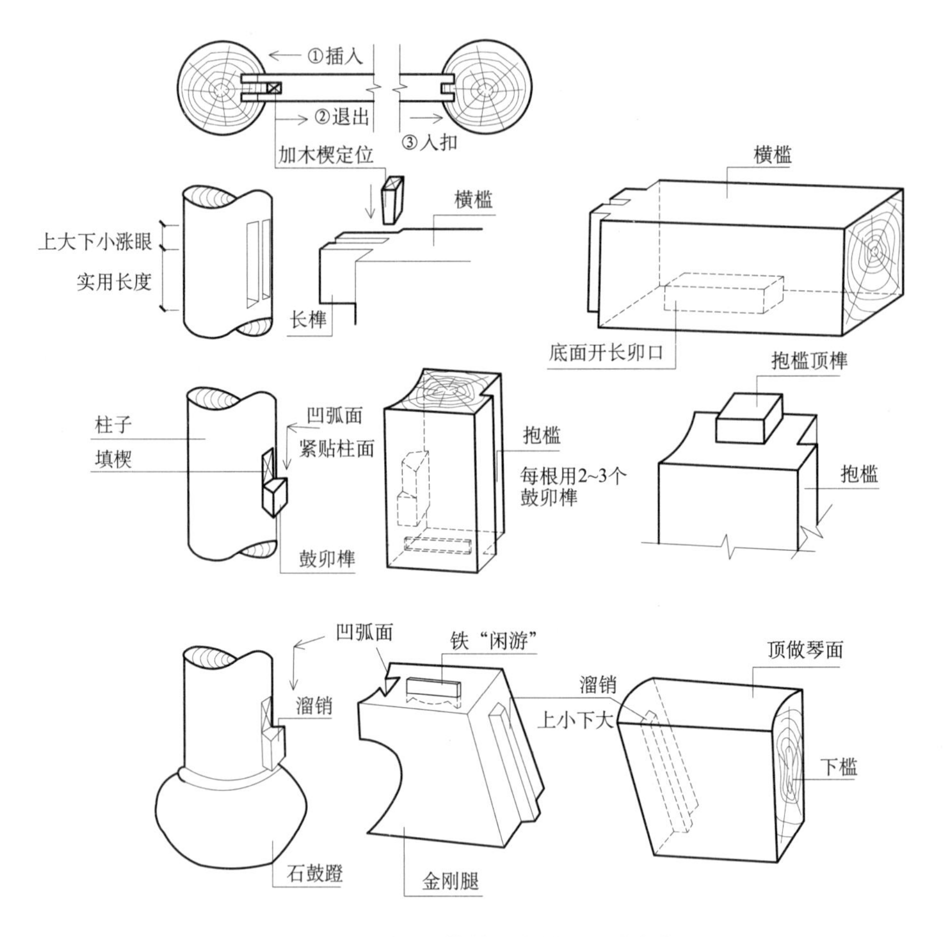

图4－12　金刚腿、横槛、抱槛、下槛安装法

合缝下、窗扇边梃下端留出“走头”（边梃下脚头）处，对应开凿“回风”凹槽口，作为窗挡。内开长窗之下槛须开出通长“铲口”，并在合缝口下加开“回风”宕口。而上槛下口，均须开通长“铲口”，是为保证关闭状，不能脱卸窗扇之安全措施。

（7）窗扇的窗格芯子榫卯联结原则是芯子框边（收条）到两边用全出榫与框交合，内花格芯子两根构件，若“L”形直角相交，则以双羊脚（大头）榫，双面合角相交。若“T”形丁字相交，则用深半榫联结，正面做虚叉相交。当“十”形纵横相交，则应做“合把嘴”，敲交接连，槽深互为半料（见图4－13）。

（8）栏杆因其要求有一定强度，外框芯子间须作双夹榫出榫连接，榫芯厚大于50mm，栏杆片子镶配装于固定在柱间的捺槛和抱槛之间，一边用短榫与抱槛连接，另一边则用硬木插销固定，便于装卸。安装法与挂落类的装置部件相同。

（9）吴王靠外框梃料均以双夹榫连接，芯子框料以半榫连接，转角相交箍头小柱结合，应做合角交接，外形平整。固定方式，以设置金属摘钩接连，在柱子和盖梃与中梃间的箍头小立梃上。底部做半榫与坐槛面连接牢固（见图4－14）。

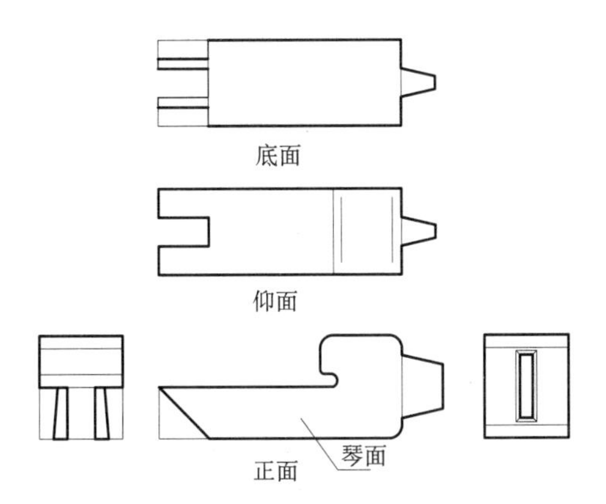

图4－13　“L”形直角交双羊角、双面合角榫

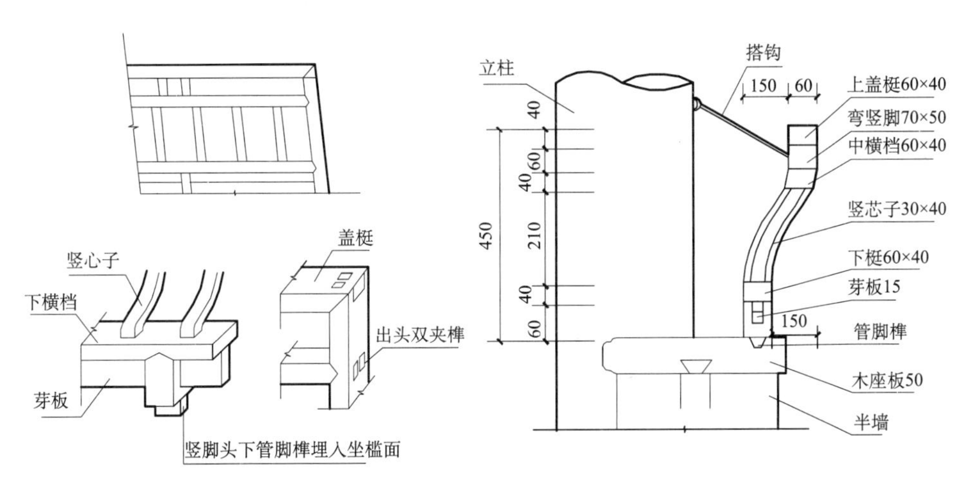

图4－14　吴王靠

（10）和合窗边柲安装以顶端留榫插入上槛预留长卯口（便于左右调整），下端开溜槽口与捺槛上安装的“闲游”适配固定。上窗扇两侧梃开溜槽，与立柲侧边钉置的铁“闲游”，沿槽口移上定位，并在下侧用硬木销插销固定。下窗扇抬高以下口两侧边的引溜槽，对准立柲边预置的铁“闲游”往下落槽就位即可。中窗扇安装，可以外置摇梗上悬开启，或与上窗扇下口铰链相连，外开后以长撑摘钩固定（见图4－15）。

以上各种榫卯结合为传统建筑中常用做法，施工图纸未能详细交代清楚者，均可按此临场根据受力情况，选用相应传统榫卯做法，可对照图4－5～图4－10配置如下：

大件及主要构件，梁与柱类相接，常用“带袖肩大头榫”，可增强榫头剪力面。

受力略逊的次梁类者，可用一般“大头榫”连接。

连续穿插枋等受力不大的次要连系构件可采用直榫。根据位置不同，选用“半榫”、“透榫”、大进小出等做法。大头榫卯口在柱身中时，应开凿鼓卯口承接，可分成

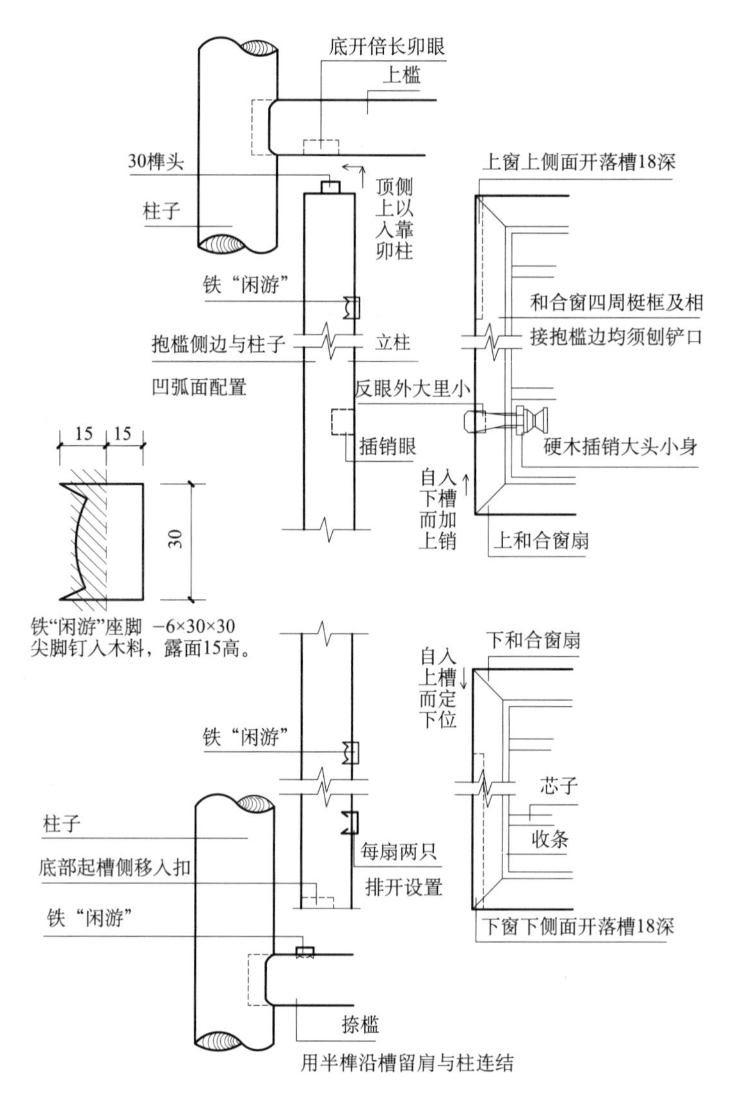

图4－15　和合窗边栨、固定窗扇安装法

“打上扣”，反向从底面朝上打入；“打下扣”，从构件顶面朝下打入卯口。鼓卯口朝上或向下，可按位置决定。留下的空出卯口，可由穿插枋填补，或上、下构件滑榫填塞，或楔块填补找平。

榫头与卯口是成对配置。制作程序必须先在柱身上凿出各式卯口，然后逐个从对应的卯口中，用“讨退法”套取已凿好的卯口详细尺寸。再套出样板，在相应梁枋面上放线，打凿相应匹配形式的榫头尺寸，卯口不能扩大，否则有损断面受力，榫头留余量可修小，易掌控，必须编号志记，便于安装时避免混淆错配位置。由于木料材质受自然因素变化，必须“一卯一榫”才能确保“严丝密缝”相配合成。榫卯正式就位后，不允许松动摇晃，严禁以小木片楔子轧塞枕紧，或加胶处理，否则后果严重，可致使必须换料返工，重做榫头匹配，才能免除后患。

传统大型全木结构屋面坡度一般是“四分水”至“五分水”起始，大致相当于26°34′~21°48′（五算~四算）水平夹角，殿庭大多自五算半逐步可升至九算。除举架提栈前后屋面反弧面变化外，顺开间方向两端有“生起”处理，自中间向两端每开间“生起”约100mm，依次按次间1/30、梢间1.5/30升高抬起亦呈反弧线造型，构成伟岸庄严的气势。

传统木结构体系，有利于抗震效应，主要由于整体空间刚度的支撑构件体系得到增强，有如下特点：

（1）构架体系的高宽比的合理控制，以正立方体型的稳定性为好。

（2）箱笼型空间结构体系，有利于抗震效应，纵横构件在同一水平上，错位相交，减少柱身开设过多榫卯口，从而节点处，柱身刚度及受力强度，都得到增强（见图4-6中⑤）。

（3）纵横穿枋的布置，在不同高度组成兜通圈梁式联系网络，加强了整体联系（见图4-4）。

（4）柱脚的垫脚枋（地栿）、门槛、穿带、外窗槛等，均组成地面圈通联系带，构成完整系统。

（5）正屋两侧耳厢合用山架边贴构件，互相搭扣连接，更利于抗震效应。

（6）合理的榫卯节点选用及严谨的制作安装，能得到一个柔性而牢固的节点。

第五章　木结构取材

传统建筑中，木结构各种构件尺寸权衡，自宋《营造法式》及清《工程做法则例》中，都有相应规定，或以“材分”或以“斗口”为模数，来决定各种等级建筑类别中的各项构件用材断面规格，所采用的数据都是一种由罗列方式，再总结经验，用统计方法得到的结果，是一种统计物理学的参数。

中国古建筑中，宋《营造法式》等材中的材（高）、广（宽）比例为1.5∶1，而清式斗口（宽）和材（高）比例为1∶1.4，与苏式传统建筑中五七式（1∶1.4）、四六式（1∶1.5）的用材宽高比基本一致。从而可说明，宽、高比例关系的用材尺寸，在受力使用过程中的认同，已经明白其中重要的因果关系。按上述两种宽高比例的矩形截面矩量，$W = 1/6bh^2$ 核算时，1∶1.5 的 W 值，仅偏低0.23%，实用中可忽略不计。帕伦特（Parent）断言：从一根圆木中截取最大强度的矩形梁时，以圆直径上各1/3处，上下垂直交于圆周，连接交点得一矩形断面，即为最佳截面（见图5－1）。短边为2时，则长边为2.8，即1∶1.4，接近1∶1.5和中国古建用材相似。英国汤姆士·杨证实：“刚性最大的梁截面，高与宽比为$\sqrt{3}$∶1（1.73∶1），强度最大的梁截面，高与宽比为$\sqrt{2}$∶1（1.41∶1）；但是最富有弹性的梁，乃是其高、宽相等的梁截面。” “弯曲刚度”，（EJ）体现在跨长受弯后，横断面上的各点下垂位移，称为“挠度”。“强度”是体现在断面高、宽和跨度长度之间，尺寸变化的受力结果。由此结论，中国古建筑及民间传统建筑的营造模式，之所以能经历数千年的漫长绵延至今，基本形式传承变化不大的框构木结构形式，其规范化用材，是符合科学结构力学道理的。只是用另一种方式方法表达，口授手传，没有系统化总结，精炼成原理，科学论证为成套理论，仅

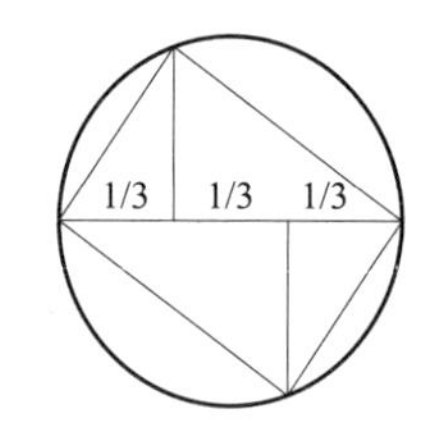

图5－1　帕伦特的最佳截面

囿于罗列式统计列表阶段。事到如今，我们反过来考证验算，才有所了解，刚刚明白了一点。

但是，古建中木结构的榫卯结构，其中学问，尚待后来人继续研讨，仍有不少工作要做，需要努力为之。榫卯结构拼接工艺，相连接的不同构件，在稳定状态下，是一个咬合紧密的类似铰接形式的整合体，当受到外力作用下，结合部位留出的细丝密缝就可以起到调整、支配分散不同方位传来的不均衡外力，在足够承受应力范围内，可使其达到平衡，稳定整体结构。正因为木材的固有弹性和韧性的特点，且能逐渐恢复到原来的记忆位置上。榫卯结构形式，不仅是“器”之外表形象，“道”之于内，才是“开物成务”的根本。

每当涉及苏式传统民居建筑设计时，除了其固定程式的总平面布局和楼、堂、厅、馆、轩、榭、亭、阁的传统格局，以及平、立、剖面构成外，当细化到具体梁、柱、枋、桁构件的尺寸权衡，有时会对传统做法中的选料大小差异，有些犹豫不决，遵照《营造法原》中传统工匠间口诀，选用时有无矫枉过正之嫌呢？在研究了经典的《营造法原》中，有关“屋料定例”，对相应构件大小尺寸的裁定和《营造法式》、《工程做法则例》的有关以“斗口”为定料规则相比较，似乎存有忐忑之心。为此，试用当代现行木结构设计规范规定，以建筑力学原理的计算方法对《营造法原》书中“屋料定例”中所列各主要构件进行了验算，以求证其可行性而解惑。

传统木结构建筑中构件强度，由木材受力后的抵抗强度和木材对弹性变形的抵抗能力，即材料的弹性模量（E），为最重要的物理力学因素而决定，从而推导横梁和立柱的容许应力。受力情况常见状态，其中有一种是木材承受最大垂直于木纹施加的弯曲荷载，如大梁水平搁置于木柱上，受建筑物规模、开间大小、进深多少，以及梁身所承受的上部荷载，和另一种沿木材顺向于木纹承受的压缩荷载。如立柱顶端承受梁、桁传来的屋面荷载。同样对两种构件施加相同荷载时，当垂直横向于木纹与顺向压缩木纹不同时，二者抵抗极限强度会相差很大。垂直木纹受弯抵抗能力则远小于顺向木纹受压时的抵抗能力，二者竟相差 7～10 倍。木材的容许应力是通过实验室，以含水量 15% 为准的小型试件测得。以此作为选用木材的物理力学性质的允许计算数据，用来确定设计中构件用料的规格，并决定其断面尺寸，验算该构件的安全性。除此之外，构件用料大小，还有一种特殊因素考虑，对构件节点的构造要求，和构建组合时，相互尺寸上的比例权衡，视觉上的感官，都是影响条件。如扁作大梁的梁高，就由承托山界梁的寒梢栱、机面、屋面提垂等高度，经放样后决定。

确定构件断面的决定因素，无非是该构件的断面尺寸，即高与宽（或圆径）的大小以及搁置点之间的跨越长度，能否承担所受到的外部力量或荷载的影响。通过计算公式验证构件内实际产生的抵抗应力，都应小于容许应力时，才属于安全使用。

而关于构件断面的尺寸与长度，在受到荷载时的强度关系，达·芬奇有个论断：“任何被支承且能自由弯曲的物件，如果截面和材料都是均匀的，则距离支点最远处，其弯曲也是最大（中点）。”实验结论：“两端支承的梁型构体的强度，与其长度成反比，而与其宽度成正比”。即是说：同样断面的梁，长度越长，承受强度越小；同样长度的梁，截面宽度越大，承受强度越高。同时宽度与高度的比例关系，又与构件强度有重要关系。

古代遗存建筑，特别北方官式建筑在形式、构造、取材方面均按照《营造法式》、《工程做法则例》执行，“因袭相承”形成一种独特的风格和规则循行，宋《营造法式》规定“凡构屋之制，皆以材为祖”，主要大木构件，如柱、梁、额、槫（桁檩）、椽、串、枋等用材大小，均以建筑物确定等级后，以“等材取用制”。清《工程做法则例》对建筑物各部位，及构件用料大小，以“斗口”为基数，亦以建筑物规模、分类等级后，以“斗口取用制”。

上述“等材”和“斗口”，作为基本模数，实指相当于斗栱中之升料尺寸，亦即是翘、抄、跳、栱料之断面尺寸。

宋《营造法式》和清《工程做法则例》均以升、栱料计用料等级（宋分八等材、清分十一等材）。《营造法原》却以斗料为准，用三种常用斗式中，仅双四六式尚能对应等级，余皆属末等之列。南宋之偏安一方，国力大衰，建筑规模大大减缩，建材特别是木材，供应规格用量大大缩减。而式样、装饰更加讲究秀丽纤巧，复杂华丽，以增设斗栱攒座数量而变异，原本斗栱为受力构件，至此时几乎已失去其功能，仅偏重于装饰性而已。除斗、升、栱、昂用料大大缩小外，其他梁、枋构件配料，也仅以降低房屋等级来选择用材等级，再按材份数或斗口，统领所有构件尺寸用料。《营造法原》是以房屋规模进深多少，确定大梁断面来以此决定其他构件尺寸，同时对于开间之宽度和进深尺度，因受材料限制，桁、梁基本不会超出5~6m（一丈八到二丈二尺）跨距，而进深以“界”为计，即桁条之中距，每界桁距一般在1.10~1.40m（四尺~五尺）之间。椽子断面也基本受桁距和屋盖构成（含随房屋规模基本定型的望砖，及所适之种类、规格定型变化的铺瓦）影响，也就基本为定例尺寸。椽子常用50mm×70mm@230mm，轩顶椽因无铺瓦，一般仅用40mm×60mm椽截面，望砖仅做细、刨边处理，椽距照旧@230mm。圆椽南方称为“荷包椽”者，即圆椽上背面斫去四分之一成平台面，既为便于搁望砖，又做成“荷包”状，是为增加美观。出檐椽加长挑出廊檐桁外，长约为桁距（界深）一半，另出挑檐口之飞椽，常以扁矩形，挑出于檐椽上方，长度为出檐椽之半，其宽、厚均为檐椽之八折，椽总长均为挑出长之三倍，即“二压一”。因此，屋盖部分几乎可通用于一般民间房舍应用了。

今《营造法原》木架配料以进深尺寸，按比例取围径周长而定用材，并得以四界大梁为基准，来测算其他构件用材尺寸。而斗栱仍依斗料断面取值，以大斗的八分之一，作为栱（升）料截面，但其称呼“斗式”所指大斗尺寸，只及宋、清“等材”、“斗口”之栱料用料尺寸，差异之大，应慎之。至于构造工艺、榫卯节点，古今南北开凿卯口，制作榫头式样位置，“变易较微”，仍保持其特色，交搭构件刻口位置完全符合科学道理，如悬挑华栱，刻口在底面，已知道受力在上面，就像挑出阳台板，在上面配钢筋一样道理。又如柱身卯口不能开凿大于1/4柱径及不能集中一处，都是一样道理。

在基本构成房屋立架的基础构件，梁、柱截面的选定，通过实例，对照《营造法原》上定例规则，用现行木结构设计规则和计算方法以静力学中最基本、最简化的演算步骤，运用必要的基本公式，来验证其《营造法原》中选用“屋料定例”是否符合科学性。

首先从木构架中自屋面木基层，椽、桁檩、梁等受弯构件开始，应该计算它的强度和刚度（即以总挠度进行验算）。

以下验证计算方法顺序主要参考选用林志喜编的《木结构入门》一书，取其简单明了，普及易懂，便于操作。

一、计算方法（表5-1~表5-6）

按照木结构设计规范规定，首先计算屋面椽子、桁檩、大梁等传统构造，均以简支座形式搭构，计算其主要受构造控制作用而决定的典型代表构件截面，求其受弯构件的强度和挠度，由于所受外力影响者，应该由下列两组荷载组合来考虑：

（1）屋面静荷载和雪荷载以均布荷载计算；

（2）屋面静荷载和施工时操作集中荷载组合计算。

荷载计算时，均应统一换算成垂直地面的屋面构件上所受到的外荷载。

先以组合（1），由屋面所有构成材料之重量及积雪重量二者综合计算，用均布荷载，简支梁计算公式，取得的最大弯矩 $M = 1/8ql^2$（kg · cm），求得该木构件横截面的净截面矩量 W，即可计算其弯曲应力：

以此计算弯曲应力 $\delta = \dfrac{M}{W} \leqslant [\delta]$ 容许弯曲应力（kg/cm^2）

式中矩形截面矩量 $W = \dfrac{1}{6}bh^2$（cm^3）

圆形截面矩量 $W = \dfrac{\pi}{32}d^3$（cm^3）

再验算简支均布荷载时的相对挠度 $\dfrac{f}{l} = \dfrac{5}{24} \times \dfrac{\delta \cdot l}{Eh} \leqslant \left[\dfrac{f}{l}\right]$

计算相对挠度必须小于或等于容许相对挠度值，即验算合格，方可使用。

式中　q 为垂直于斜屋面的静荷载（kg/m）

l 为构件计算跨度（m，cm）

h 为构件截面高（cm）

b 为构件截面宽（cm）

d 为构件圆径（cm）

E 为计算中使用的材料弹性模数（木材 $=10^5\text{kg/cm}^2$）

当以组合（2）形式，即屋面所有构成材料的重量，以均布荷载形式的静荷载，及施工中操作时的集中荷载，二者相加，为最不利组合时，作为计算弯矩，并分别验算弯曲应力和相对挠度的计算值，能否符合使用要求的容许值。

各式支承和承荷的木铺板、梁和桁檩的计算弯矩（M）及最大相对挠度（f/L）　　表 5-1

	计算图式	计算弯矩（M）	最大相对挠度（f/L）	说明
简支均布力	q　M　l	$M=+\frac{1}{8}ql^2$ $=0.125ql^2$	$0.208\frac{\delta\cdot l}{Eh}=\frac{5\delta\cdot l}{24Eh}=\frac{5ql^3}{384EJ}$	δ—弯曲应力 q—均布荷重 l—计算跨度 E—弹性模数 J—惯性距 P—集中荷重 h—截面高
简支集中力	P　M　l	$M=+\frac{1}{4}Pl$ $=0.25pl$	$0.167\frac{\delta\cdot l}{Eh}=\frac{\delta\cdot l}{6Eh}=\frac{pl^2}{48EJ}$	
注：上表录自《木结构入门》附录八中。				
简支对称两个集中力	a　P　P　$Pl/4$　M　1/4　1/2　1/4　l	$M=+Pa=\frac{1}{4}Pl$	$0.229\frac{\delta\cdot l}{Eh}=\frac{11\delta\cdot l}{48Eh}$ $=\frac{Pal}{24EJ}(3-4\alpha^2)$	a—离支点距离 $\alpha=\frac{a}{l}$—变位系数

弯曲应力分别 $\delta_{均布}=\frac{M_{均布}}{W}$ 和 $\delta_{集中}=\frac{M_{集中}}{W}$ 式中 W 为同一构件的截面矩量，应该相同数值。在此最不利组合时，弯曲应力 $\delta=\delta_{均布}+\delta_{集中}<[\delta]$ 容许弯曲应力。

同样情况，在验算最大相对挠度 $\left[\frac{f}{l}\right]$ 时，亦以均布和集中两种荷载形式下的，各自最大相对挠度之和，要小于 $\left[\frac{f}{l}\right]$ 容许最大相对挠度值为合格条件。

（1）静重＋雪重（组合 1）$\left[\frac{f}{l}\right]>\frac{f}{l}=0.208\delta_{均布}\frac{l}{Eh}$

（2）静重＋集中荷载（组合 2）$\left[\frac{f}{l}\right]>\frac{f}{l'}=0.208\times\frac{\delta_{均布}l}{Eh}+0.167\times\frac{\delta_{集中}l}{Eh}$

圆形截面面积（$F_{\delta\rho}$）、惯矩（$J_{\delta\rho}$）及截面矩（$W_{\delta\rho}$）计算表（cm）　　表 5-2

d	$F_{\delta\rho}(d^2)$	$J_{\delta\rho}(d^4)$	$W_{\delta\rho}(d^3)$	d	$F_{\delta\rho}(d^2)$	$J_{\delta\rho}(d^4)$	$W_{\delta\rho}(d^3)$
1	0.7854	0.0491	0.0982	16	201.1	3217	402.1
2	3.1416	0.7854	0.7854	17	227.0	4100	482.3
3	7.0686	3.976	2.651	18	254.5	5153	572.6
4	12.566	12.57	6.283	19	283.5	6397	673.4
5	19.635	30.68	12.27	20	314.2	7854	785.4
6	28.274	63.62	21.21	21	346.3	9547	909.2
7	38.48	117.9	33.67	22	380.1	11499	1045
8	50.27	201.1	50.27	23	415.5	13737	1194
9	63.62	322.1	71.57	24	452.4	16286	1357
10	78.54	490.9	98.17	25	490.9	19175	1534
11	95.03	718.7	130.7	26	530.9	22432	1726
12	113.1	1018	169.7	27	572.6	26087	1932
13	132.7	1402	215.7	28	615.8	30172	2155
14	153.9	1886	269.4	29	660.5	34719	2394
15	176.7	2485	331.3	30	706.9	39761	2651

圆形截面在各种不同切削情况下，净截面积（F）、截面惯矩（J）、截面矩（W）及回转半径（r）的计算系数　　表 5-3

截面形式	符号	h/d											乘数
		0.00	0.05	0.10	0.15	0.20	0.25	0.30	0.35	0.40	0.45	0.50	
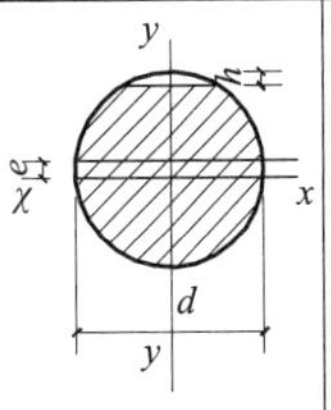	F	1	0.981	0.948	0.905	0.857	0.805	0.747	0.688	0.625	0.564	0.500	$F_{\delta\rho}$
	J_x	1	0.933	0.829	0.717	0.607	0.503	0.409	0.326	0.251	0.188	0.140	$J_{\delta\rho}$
	W_x	1	0.950	0.871	0.779	0.694	0.607	0.514	0.445	0.369	0.298	0.243	$W_{\delta\rho}$
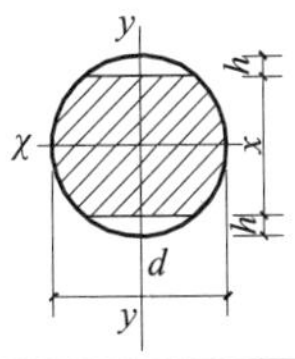	J_x 及 W_y	1	0.997	0.985	0.960	0.922	0.874	0.813	0.743	0.665	0.585	0.500	$J_{\delta\rho}$ 及 $W_{\delta\rho}$
	r_y	0.250	0.252	0.255	0.258	0.259	0.260	0.261	0.260	0.258	0.255	0.250	d
	r_x	0.250	0.244	0.234	0.222	0.210	0.198	0.185	0.172	0.158	0.144	0.132	d
	e	0	0.009	0.024	0.040	0.063	0.086	0.109	0.134	0.160	0.185	0.212	d
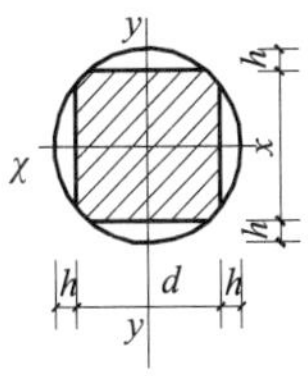	F	1	0.963	0.896	0.811	0.715	0.609	0.495	0.376	0.250	0.127	0	$F_{\delta\rho}$
	J_x	1	0.868	0.676	0.487	0.324	0.194	0.103	0.045	0.011	0.000	0	$J_{\delta\rho}$
	W_x	1	0.964	0.844	0.695	0.540	0.388	0.258	0.150	0.055	0.000	0	$W_{\delta\rho}$
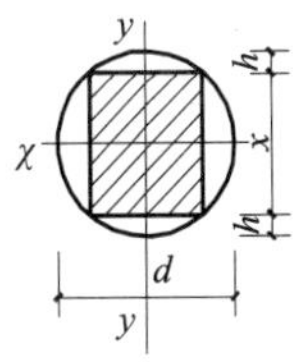	J_x 及 W_y	1	0.994	0.969	0.919	0.845	0.747	0.626	0.487	0.330	0.170	0	$J_{\delta\rho}$ 及 $W_{\delta\rho}$
	r_x	0.250	0.238	0.217	0.194	0.168	0.141	0.114	0.086	0.052	0.005	0	d
	r_y	0.250	0.254	0.260	0.266	0.272	0.277	0.281	0.284	0.287	0280	0	d

圆木及削平面木截面系数表 **表 5－4**

截面 / 计算数据		圆形	半圆（x 轴水平）	半圆（y 轴水平）	削平 $b=d/3$	削平 $b=d/2$	两面削平 $b=d/3$	两面削平 $b=d/2$
截面高度		d	$0.5d$	d	$0.971d$	$0.933d$	$0.943d$	$0.866d$
截面面积 $F=\pi/4d^2$		$0.785d^2$	$0.393d^2$	$0.393d^2$	$0.779d^2$	$0.763d^2$	$0.773d^2$	$0.740d^2$
中性轴至边缘纤维的距离	Z_1	$0.5d$	$0.21d$	$0.5d$	$0.475d$	$0.447d$	$0.471d$	$0.433d$
	Z_2	$0.5d$	$0.29d$	$0.5d$	$0.496d$	$0.486d$	$0.471d$	$0.433d$
惯矩 $J=(\frac{\pi d^4}{64})$	J_x	$0.0491d^4$	$0.0069d^4$	$0.0245d^4$	$0.0476d^4$	$0.0441d^4$	$0.0461d^4$	$0.0395d^4$
	J_y	$0.0491d^4$	$0.0245d^4$	$0.0069d^4$	$0.0491d^4$	$0.0488d^4$	$0.0490d^4$	$0.0485d^4$
截面矩 $W=(\frac{\pi d^3}{32})$	W_x	$0.0982d^3$	$0.0238d^3$	$0.0491d^3$	$0.0960d^3$	$0.0908d^3$	$0.0978d^3$	$0.0912d^3$
	W_y	$0.0982d^3$	$0.0491d^3$	$0.0238d^3$	$0.0981d^3$	$0.0976d^3$	$0.0930d^3$	$0.0970d^3$
最小回转半径 r_{min}		$0.25d$	$0.1322d$	$0.1322d$	$0.2471d$	$0.2406d$	$0.2443d$	$0.2310d$

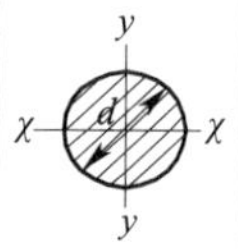

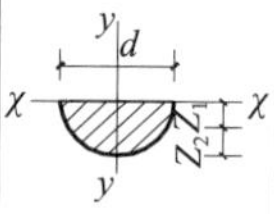

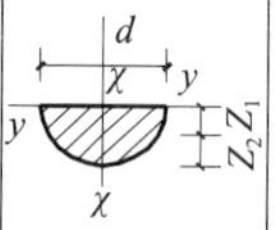

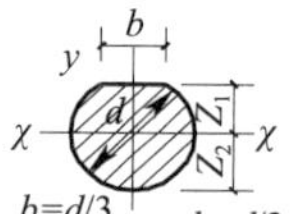

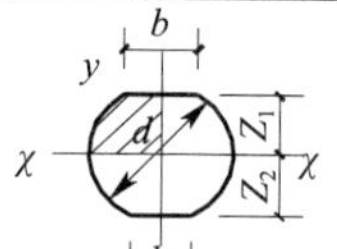

厅堂木架配料计算围径比例表《营造法原》原文 **表 5－5**

梁		柱		枋桁及其他	
名称	围径	名称	围径	名称	围径
大梁	按内四界进深 2/10	廊柱	按轩步柱 9/10	廊枋	高按廊柱（高） 1/10
山界梁	大梁 8/10	边廊柱	正廊柱 9/10		厚按斗料或枋高 1/2
双步	大梁 7/10	轩步柱	步柱 9/10	轩枋	高按轩步柱 1/10
边双步	大梁 7/10	边轩柱	正轩步（柱）9/10	步枋	高同轩枋或步柱高 1/10
正川	大梁 6/10	步柱	大梁 9/10	桁	开间 1.5/10
边川	大梁 6/10		或正间面阔 2/10	梓桁	圆按廊桁 8/10
轩梁	轩深 2/10～2.5/10	边步柱	步柱 8/10		方按斗料 8/10
边轩梁	或大梁 7/10	脊柱	同山界染或同廊柱	机	长按开间 2/10
荷包梁	轩梁 8/10	金童	同大梁	内界椽	照界深 2/10
边荷包梁	轩梁 8/10	边金童	正童 8.5/10		用料作八寸算，椽作荷包状
双步夹底	双步 8/10	脊童	同山界梁	出檐椽	照界深 2/10，用料 1.01 尺
	开为二片	川童	同双步	飞椽	用料 1.2 尺，矩形
川夹底	川 9/10	边川童	或同边双步		宽按出檐椽径 8/10
	开为二片				厚按出檐椽厚（荷包状处）8/10
				弯椽	用料 3 尺～3.6 尺
					一般宽自 2.5 寸～3 寸
					厚自 1.6 寸～1.8 寸
				帮脊木	脊桁 6/10

注：1. 平房木贴式梁架各项构件尺寸，可运用上表计算得围径尺寸，但尚可斟酌增减。

2. 殿庭木贴式梁架各项构件尺寸，除大梁可按内四界进深“加三”，即乘以 0.3 得其围蔑尺寸，以及其步柱围径可照前、后檐柱，按进深“加一”即各增加其十分之一计算外，其余构件尺寸计算仍可照此计算。

3. 上表是为苏式传统建筑通用经验数值，可供参考选用。屋面荷重仅望砖、小青瓦之例，座灰、摊瓦搭头，仅统算而已，如果加做防水层等，增加屋面重量时，也宜适当增加用料断面。另外当使用木材时，皆经存放后自然干燥，以及材种之有所变异等情况，均可有出入，故宜慎选用之。

香山帮常用斗式与法式、则例等材之比较 表 5-6

香山帮常用斗式 大木尺（寸） 折算单位（mm）		五七斗式		四六斗式		双四六斗式	
		斗料尺寸 5 寸×7 寸	升、栱料尺寸 2.5 寸×3.5 寸	斗料尺寸 4 寸×6 寸	升、栱料尺寸 2 寸×3 寸	斗料尺寸 8 寸×12 寸	升、栱料尺寸 4 寸×6 寸
香山大木尺计 1 尺 =280mm	计算值（mm）	140×196×196	70×98	112×168×168	56×84	224×336×336	112×168
	实用值（mm）	140×200×200	70×100	110×170×170	60×85	220×340×340	120×170
宋、清营造尺寸 1 尺 =320mm	计算值（mm）	160×224×224	80×112	128×192×192	64×96	256×384×384	128×192
	实用值（mm）	160×240×240	80×120	130×200×200	65×100	260×400×400	130×200
相当于宋等材中（按宋营造尺折算成 mm）材厚比为 1.5∶1		相当于五等材 4.4 寸×6.6 寸（141mm×211mm）殿小三间、厅堂大三间用	八等材以外 3 寸×4.5 寸（96mm×144mm）殿内藻井、小亭榭铺作多者用	相当第七等材 3.5 寸×5.25 寸（112mm×168mm）小殿、亭榭用	已在八等材之外 2.2 寸×3.3 寸（70mm×106mm）殿内藻井用	相对应的栌斗 7 寸×10.5 寸（224mm×336mm）	相当于七等材 3.5 寸×5.25 寸（112mm×168mm）亭榭、小厅常用
相当于清斗口计（按清营造尺折算成 mm）材厚比为 1.4∶1		相当于四等材 4.5 寸×6.3 寸（144mm×202mm）城楼用	等于八等材 2.5 寸×3.5 寸（80mm×112mm）垂花门、亭子用	相当于六等材 3.5 寸×4.9 寸（112mm×157mm）大殿用	近似九等材 2 寸×2.8 寸（64mm×90mm）垂花门、亭子用	相当于对应的大斗尺寸 7 寸×9.8 寸（224mm×314mm）	相当于六等材 3.5 寸×4.9 寸（112mm×157mm）大殿用

注：用料因以各时期营造尺的当量不同，相同用料大小均有差异，今苏州香山帮采用大木尺已经比《营造法原》之鲁班尺换算公制 mm（一尺为 275mm）要大 5mm 了，但与宋、清营造尺的 320mm 换算量仍小许多。可见对取材标准，今非昔比，潜力甚大。在苏州地区经过数百年考验，尚能见许多遗存古建筑，在苏式民居建筑中，以五七斗式为标准型仍在使用中，清同光年间，遭咸丰年太平天国兵燹后，数量众多的重建古建筑存留不少，均可考证。可见今香山帮之斗栱实在非承重构件。

二、验证例题

抬梁式木结构按《营造法原》屋料定例之选材法计算围径用料。

“椽子照界加二围”，界深×0.2 计算椽子；

“开间桁条加一半”，开间×0.15 计算桁条；

“进深大梁加二算”，进深×0.2 计算大梁；

“正间步柱准加二”，正间阔×0.2 计算步柱。

“界”为桁间水平距离；

"桁条加一半"即指1.5/10（椽子为"加二围"，桁条跨距更大，理应在"加一半"后，再"加二"，取"加双九"为宜）；

"大梁加二算"即等于进深尺寸之2/10，为大梁之围径尺寸。

"扁作大梁围篾加三，锯皮拼方"。因圆料去边皮成方段，截面有损，故取"加三"，厚为高之半，段高应由提垂、寒梢栱等测样绘就后确定。

假定屋面荷载

按1985年第6版苏州古建定额之五中2盖瓦，8大厅、殿。以及五中1铺望砖、2浇刷披线。

大号底瓦黏土小青瓦：87张/m^2 ×0.4kg/张 =34.8kg/m^2

小号盖瓦黏土小青瓦：151张/m^2 ×0.4kg/张 =60.4kg/m^2

铺瓦轧楞用砂浆灰：0.026m^3/m^2 ×1600kg/m^2 =41.6kg/m^2

望砖：53块/m^2 ×0.62kg/块 =32.86kg/m^2

望砖面刮蔴刀灰：0.0102m^3/m^2 ×1600kg/m^3 ≈16.34kg/m^2

静载（斜屋面实计）：合计 186kg/m^2

雪载：按积雪20~40cm计算，$S=70\text{kg/m}^2$

斜屋面按提栈五算，则坡度夹角 $\alpha=26°34'$ $\sin\alpha=0.4472$ $\cos\alpha=0.8944$

当 $\alpha\leqslant25°$ 时，修正系数 $C=1$ $\alpha=26°34'$ 时，$C=1-1/25(26.5-25)=0.94$

当 $\alpha\geqslant50°$ 时，修正系数 $C=0$

$$P_{水平}=C\times S=0.94\times70\approx66\text{kg/m}^2 \text{（水平投影面计算）}$$

当在两个不同计算面积上，每平方米的水平投影面积上的雪载总量荷载值，经转换成斜屋面抬起夹角 α 后，按荷载总量不变的原则，分摊于扩大后斜屋面承重面积上每平方米受的力转换成垂直于地面的计算雪荷载，与斜屋面上，分摊到每平方米计算，垂直于地面的静荷载，化为一致，在相同的受力条件下，才可以叠加计算（见图5－2）。

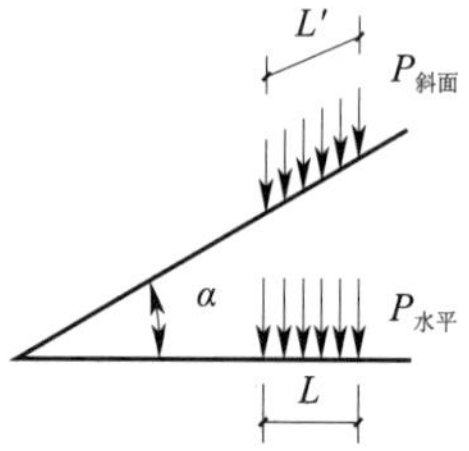

图5－2 均布荷载作用面转换关系

$$P_{水平}\times L=P_{斜}\times L' \qquad L'=\frac{L}{\cos\alpha}$$

$$\therefore P_{斜}=\frac{P_{水平}\times L}{L'}=P_{水平}L\times\frac{\cos\alpha}{L}=P_{水平}\times\cos\alpha$$

$$\text{折算 } P_{斜}=P_{水平}\times\cos\alpha=66\times0.8944=59\text{kg/m}^2 \text{（斜屋面雪载）}$$

椽子设计

木材选用杉木

$[\delta]$ 弯曲应力 $=90\text{kg/cm}^2$　容许相对挠度 $\frac{f}{l}$（桁檩）$\frac{1}{200}$

当 $l \geqslant 3.3\text{m}$ 时，$\frac{f}{l}$ 为 $\frac{1}{250}$

E 弹性模量 $=10^5\text{kg/cm}^2$

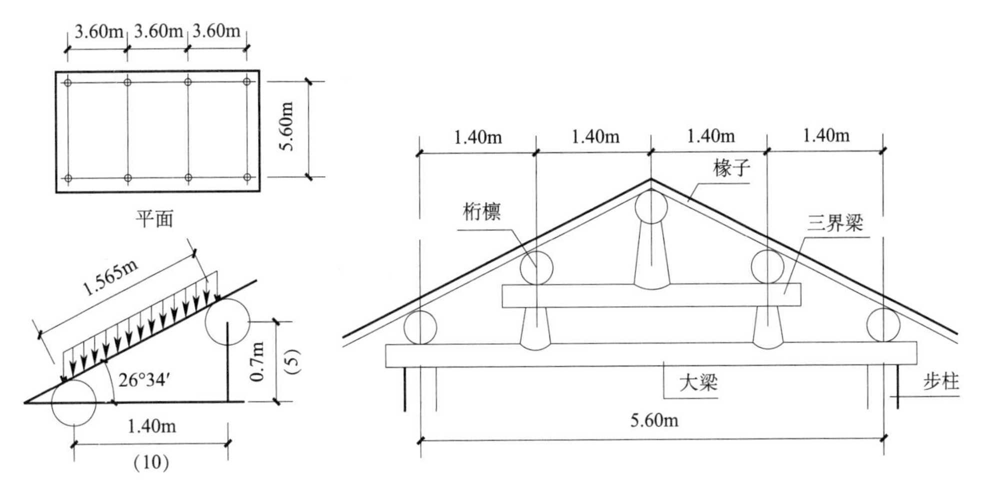

图 5－3　计算草图

椽子截面遵照《营造法原》屋料定例之选材口诀“椽子照界加二围”，圆椽顶面砍去四分之一，成荷包形状。本例界深取 1.4m 得围径 1.4m × 0.2/π = 0.28m/π，换算成圆径 0.28m/π ≈0.089m（见图 5－4）。

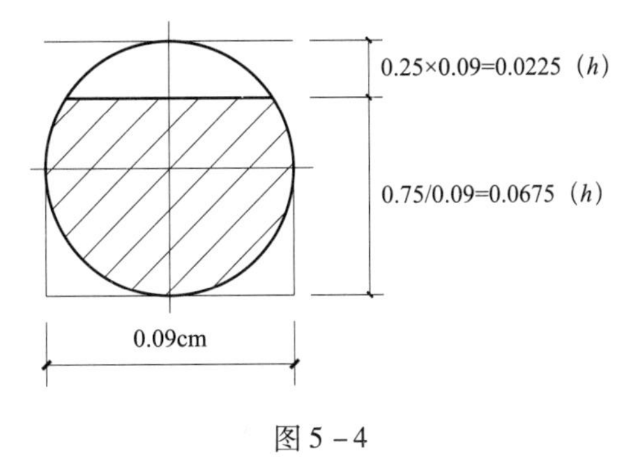

图 5－4

今取椽子断面直径 9cm，其椽距取 0.23m（就望砖搁置尺寸计），跨度（界深）为 1.4m，屋面坡度取五算，斜跨实用 1.565m。夹角 $\alpha=26°34'<30°$，可不考虑风力（见图 5－3）。

查表 5－3 圆形截面不同切削情况下净截面积、截面距量等计算系数，得 $h/d=0.25$ 时，$F=0.805$（切削后系数）。又查表 5－2，ϕ9cm 全面积为 63.62cm^2，照表 5－3 计算得 $\phi=9\text{cm}$ 削切后实际面积 $F=0.805\times63.62=51.21\text{cm}^2$，则自重应为 $0.005121\text{m}^2\times$

$500kg/m^3 = 2.56kg/m$。

荷包椽顶部削平砍去 $d/4$ 时，用表 5－3 可查得截面削切后矩量 W，得系数 0.607，查表 5－2，ϕ9cm 全圆截面矩量系数为 71.57。

因此得切削后截面矩量 $W = 0.607 \times 71.57 = 43.44cm^3$。

椽子实际五算界深的斜搁长度，应为

$$1.4m \times \frac{1}{\cos 26°34'} = \frac{1.4}{0.8944} = 1.565m$$

1. 荷包椽验算

垂直于屋面的均布荷载等于

屋顶传来的瓦顶、望砖	$186kg/m^2 \times 0.23m = 42.78kg/m$
荷包椽自重 ϕ9 cm（削顶 0.25d 后）	$0.005121m^2 \times 500kg/m^3 = 2.56kg/m$
静载	$Q = 45.34kg/m$
雪荷载	$59kg/m^2 \times 0.23m = 13.57kg/m$
	58.91kg/m

换算成坡屋面水平夹角（$\alpha = 26°34'$）斜屋面荷载为垂直于椽子构件的受力荷载。

$$q = 58.91 \times \cos\alpha = 58.91 \times 0.8944 = 52.69kg/m$$

强度及挠度验算（1）（静载＋雪载）荷包椽实际跨距为 1.565m：

中间最大弯矩 $M = \frac{1}{8}ql^2 = \frac{1}{8} \times 52.69 \times 1.565^2 = 16.13kg \cdot m = 1613kg \cdot cm$

弯曲应力：

$$\delta = \frac{M}{W} = \frac{1613kg \cdot cm}{43.44cm^3} = 37.13kg/cm^2 < \text{容许弯曲应力}\ [\delta] = 90kg/cm^2\ (\text{可})$$

相对挠度：

$$\frac{f}{l} = \frac{5}{24} \times \frac{\delta \cdot l}{Eh} = 0.208 \times \frac{37.13 \times 156.5}{10^5 \times 6.75} = 0.0018 < \text{容许相对挠度}\left[\frac{1}{200}\right] = 0.005$$

式中 $h = 6.75cm$ 按照切削顶面 0.25d 后的净高计算。

强度及挠度验算（2）（静载 $Q = 45.34$ ＋集中施工荷载 $P = 80kg$）：

$$M = \frac{1}{8}Q \cdot \cos\alpha \cdot l^2 + \frac{1}{4}P \cdot \cos\alpha \cdot l$$

$$= \frac{1}{8} \times 45.34 \times 0.8944 \times (1.565)^2 + \frac{1}{4} \times 80 \times 0.8944 \times 1.565$$

$$= 0.125 \times 99.32 + 0.25 \times 111.98 = 12.42kg \cdot m\ (\text{均布}) + 28kg \cdot m\ (\text{集中})$$

$$= 40.42kg \cdot m$$

弯曲应力：

$$\delta_{均布}=\frac{1242}{43.44}=28.6\text{kg/cm}^2<[\delta]=90\text{kg/cm}^2$$

$$\delta_{集中}=\frac{2800}{43.44}=64.46\text{kg/cm}^2<[\delta]=90\text{kg/cm}^2$$

$$\delta_{均布}+\delta_{集中}=28.6+64.46=93.06\text{kg/cm}^2<[\delta]\times1.2=108\text{kg/cm}^2$$

相对挠度：

$$\frac{f}{l}=\frac{5}{24}\times\frac{\delta_{均}l}{Eh}+\frac{1}{6}\times\frac{\delta_{集}l}{Eh}=0.028\times\frac{28.6\times156.5}{10^5\times6.75}+0.167+\frac{64.46\times156.5}{10^5\times6.75}$$

$$=0.208\times0.0066+0.167\times0.0149$$

$$=0.00386<\left[\frac{1}{200}\right]=0.005\ (\text{可})$$

结论：荷包椽强度及挠度，经木结构力学应力验算结果，基本符合《法原》之屋料定例选材口诀。

注：本例集中荷载以老规范计算，集中荷重按80kg时核算，材料的容许弯曲应力［δ］可增加20%，即［$\delta_{集中}$］$=90\text{kg/cm}^2\times1.2=108\text{kg/cm}^2$。

参考书：《木结构入门》林智喜编，上海科学技术出版社；

《木结构设计手册》第三版，2005年。

2. 立式矩形椽验算

当椽子有采用5cm×7cm立式矩形椽子，在近代园林建筑中亦常见使用，也就是ϕ9cm圆料，截得最佳受力状态的长宽比。

仍按照前例荷载条件及桁距（椽子跨度），验算其强度和挠度。

静载和雪载（椽子跨度1.565m，椽子间距0.23m）

屋顶传来荷重	$186\text{kg/m}^2\times0.23\text{m}=42.78\text{kg/m}$
5cm×7cm矩形椽自重	$0.07\text{m}\times0.05\text{m}\times500\text{kg/m}^3=1.75\text{kg/m}$
静荷重	44.53kg/m
雪荷重	$59\text{kg/m}^2\times0.23\text{m}=13.57\text{kg/m}$
	合计=58.10kg/m

折算成 $q_{垂直}=58.1\times0.8944=51.96\text{kg/m}$

强度及挠度验算：$M=\frac{1}{8}ql^2=0.125\times51.96\times(1.565)^2=15.91\text{kg}\cdot\text{m}=1591\text{kg}\cdot\text{m}$

$$W=\frac{1}{6}\times5\times7^2=40.83\text{cm}^3$$

$$\delta=\frac{M}{W}=\frac{1591}{40.83}=38.97\text{kg/cm}^2<=[\delta]=90\text{kg/cm}^2\ (\text{可})$$

$$\frac{f}{l}=\frac{4}{25}\times\frac{\delta\cdot l}{Eh}=0.208\times\frac{38.97\times156.5}{7\times10^5}=0.0018<\left[\frac{1}{200}\right]=0.005\ (\text{可})$$

静载和施工集中荷重

若按新规范 $P=1.0\text{KN}=100\text{kg}$ 计，因为实际施工情况，铺望砖、摊瓦时均是两脚各分踩一根椽子，面朝前依序往上铺摊，故此集中施工荷重由两根椽子分担。

$$P_{施}=\frac{P}{2}=\frac{1}{100}=50\text{kg}\ 计。$$

$$M_{静}=\frac{1}{8}ql^2=0.125\times44.53\times0.8944\times(1.565)^2=12.2\text{kg}\cdot\text{m}=1220\text{kg}\cdot\text{cm}$$

$$M_{施}=\frac{1}{4}P_{施}\cdot\cos\alpha\cdot l=0.25\times50\times0.8944\times1.565=17.496\text{kg}\cdot\text{m}\approx1750\text{kg}\cdot\text{cm}$$

$$\delta_{静}=\frac{M_{静}}{W}=\frac{1220}{40.83}=29.88\text{kg/cm}^2$$

$$\delta_{施}=\frac{M_{施}}{W}=\frac{1750}{40.83}=42.86\text{kg/cm}^2$$

$$\delta_{组合}=\delta_{静}+\delta_{施}=29.88+42.86=72.74\text{kg/cm}^2<[\delta]\times1.2=108\text{kg/cm}^2$$

$$\delta_{施}=\frac{M_{施}}{W}=\frac{1750}{40.83}=42.86\text{kg/cm}^2$$

$$\delta_{组合}=\delta_{静}+\delta_{施}=29.88+42.86=72.74\text{kg/cm}^2<[\delta]\times1.2=108\text{kg/cm}^2$$

$$\frac{f}{l_{组合}}=\frac{f}{l_{静}}+\frac{f}{l_{施}}$$

$$=0.208\times\frac{29.88\times156.5}{10^5\times7}+0.167\times\frac{42.86\times156.5}{10^5\times7}$$

$$=0.0014+0.0016$$

$$=0.003<容许相对挠度\left[\frac{1}{200}\right]=0.005\ (\text{可})$$

结论：此例在外部条件相同情况下，采用矩形材，要来得经济。

3. 卧式轩椽验算

苏州传统建筑中，常在厅堂装置一种重椽（复水弯轩椽）形式的卷棚轩顶，多在进深内四界里重做一座“五界四顶”类似天花板的轩顶。其梁枋多为扁作并加雕饰，较为富丽堂皇，中间顶界上“弯（顶）椽”起拱较平缓，占正常桁距之3/4，余则前后均分四份，每界约为正屋面桁距（草桁）内界份的0.8125倍，今按上例四界桁距1.40m算，减除3/4×1.40m＝1.05m轩顶后，余下四份均分桁距，调整后改为约1.14m，因此实际下轩四界，斜长轩椽的跨度应为1.27m（见图5－5）。轩椽面荷载在重椽面上，只剩下做细望砖（找望）及上背刮草定位、遮尘用麻刀灰一层的“护望灰”重量。而轩椽常选用卧式 7cm（b）×5cm（h）扁方椽形式。7cm×5cm 截面，出自 ϕ9cm 圆木料，锯解而得到的最大矩形截面。因轩椽多有外形要求作艺术加工，去料甚多，故仍按草椽规格取之。椽子截面遵照《营造法原》屋料定例之选材口诀“椽子照界加二围”，见上例，轩椽斜放在轩桁檩上，水平界距 1.40m 时所得，求用椽规格即 1.40m×0.2/π=0.28/3.14=0.089m≈9cm 圆径。椽子斜放在房架节点桁檩上，仍以简支梁搁置方式进行受弯构件强度计算。各式花色弯椽，都先出样板套做，以求得规格统一，才能整齐划一。下料时应根据花色轩椽式样适当放高尺寸，以便划线放样制作。外形复杂者如菱角椽等，大多用手工或机器加工而成。当轩椽安装搁置于轩桁上，常用刻槽镶配入位。

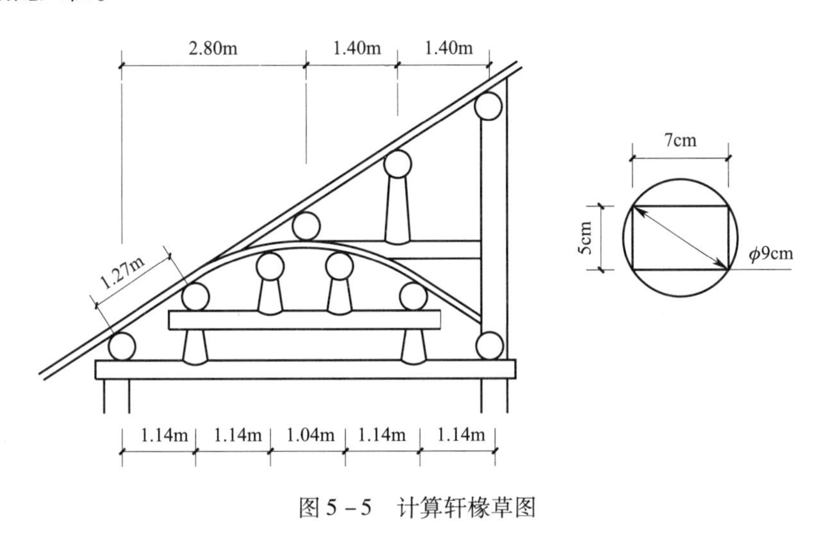

图 5－5　计算轩椽草图

（1）荷载计算

扁方椽自重 =0.07m×0.05m×500kg/m³ =1.75kg/m

屋面传来荷重 =（186+59）kg/m² ×0.23m=56.35kg/m（檐口轩椽荷载与正檐椽相同）

折算成垂直于椽条荷重 $q=\cos\alpha$（1.75+56.35）kg/m=51.96kg/m

（2）验算

$$M_{均布}=\frac{1}{8}ql^2=\frac{1}{8}\times 51.96\text{kg/m}\times(1.27\text{m})^2=10.48\text{kg}\cdot\text{m}=1048\text{kg}\cdot\text{cm}$$

$$W=\frac{1}{6}bh^2=\frac{1}{6}\times 7\text{cm}\times 5\text{cm}^2=29.17\text{cm}^3$$

$$\delta_{均布}=\frac{M_{均布}}{W}=\frac{1048}{29.17}=35.93\text{kg/cm}^2<[\delta]=90\text{kg/cm}^2\ （可）$$

$$\frac{f}{l_{均布}}=\frac{5}{24}\times\delta_{均布}\frac{l}{Eh}=0.208\times\frac{35.93\times 127}{10^5\times 5}=0.0019<\left[\frac{1}{200}\right]=0.005\ （可）$$

验算施工集中荷重时，按照施工作业时，当椽子上铺设望砖时，两脚各踩在一根椽子上，弯腰往前向上依次完成铺设望砖作业。因此规范规定计算施工集中荷重为100kg（1.0KN）时，由左右两根椽子分担，且在计算容许弯曲应力［δ］时可增加20%。

$$M_{均布静载}=\frac{1}{8}q\cos\alpha（静重不含雪重）l^2$$

$$=\frac{1}{8}\times(186\times0.23+1.75)\times0.8944\times1.27^2$$

$$=8.03\text{kg}\cdot\text{m}=803\text{kg}\cdot\text{cm}$$

$$M_{集中静载}=\frac{1}{4}p\cdot\cos\alpha\cdot l=0.25\times\frac{100}{2}\text{kg}\times0.8944\times1.27\text{m}$$

$$=0.25\times44.72\text{kg}\times1.27\text{m}$$

$$=14.20\text{kg}\cdot\text{m}=1420\text{kg}\cdot\text{cm}$$

W截面距量仍然是7cm×5cm扁木椽的29.17cm^3

$$\delta_{均布静载}=\frac{M_{均布}}{W}=\frac{803}{29.17}=27.53\text{kg/cm}^2$$

$$\delta_{集中}=\frac{M_{集中}}{W}=\frac{1420}{29.17}=48.68\text{kg/cm}^2$$

$$\delta_{组合}=\delta_{均布}+\delta_{集中}=27.53+48.68=76.21\text{kg/cm}^2<[\delta]\times1.2=108\text{kg/cm}^2（可）$$

$$\frac{f}{l_{组合}}=\frac{f}{l_{静}}+\frac{f}{l_{集中}}=\frac{5}{24}\cdot\delta_{均布}\frac{l}{Eh}+\frac{1}{6}\cdot\delta_{施}\frac{l}{Eh}$$

$$=0.208\times\frac{27.53\times127}{10^5\times5}+0.167\times\frac{48.68\times127}{10^5\times5}$$

$$=0.0015+0.0021$$

$$=0.0036<容许相对挠度\left[\frac{1}{200}\right]=0.005（可）$$

结论：轩椽一般采用卧式扁方矩形截面，为了与轩梁、桁扁作做法统一形式。由于构件常精工细作，棱边修饰起线脚，而轩椽承载重量较正屋面为轻，仅作重椽装饰作用，经验算结果，符合选材要求。

4. 立式轩椽验算

当内轩椽完全是重椽时，在大屋面之下，数轩联筑重做各式轩顶（满轩）的用椽，所承担的荷载，明显少于正屋面上铺设瓦屋顶的一切瓦片及座灰等荷载，只剩下做细望砖和其上背面的刮草定位、遮尘用纸筋（麻刀）灰层“护望灰”重量，轩桁距按“四界五做”时，相比正屋桁距为小，故常见轩椽用料较小，有用到4cm×6cm者，约为ϕ7.5cm锯解的最佳截面比，今依前例“五界回顶”设计条件，进行验算其强度和挠度。

荷重计算（依回顶椽跨1.27m，椽距0.23m计算）：

传至轩椽面荷重：做细望砖＋刮纸筋灰（32.86＋16.34）×0.23＝11.32kg/m

4cm×6cm椽自重：0.04m×0.06m×500kg/m³＝1.20kg/m

$q=(11.32\text{kg/m}+1.20\text{kg/m})\times 0.8944=11.20\text{kg/m}$

$$W=\frac{1}{6}bh^2=\frac{1}{6}\times 4\times 6^2=24\text{cm}^3$$

以两组合最不利情况，静荷重加施工集中荷重组合验算。

$$M_{静}=\frac{1}{8}ql^2=0.125\times 11.2\times 1.27^2=2.25\text{kg}\cdot\text{m}=225\text{kg}\cdot\text{cm}$$

$$M_{施}=\frac{1}{4}pl=0.25\times 50\times 0.8944\times 1.27=14.2\text{kg}\cdot\text{m}=1420\text{kg}\cdot\text{cm}$$

$$\delta_{静}=\frac{M_{静}}{W}=\frac{225}{24}=9.38\text{kg/cm}^2$$

$$\delta_{施}=\frac{M_{施}}{W}=\frac{1420}{24}=59.17\text{kg/cm}^2$$

$$\delta_{组合}=\delta_{静}+\delta_{施}=9.38+59.17=68.55\text{kg/cm}^2<[\delta]\times 1.2=108\text{kg/cm}^2$$

$$\frac{f}{l_{组合}}=\frac{f}{l_{静}}+\frac{f}{l_{施}}=\frac{5}{24}\cdot\delta_{静}\frac{l}{Eh}+\frac{1}{6}\cdot\delta_{施}\frac{l}{Eh}$$

$$=0.208\times\frac{9.38\times 127}{10^5\times 6}+0.167\times\frac{59.17\times 127}{10^5\times 6}$$

$$=0.208\times 0.002+0.167\times 0.013=0.0004+0.002$$

$$=0.0024<容许相对挠度\left[\frac{1}{200}\right]=0.005\ (可)$$

结论：以上两例轩椽强度及挠度验算结果，虽椽子承载负荷有所调整，作为重椽（复水、弯椽）上仅有做细望砖和护望灰两项，并无瓦片、座灰等荷重，在施工集中荷重的实际分配，经征询苏式古建传承人李金明确认的“跨踩椽子，逐步向前（上方）进行式，铺设望砖工序的施工工艺实况”，确定集中荷重由两根椽子平均来承担。并以最不利组合的屋面静荷重和施工集中荷重80kg以一个工人和所带工具的假设重量，GBJ5－88《木结构设计规范》规定，集中荷重800N（80kg）时，材料受弯强度设计值的调整系数为1.3（容许弯曲应力在集中荷重80kg时，可增加20%是老规范）。这是最不利组合作用下，所以作为计算弯矩进行验算结果，完全符合《营造法原》之屋料定例的选材规定。

5. 桁檩验算

桁檩按《营造法原》第二章屋料定例选材法“开间桁条加一半”计算时，以

$3.60m \times 0.15/\pi = 0.17m$ 实用中“开间桁条加一半”之数，宜增为“加双九”较为合适，$3.60m \times 0.18/\pi = 0.20m$。椽子用“加二围”，而“开间桁条加一半”似偏小了（见图5－6）。实取桁檩直径采用 ϕ20cm。可与“椽子照界加二围”相衡。桁檩跨径3.60m，桁径 ϕ20cm。查表5－2得，截面矩量 W 为 $785.4cm^3$，ϕ20cm 截面面积为 $314.2cm^2$。

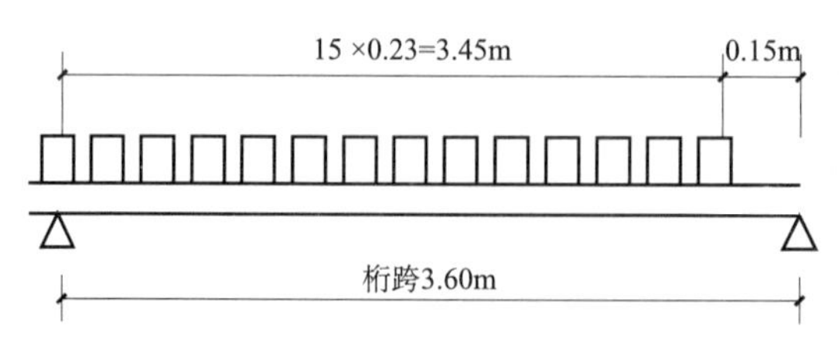

图5－6　桁檩计算草图

（1）荷重计算

$$桁条\ \phi 20cm\ 自重 = 314.2 \times 0.05 = 15.7kg/m$$

$$\begin{aligned}由椽子传来之集中荷重\ P &= （椽自重 + 屋面传来重量）\times 椽子跨度 \\ &= [2.56kg/m + (186 + 59)\ kg/m^2 \times 0.23m] \times 1.565m \\ &= 58.91kg/m \times 1.565m \\ &= 92.19kg\end{aligned}$$

椽子间距较密，计算时以均布荷重替之，则单位长度上桁条总荷重为：

$$\frac{P}{椽距} = q = \frac{92.19}{0.23} + 15.7\ （自重）= 416.53kg/m$$

（2）强度及挠度验算

桁条垂直搁置在梁头、筒柱顶作为简支梁支点计算

$$最大弯矩\ M = \frac{1}{8}ql^2 = 0.125 \times 416.54 \times (3.60)^2 = 674.79kg \cdot m = 67479\ kg \cdot cm$$

$$弯曲应力\ \delta = \frac{M}{W} = \frac{67479}{785.4} = 85.92kg/cm^2 < [\delta] = 90kg/cm^2\ （可用）$$

$$相对挠度\ \frac{f}{l} = \frac{5}{24} \times \frac{\delta \cdot l}{Eh} = 0.208 \times \frac{85.92 \times 360}{10^5 \times 20} = 0.003 < \left[\frac{1}{250}\right] = 0.004\ （可用）$$

受弯构件的容许挠度值按GBJ5－88《木结构设计规范》中表3.2.3规定，檩条 $l >$ 3.30m时，容许挠度值应以1/250计。

结论：经木结构力学应力验算结果，选材桁径依“屋料定例”所需用，应增加20%较为合适。因为传统建筑，小瓦搭盖差异较大，屋顶荷载远超出现代普通三角形、拱形木屋架的屋面覆盖层荷载，但传统建筑中桁条跨径不会太大，都以垂直轴向支承和构造方式，所以不必考虑横向斜弯曲构件计算，此例核算结果可符合允许值，可用。

6. 山界梁验算（图 5 –7）

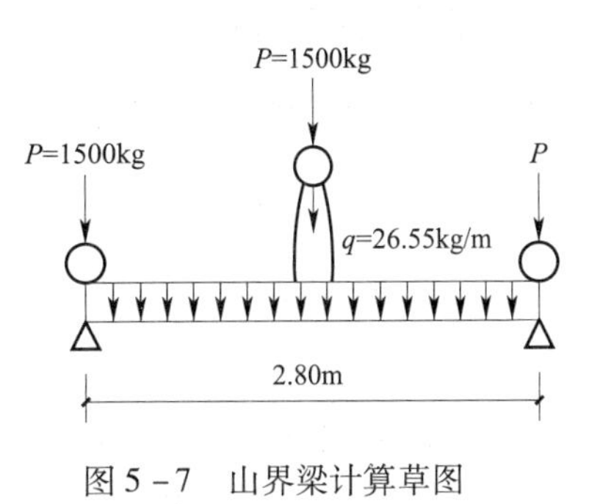

图 5 –7　山界梁计算草图

按《营造法原》山界梁配料计算围径（可换成原木直径）是按"大梁围径之八折"计算。按结构力学计算原则，则是从屋面层逐级往下计算构件。当下面四界大梁尚未计算时，假定以四界"进深加一半"屋料定例选材计算，或以"山界梁两界加三"得围径相同。近似于"大梁围径八折"（约七五折）数。

暂以四界进深为 5. 60m，5. 60m × 0. 15/π = 0. 2675m，姑且选用山界梁为 ϕ26cm。

若"山界梁进深二界加三"计算为 2. 80m × 0. 3/π = 0. 267m，选用 ϕ26cm 基本相符。

查表 5 –2 得 ϕ26cm 的 F（面积） = 530. 9cm^2，山界梁自重 q 均布 = 530. 9cm^2 × 0. 05kg/cm^3 = 26. 55kg/m，截面距量 W = 1726cm^3。

强度及挠度验算

中脊桁条传来 $P_{集中}$ = 416. 54kg/m × 3. 60m（桁跨） = 1499. 5kg≈1500kg

$$M_{最大} = \frac{1}{4}P_{集中}l + \frac{1}{8}q_{均布}l^2 = 0.25 \times 1500 \times 2.80 + 0.125 \times 26.55 \times 2.80^2$$

$$= M_{集中} + M_{均布} = 1050 + 26 = 1076\text{kg}\cdot\text{m} = 107600\ \text{kg}\cdot\text{cm}$$

$$弯曲应力\delta_{均布} = \frac{M_{均布}}{W} = \frac{2600}{1726} = 1.51\text{kg/cm}^2$$

$$\delta_{集中} = \frac{M_{集中}}{W} = \frac{105000}{1726} = 60.83\text{kg/cm}^2$$

$$\delta_{组合} = \delta_{均布} + \delta_{集中} = 1.51 + 60.83 = 62.34\ \text{kg/cm}^2 < [\delta] = 90\text{kg/cm}^2\ （可）$$

最大相对挠度：

中脊桁檩传下集中荷载 $P_{集中}$及山界梁自身均布荷载 $q_{均布}$作用，所产生的最大挠度，在山界梁中点。查表 5 –1 得，最大相对挠度（$\frac{f}{l}$）公式分别为：

$$\frac{f}{l_{均布}} = \frac{5}{384}q_{均布}l^3 \cdot \frac{1}{EJ} = \frac{5}{24}\delta_{均布} \cdot \frac{l}{Eh} \qquad \frac{f}{l_{集中}} = \frac{1}{48}P_{集中}l^2 \cdot \frac{l}{EJ} = \frac{1}{6}\delta_{集中} \cdot \frac{l}{Eh}$$

$$\frac{f}{l_{组合}} = \frac{f}{l_{均布}} + \frac{f}{l_{集中}} = \frac{5}{24}\delta_{均布} \cdot \frac{l}{Eh} + \frac{1}{6}\delta_{集中} \cdot \frac{l}{Eh}$$

$$= 0.208 \times \frac{1.51 \times 280}{10^5 \times 26} + 0.167 \times \frac{60.83 \times 280}{10^5 \times 26} = 0.000034 + 0.0011$$

$$=0.00113<\left[\frac{1}{250}\right]=0.004 \text{（可）}$$

结论：经验算应力强度和最大相对挠度可以符合大梁“进深加一半”的替代估算方法。梁底若设天花板时相对挠度采用 1/250 时，也可合格使用了。

7. 内四界大梁验算：

照《营造法原》大梁（内四界）按“进深加二算”的屋料定例规定，估料应为：5.60m×0.2/π=0.3567m，本例验算选取大梁用 ϕ35cm。

查表5－2得大梁计算面积

$$F=0.785\times d^2=0.785\times(35)^2=961.63\text{cm}^2$$

$$\text{大梁自重 } q \text{ 均布}=0.096163\text{m}^2\times500\text{kg/m}^3\approx48\text{kg/m}$$

查表5－2得 ϕ35cm 全圆截面距量

$$W=0.098\times(35)^3=4202\text{cm}^3$$

大梁进深 l（跨度）中，离各端 1/4 处，各有从上面为托承山界梁用筒（金）柱传下的两个对称、等量的集中荷载，即是 R 支座反力，传至大梁上（见图5－8）。

$$\text{支座反力 } R=\frac{P}{2}+\frac{1}{2}q_{\text{山界}}l_{\text{山界}}+P\text{（支座上的桁檩荷载）}$$

$$=\frac{1500}{2}+\frac{1}{2}\times26.55\times2.8+1500=2287\text{kg}$$

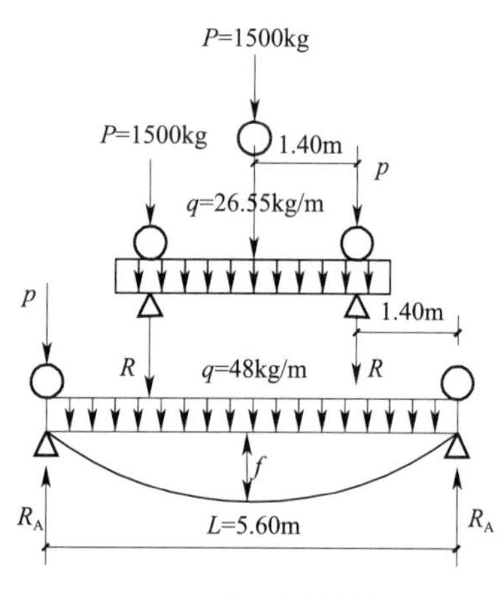

图5－8　正贴房架计算草图

验算最不利荷载组合（均布荷载和集中荷载组合）

$$\text{最大力矩 } M_{\text{最大}}=\frac{1}{4}P_{\text{支反}}l+\frac{1}{8}q_{\text{均布}}l^2$$

$$=0.25\times2287\times5.6+0.125\times48\times5.6^2$$

$$=3202+188=3390\text{kg}\cdot\text{m}=339000\text{ kg}\cdot\text{cm}$$

弯曲应力分别验算：

$$\delta_{\text{均布}}=\frac{M_{\text{均布}}}{W}=\frac{18800}{4202}=4.5\text{kg/cm}^2$$

$$\delta_{\text{集中}}=\frac{M_{\text{集中}}}{W}=\frac{320200}{4202}=76.2\text{kg/cm}^2$$

$$\delta_{\text{组合}}=\delta_{\text{均布}}+\delta_{\text{集中}}=4.5+76.2=80.7\text{kg/cm}^2<[\delta]=90\text{ kg/cm}^2\text{（可）}$$

最大相对挠度亦分别计算：（见表5－1）

$$\frac{f}{l_{组合}}=\frac{f}{l_{集中}}+\frac{f}{l_{均布}}=0.229\times\frac{76.2\times560}{10^5\times35}+0.208\times\frac{4.5\times560}{10^5\times35}$$

$$=0.00279+0.00015$$

$$=0.00294<容许相对挠度\left[\frac{1}{250}\right]=0.004\ （可）$$

结论：验算方法由四界大梁，承托二界跨距的山界梁，在山界梁中心，承载屋脊（中心）桁檩荷载，均由支座点矮筒柱，以垂直轴向传递的简支形式搁置，因此两根梁中，均有竖向经榫卯接合直接传下的集中荷载，和本身自重的均布荷载，以此为验算其最大值。当选取最不利的荷载组合，由集中和均布荷载分别计算后，再组合后取得其最大计算值，进行验证认可。另外，均布荷重简支梁，跨度大于梁高5倍时，可不必验算剪应力。

以上各受弯构件，自屋面椽子以下，桁檩、山界梁以至内四界大梁，组成传统建筑屋架构成最主要构件组合的典型单元体。以结构力学原理，遵照木结构设计程序及通行公式，依次验证，均能符合规定。说明《营造法原》所述，按其屋料定例的规定，二者基本一致，证实有其科学性、可用性。单件构件是通过了验证，对构件间的榫卯组合节点连接方式，虽一直是现在仍在沿用的通行传统做法，由于其严格的工艺要求来控制，确保了节点强度，应该算是一个铰座节点，既让其不错位，又有活动余地。但是对榫卯节点的机理仍然缺乏科学的论证，其理论研究目前还不十分完全，还没有确认的计算公式，尚须留待日后深入，由后来人探讨研究了。

传统建筑中有一种大梁，称“扁作梁”，为高规格厅堂使用，甚至梁面饰有雕花，其大梁、山界梁以围径算得圆径锯方去皮，截面有损，故取材应按“围篾加三”得之（$\times0.3/\pi$）。但使用中实际扁作梁高应由金、步柱间“提垂”高度，减去山界梁之“机面”高和支点上“寒梢栱”（斗口挑、斗三升或斗六升）高度。再加上扁作大梁的“机面”高度，才是最后确定的扁作梁高。山界梁高亦有脊桁下斗栱座高度予以调整，可由绘图酌情确定。一般高为2倍厚，高度不足时，采用上背顶面用1/5梁厚板料，两侧边拼接而成整梁身外形，在“寒梢栱”落座处，加垫木块托承。故此扁作梁，并非结构力学上所需，而是构造需要所致。

8. 步柱验算

前、后步柱支承内四界大梁，组成的屋面上部构件，合在一起构成完整一片（榀）缝中屋架的基本单元，也可依次在前、后、左、右扩充，构筑成整座建筑物。因此立柱是不可或缺的重要构件。

步柱下端一般竖立在石质鼓磴上，是为防地面湿气、蚁虫、菌类等侵蚀木柱，而柱顶通常与内四界大梁，采用“箍头榫”连结，由柱顶开槽，配合大梁作支座点，在预先开凿好的箍头榫中，“留胆”穿过口仔插入，并与顺檐口纵向桁檩作“大头榫”接头，正好包箍住柱顶，桁檩下开刻留底的缺口，正好卡在大梁的“留胆”合缝相连，紧密结合，且紧贴桁檩底下，附加的“连机”、枋、川（穿）、扎牵等，相互组合成梁、桁、柱三维方位的紧密结合点，再加上柱脚下左右相邻、转角前后，设有门槛、下槛、垫脚枋等串联构件组合成一个立体箱框结构形式，可在前篇插图所见详细，这也就是传统建筑中发挥的特异功能。考古下来，千年不倒的秘密，就在此处。

根据受力情况而论，也就是轴心受压，上下端铰接的形式而已，并无因特殊的节点加固措施，而成为框架刚性节点对待。

因此，验算步柱构件时，以承受压力线与其构件轴线相重合时的轴向受压构件考虑前提下，进行强度和稳定性的达标要求验证（见图 5－9）。

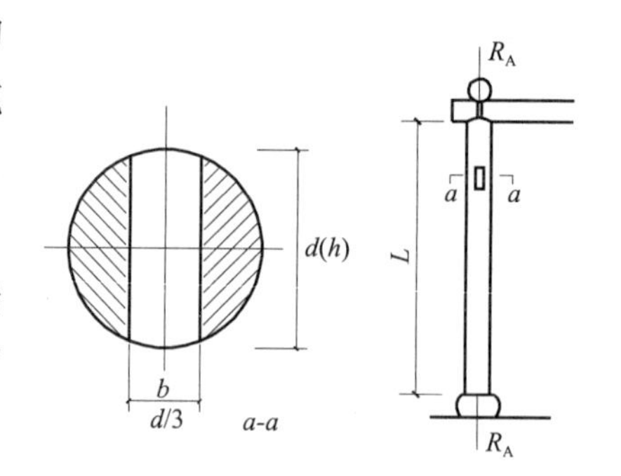

图 5－9　步柱计算草图

以前例条件传下 N 压力，应该是内四界梁支座的压强为准。

验算强度要求：$\delta_{轴压}=\dfrac{N}{F_{净}}\leqslant[\delta]$

受压构件的稳定性：$\delta_{稳定}=\dfrac{N}{\varphi F_{计}}\leqslant[\delta]$

N——承载的压力

$F_{净}$——削损后的净截面积

φ——纵向弯曲折减系数

$F_{计}$——构件计算截面积

$[\delta]$——木材顺纹受压容许应力

（1）荷载计算：

$R_A=P$（支座上桁条荷重）$+R$（山界梁支座反力）$+\dfrac{1}{2}ql$（四界梁自重均布荷重之一半）

$=1500\text{kg}+2287\text{kg}+\dfrac{1}{2}\times48\text{kg/m}\times5.6\text{m}$

$=3921\text{kg}$

根据《营造法原》配料定例规定，步柱断面为四界大梁 9/10 截面，或正间面阔开间的 2/10，为其围径（开间 ×0.064＝柱径）（注：0.064＝2/10π）。

按上例：四界大梁 ϕ35cm 则步柱为 35×0.9＝31.5cm，

或正间面阔 3.60m 则步柱为 3.60×0.2/π＝0.229m≈23cm

为验算上述求证，暂选取步柱直径用 ϕ23cm，查表 5－2 得，全圆面积 $F=415.5\text{cm}^2$

假定柱身扣除开凿榫卯孔，按传统做法，往往以柱径 1/3 宽最大值，作通透榫卯孔眼，以备插承相应宽度的交接大梁或川、枋料榫头，计算截面积时，就应扣除削减面积，作为实际计算截面积，还应考虑其削损部位不在边缘，且当超过全面积25%时，其计算面积应按：

$F_{计}=4/3\times F_{净}$（扣除削损面积后的净面积）（公式1）录自《木结构入门》25页之

（2）查表5－2得ϕ23cm

全面积　　$F_{全}=415.5\text{cm}^2$

削减面积　　$F_{扣}=23/3\times 23=176.33\text{cm}^2$

$$F_{净}=F_{全}-F_{扣}=415.5-176.33=239.17\text{cm}^2$$

$\dfrac{F_{扣}}{F_{全}}=\dfrac{176.33}{415.5}=0.42>25\%$，故应按（公式1）计算净面积：

计算面积　　$F_{计}=4/3\times(415.5-176.3)=318.89\text{cm}^2$

注：按1979版《木结构设计手册》不乘以4/3，故本例遵照规定按$F_{净}$面积验算$\delta_{压}$，二者略有差异，影响不大。

（2）强度验算：

压应力：　$\delta_{压}=\dfrac{N}{F_{净}}=\dfrac{R_A（柱顶传承的N压强）\times 1.3（修正系数）}{F_{净}（扣除削损面积后的净面积）}$

$$=\frac{3921\times 1.3}{239.17}=21\text{kg/cm}^2<[\delta]=90\text{kg/cm}^2$$

注：用于计算强度时，考虑木材含水量、稳定性在对承压时荷重作用的影响，采用1.3修正系数。

（3）稳定性验算：

计算柱高（$l_{计}$）取正间面阔八折计

$l_{计}=3.60\text{m}\times 0.8=2.88\text{m}$ 计算时取整数3m

步柱径取ϕ23cm（h或d）

柱身开孔$d/3=b$；则$23/3=7.6\text{cm}$

最小回转半径 $r_{净}=\sqrt{\dfrac{J_{净}}{F_{净}}}$

式中　$J_{净}$惯矩$=\dfrac{\pi}{64}d^4-\dfrac{b}{12}h^3$为同一轴线的惯矩之差，

$$J_{净}惯矩=\frac{\pi}{64}\times 23^4-\frac{7.6}{12}\times 23^3=13730-7706=6024$$

$$r_{净}=\sqrt{\frac{6024}{239.17}}=5.02\text{cm}$$

最大细长比$\lambda=\dfrac{l_{计}}{r_{净}}=\dfrac{300}{5.02}\approx 60<[120]$主要承重柱用。

当构件细长比$\lambda\leqslant 75$时，纵向弯曲折减系数φ公式为：

$$\varphi = 1 - 0.8\left(\frac{\lambda}{100}\right)^2 = 0.712$$

稳定性 $\delta_{稳} = \dfrac{N_{R_A}}{\varphi F_{计}} = \dfrac{4056 \times 1.3}{0.712 \times 239.17} = 30.96\text{kg/cm}^2 < [\delta] = 90\text{kg/cm}^2$（可）

另外，柱子稳定性，若用极限状态构件本身强度来计算其承载能力，可按下列公式计算：

承载能力 $=\varphi$（纵向弯曲折减系数）$\times m$（压力工作条件系数）

$\times R$（顺木纹压力计算强度）$\times F_{净}$（柱子计算面积）

$= 0.712 \times 1.0 \times 130 \times 239.17$

$= 22138\text{kg} > N \times 1.3 = 5273\text{kg}$（安全）

以上按两种方式进行验算，对所选步柱之规格，并考虑削减面积后的实际所承受压强，及稳定性后，实际承载力均远小于容许应力值，而轴向受压构件的计算承载能力，则大大超过允许承载能力可安全使用。

上例中若细长比 $\lambda > 75$ 时，纵向弯曲折减系数 φ，公式应采用 $\varphi = 3100/\lambda^2$ 求之（老规范）。亦可在相关资料中对应的图解曲线及折减系数表格中查得，但其值永远小于1，因此 $[\delta_{稳}]$ 永远小于 $[\delta]$ 允许值。

本章总结：过去对于苏式传统建筑木构架主体梁、柱、桁、椽等构件取料规格，一般只知根据简单经验口传、手教，模仿已有建筑实体从事建造，自从《营造法原》中提出“屋料定例”之选材法计算用料，即是总结了过去的经验，提萃出选料规律。相当于宋《营造法式》及清《工程做法则例》之大木构件权衡尺寸，各以材份和斗口为模数，得到各种构件的截面一样。《营造法原》选材原则，是以开间、进深为基准，选取以比例系数而得之，因此更为接近材料、结构力学原理，更具有科学性。为此，试图以现代结构工程力学的视角，对《营造法原》中屋料的基本主要构件柱、梁、桁、椽按“定例”取得的截面，进行常规结构工程构件计算验证。为了更清晰明了计算步骤，以手工计算为基础，而不采用计算软件来核算，以求透明度。使其更能探讨构件截面的取得，用科学论证其来龙去脉。考虑当前传统建筑业内施工人员新手较多，能用工程中所必要的材料力学知识，求证使用构件截面的取值，及对因果关系的了解不多，因此在上例所有计算和证法，没有采用高等数学的演算方式。而有些公式采用，亦经推导简化后，尽量选取简单公式和必不可少的计算查表所得，免去了不少重复计算式来进行运算，并经过老专家范育龙高级结构工程师的认真点校、修订后，能用最简单明了的初级数学计算方式来求证结果。凭借一个简易计算器，就能计算取材应用，让读者容易接受，从而诱发求真的兴趣，而依此可作进一步深入探讨研究。由于计算过程繁复，引用公式符号众多，数学版面排列，亦数易其稿，仍难免有疏漏谬误之处，还望热心同仁斧正，此举将是抛砖引玉的美事矣。

第六章　屋面·檐口

一、屋　面

传统古典建筑，屋顶式样丰富，形式繁多，等级分明，可满足各种场合运用，是整座建筑的“第五立面”和重要观赏点（图6-1）。

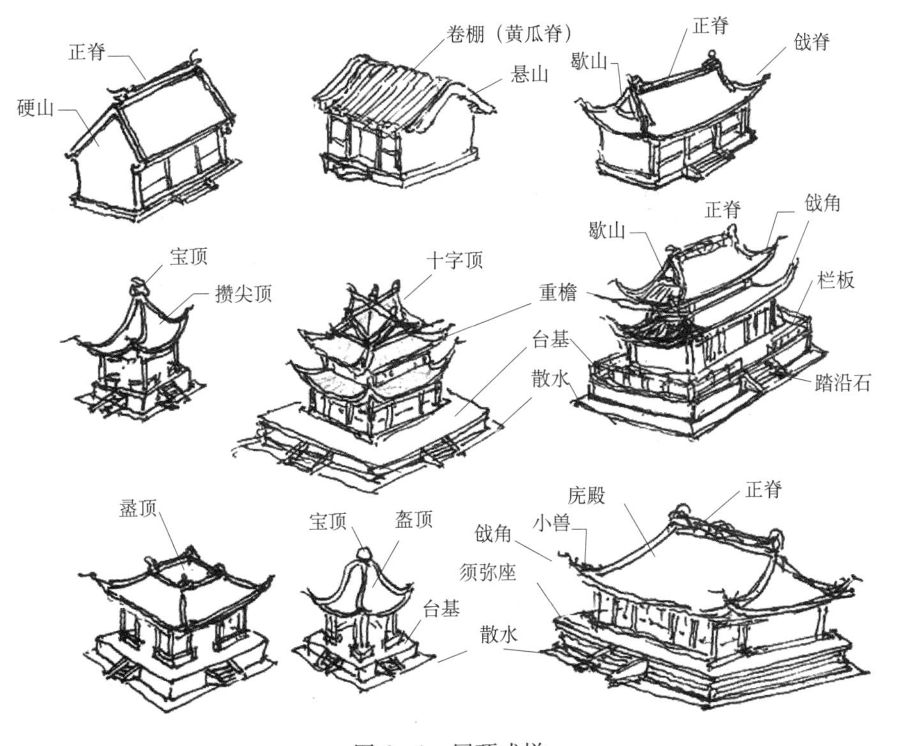

图6-1　屋顶式样

屋面过去都以木构架、桁檩、椽子搭建而成。苏式建筑对四角隅所筑戗角，情有独钟，做成婀娜多姿、飘然欲飞的有一种飞向远方高处的形象，一种积极向上的正能量感。但有时稍不注意，就可能做成垂头丧气、低头萎蔫的姿势，虽然外挑甚远，但头端却平出，甚至向下之势，十分懊丧，或左右不相对称平衡会感觉不佳。无论南方、北方虽式样不同，但总的构造上都是在老戗（老角梁）头上叠加一层嫩戗（仔角梁）而成，无非就是为了形成一种向上挑的感觉。即使苏式的另一种发戗“水戗”做法，也同样道理，切不可置若罔闻、掉以轻心。

两种发戗的木基层戗角构造，有所不同，单以苏式嫩戗发戗而言，嫩戗木不像北方官式（法式）做法，仅在老戗木挑头驮上一根翘头仔角梁，挑出做戗尖。而苏式的嫩戗木是斜坐在老戗头上，翘起而成，二料中心线夹角在130°～122°之间，凹角间用适配的三角形菱角木、扁担木串连，叠加组合而成。一般翘势上斜与老戗坡度相同亦称“对称戗”。这种“大戗”做法，是在木作嫩戗发戗的基础上，再由瓦工匠从包住“扁担木”搭筑的“鳖壳”板面戗角上，顺势塑造出戗尖形，并预埋“铁骨戗挑”将扁铁板固定好，以备水作塑做戗尖，在两侧的灰脊上分瓦楞档，坐灰、填泥、塞垄、排筑“老瓦头”，并与正屋面瓦楞相通。再在交接屋脊口上，垫好碎瓦片，并坐灰找平，上卧砌二皮小青瓦做“攀脊”底座，两侧随瓦口凹凸形脊、谷对正立面上，粉纸筋灰垂直面。并接通“竖带”、“垂脊”，戗尖口左右两边屋面第一档，切割成斜根面的小青瓦，并加钉固定，上面横搁五寸筒“老鼠瓦”作挑出之势，盖住合角口左右底瓦翘边，再上面又加覆一块“猫衔瓦”，形似猫口下衔只老鼠，为攀脊的收头，其功能是为了保护封檐板接口，免遭风雨侵袭。其上设一葫芦状抹灰粉饰，滚筒收头结束，作滚筒尽端封口称“太监瓦”。此三块瓦皆是层层外挑冲出。“太监瓦”其实就是在保留用青砖满浆砌筑滚筒芯体的塑形收头，同时起到，镇压住发戗尖上，逐级出挑“朝板瓦”的弯形扁铁板，以及最上面托住盖筒瓦扁铁板的功能。扁铁板长短不一，约在1.2～1.4m，一定要固定住，安装牢靠。滚筒两侧合上镶砌的筒瓦，一定要匀称。其宽度与其他“赶宕脊”、“垂脊”等的滚筒相等，上面砌筑戗角的“三寸宕”、二路“瓦条”中间，夹一路凹进的“交子缝”，每路约30mm高，挑出30mm，最上面瓦条片窠住顶面拉结作用的铁扁担后，接着坐灰覆砌带通长压筋的“盖筒”瓦压顶，始告结束。戗尖设置“钩头狮”，用铁钉坐灰固定。后面盖筒脊背上设有3～5件小兽，不像北方官式那样程式化，按照建筑物规模等级应该摆设几件有规定例，一般按檐柱高二尺（约600mm）摆设一件小兽，但戗尖头上放的仙人不计数内，且应逢单数计件。顺戗脊往上接连戗根部前，放的戗兽（吞头）或带100mm高靠背上放戗兽或天王、广汉，位置正好在角柱上方。由此转向，顺歇山头屋面斜坡向上行，接通垂脊，交脊处后面实砌一段半砖宽，约200mm高，称“缩率”（束塞）做回纹花饰的戗脊，其上两边外挑瓦条做三寸宕、交子缝，居中砌摆斜亮花筒，顺延斜屋面坡度往上接于正脊立面上垂直相交，正好顶住正脊前后，此段即是下行的竖带称“垂脊”（见图6－2）。

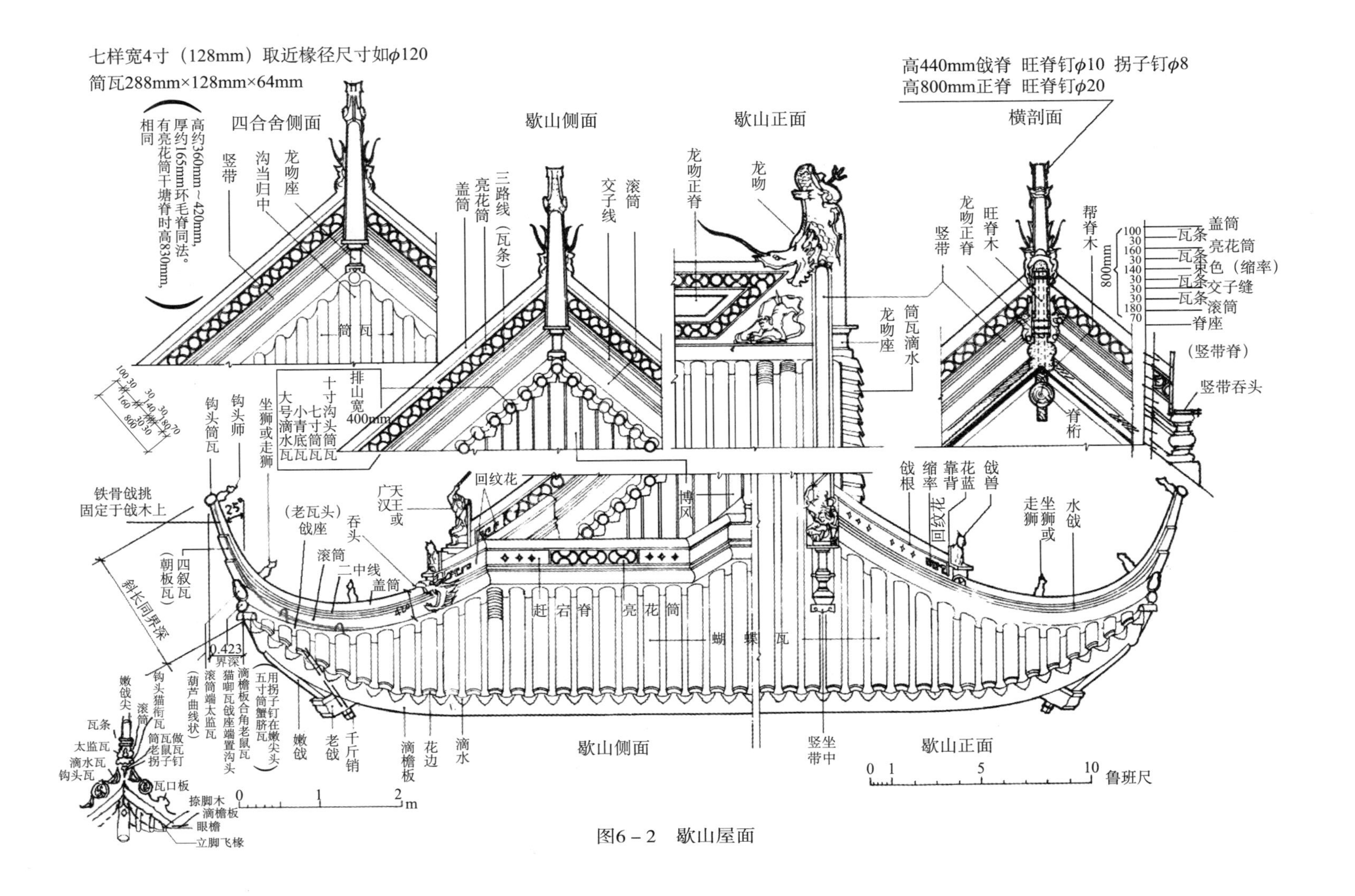

七样宽4寸（128mm）取近椽径尺寸如φ120
筒瓦288mm×128mm×64mm
高约360mm～420mm，厚约165mm环毛脊同法。有亮花筒干塘脊时高830mm，相同
四合舍侧面
竖带
沟当归中
龙吻座
筒瓦
歇山侧面
盖筒
亮花筒
三路线（瓦条）
交子线
滚筒
排山宽400mm
十寸沟头筒瓦
七寸筒瓦
小青底瓦
大号滴水瓦
歇山正面
龙吻正脊
龙吻
龙吻座
筒瓦滴水
高440mm戗脊 旺脊钉φ10 拐子钉φ8
高800mm正脊 旺脊钉φ20
横剖面
竖带
龙吻正脊
旺脊木
帮脊木
800mm
盖筒
瓦条
亮花筒
瓦条
束色（缩率）
瓦条
交子缝
瓦条
滚筒
脊座
（竖带脊）
竖带吞头
脊桁
钩头筒瓦
钩头师
坐狮或走狮
铁骨戗挑固定于戗木上
斜长同界深
四叙板瓦（朝板瓦）
（老瓦头）戗座
滚筒
吞头
二中线
盖筒
广汉天王或
回纹花
博风
赶宕脊
亮花筒
蝴蝶瓦
戗根
缩率
靠背花蓝
戗兽
回纹花
走狮或坐狮
水戗
0.423 界深
滚筒端太监瓦（葫芦曲线状）
滴檐板合角老鼠瓦
猫啣瓦戗座端置沟头
用拐子钉在嫩尖头五寸筒蟹脐瓦
嫩戗
老戗
千斤销
滴檐板
花边
滴水
歇山侧面
竖坐带中
歇山正面
鲁班尺
嫩戗尖
钩头猫衔瓦
滚筒
瓦条
太监瓦
滴水瓦
钩头瓦
筒瓦做老鼠瓦
拐子钉
瓦口板
捺脚木
滴檐板
眼檐
立脚飞椽

图6－2 歇山屋面

竖带走向与正面瓦楞一致，且砌筑骑跨在歇山排山后第一到第二瓦楞的两楞盖瓦脊背上，延伸向上接连支撑在正脊前后，下端可延伸到底下檐桁上方，并预埋脊桩旺脊钉，伸出屋面砌筑“花篮座”靠背用，口面要求横平竖直，后面接茬的竖带脊上滚筒，三寸宕亮花筒，盖筒脊面的尺寸，不论正斜合拢相交都应连接顺当，线宕对口，线条平行，凹凸一样，不能有高低上下。在盖筒瓦下铺灰浆内，埋设压顶筋自正脊上一直接通到“花篮座”前旺脊钉连接一体，确保安全。歇山落翼斜出，接通水戗脊，戗根“缩率”段为包裹旺脊钉则不作“亮花筒”了，到戗兽头前降为滚筒、二路线、交子缝、盖筒做法直达戗尖钩头狮。整个灰塑完工干透后，都是黑底白面（线脚表面刷白），涂料应该可以选用现今市场供应的高级“五合一”防水涂料等，不必再用过去煤烟子、石灰水等，既不耐用，又容易沾污旁边，弄得一塌糊涂，不堪入目。

歇山斜山面檐口一排顺屋面坡度而下，成人字形在竖带以外与正屋面排水方向垂直而设置的《营造法式》中所说的“华废”（瓦飞，清称排水勾滴），即是勾头，滴水瓦（铃铛瓦）飞挑出来的小落水外檐口。做竖带前在歇山檐口先平挑二皮斜铺飞砖，抹灰、排瓦楞做标记排匀，定坡线走势，正脊中左右底瓦相碰合角边，挑出盖瓦居中，跨在两边底瓦翘边上压盖住，然后分两边斜屋面边按楞，铺摆摊瓦。排山屋檐，要求坡势顺当，外挑齐整均匀一线，内外口挑出斜度进深与竖带上滚筒、三寸宕线条都成平行状，划一不二。

中小型建筑用瓦作发戗者，即木结构屋顶在转角处的老戗木背上不用嫩戗木向上外挑，而仅在老戗木背面上加叠一根加大规格的檐椽称“角飞椽”，作飞檐挑出，相当于子角梁。老戗木水平叉出长度为檐口飞椽挑长的五到八折。因其抬高不大，若外挑太长，会显得有下垂的感觉。屋面上筑戗角脊，全靠瓦工做出翘尖戗角，并在戗头上装饰各种花饰，如飞凤凰、云雀、柳叶卷草、祥云、如意等（见图6－3、图6－4）。

图6－3　卷叶水戗头饰

图6－4　平脊、水戗头脊饰

水戗脊做法常用于园林，从黄瓜脊歇山垂带，延伸转角向下接通水戗脊，两侧屋面汇合处先坐砌二皮错缝口盖瓦，再用砖砌“脊座”，高约60mm，以竖立对合五或七寸筒（140～200mm），侧贴砌滚筒。以上三寸宕约高80mm，二皮挑瓦条，中间夹束腰一路“交子缝”，顶覆盖筒，外粉刷，总高约350～400mm，半砖厚。下延至戗尖逐减高度至戗（花）尖，内配以扁铁衬托，固定于木戗木上。

所有传统建筑，无论大小规模，除卷棚式外，一般斜屋面顶端交合正脊处，均有各式铺瓦筑脊，如纹头脊、哺鸡脊等，大型殿宇屋面，正脊两端头常设有龙吻、鱼龙吻、哺龙吻脊，吻高约为檐柱的2/5高。正脊砖瓦叠砌高低规格，或加搭砌亮花筒，脊高可随建筑规模开间宽度斟酌，由立面造型均衡而定。照《营造法原》龙吻脊分五套至十三套，适用于三开间至九开间（见表6－1）。

开间适用脊吻规格表　　**表6－1**

间数	适用脊吻	脊高
三开间	五套龙吻	980～1120mm
五开间	七套龙吻	1120～1260mm
七开间	九套龙吻	1260～1400mm
九开间	十三套龙吻	1400mm以上

正脊砌筑在两侧斜屋面相交的尖顶上，也就是在脊桁（檩）处，上面的“帮脊木”，是为了加强因筑脊所增加的荷载而设（小式没有滚筒饰条时，亦无设帮脊木）。如黄瓜脊（过垄脊）不用帮脊木时，只用“按椽头”，即在回顶处枕头木上的草脊桁中心，头停椽上端碰头处钉此木板。

大型建筑的正脊两端头都设有吻头，如殿宇之龙吻、鱼龙吻。厅堂之哺鸡、哺龙、纹头脊饰等。中腰部多设有团龙、法轮或灰塑人物、吉祥如意等腰花装饰。重量较大，故都设有帮脊木、脊垫板、脊枋等构件加固。帮脊木除两侧做椽椀镶配置“头停椽”（近屋脊处第一档屋椽），帮脊木背上逐段插立“旺脊木”（脊桩），或铁脊钉（屋脊低者可不设），应设在盖瓦档，以免露面受损，是为了扶持高大正脊免遭大风吹袭移位变形，并在顶面盖筒和中腰滚筒内，顺屋脊分别用2～ϕ12钢筋贯通，并用高标号砂浆或细石混凝土窝住，起到联系梁压顶作用。当正脊砌筑时，应包裹并固定住旺脊木（钉），亮花筒处作盲花连贯之，并有多路瓦条围护的前后两面竖（垂）脊根端支撑住正脊，对于特高大型龙脊，往往在龙吻头顶剑把铁叉处，分南北前后各拽一条拦（浪）风铁索（旺链），固定在二边屋面下方近檐口步桁上方，预留的旺脊钉如意头上，则更加稳定保险了（见图6－5）。

殿宇正脊砌筑偏高，是因为与正立面屋面相均衡，不然会显得压不住，有轻飘的感觉。如此大面积的挡风和重量，都是不利于屋面稳定和整体荷载，苏式殿宇正脊，由此就出现了在正脊滚筒以上，绕以“亮花筒”做法，即用五寸筒对合搭成银锭式，钱纹等镂空透风花纹。并在脊根部底，前后盖瓦交接瓦楞的每一档底瓦处，都留设一个穿宕风口，称“亮龙筋”透风口，这样既可大大减轻正脊上的风压，又可减轻正脊的整体荷载重量。

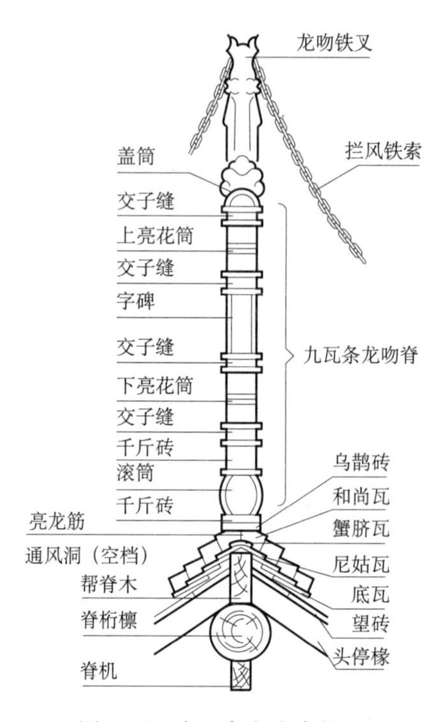

图 6－5　九瓦条龙吻脊构造

注：1. 透风口上交叉脊盖瓦口，切割成，对口密缝平接的“和尚瓦”，缝上加盖配合和尚瓦驮背弧形而割削成乌雀尾叉开状，二头成豁口的“乌鹊砖”，上面搭缝砌实心条形“千斤砖”，承托正脊全部重量。

2. 风口处盖瓦底，加人字形木架，跨于正脊底瓦豁档交合处，托紧、垫实盖瓦底弧面，为增强承载力。

3. 瓦底交接处，亦切割成平接口的“尼姑瓦”，密缝相交，缝口加盖，经加工后，削成两端长边呈配合底瓦弧形的盖瓦，称“蟹脐瓦”，并用座浆密合丝缝口，不使漏水。

按目前砖瓦件搭砌苏式正脊，用材大概多由以下尺寸左右：瓦楞底瓦顶合角交会处，先铺尼姑底瓦，上覆蟹脐筒瓦，再在瓦楞豁档内加设人字木，上铺和尚盖瓦，坐浆平砌乌鹊砖，错缝安装千斤砖，砌筑牢固，在交合瓦顶其上覆砌两皮小青瓦，瓦缝错开，灰浆坐平，即砌成“攀脊”座，做好“老瓦头”排好瓦楞档次（见图 6－6）。大型建筑须在攀脊内加设“万年圈”，为日后维修方便预先埋设，可供架设软梯攀缘着力固定用。以上再筑“滚筒”，用相应规格筒瓦相捧合，抱砌于“攀脊”上口的平砌砖口上，滚筒上面、挑砌瓦条、交子缝、束塞等，档次高者使用琉璃瓦屋面时，则各种瓦件均为定型产品，施工时相对比较简单，按部就班摆砌即可（见图 6－7）。若民间小式至此就可筑脊做吻头脊饰收势了（见图 6－8、图 6－9、图 6－10）。大型建筑正脊规格高大，如五瓦条、亮花筒、龙吻脊的滚筒高约在 150mm，七瓦条时则约为 180mm，而九瓦条时滚筒高约在 200mm 左右，其他各部尺寸也相应变化。瓦条或用望砖砌出，加之粉刷后约在30mm厚，凹进的束塞宕口约50~60mm，交子缝90~100mm高。亮花筒间，字牌高相应适配300mm、450mm、520mm等用方砖侧砌；脊顶面的90mm高，合覆砌盖筒瓦，内配置通长压顶用2ϕ12钢筋直接贯通二端龙吻头脊柱桩，有用2ϕ25钢筋直插穿透帮脊木，以达脊桁檩，高至吻顶作为脊柱桩。坐灰浆或细石混凝土灌实固定后与脊桁檩上帮脊木（钉），整合成一体的正脊加强体系。龙吻头两侧，垂脊顶往龙吻头，实际起着支撑稳定的作用。必要时还在两端龙吻头两侧加设拦（浪）风铁索，更加安全了，这也是避雷针引线。琉璃瓦正脊则全部用窑货，则应遵照北方官式，清《工程做法则例》规定做法为妥（见图6-7）。

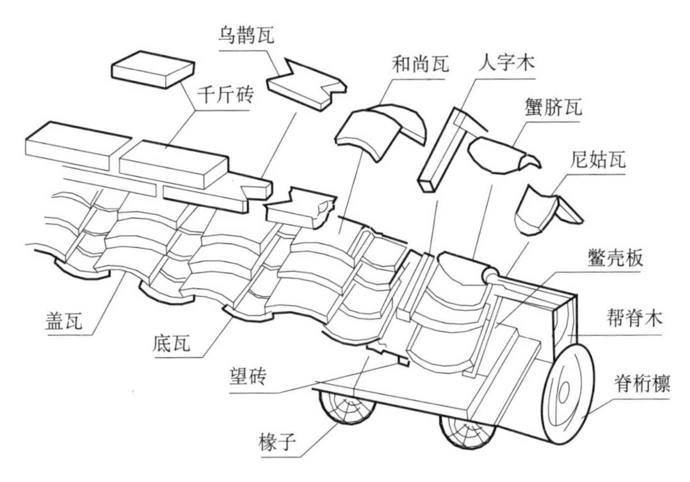

图6-6　屋脊盖顶构造

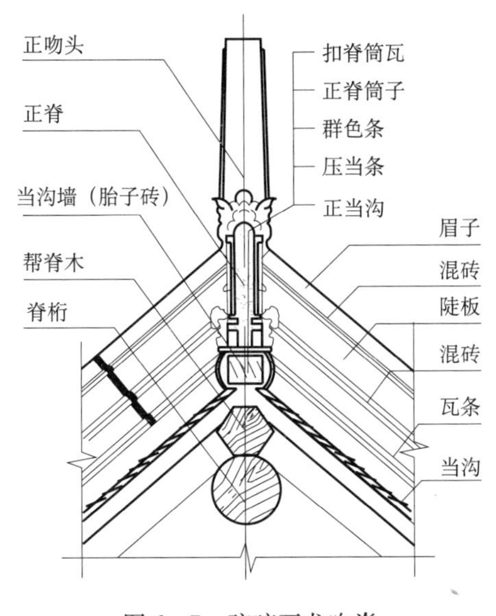

图6-7　琉璃瓦龙吻脊

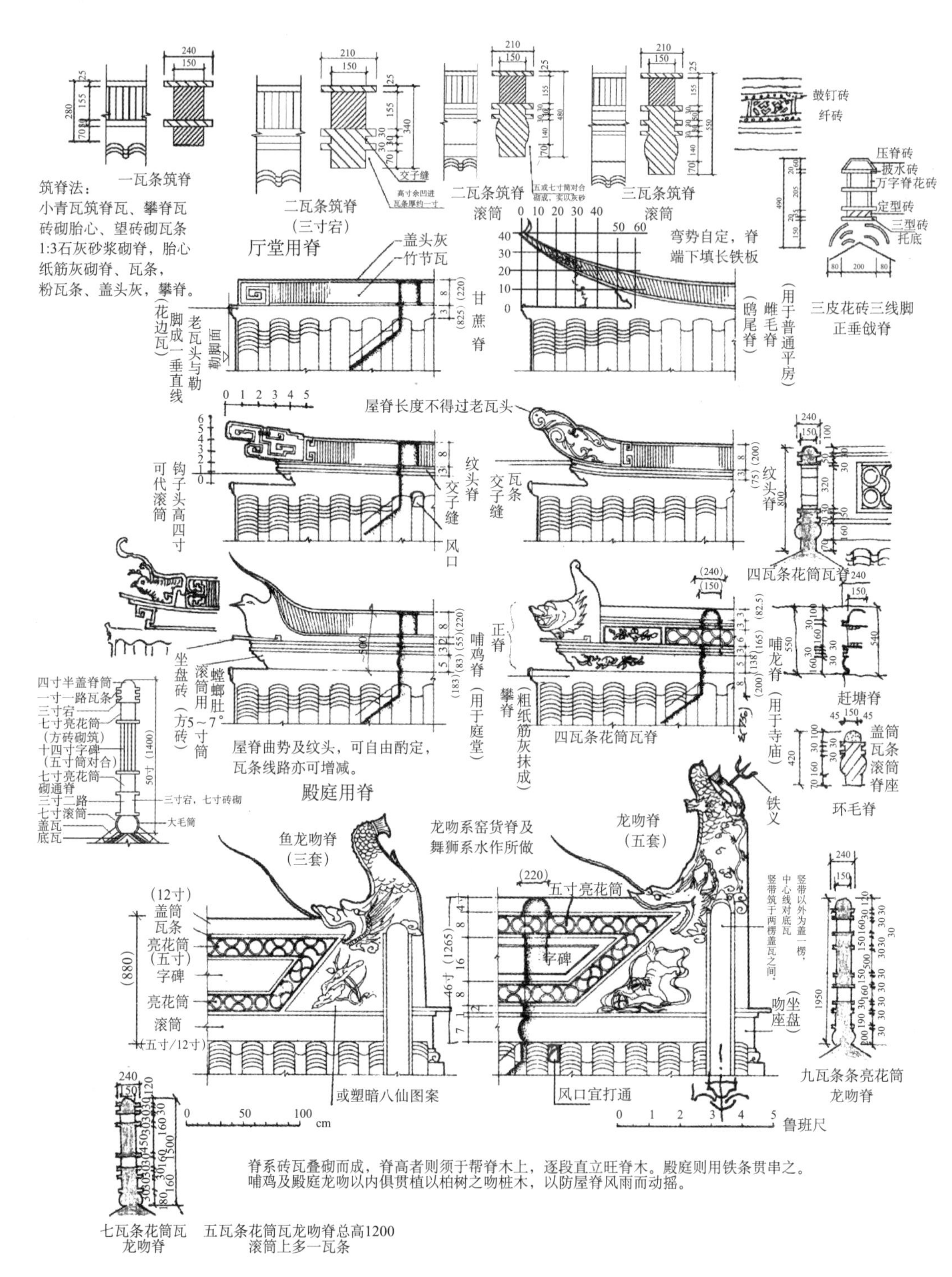
一瓦条筑脊
二瓦条筑脊（三寸宕）
二瓦条筑脊 滚筒
三瓦条筑脊 滚筒
鼓钉砖
纤砖
压脊砖
拔水砖
万字脊花砖
定型砖
三型砖
托底
三皮花砖三线脚 正垂戗脊
筑脊法：
小青瓦筑脊瓦、攀脊瓦
砖砌胎心、望砖砌瓦条
1:3石灰砂浆砌脊，胎心
纸筋灰砌脊、瓦条，
粉瓦条、盖头灰，攀脊。
厅堂用脊
盖头灰
竹节瓦
甘蔗脊
老瓦头与勒脚成一垂直线（花边瓦）
弯势自定，脊端下填长铁板
雌毛脊（用于普通平房）
（鸱尾脊）
屋脊长度不得过老瓦头
纹头脊
交子缝
风口
瓦条交子缝
钩子头高四寸可代滚筒
四瓦条花筒瓦脊
哺鸡脊（用于庭堂）
正脊
攀脊
粗纸筋灰抹成
四瓦条花筒瓦脊
哺龙脊（用于寺庙）
赶塘脊
坐盘砖（方砖）
螳螂肚
滚筒用5～7寸筒
屋脊曲势及纹头，可自由酌定，瓦条线路亦可增减。
殿庭用脊
盖筒 瓦条 滚筒 脊座
环毛脊
四寸半盖脊筒
一寸一路瓦条
三寸宕
七寸亮花筒（方砖砌筑）
十四寸字碑（五寸筒对合）
七寸亮花筒
砌通脊
三寸二路
七寸滚筒
盖瓦
底瓦
三寸宕，七寸砖砌
大毛筒
鱼龙吻脊（三套）
龙吻系窑货脊及舞狮系水作所做
龙吻脊（五套）
铁义
（12寸）盖筒
瓦条
亮花筒（五寸）
字碑
亮花筒
滚筒
（五寸/12寸）
五寸亮花筒
字碑
竖带以外为盖一楞，中心线对底瓦
竖带筑于两楞盖瓦之间。
吻座（坐盘）
或塑暗八仙图案
风口宜打通
九瓦条条亮花筒龙吻脊
鲁班尺
cm
七瓦条花筒瓦龙吻脊
五瓦条花筒瓦龙吻脊总高1200 滚筒上多一瓦条
脊系砖瓦叠砌而成，脊高者则须于帮脊木上，逐段直立旺脊木。殿庭则用铁条贯串之。
哺鸡及殿庭龙吻以内俱贯植以柏树之吻桩木，以防屋脊风雨而动摇。

图6-8　各式屋脊（一）

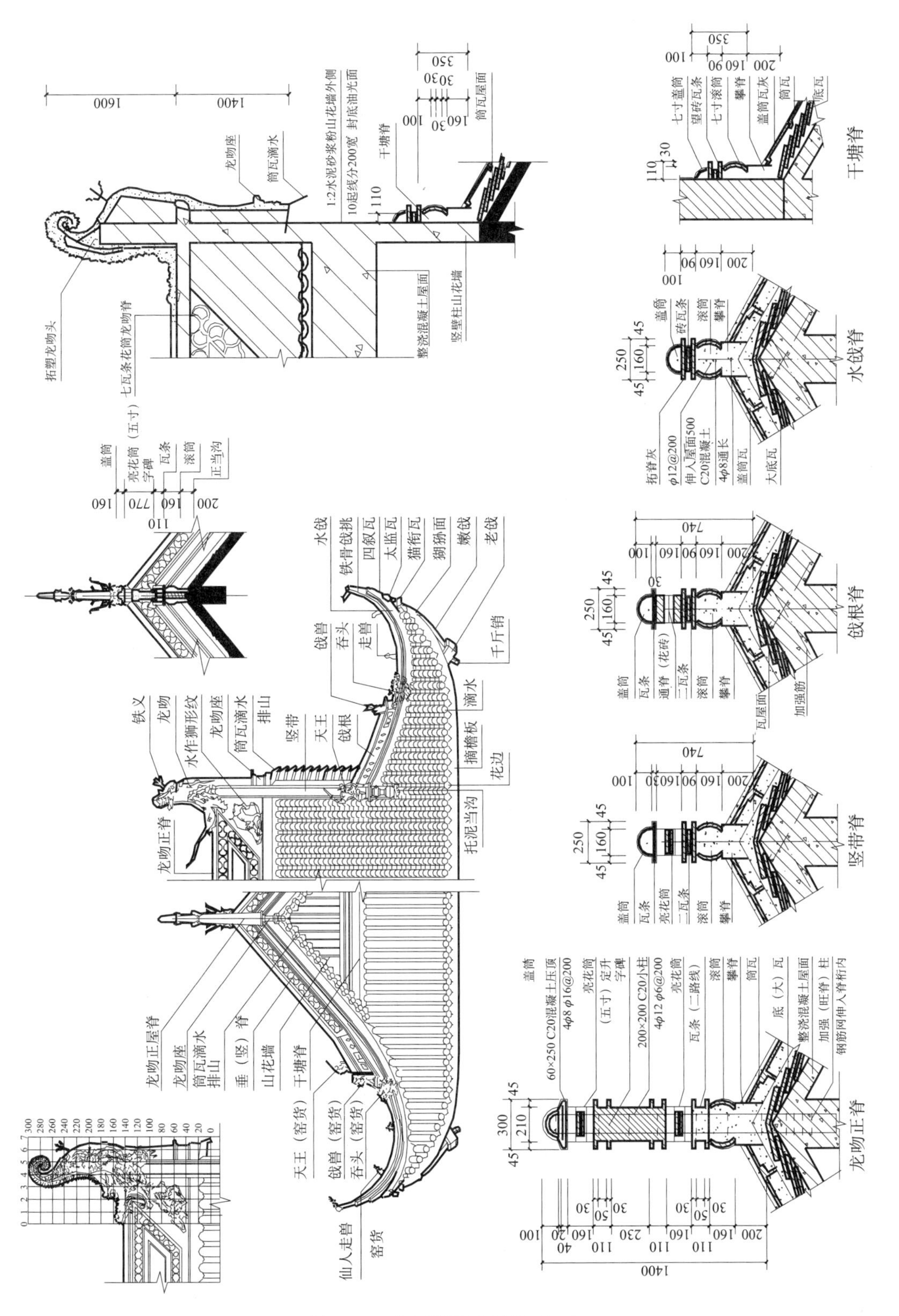

图6－8　高屋脊构造详图（二）

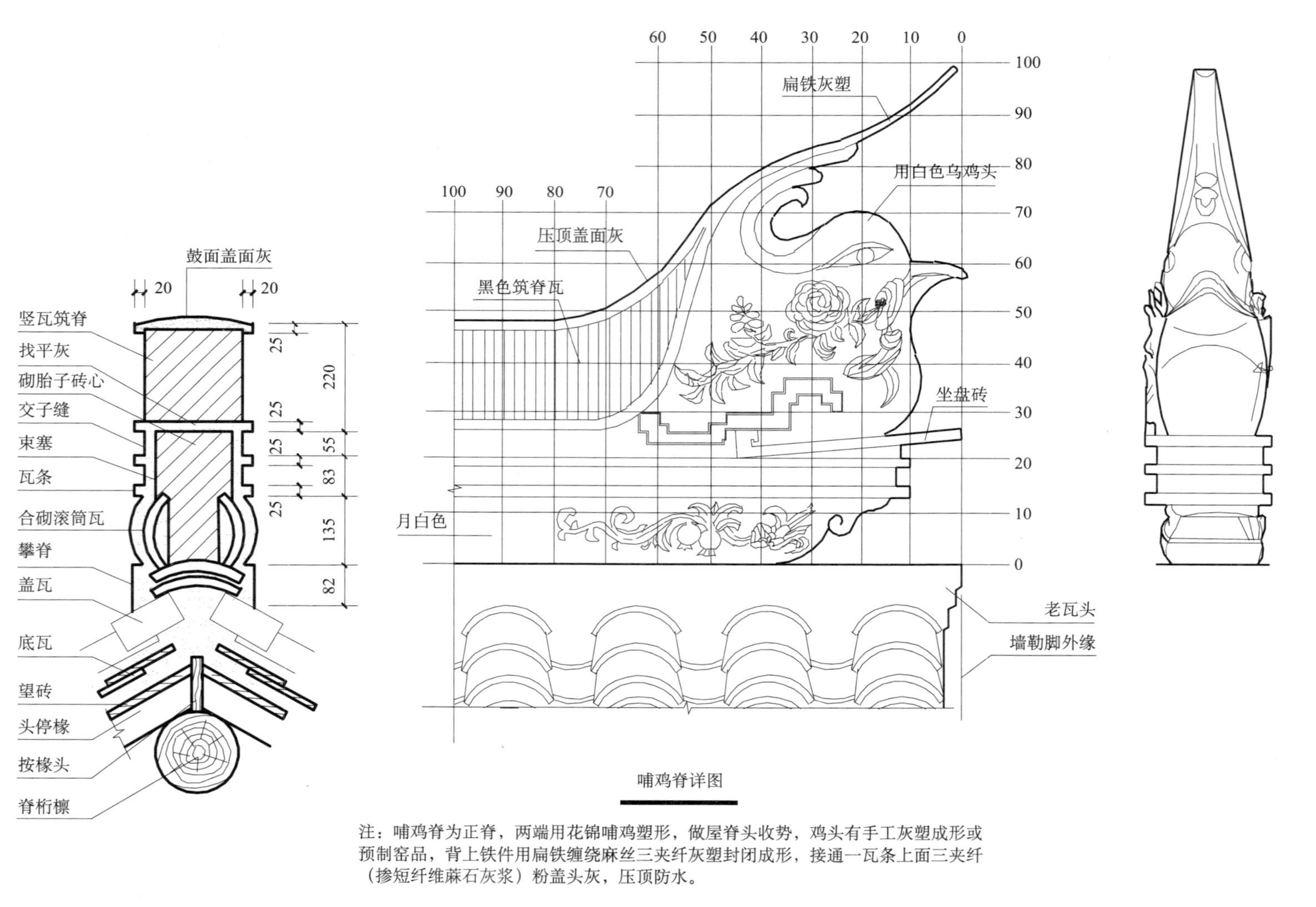

注：哺鸡脊为正脊，两端用花锦哺鸡塑形，做屋脊头收势，鸡头有手工灰塑成形或预制窑品，背上铁件用扁铁缠绕麻丝三夹纤灰塑封闭成形，接通一瓦条上面三夹纤（掺短纤维蔴石灰浆）粉盖头灰，压顶防水。

图6－9　哺鸡脊饰详图

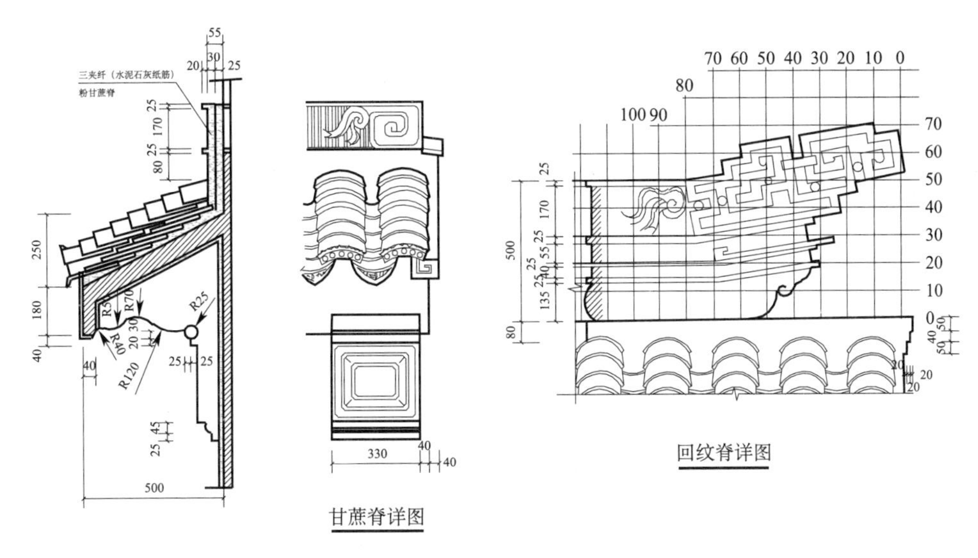

图 6－10　纹头脊饰细部

一般厅堂正常脊饰有哺鸡脊、纹头脊等，庙宇偏殿、禅院内堂有用哺龙脊，龙口朝外，纹头、鸱毛（鳌尖、蝎子尾），甘蔗脊用于普通堂屋及下房等脊饰。以上吻头花饰皆属正脊两端头样式，而正脊是筑于前后屋面相交叉合角的脊桁或帮脊木上方，先覆盖砖瓦砌筑"攀脊"为座基。该部位制高点，为两斜屋面相交合处，先做好"老瓦头"，为以后大面积摊瓦作基准，应特别注意做好坐浆防水，瓦片相交基面乱杂不平，镶嵌砌叠时砂浆必须坐实。上口高过两侧瓦楞（垄）的盖瓦顶上约 80～150mm 高，为"攀脊"，找平后即可筑正脊。硬山两端可用花边盖瓦，挑出墙外 60mm，与山墙的勒脚外皮面相平，收头称"老瓦头"，亦称"嫩瓦头"，筑脊吻头花饰外缘口，皆与勒脚外皮持平，不得越出界限，否则谓"荐"，乃侵占邻地犯忌之举。随后将瓦片竖起排列，分左右方向顺序，汇至中心"龙口"（中腰）合拢一起，并在其上用灰泥堆塑各式吉祥图案，脊顶铺设鼓面盖头纸筋灰结面。游脊是最简陋的正脊式样，仅以瓦片斜铺摊放，适用于走廊、辅房的屋脊，亦在双向汇中处做腰花。脊中倒八字状，满灰填实或做花头，黑涂料面二度。园林中小品建筑，尚有卷棚回顶做屋脊，仅用黄瓜脊专用盖、底瓦在正脊缝中坐满浆挤灰摆脊。

正脊以外还有单坡屋面，上部如有重檐时，下屋面与上部结构交接处；歇山面山花与下落翼屋面交接处；楼、阁、塔、亭等多层屋面的下层屋面与上部墙身绕周处，均有一种围脊做法，称"赶宕脊"（博脊、围脊），多数为半边靠壁或独立于屋面上外露筑脊，高度都随连通的垂脊、水戗脊相等。所有瓦条线脚尽皆兜通，做法亦相同，格式亦同。如在歇山尖、排山檐口下、博风（山花）板（大型建筑歇山面积较大，往往选用木制山花板封钉，做沥粉贴金绶带式油漆彩画装饰处理。）前留有空当时，此赶宕围脊作独立式凹八字状收进入博风板内，下脚座交接于落翼屋面顶上根部前，屋面摊瓦直抵山花板下脚，瓦根头与挡水穿洞用纤维纸筋灰抹泛水，每楞瓦豁底瓦上、楞间都要做“穿脊过水”，用以排泄顺山花板流下的雨水出口。洞口内用纸筋灰，粉抹圆润光滑，清理干净，以免堵塞不通，造成积水渗漏，朽烂木基层。所以接口处务必做踏实防水，不能丝毫渗漏。八字赶宕脊两端连接翼角、戗根、水戗脊（见图6－2、图6－11）。

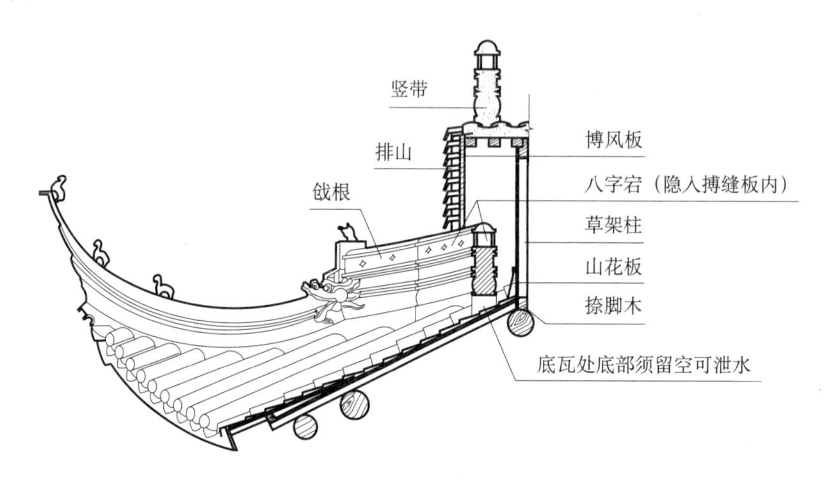

图6－11　围脊做法

亭子顶及塔刹均为该建筑物的收官之笔。其式样大小尺寸，虽由设计图纸所确定，但最后成形，在施工时还是起到决定作用的。亭子顶为泥瓦水作，必须将周边角脊汇集于中，要均匀对称，脊根托盘砖要砌得四平八稳，中心雷公柱（灯芯木）应校正垂直度，为保证成形后达到一定的艺术性和欣赏性，并感觉稳重牢固。其檐口戗角大屋面用琉璃瓦铺设时，则顶部宝顶、葫芦等亦随之按规格择用琉璃件安装，中间灌砂浆坐实固定压重之，并注意做好细节处防水。屋顶铺瓦由于屋面坡度提垂（栈）较大，近脊顶处甚至做到九算、十算，此时瓦片除坐浆铺摊外，还可选用带钉孔的“星星瓦”，位于中腰和上腰部位，应选用底瓦上口带沟边者，使窝入坐灰内，勾住阻止下溜。为防“坐瓦”塌落下滑，特别在檐口部位，在大型殿宇琉璃瓦檐头易受外损部位，还要在加钉后，用“钉帽”（檐人）套住钉头起保护作用，一行排列整齐，蔚为壮观。

屋顶坡度虽由设计时决定，木工搭就屋架已成事实，但瓦工最后铺摊瓦片结顶时，仍应注意摊瓦工艺方法，遵照“四算不飞椽，五算不发戗”，就是说屋面坡度太平缓，会形成漏雨，特别檐口，山面排山出檐收头，翼角发戗翘势，都需要坐浆灰铺实，所谓“翘瓦头”，檐口“花边”、“滴水瓦”头下应垫满灰浆，使檐口标高，会略显反向抬高，使檐落水大雨急泻时，会飞出檐口，落得更远。因此绘制详图时，檐口按照屋面计算坡度，应稍加抬高些标高尺寸，底瓦“一搭三”即“搭七露三”做法，以防屋顶渗漏。硬山外边“披水”及“梢楞”应坐浆铺砌，为防靠墙吸风吹落檐口瓦，有时在靠外边两楞盖瓦加叠二皮盖瓦压重，或再另加砌“垂脊”镇之（见图6－12）。

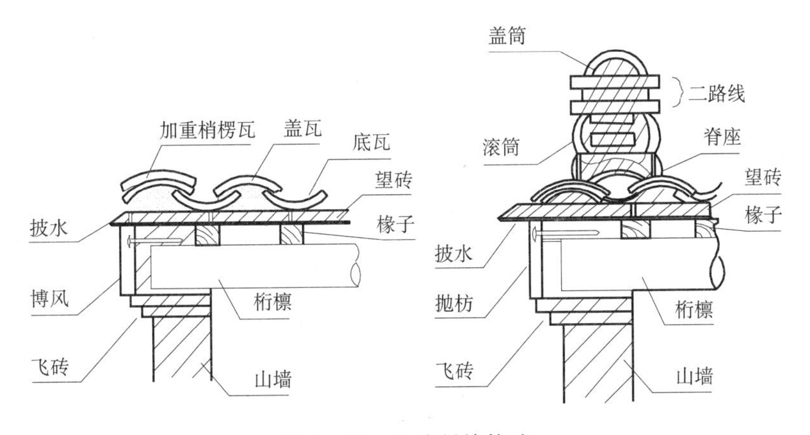

图6－12 山墙封檐构造

正脊下脚先做分好当距的“老瓦头”，瓦楞豁档必须与檐头“瓦口板”上所开刻瓦楞豁档一致，且与正脊拉线垂直布置，否则，日后铺摊屋面瓦时会出现歪斜难看而不整齐，因为“头停椽”在脊桁与金桁间第一档椽子间，先铺设好望砖，抹“护望灰”，开线垄瓦，为了能做屋脊时，先排布“老瓦头”。排楞就位时，应填塞底瓦两侧使稳住不晃，瓦当沟槽内用柴龙或人字木、碎瓦固定位置再用黏稠灰泥坐实，两坡“老瓦头”交合相会处面上，通常做法是满坐石灰浆，盖砌两皮错缝放的躬背合扑铺设的完整盖瓦片，瓦拱背面灰浆找平后，其上再平铺砌一皮窄条砖，在居中分两边外侧铺砌脊座，直至顶面粉刷拉线找平后，即为“攀脊”。亦是两边坡屋面交接顶端处的一道防水措施，在其上即可加筑各式屋脊了（见图6－13）。

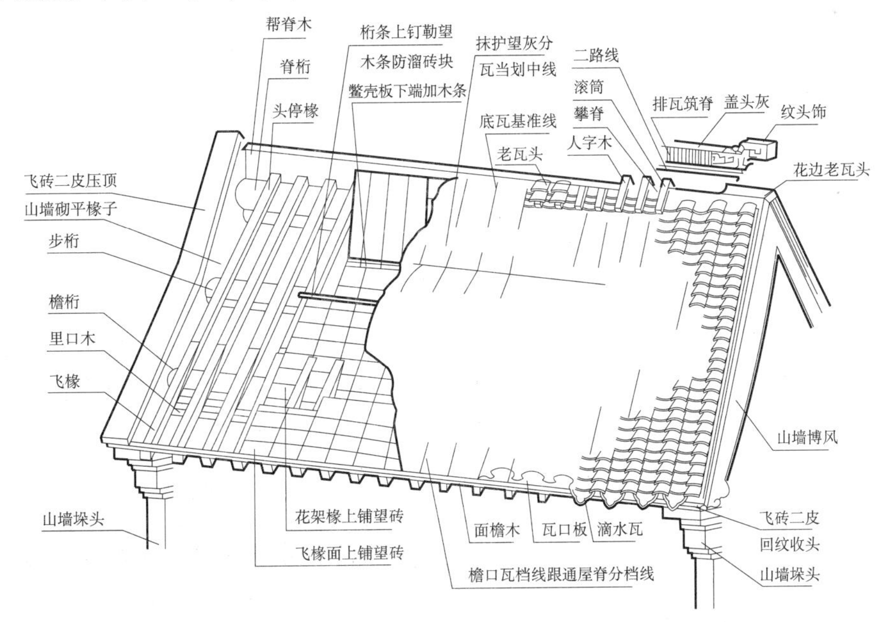

图6－13 屋面铺瓦

当木椽子钉好后已组成完整的屋盖木基层，整座建筑物框架亦已构成，此时屋面就可以铺摊望砖（板）瓦件等，起到屋面护围作用，可免受自然外界的各种侵袭。传统苏式建筑做法是在椽子上平铺望砖，露面能见的望砖，除刨边需要加工做细外，还在下边接缝口做披线等工艺，称谓“细望”。如在各式轩廊及厅堂上方做糙屋盖下面设有轩顶者，由于施工空间狭窄，往往先于大屋架上钉糙椽，糙望砖铺摊前，做好轩顶复水椽（轩椽、重椽）上的“细望”或“找望”（即特殊规格的加工望砖）铺盖工序，并在望砖背面刮糙纸筋护望灰，粘结定位。过去有铺芦席（帘）者挡灰，但望砖往往时有移位、跌落等情况，故不可取。

在轩顶上原来已设有房架“帖”式的“草架”及重复置“草椽”的屋面系统，则所有木结构和望砖等，均只需粗糙面加工即可。此外，有一些下房等辅房屋面，亦有直接将瓦片摊铺在椽子上，称“冷摊瓦”（干搓瓦）。西南山区居民更常见此做法。

望砖铺设程序除头停椽为筑脊时要首先铺设外，其余皆自檐口往脊上铺设，完成后，最好不管正屋面椽子有多宽，或顶面上有无加设铲口、隔条（但望砖搁置长度，不应小于望砖厚度），且均在望砖背上刮一层纸筋灰泥（护望灰），既可以固定住望砖不移位，防止坠落，同时可使提垂（栈）屋面曲线找出匀称和顺、柔缓的弧度。亦为铺瓦前“开线”准备。

摊瓦之前，在整体屋面进行分中、开线时“底瓦坐中”，亦有盖瓦归中，只是依风水称呼为“子午垄”的说法，以示吉利。自两边硬山墙梢垄间，归中分瓦当、定位、调整豁档楞距，划线做标记，必须与正脊垂直，然后拴挂准线，逐段铺灰泥约40mm厚，以备挤座底瓦，注意是小头在下、大头在上，从下往上压叠摊放，搭接时，上片大部分压住下片底瓦，宜“压六露四”摆法。另外脊根三块瓦可达“压七露三”，而檐头的“翘瓦头”三块瓦常以“压五露五”摆法为佳。檐口底瓦放“滴水瓦”，盖瓦放“花边瓦”或“勾头筒瓦”，整个屋面下陷（囊度）弧度应符合设计提垂要求。铺好底瓦靠杖尺检查合缝是否准确，有没有翘趔不平状。并做好“背翅”、“扎缝”，用纸筋灰认真修边，校直瓦楞，并用碎瓦片，塞填轧实底瓦背两翼翘翅间之空隙，使固定稳住。底瓦应该是比盖瓦大一号规格，是为加宽排水通道，在两楞底瓦碰缝间空档内，塞实铺摊盖瓦用灰泥（一般民居仅在其空档内用“人字木”或“柴垄”填之）。铺设盖瓦时应注意盖瓦片是小头在上，大头在下，上一块大部分压住下面一块。搭盖时，露面常比底瓦更少，搭盖得更多，外露仅剩瓦长1/4～1/5。底瓦楞豁内填灰应略饱满些，待盖瓦铺摊后能坐实挤浆，随即刮边。排布完成后，虽依挂靠拴线摊摆，最后仍然要用长杆尺靠、拍、校正直垄，并由专人自檐口往上观察纠正（见图6－14）。

图6－14　檐口铺瓦

因此在编绘详图时，屋面各部位所占高低上下尺寸都必须留足，不然在立面外形，特别是“赶宕脊”、“围脊”上下檐口相互交接处，占用尺寸对楼板、平座、重檐连接进出、高度多少，及标高等均受到影响，至关重要。

鸱尾脊式样相当于北方清水脊，唯脊饰多用砖料砌筑（北方做法），且从梢垄向内数第二垄瓦背开始抬高约120mm做方形钩子头调高接通到攀脊以上的圭角（交子缝）内，两边梢垄内数第二垄瓦开始，中间正脊段两侧面做鳖壳板，提高屋面与屋脊交接点附近的提垂高度，该段瓦楞正好撑住正脊，使该段屋面更加陡峭，也许对正脊抗风更有利。不像苏式之用竖瓦排列，那样做法简单，且上翘起点一般缩进二楞半瓦垄，而鸱尾用固定铁扁担（扁铁条）向上外挑，绕以麻线，横座小筒瓦灰塑成形作鹰嘴尖式样，多风地区在张口空岩内，往往架空花格垫塞托住翘尾以策安全，大多用于农村民房（见图6－15、图6－16）。

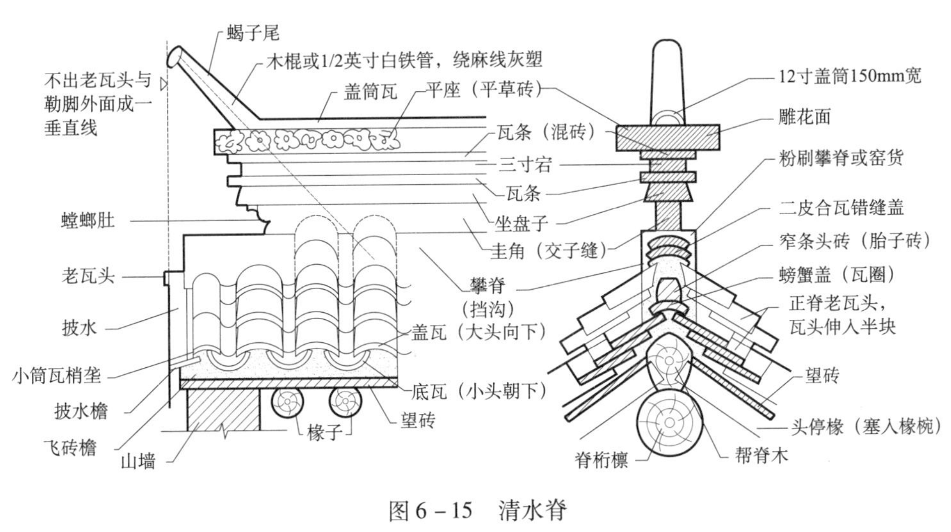

图6－15　清水脊

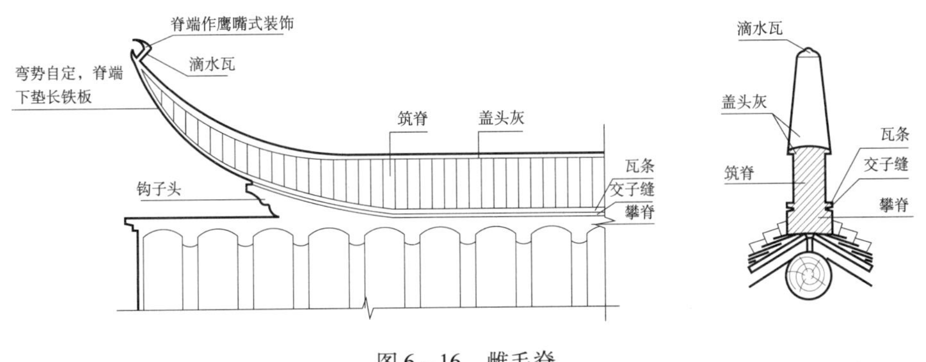

图6－16　雌毛脊

总之苏式南方传统建筑屋面筑脊，为泥瓦匠水作活，多数不如北方官方筑脊那样程式化规矩，因此样式也多样化，比较自由开放。特别在园林中，更没有像寺庙、官衙来得拘束，全凭设计施工者创造。在山花面、脊腰中、戗尖上，可以大做文章，有用灰塑艺术性创造了不少精美图案。如云墙脊头的龙头装饰，在封建社会时期将遭砍头重刑，现在尚有将正脊龙吻头上剑把给拆毁的，据说是对“头头”不利之说（大明寺大殿脊上），故吻头、戗尖式样不应有凶相出现。现代则有更加多样性可选择，凡是吉祥如意、花草、喜鹊、舞狮、凤飞等各式纹饰均可使用，不胜枚举，结合建筑物名题或场景主题，都可灵活应用。所有小青瓦脊饰完成后，才能全面铺摊屋面瓦件，而大式做法的琉璃、筒瓦屋面铺设程序正好与小式民居相反，是先做好整个屋面铺瓦后，再筑屋脊。

当今市场供应的砖瓦规格中，在苏式传统建筑常用的瓦件尺寸如表 6－2 所列。

苏式传统建筑常用瓦件尺寸表 **表 6－2**

		底瓦	盖瓦
筒瓦	大殿	240mm × 240mm	295mm × 160mm　14 寸筒瓦
	厅堂	200mm × 200mm	280mm × 140mm　12 寸筒瓦
	塔顶	200mm × 200mm	280mm × 140mm　12 寸筒瓦
	走廊、平房	200mm × 200mm	220mm × 120mm　10 寸筒瓦
	围墙、亭子	200mm × 200mm	220mm × 120mm　10 寸筒瓦
小青瓦	大殿	240mm × 240mm	200mm × 200mm
	走廊、平房	200mm × 200mm	180mm × 180mm
	厅堂、榭、亭	200mm × 200mm	160mm × 160mm
琉璃瓦	大殿	280mm × 350mm（1 号底瓦）	180mm × 300mm（1 号盖筒）
		220mm × 300mm（2 号底瓦）	150mm × 300mm（2 号盖筒）
		200mm × 290mm（3 号底瓦）	130mm × 260mm（3 号盖筒）
	塔衣边廊	220mm × 300mm（2 号底瓦）	150mm × 300mm（2 号盖瓦）
	塔身屋面	200mm × 290mm（3 号底瓦）	130mm × 260mm（3 号盖筒）
		175mm × 260mm（4 号底瓦）	110mm × 220mm（4 号盖筒）
	亭子	175mm × 260mm（4 号底瓦）	110mm × 220mm（4 号盖筒）
		120mm × 210mm（5 号底瓦）	80mm × 160mm（5 号盖筒）
望砖		210mm × 105mm × 15mm	（经加工后做细望砖）

以上规格随生产厂商略有出入，仅供参考。

在转角屋面，戗角凸起阳角如庑殿、歇山、亭子角等两侧屋面相交合处，都用竖带，垂脊封盖相交合角瓦口上。而转角阴角相交成凹斜天沟，即两坡屋面与天沟侧边相聚处，则处在凹谷斜梁上。在望砖夹角上，用纤维灰浆或加铺防水卷材，铺坐垫实专用的斜沟瓦，或用大号底瓦铺设。而两斜屋面与天沟侧边上相交处瓦片，则应让出天沟瓦流水槽宽度尺寸，两侧底瓦及盖瓦边缘均需切割成斜面，给予配合覆盖住槽口。筒瓦另有专用规格的“沟筒嘴”、“沟筒瓦”、“斜房檐”口和“羊蹄勾头”等特殊瓦件。交接处均用纸筋灰坐浆铺瓦头，漏露出的缝隙要再用纸筋灰认真“扎缝背翅”细缝刮压一遍。讲究者天沟内上下接口，有用油灰坐缝拼接弥缝处理，则更不会渗漏雨水了。做好侧边“背翅夹垄”，用柴草帚沾水刷勒抹浆后，再用小木蟹板（压）实擀光，此时不能等干后再做，否则将无效。沟内要直顺、干净。现代做法，可加一遍聚合物水泥防水涂料，分纵横多次披刮，中间夹一层 4mm × 4mm 孔塑玻纤网格布加强筋，4mm 总厚，伸入天沟两侧斜屋面内瓦片下（大于 500mm），则效果会更好些（见图 6－17）。

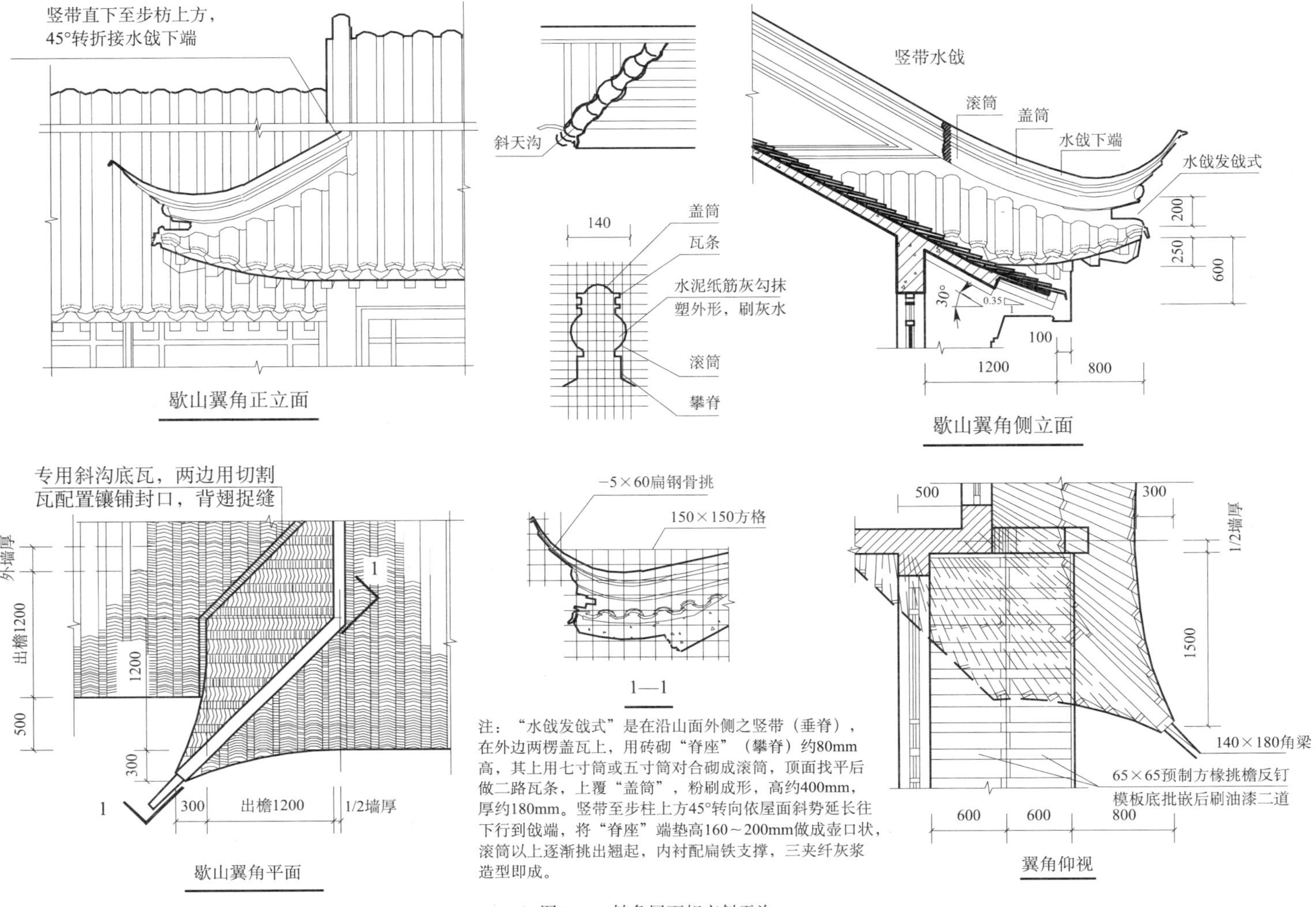

注：“水戗发戗式”是在沿山面外侧之竖带（垂脊），在外边两楞盖瓦上，用砖砌“脊座”（攀脊）约80mm高，其上用七寸筒或五寸筒对合砌成滚筒，顶面找平后做二路瓦条，上覆“盖筒”，粉刷成形，高约400mm，厚约180mm。竖带至步柱上方45°转向依屋面斜势延长往下行到戗端，将“脊座”端垫高160～200mm做成壶口状，滚筒以上逐渐挑出翘起，内衬配扁铁支撑，三夹纤灰浆造型即成。

图6–17　转角屋面相交斜天沟

高低屋面山墙交接之顺坡天沟，做法亦同。有女儿墙垂直瓦垄挡住出水时，“过水穿墙”顺底瓦泄水沟，墙面应留出排水沟眼，不能太小，尽量大些，以确保流水畅通，应避免树叶脏物堵塞，洞内及瓦口缝用加重纸筋（或掺短纤维）灰稠浆，薄抹擀光，盖过受水面，不留平接茬缝，以免干收、缩胀、生缝、渗漏之后患。必要时压麻轧光，做法相同，较耐久些，亦可再喷刷“万可涂”数遍以增加憎水效果（见图6－18）。

图6－18　过水穿墙

对于屋角发戗时，从戗角上翘的戗脊，使其和顺柔缓，接通正面檐口。这一段屋面瓦顶两面坡屋面相交处，斜坡过渡是靠用木板搭出的草架“鳖壳”板顶架来完成的。架空的三角旮旯是在下面正檐口望砖已经铺完后再做的草架。另外场合，在正脊前后部位为遮挡帮脊木，使屋顶面弧坡更陡峭，又连接顺畅，亦需搭建草架“鳖壳”，此活木工、瓦工都可以制作，木板“壳”糙面铺灰摊瓦，做法与正面铺瓦筑脊相同。而北方官式翼“戗”角，因其仅由老角梁上驮仔角梁，傍靠翼角翘飞椽逐渐抬高而成，驮翘飞椽凭钉在山、檐相交的檐桁头端上，由两边高低斜面上开设椽椀的衬头木（戗山木），逐根翼角斜置的翘飞椽来降低高度接通正檐头的，椽顶面漫铺钉压翘飞椽尾部的望板，延伸到正檐飞椽尾部的望板，做通后，板面刮护望灰，找坡、划铺瓦当中线、摊瓦。亦可加一层4mm厚聚合物水泥防水复合夹网覆盖层，可增加防水效果，再坐摊瓦片接通屋角水戗脊上各条瓦垄，余则做法相同（见图6－19）。近有用沥青卷材防水，但极易受热后溜瓦。

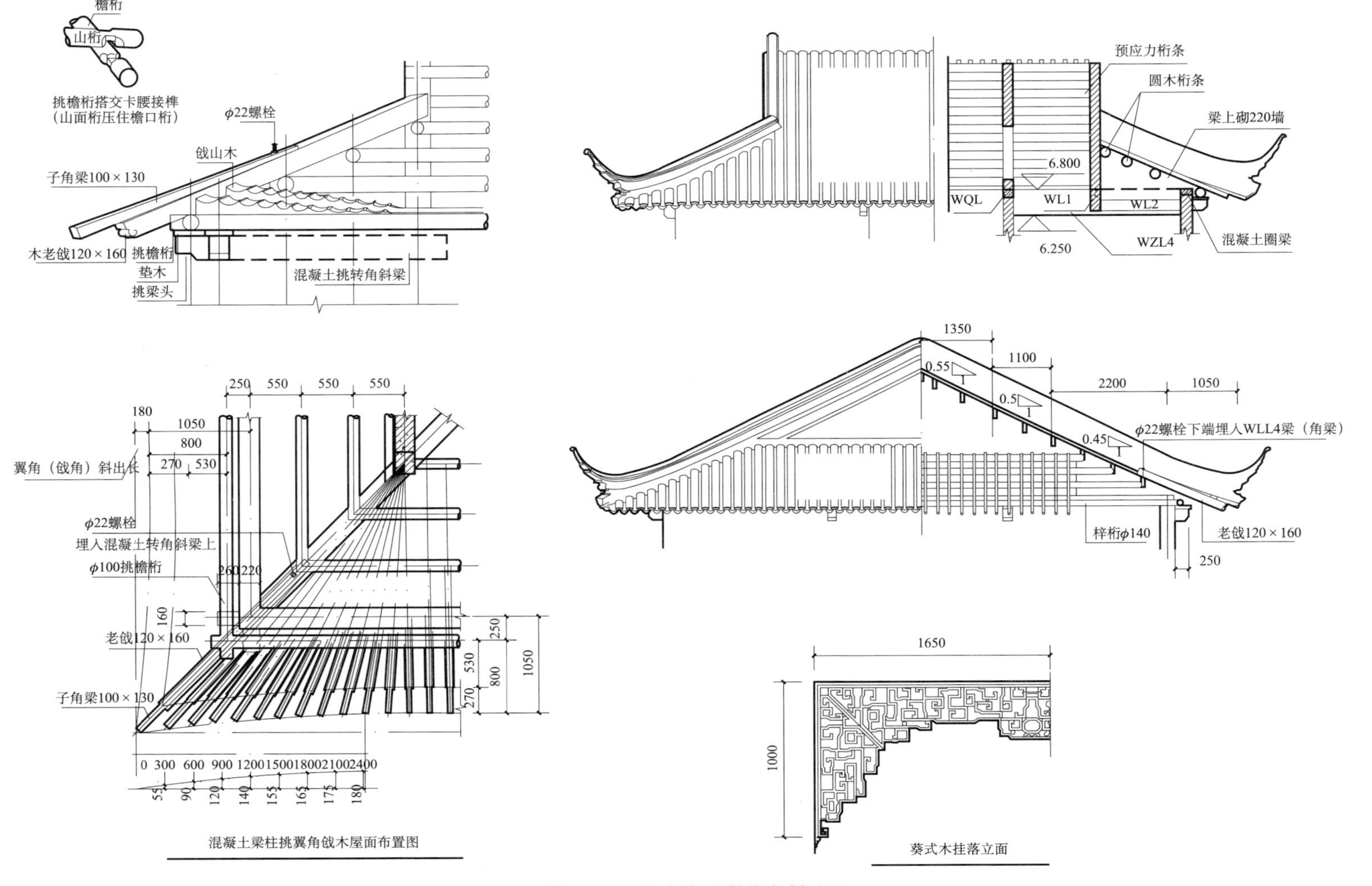

檐桁
山桁
挑檐桁搭交卡腰接榫
（山面桁压住檐口桁）
φ22螺栓
戗山木
子角梁100×130
木老戗120×160
挑檐桁
垫木
挑梁头
混凝土挑转角斜梁
预应力桁条
圆木桁条
梁上砌220墙
6.800
WQL
WL1
WL2
6.250
WZL4
混凝土圈梁
1350
1100
2200
1050
0.55
0.5
0.45
φ22螺栓下端埋入WLL4梁（角梁）
梓桁φ140
老戗120×160
250
250 550 550 550
180
1050
800
270 530
翼角（戗角）斜出长
φ22螺栓
埋入混凝土转角斜梁上
φ100挑檐桁
260 220
160
老戗120×160
子角梁100×130
250
800
530
270
1050
0 300 600 900 1200 1500 1800 2100 2400
55 90 120 140 155 165 175 180
混凝土梁柱挑翼角戗木屋面布置图
1650
1000
葵式木挂落立面

图6－19　北方官式翼戗角做法

转角发戗做法之所以这样“论根道故”反复叙述，只是因为该工程项目在传统建筑中的突出地位，体现中国式建筑的独特形式，有其不可替代的标志性特点，是无法用其他式样替换的。之前仅见于分专业的讲解，而未见统一完整的戗角构造程式过程细部论述，故此多说了几句。

二、檐口

整个独立建筑的屋面铺瓦工程中，檐口处理是最受人注意的一项，第一眼的印象决定了喜爱的程度，是第五立面的前沿、门面，因此是重点工程。

除主屋面铺设整体独立建筑物之外，尚有与此联络、附设相连接的，如厢房、楼廊、披屋等建筑物起到沟通过渡，从而使室内空间延伸组合，内外融会贯通。其中屋面的高低大小搭建，檐口拼聚收头都可出现多种形式。如多层商铺楼房为增加使用面积，逐层挑占空间，用“硬挑头”、“软挑头”等将楼面扩大的做法（见图6－20）。硬山墙挑垛头较大时，往往在口面加挑石条助力。现在采用钢筋混凝土现浇捣制屋面时，包括檐口挑檐、斗栱、出檐椽等均可以混凝土代替木结构做法，予后效果亦是不错的（见图6－21～图6－23）。山墙出挑檐口的封头，称“垛头”者及山墙面檐口封檐博风板的处理能为整个建筑物增色不少（见图6－24、图6－25）。山墙上开设的门窗洞口上，设有“戗水溻”，小出檐口做法，亦起一定装饰作用（见图6－26）。檐廊口檐桁下往往配置挂落装饰，当开间较大时，有时会分三段，用吊花篮小柱分隔之，亦可将挂落做成拱形更加妍丽轻巧（见图6－27）。

走廊连接主建筑起导向作用，其屋面常因此接靠墙或独立游走，交接形式亦呈显多样（见图6－28、图6－29）。

硬山墙檐口也有多种屏风墙处理形式，苏式三屏风、五屏风封火马头墙式样，比较简朴，没有徽派、闽派那样繁复花哨（见图6－30～图6－34）。另外有一种常见于庵堂、庙宇硬山封墙，耸起似观音兜帽子状的封火墙，亦另有一功用（见图6－35）。诸如此类，不胜枚举。总之不论独立建筑物或连接众多建筑物时，这种硬山墙用风（封）火山墙分隔起到防火分区功能。把呆板的山墙装饰成颇具艺术欣赏效果的做法，是一种明智的措施，这就是建筑艺术。

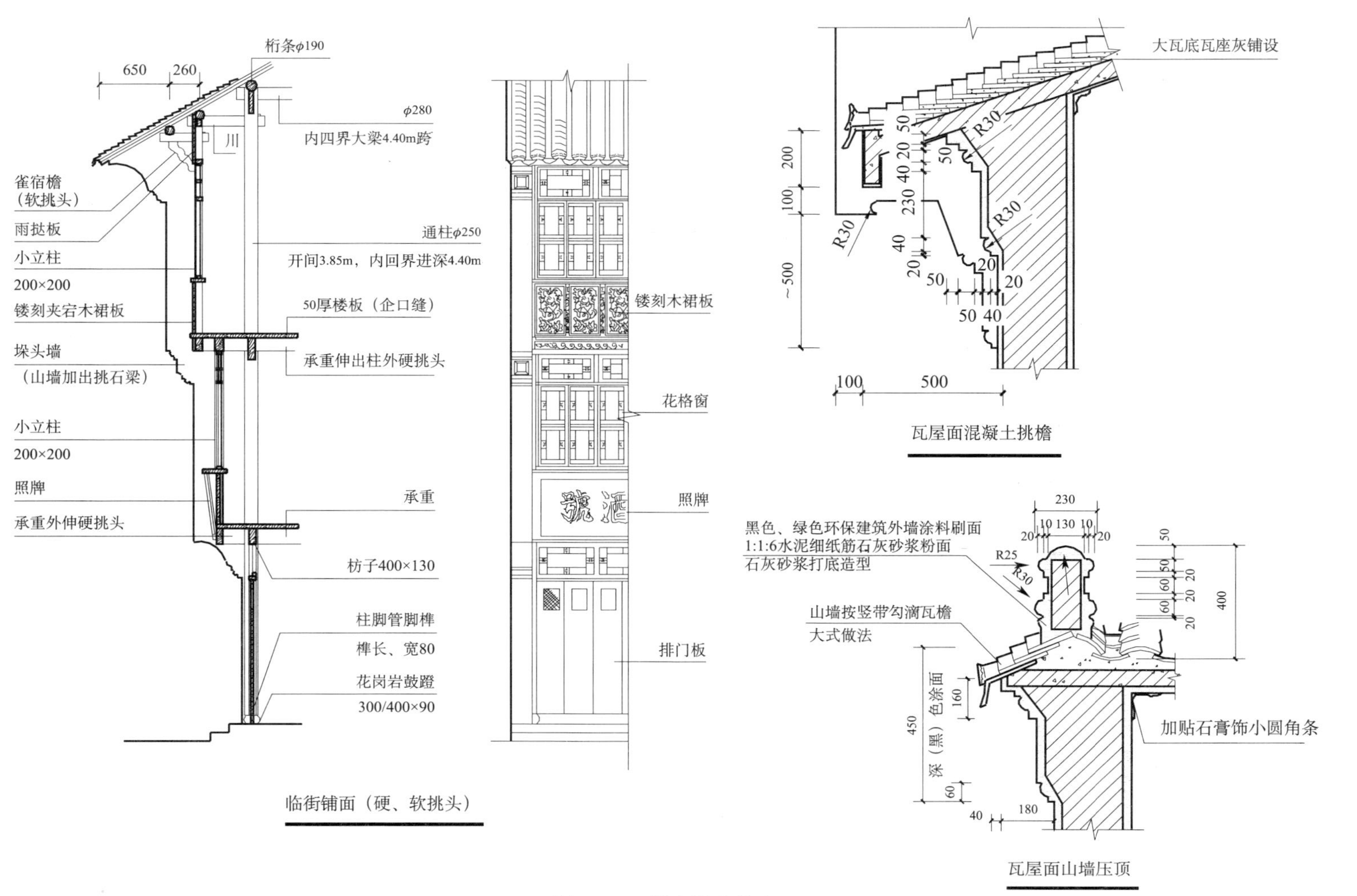

桁条φ190
650
260
φ280
内四界大梁4.40m跨
雀宿檐
（软挑头）
雨挞板
小立柱
200×200
镂刻夹宕木裙板
通柱φ250
开间3.85m，内四界进深4.40m
50厚楼板（企口缝）
承重伸出柱外硬挑头
垛头墙
（山墙加出挑石梁）
小立柱
200×200
照牌
承重外伸硬挑头
承重
枋子400×130
柱脚管脚榫
榫长、宽80
花岗岩鼓蹬
300/400×90
临街铺面（硬、软挑头）
镂刻木裙板
花格窗
照牌
排门板
大瓦底瓦座灰铺设
瓦屋面混凝土挑檐
黑色、绿色环保建筑外墙涂料刷面
1:1:6水泥细纸筋石灰砂浆粉面
石灰砂浆打底造型
山墙按竖带勾滴瓦檐
大式做法
深（黑）色涂面
加贴石膏饰小圆角条
瓦屋面山墙压顶

图6－20 楼房挑头做法

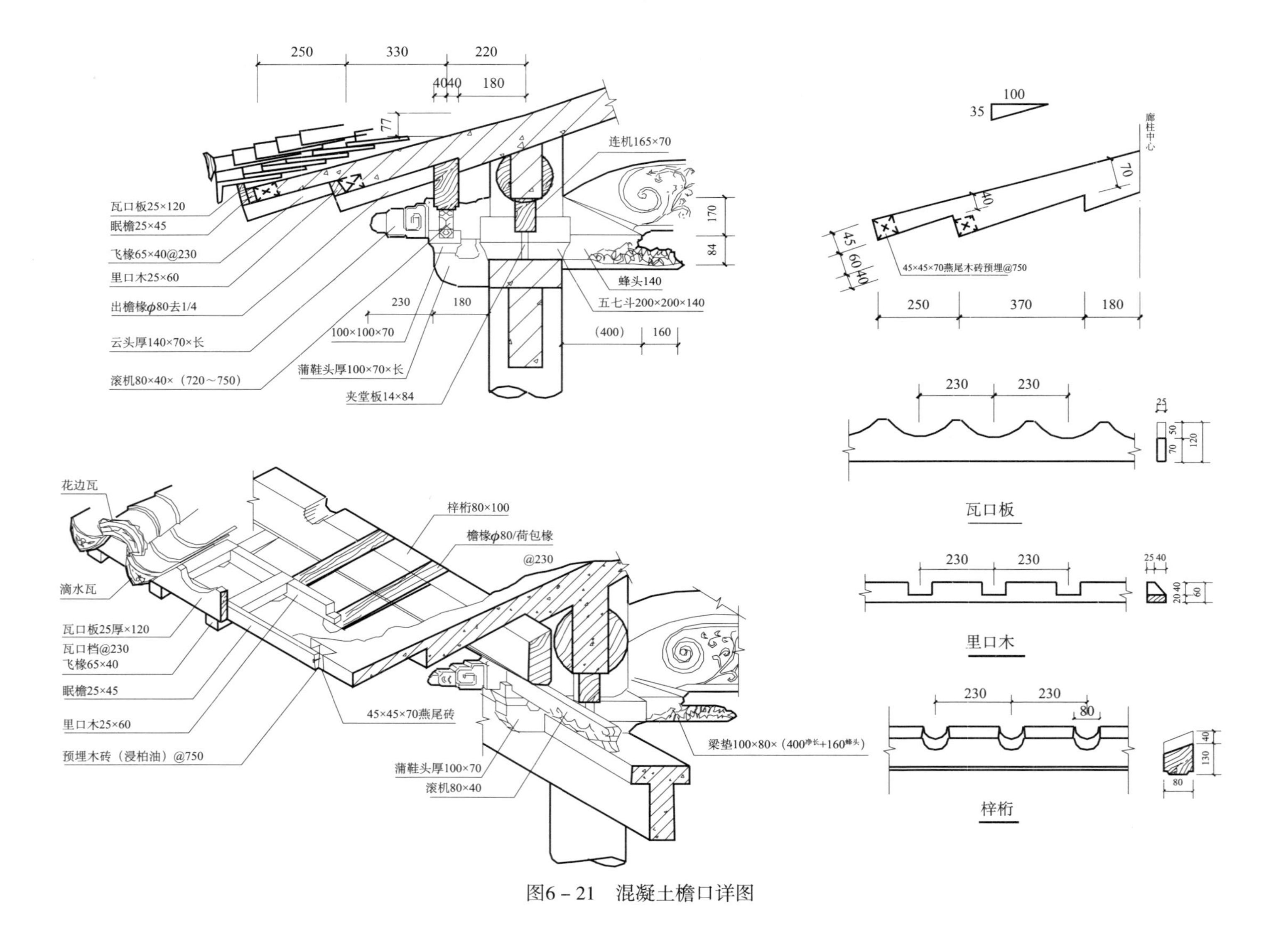

图6－21 混凝土檐口详图

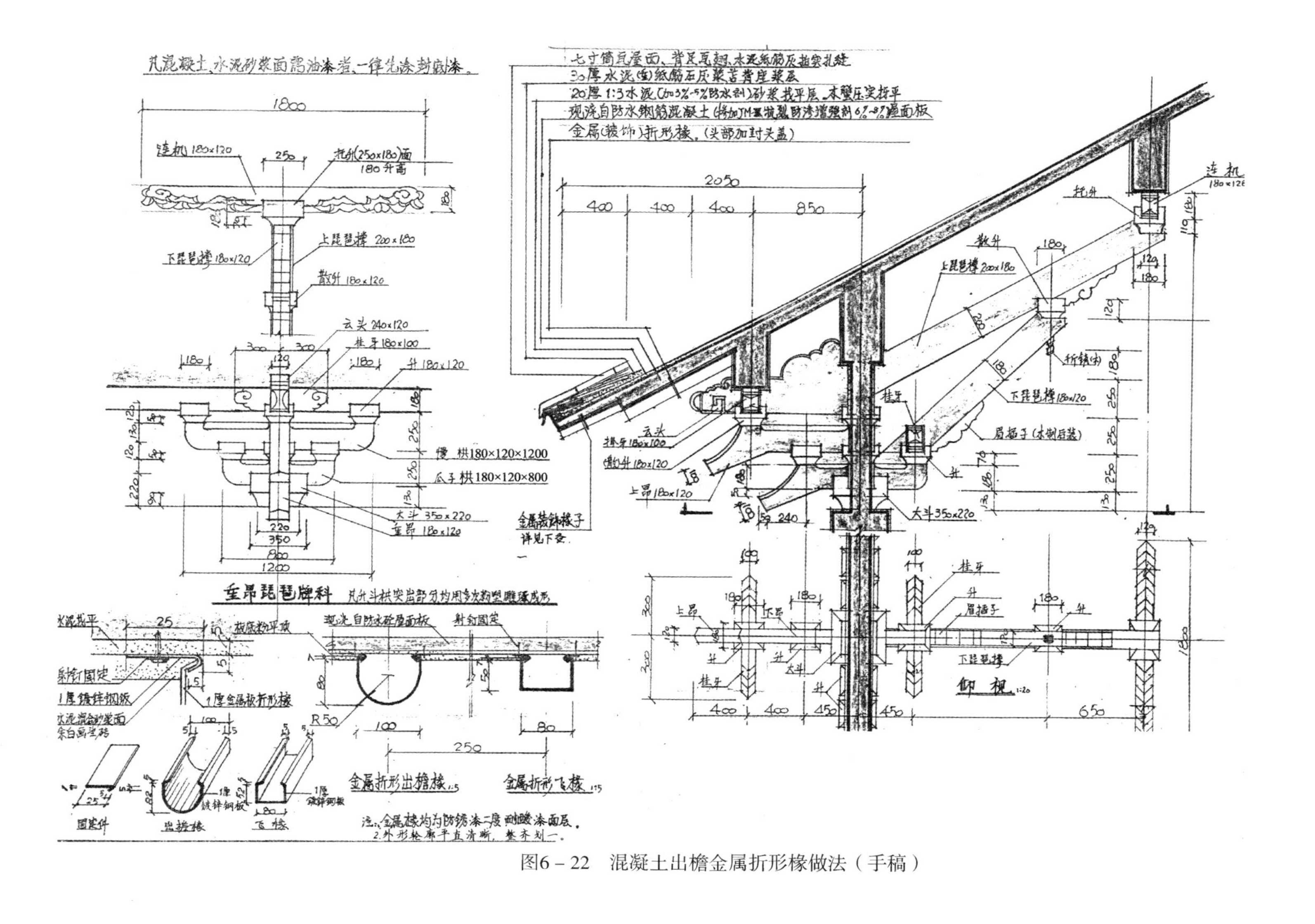

图6－22　混凝土出檐金属折形椽做法（手稿）

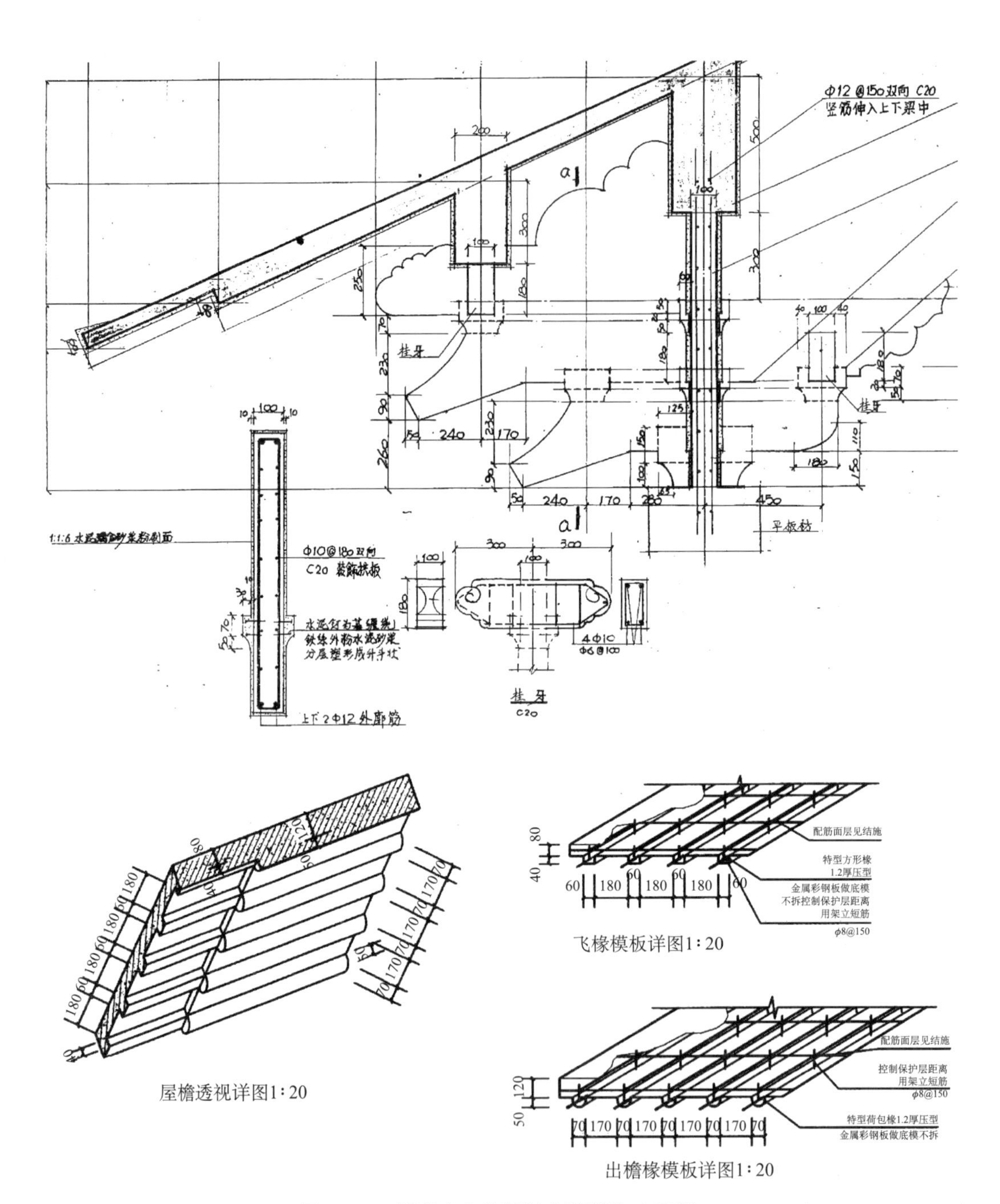

图6－23　混凝土出檐预制斗栱镶配（手稿）

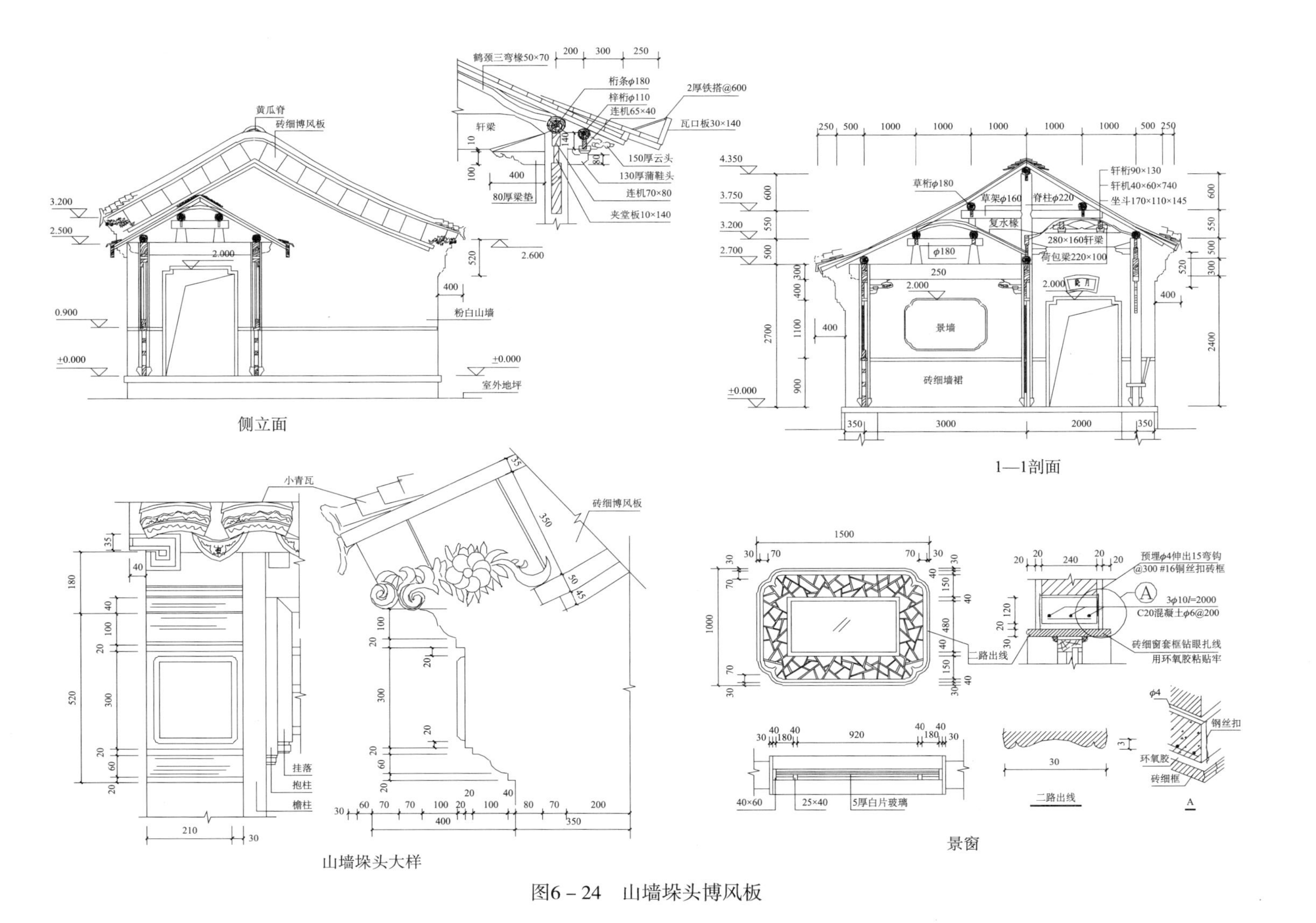

图6-24　山墙垛头博风板

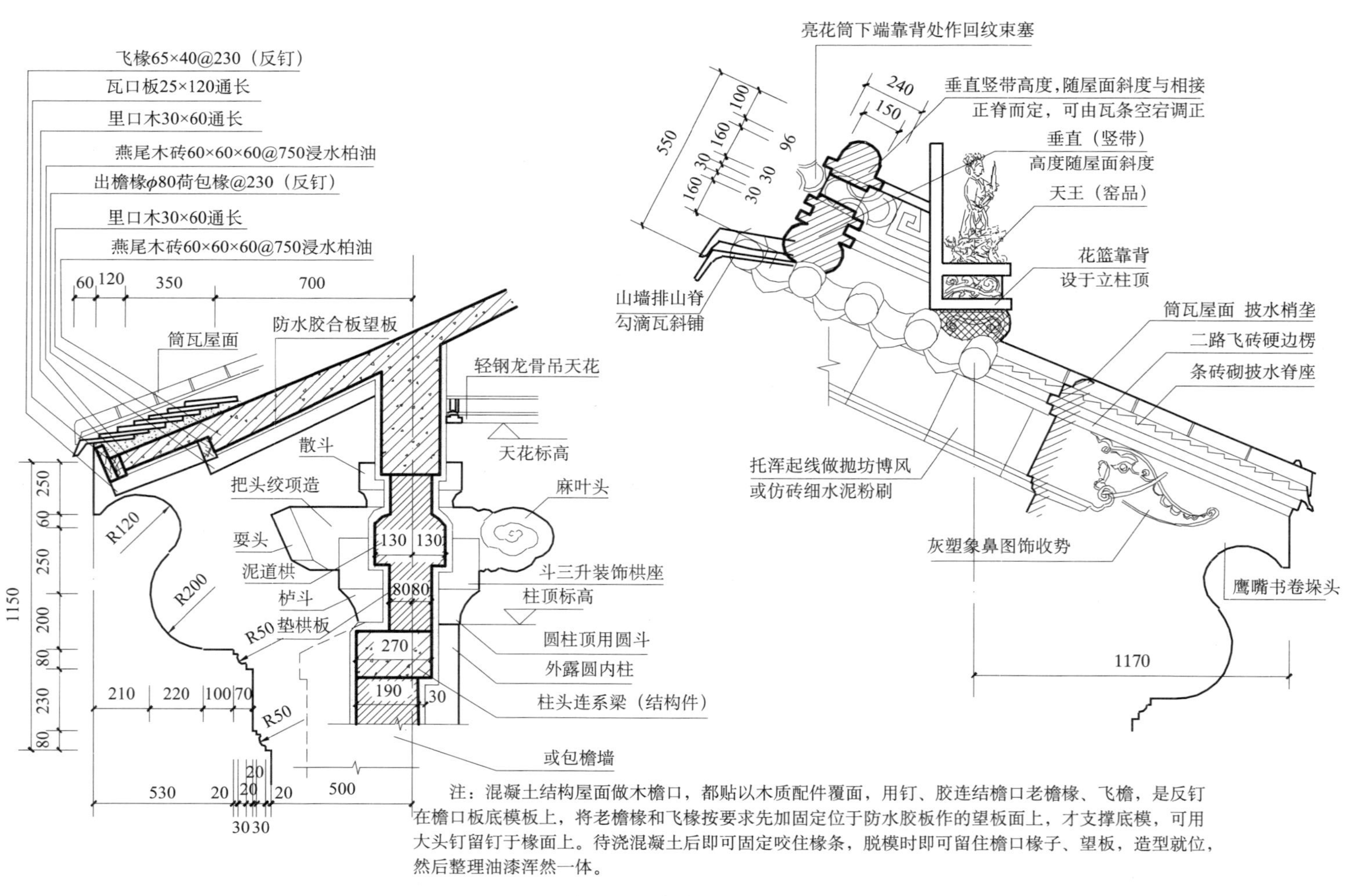

注：混凝土结构屋面做木檐口，都贴以木质配件覆面，用钉、胶连结檐口老檐椽、飞檐，是反钉在檐口板底模板上，将老檐椽和飞椽按要求先加固定位于防水胶板作的望板面上，才支撑底模，可用大头钉留钉于椽面上。待浇混凝土后即可固定咬住椽条，脱模时即可留住檐口椽子、望板，造型就位，然后整理油漆浑然一体。

图6－25　寺庙山墙垛头

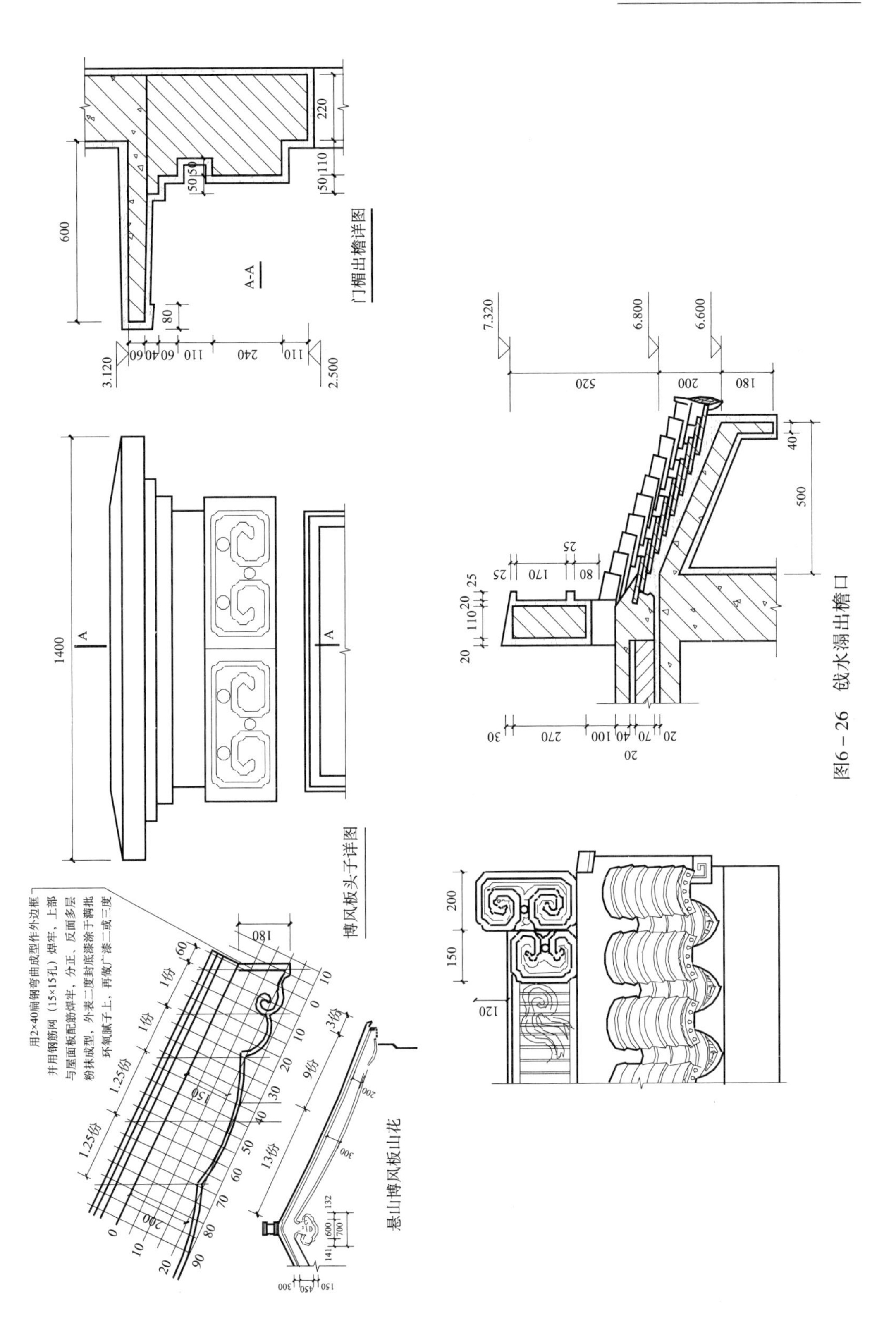
门楣出檐详图
A-A
博风板头子详图
悬山博风板山花
用2×40扁钢弯曲成型作外边框
并用钢筋网（15×15孔）焊牢，上部
与屋面板配筋焊牢，分正、反面多层
粉抹成型，外表二度封底漆涂于腻批
环氧腻子上，再做广漆二或三度
1400
600
3.120
2.500
7.320
6.800
6.600

图6－26 戗水溻出檐口

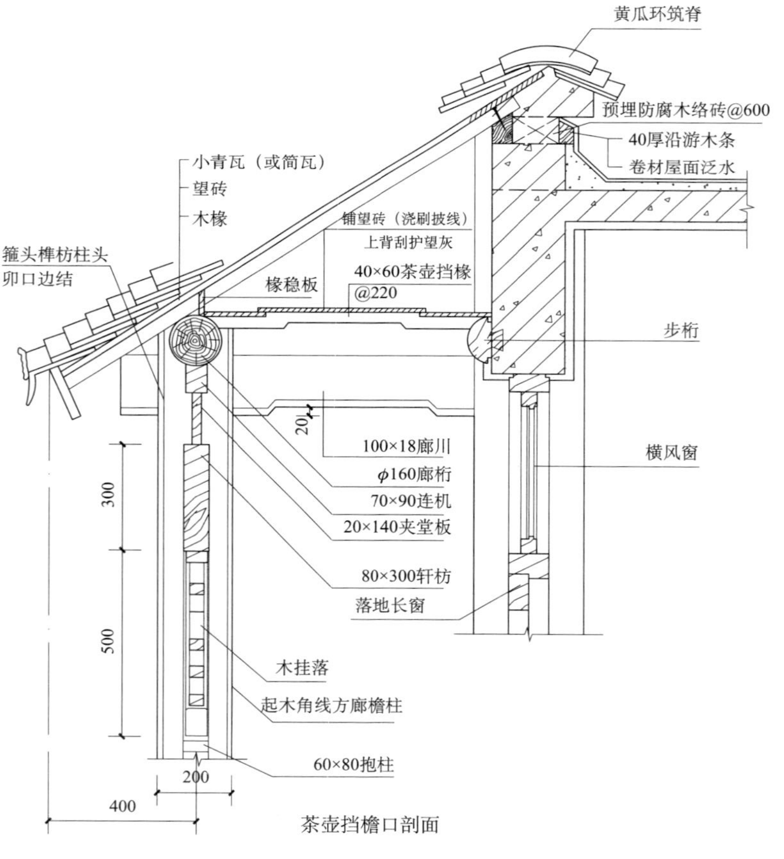

茶壶挡檐口剖面

注：小青瓦屋面铺设常规为，底瓦上下瓦搭盖用搭七或六，露三或四，大头朝上，小头在下，坐灰、塞肩垫平稳。盖瓦上下瓦搭盖，可用到搭八露二，小头朝上，大头在下，垄档间填灰、塞碎瓦、置“柴龙”、坐灰，顺势铺摊盖瓦。盖瓦侧面压盖底瓦每边占三成，留出水路。

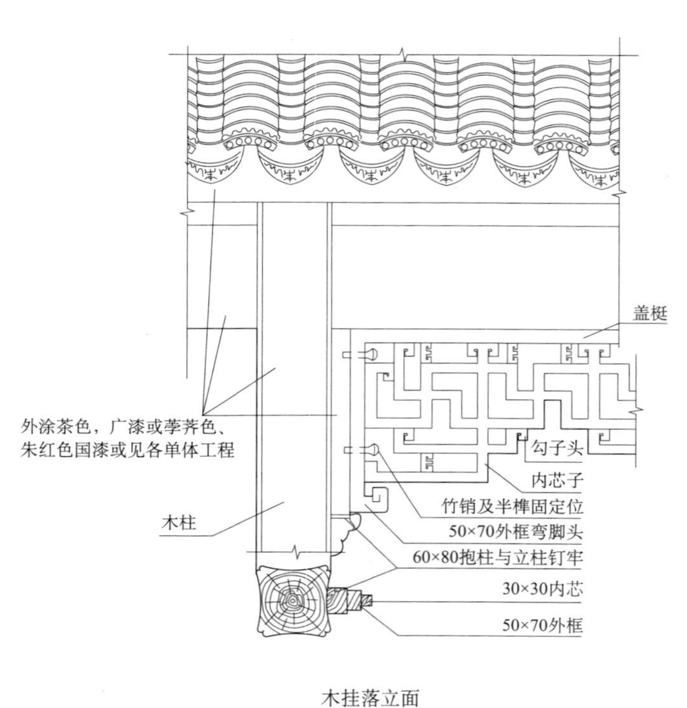

木挂落立面

注：葵式万字钩子头花格，芯子鼓面角叉交合面做虚叉飞尖，双夹半榫，盖梃与脚头用双面合角双半出榫，盖梃打眼，脚头为榫。芯子做透榫穿通盖梃、脚头。芯子相交均为竖向做榫、横向做眼，便于施工安装。用香樟木、银杏、柏木、楠木等韧性好。

图6－27　檐口挂落

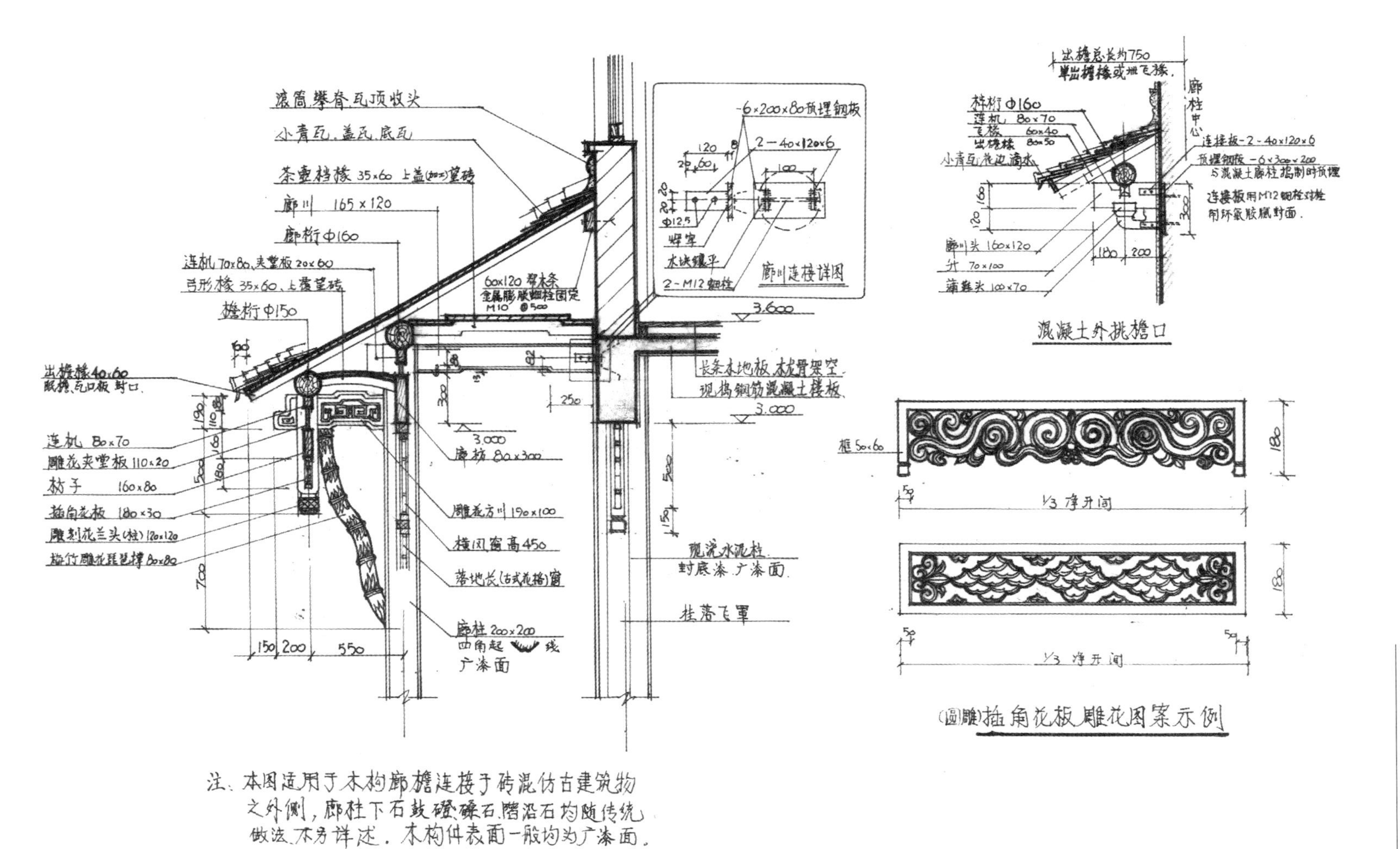

注：本图适用于木构廊檐连接于砖混仿古建筑物之外侧，廊柱下石鼓磴础石、階沿石均随传统做法，不另详述，木构件表面一般均为广漆面。

图6－28　廊檐入口雀宿檐（手稿）（一）

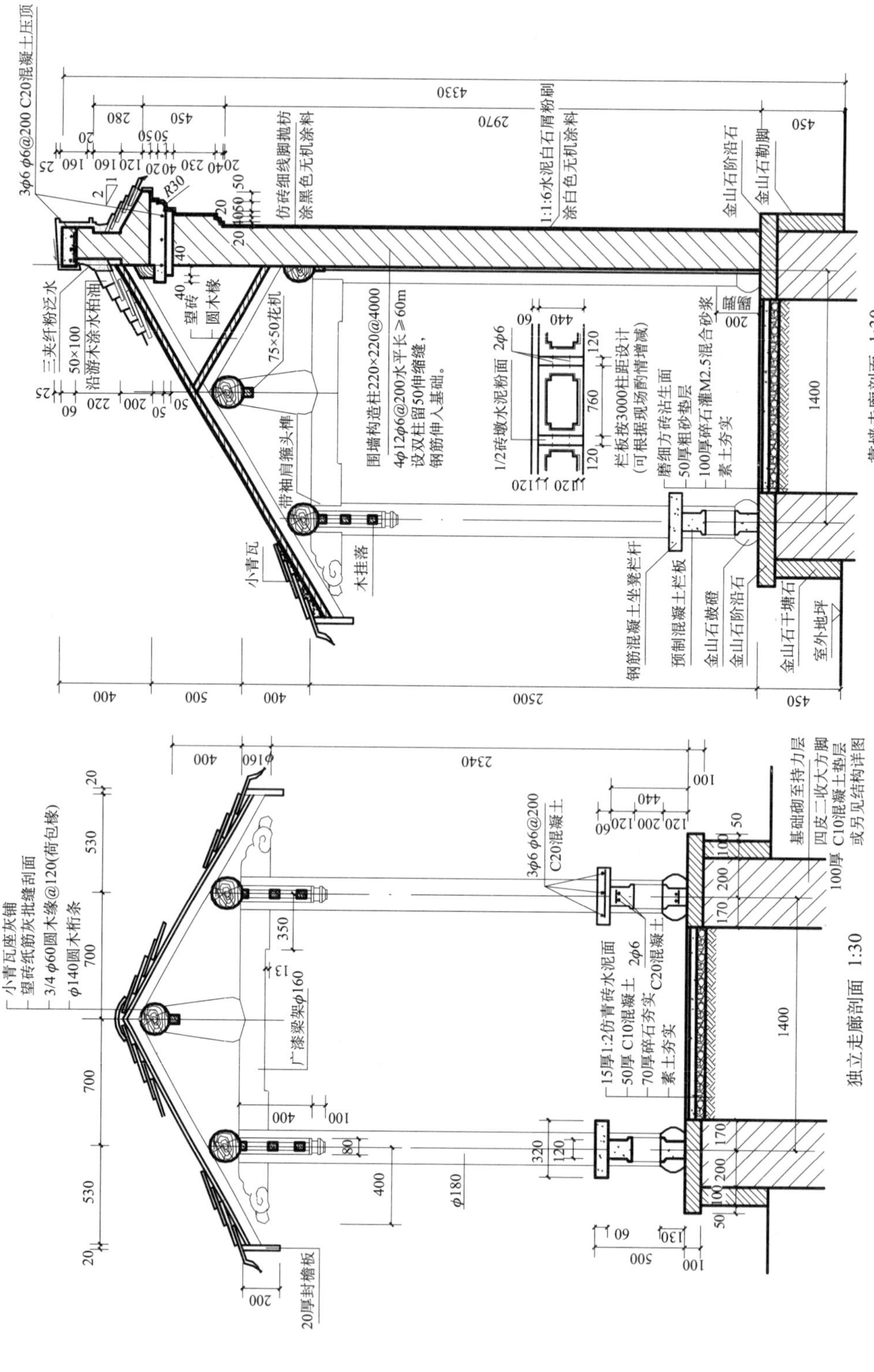
3φ6 φ6@200 C20混凝土压顶
三夹纤粉泛水
50×100
沿游木涂水柏油
望砖
圆木椽
75×50花机
仿砖细线脚抛枋
涂黑色无机涂料
1:1:6水泥白石屑粉刷
涂白色无机涂料
围墙构造柱220×220@4000
4φ12φ6@200水平长≥60m
设双柱留50伸缩缝，
钢筋伸入基础。
1/2砖墩水泥粉面 2φ6
栏板按3000柱距设计
(可根据现场酌情增减)
磨细方砖沿生面
50厚粗砂垫层
100厚碎石灌M2.5混合砂浆
素土夯实
金山石阶沿石
金山石勒脚
带袖肩箍头榫
小青瓦
木挂落
钢筋混凝土坐凳栏杆
预制混凝土栏板
金山石鼓磴
金山石阶沿石
金山石干塘石
室外地坪
靠墙走廊剖面 1:30
小青瓦座灰铺
望砖纸筋灰批缝刮面
3/4 φ60圆木椽@120(荷包椽)
φ140圆木桁条
广漆梁架φ160
20厚封檐板
3φ6 φ6@200
C20混凝土
15厚1:2仿青砖水泥面
50厚 C10混凝土
70厚碎石夯实
素土夯实
2φ6
C20混凝土
基础砌至持力层
四皮二收大方脚
100厚 C10混凝土垫层
或另见结构详图
独立走廊剖面 1:30

图6－28　走廊屋面（二）

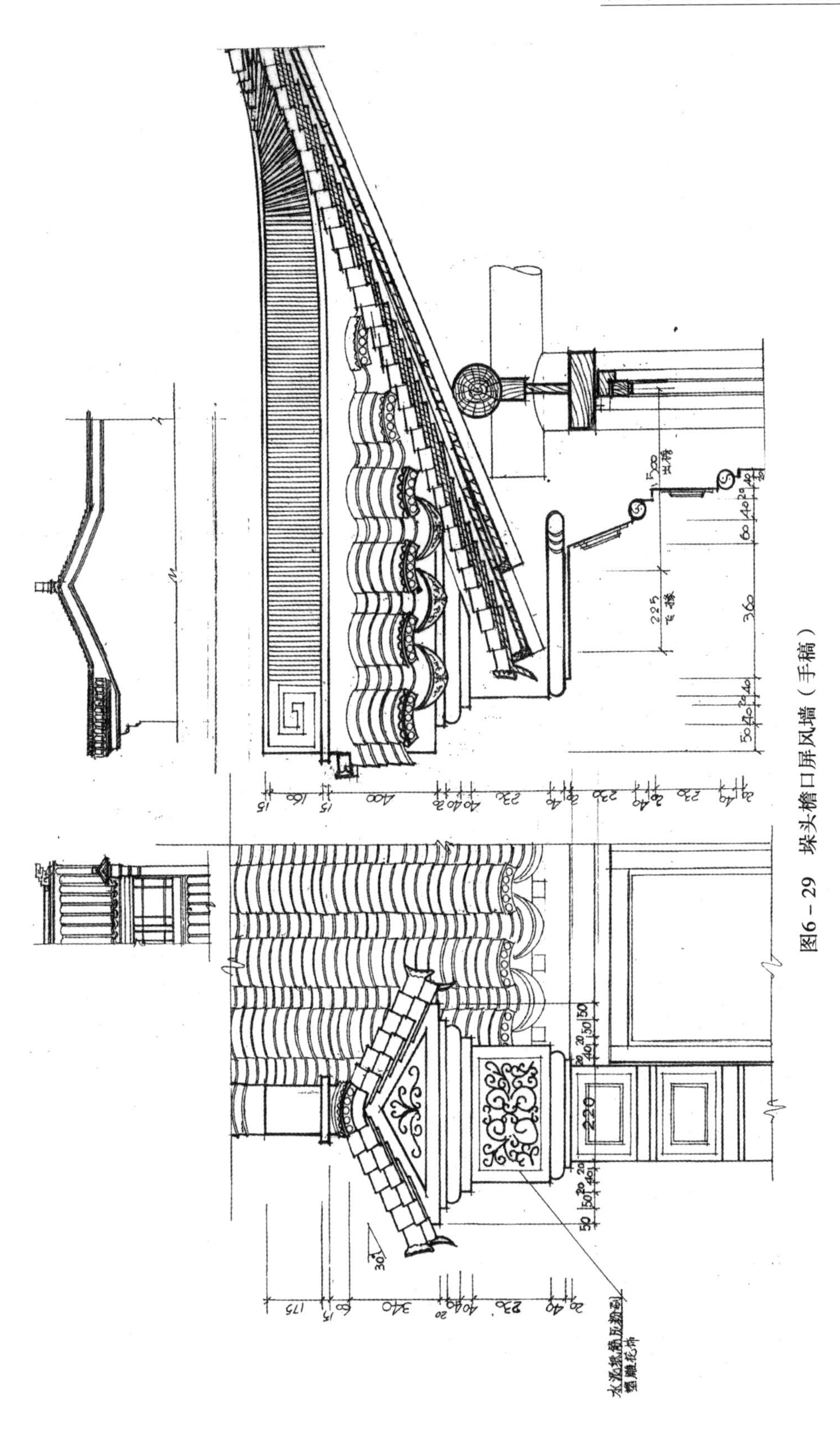

图6－29　垛头檐口屏风墙（手稿）

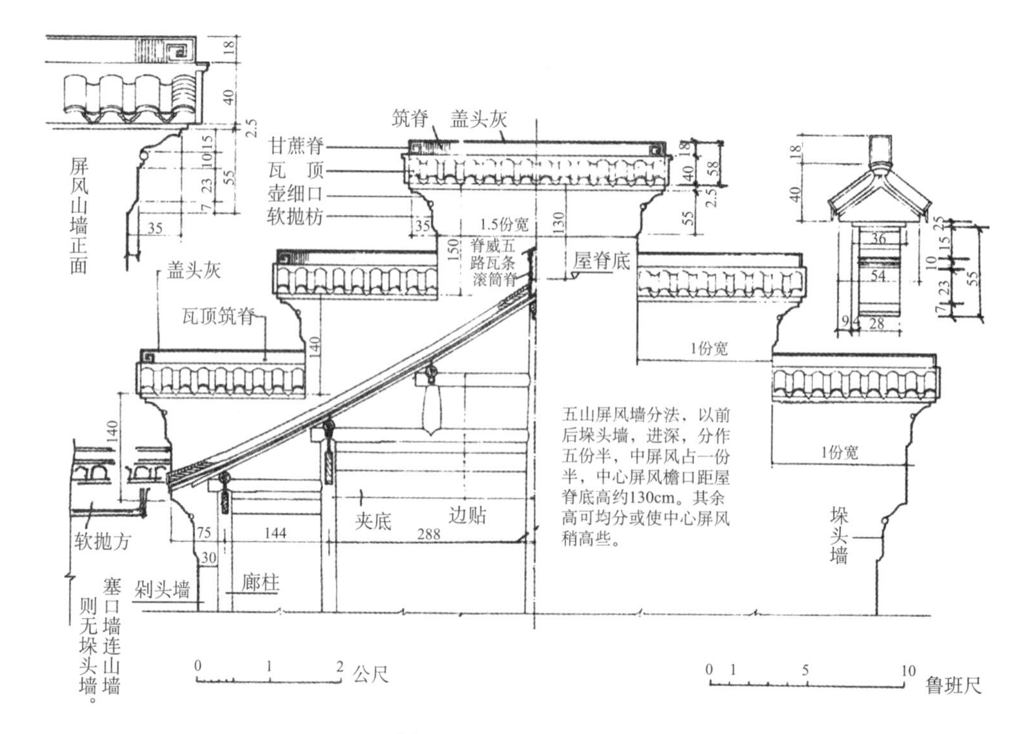

图6－30　五屏风山墙

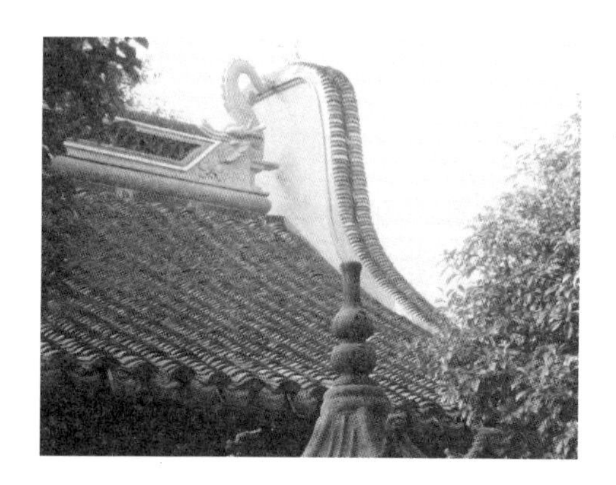

图6－31　观音兜

图6－32　五屏风云墙

图6－33　五屏风墙

图6－34　五屏风马头墙

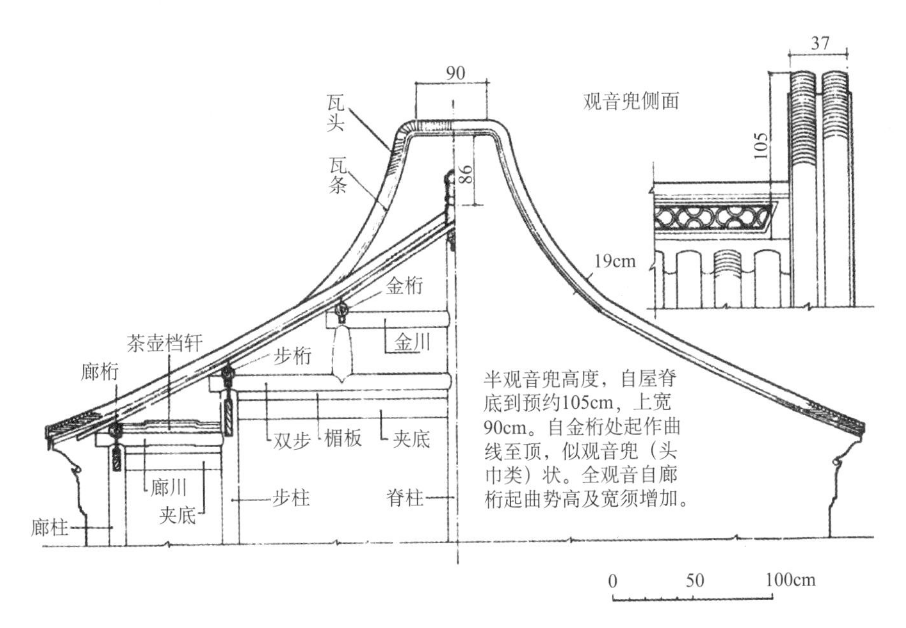

图 6－35　半观音兜

图 6－36　四柱三楼木构牌楼施工实况

第七章　墙壁·地面

传统建筑无论官式还是民房，构造形式多以木构架结构为主。只有某些具有地域特点的，如藏、羌、蒙等少数民族，囿于当地材料或地域风情，以石垒、叠木、毡蓬等形式建房造屋，另当别论。本书仅限于中华大地大部分中国传统房屋构造特点，更偏重于江南地区传统民间房屋构造。

木构架结构形式其特点在于，木构架立起时，房屋已基本成形，四周墙壁和屋面等构件仅起到围护作用，以蔽外界风、霜、雨、雪、声、光、雷、火等侵袭。因此常选用坚实耐用的材料承担。如原住土著民族常用垒石块，夯土墙，竹、荆编条上抹泥墙，及原木叠筑为墙。随着时代发展至秦汉，围护材料已普遍使用黏土烧制砖块、瓦片，用来筑墙、盖屋顶。以后逐渐发展出多品种规格的琉璃制品，到如今水泥、陶瓷、石料、金属及各种合成材料更丰富了建筑艺术效果的形成。

一、墙

作为建筑群体组合，苏式传统建筑常以几进几落称其规模。纵轴线上正中房屋称“正落”，左右相邻平行纵轴即为“边落”。在房屋前后隔有天井（庭院）称“进”，而天井两侧，由房屋山墙前后，延伸至对面界墙的左右隔墙称“塞口墙”，墙内亦有搭建左右、东西“厢房”者，或开设“穴门”连通相邻“边落”，或隔开一条“备弄”（通行内廊）。和正对面的外墙门或里门楼，围合成“一进”。天井的进深，前庭院基本与房屋进深相等，利于日照通风，而后天井到后界墙间，则减半即可，或中间留出接廊（工字廊）通后界墙，两侧留出蟹眼井，起通风采光作用，界墙后即为第二进房屋的天井了。如庭院前无界墙，至少应以前面房屋，后檐墙台基以上至檐口高为进深标准。如此定位基本符合日照要求。过去只是以平房而论，若前屋为楼房时，庭院进深则应以前楼房后檐口或界墙高为准。殿宇露台前，甚至于以二 三倍殿宇之进深为界，是为显得气派，大型建筑才选用（见图 7-1）。

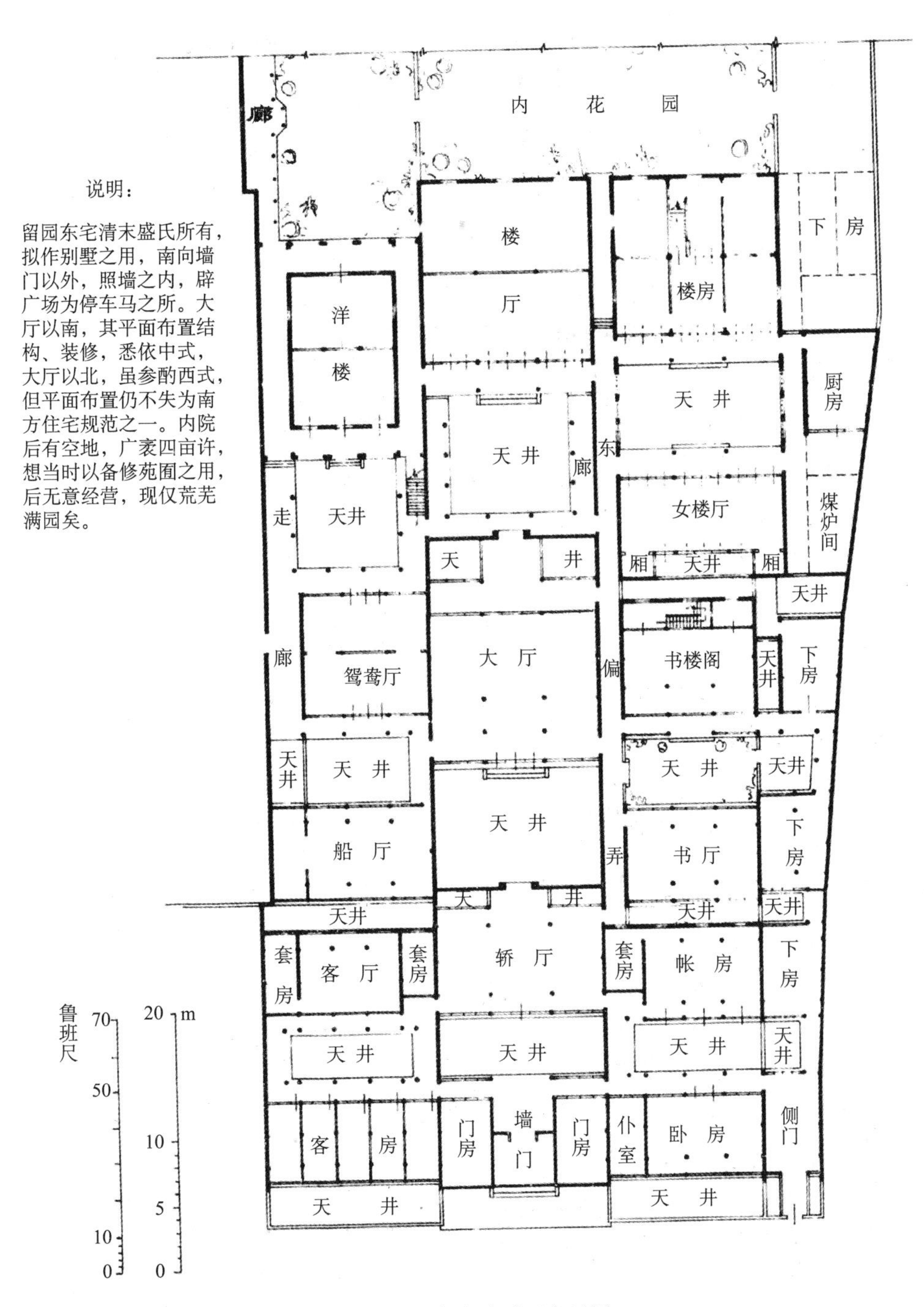

图 7-1 大宅院平面布置图

当一组建筑在纵向进深呈“步步高升”之势，即每进的地坪标高（高程）均逐段提高，附会于“风水”说法，其实对于通风、采光、景观等皆有好处。因此在场地平整“五通一平”（现在应再加通信、网络、燃气、电力、供排水、消防通道等多个通平）时，应加以注意场地上，为预埋设管线及总平面和施工场地、通路等应留有位置，并和地面高程间的施工空间关系，整合考虑，以免重新返工补做，造成浪费枉做虚功。

随着建筑形式丰富，功能细化，墙体所在位置也有了不同的名称。如檐口下称“檐墙”。檐椽挑出墙外的称“出檐墙”。又如，后檐往往墙顶封包椽头的则称为“包檐墙”，乃逐皮出挑叠塞砖块包裹檐口上部。也有在叠塞砖口刨削成多种圆弧曲线者，有称“壶细口”者，其下连接墙面做出砖细方砖贴面成枋子样，称“抛方”，下端用弧形线脚收边，称“托浑”。两侧山面墙体称“山墙”。山墙高出屋面的，横平竖直的有“三屏风”、“五屏风”墙端垛头筑脊，也称“马头墙”；封山墙外挡瓦垄，类似竖带垂脊，驮在两楞瓦垄上，呈曲线相连至屋脊的称“观音兜”。其实均起到“封火墙”作用，即防火分区的隔断墙作用。山墙在廊檐外端收头处，封堵住出檐口的侧面空挡者，称“垛头墙”，可做成多种美观的形式（见图7－2、图7－3）。窗台槛下半墙称“槛墙”。室内两厢与中堂间缝中起分隔用的称“隔断（壁）墙”，往往只用木隔板墙。另外，在墙身下部离地面以上到窗台面约900mm高，墙厚凸出上墙身约30mm，或就用镶贴砖细方砖护墙裙，这部分通称“勒脚”（护墙），其上口压条“镶边”砖细线脚收头。两侧向天井外部墙体连接山墙，构成天井内庭院的左右隔墙，称“塞口墙”院墙，既作为划分地域，也是保安之用。也有在侧边塞口墙上开设花色樘子门，连通侧边落或内花园。墙顶根据使用要求有实砌高墙，上平口筑脊盖瓦顶做小屋面。高档者在檐口加筑砖雕挑檐、斗栱、雕花抛枋，全本《西厢记》之类的全砖雕围墙。也有在高墙上部开设漏花窗。也有做“云墙”分隔园林中小庭院院墙，其墙顶作波浪状变化，亦盖瓦结顶，增加了不少美感。在正厅堂屋天井前面的墙称之为“界墙”，是分隔前后内宅、外厅或邻居的分界之用，往往在此界墙上开设门楼或墙门，与街坊亦以此墙为界限故命之。此处门户樘口常有选用砖雕门楼、砖细门楼、将军门、六扇屏风墙门以及民居中矮闼门等形式。

还有在特种场合如寺庙、祠堂、官衙、大户人家等大门前对面，隔开通道或河道，筑有独立式“照墙”（影壁）。其形式也根据该处建筑档次来决定。有一字形、八字形，也有连在大门两侧呈八字形，或根据建筑正门面宽，在界墙内两边，各进小天井修筑的。也有在大门内，隔开天井正对面朝外，作为隐私障景墙设置，亦附会风水讲究，与“泰山石敢当”同义，阻挡邪恶之气。照墙由三段组成，上盖瓦顶，中段墙身，装饰墙心面，下端底座讲究的做须弥座，一般常用石材，也有琉璃砖面，底脚土衬石、盖口石，仍用石材较为耐久，里皮糙砖砌“金刚墙”填充，中段墙心面，多为水磨砖对缝镶砌，砖细加工用砖，都有缝口开榫，预留木仁压砌在金刚墙内以此相连，与一

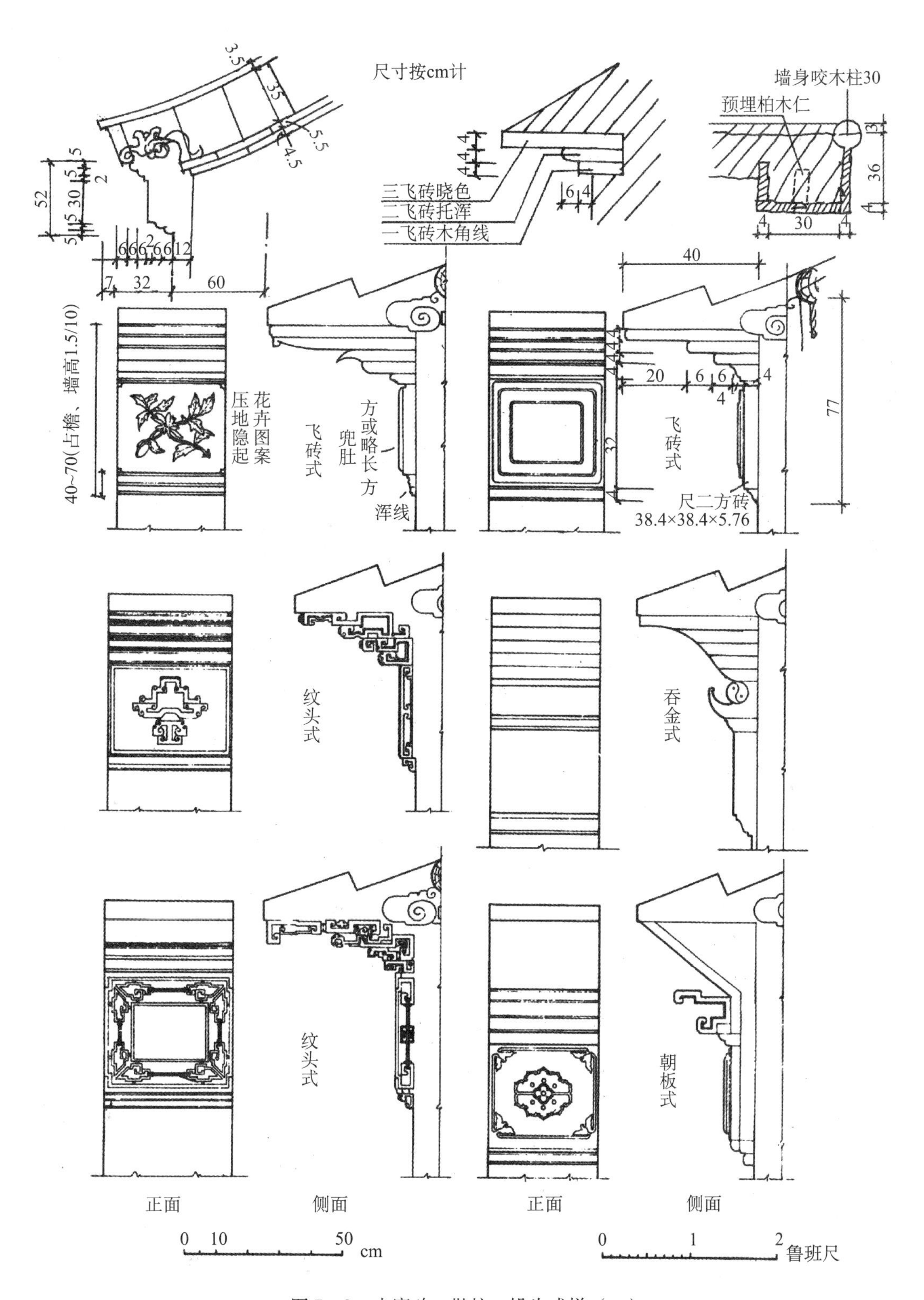

图7-2　水磨砖、抛枋、垛头式样（一）

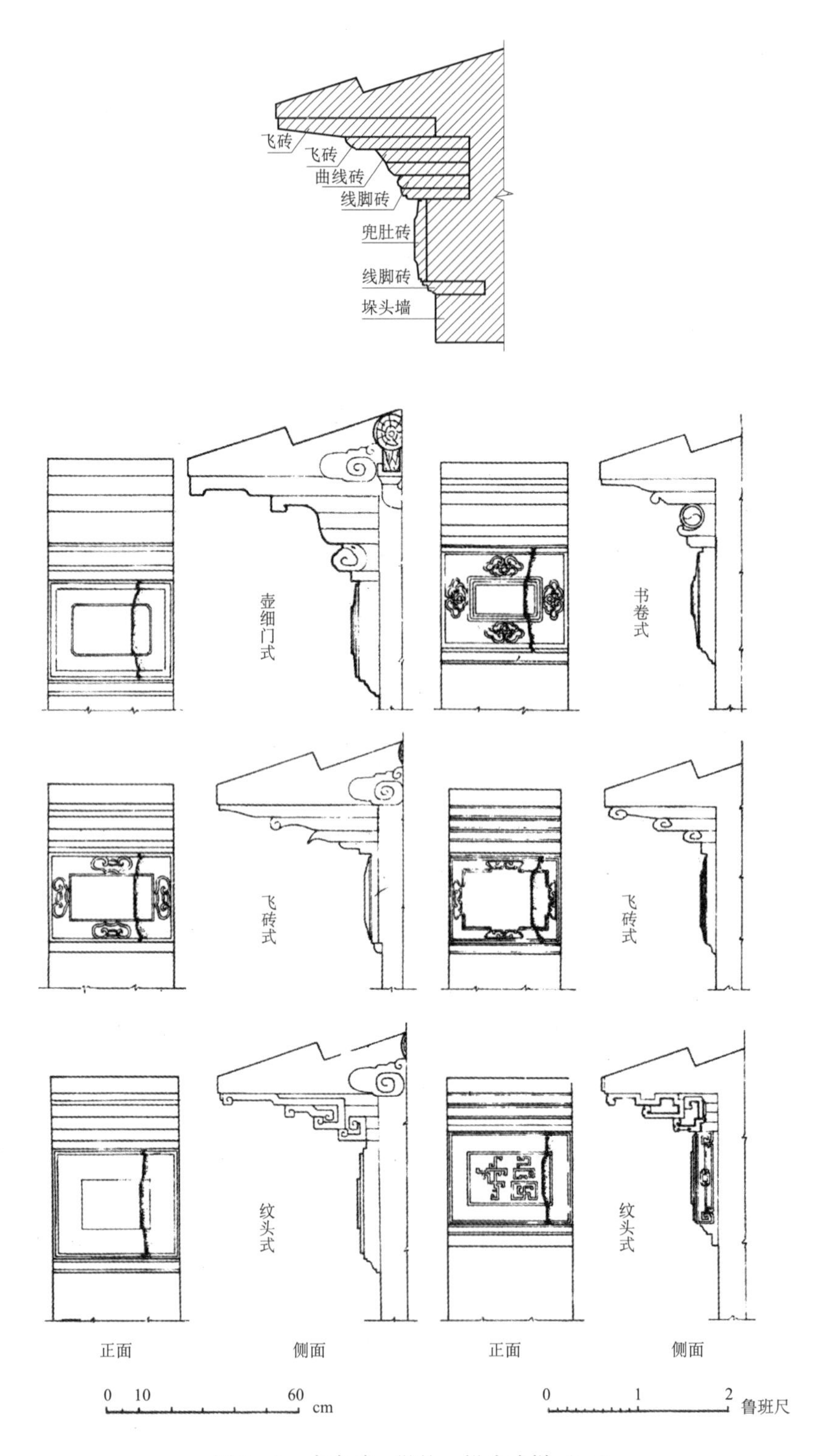

图 7－3　水磨砖、抛枋、垛头式样（二）

般镶砖做法一样。墙心面饰插角、边立柱等用砖细做雕花活，也有琉璃制件镶拼做成，当然最简易是混水粉刷抹灰做法。照墙式样与尺度应根据具体地点、规模设计处理为准（见图7－4、图7－5）。

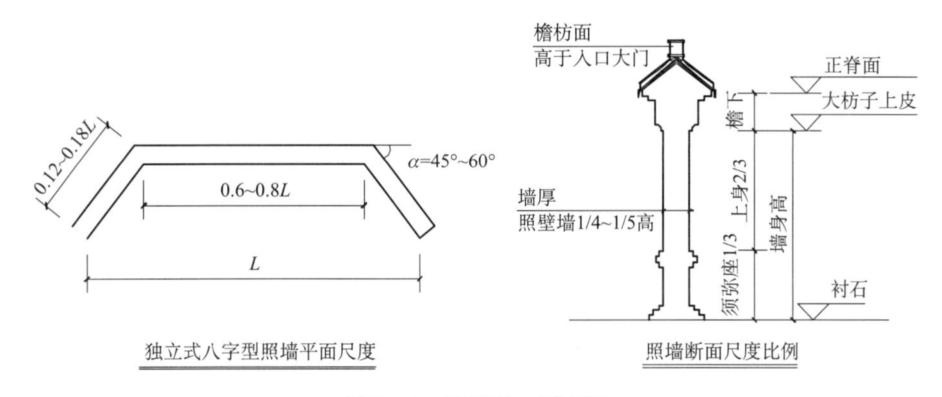

图7－4　影壁平、剖面图

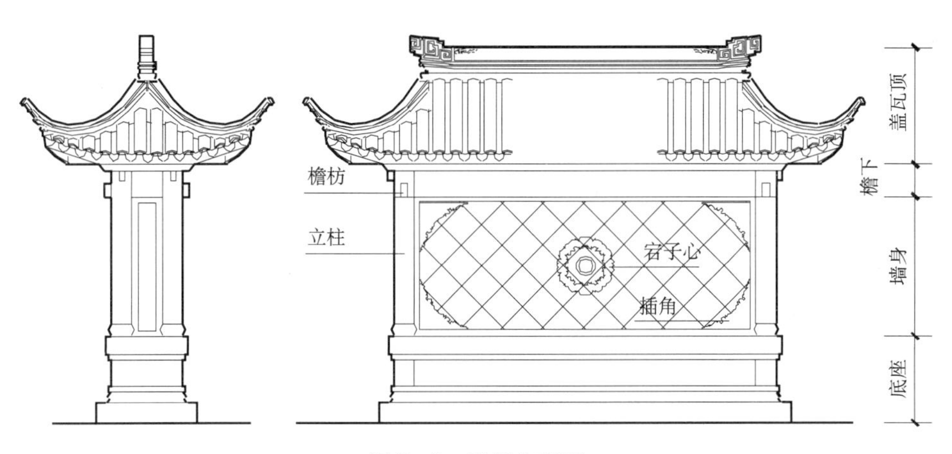

图7－5　影壁立面图

一般房屋建筑墙体砌筑定位，传统苏式建筑外墙身与立柱轴线，有特殊要求规定：即内墙身表面以内一寸（约30mm）定为柱轴中心线，外墙身表面为包住木柱，基本上墙内里面线与柱子外缘相平，墙外皮面到柱子外缘有1～2/3柱径距离。内墙面露出一条木柱面，是为保持木柱通风、透潮气，称“柱门”。柱身两侧，砍砖做“包掩”，咬住木柱，使墙柱连成一体。也有在外墙加钉铁搭件与木柱连成一体。因此，柱轴中心线为建造时的基本轴网中心，与墙体不是同一个中心线关系网络，基本上和现代框架结构体系以柱中心为轴线是一致的（见图7－6）。

外墙面砌筑时，传统做法中有一特殊要求，是外墙体垂直面墙顶端，略微向屋内倾斜（收分“正升”），小式建筑按墙高0.5%～1%，大式建筑更大些，如城墙可达3%～10%，下墙脚做成“侧脚”（掰升），只指外周一圈外立柱脚，向外侧挪出一定尺

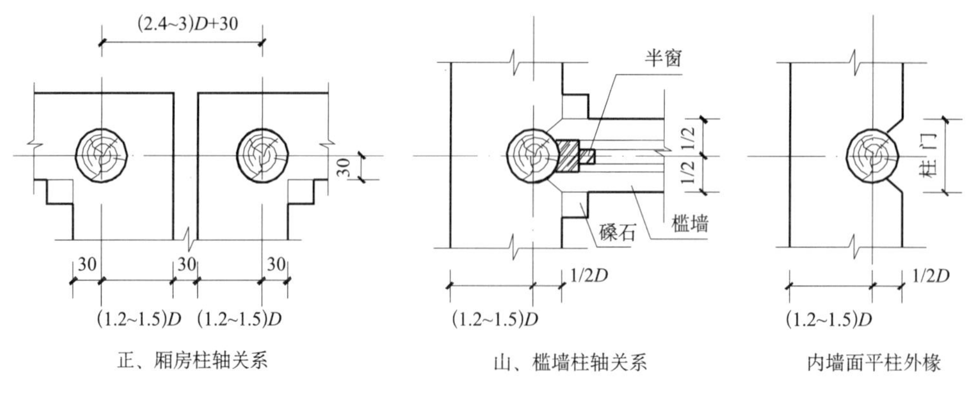

图 7－6　墙柱关系图

寸，则砌外墙时，亦基本要与此协调收分外移。房屋仅外周墙身有此内倾“收势”，墙顶较墙脚收窄墙厚，仅限于檐墙、山墙，而院墙、界墙二面落空的，则可两面“收势”，既有稳定作用，又可纠正视觉上的安全感。

传统建筑，特别在苏式民居中广泛使用空斗墙镶塞砌法，这是为了节约用材和民间经济财力不及官式建筑。同时充分利用了断、碎、破砖块都可镶塞填入空斗墙内，也有打成碎砖粒作为三合土垫层夯入地面、墙基，所以基本上没有建筑垃圾废弃，材料得到了充分利用。根据现代建筑规范要求，特别对于自然灾害，如地震、风雨侵袭不断加强患害程度的预防要求，逐渐提高设防标准，传统墙垣的各种砌法基本已不采用。半砖墙、单吊墙更不允许再做了，干（打）垒土、石墙等在地震灾害中受到的损失是触目惊心的，可见一斑。应该顺应时代形势，改用新材料、新技术取而代之。更何况外表有粉刷等装修，无损于传统建筑形象。除非清水砖墙面，可看见灰缝，亦可由块料墙砖贴面处理。传统砌法依其档次分“糙砌”普通勾缝清水墙，砖料分别加工程度档次和灰缝大小，分为“淌白”、“丝缝”做法，更高档的“干摆”砌法，要求严丝密缝，不露灰缝。过去砖面或粉刷面高档者，通刷同色料水数遍，待所刷色料水干透后，用干净刷帚多遍扫清浮灰，再用石蜡丝绵包，在墙面上反复揩擦、蹭压、磨光发亮，称为“罩亮”。此工艺十分费工夫，实际是起到保护墙面、防水耐久之功用，现今可喷刷“万可涂”等憎水剂新材料替代了。另外对于庙堂外墙，常刷成杏黄色，过去是在纸筋石灰面粉刷平整后，刷白灰水三道，再刷上绿矾水即呈黄色。色调深浅可依溶液浓度决定。如道观红墙面应用石灰红土与纸筋灰浆打底，抹面找平，再刷红土矾水浆两道。施工前必先行试刷小样后再定。

以上墙面表面的处理，如今若不是修复古迹，或必须要按原汁原味的原工艺做法外，尽可能选用合适的新型涂料，如“五合一”防潮、防霉、抗裂、耐水、耐老化等优质绿色环保高级涂料担当。掺合料也可用聚丙烯腈短纤维代替纸筋或麻刀，则更为劲韧耐用。

在塞口墙、院墙、廊墙上，开设各式砖细门、窗、洞口是平常之事。除墙体留洞设过梁外，必要时可对洞口周边加以美化，洞口形式在园林庭院中更是作为一景观来处理。由设计者做出各种式样图案的门窗框线脚组合而成。用材也有多种材料、规格的选用，可达到点睛美化作用。室内常用木框、木门扇，如侧门、边门、矮闼门。入口界墙上有石库门、将军门。塞口墙、院墙上除设有各式异形门窗洞口，有安门扇者，也有仅留空穴洞口，留设景窗、漏花窗者。洞口边框一般都做精美镶框处理（见图7－7）。此时，框边或镶贴樘口的有木质的，也有磨砖细加工各式线型的，其与墙体间，一定有埋置相应连接件，配合安装，与墙面镶贴砖细做法相同。如镶砖细洞口侧边、贴面砖细接缝口，都留有榫卯连接点，加以固定。传统做法是用柏木仁（木扎）连接端做成燕尾大小头榫状，预埋砌入墙内，尾端露出墙面，与砖细镶框侧板背面口上开设相应的榫卯槽口相吻合，逐块镶嵌入槽，用油灰坐实挤满固定住，顶板乃先行安装，再镶侧板，斜口相合密缝（见图7－8）。

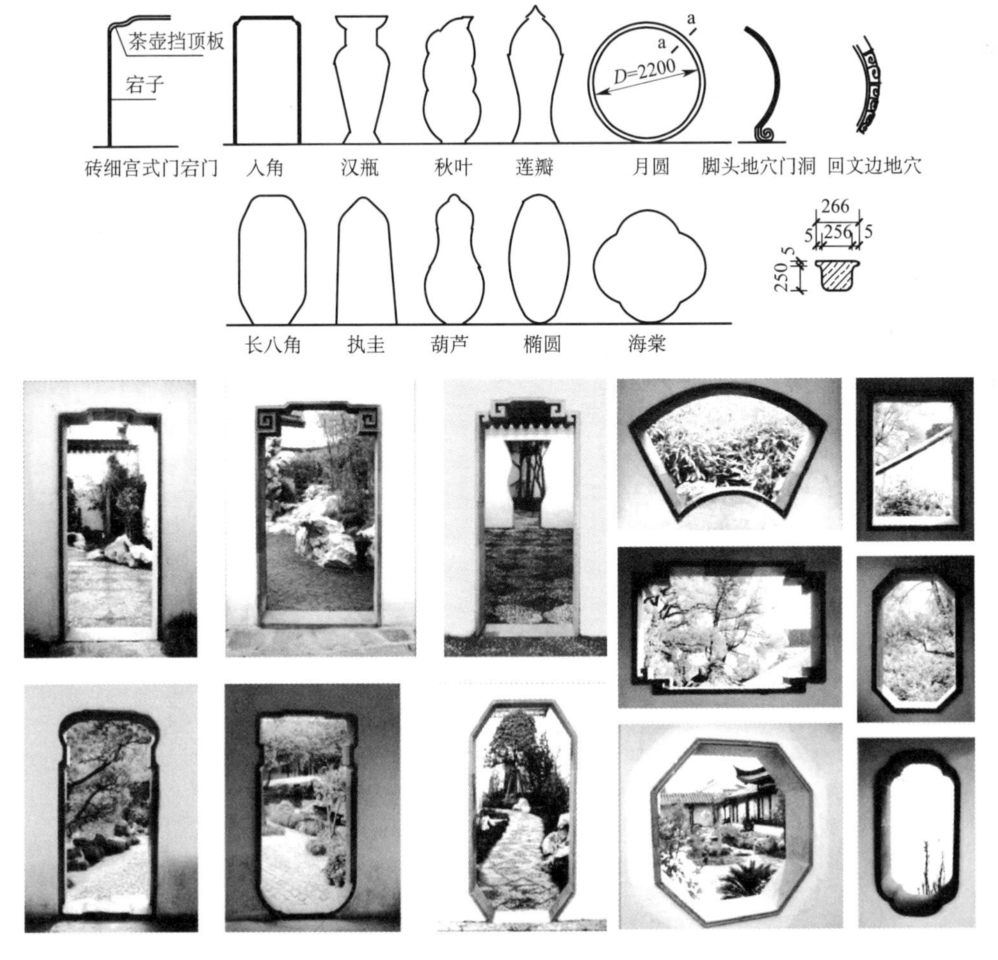

图7－7　清水砖镶地穴、月洞式样

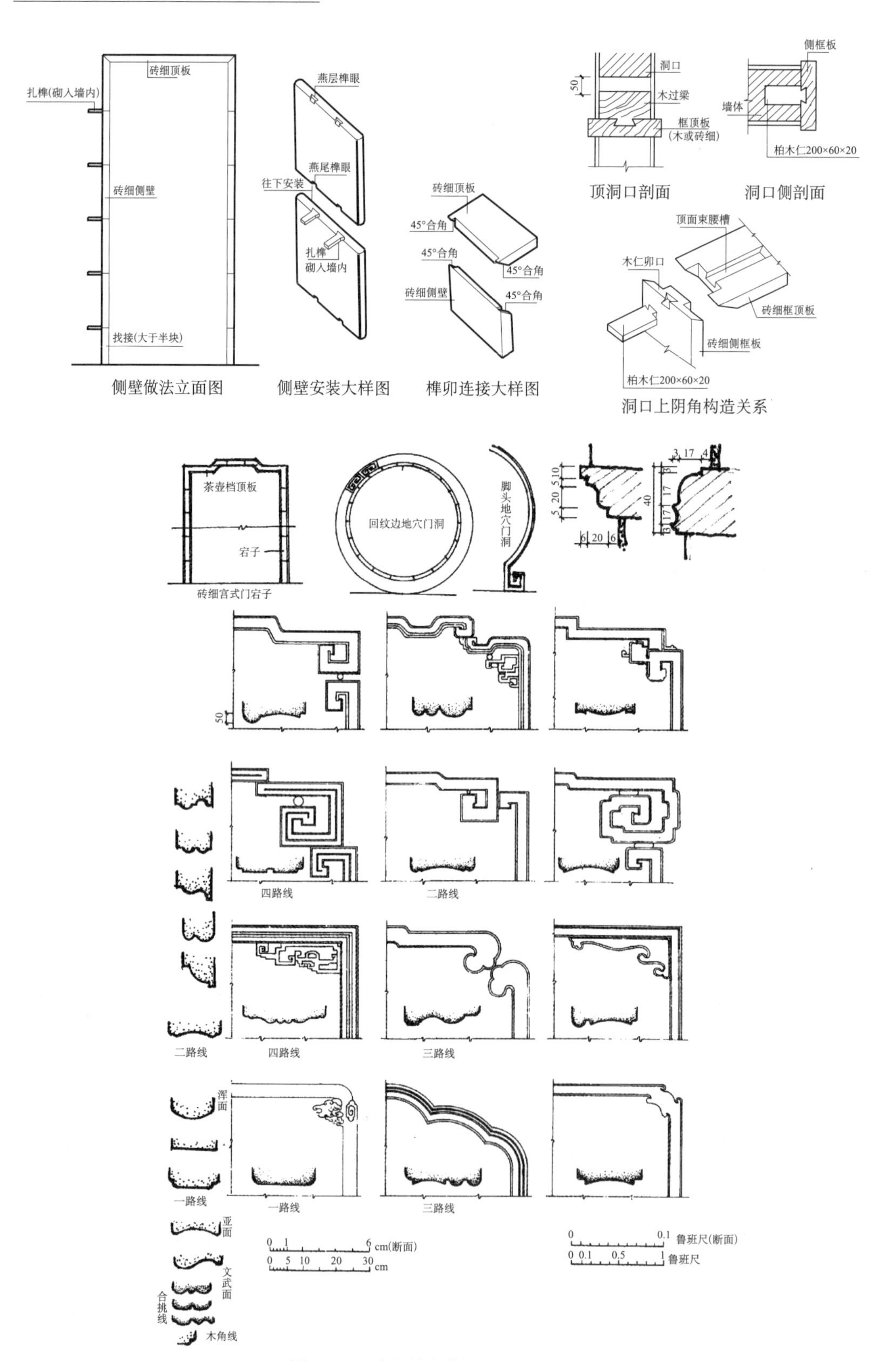

图 7－8　砖细镶框做法、月洞式样

洞口较宽时为防墙体沉陷影响洞口镶框，常在洞口过梁下木过梁板（过梁板长过门洞口每边不少于150mm）上方，预留出50mm备用保险沉降缝隙。同样在砖雕门楼、石库门洞上方，有很多大块镶贴砖细构件，分量很重，所以过去施工中，亦在洞口上方，除石条过梁板上方在中枋及檐下位置另增加糙木过梁来分担上部荷载，以免门洞变形影响门扇开启。地面一般设石条门槛，称“地栿”，侧框欹立于其上，门宕口内一般由石作做石台基、铺地，接洞口垛头。洞口垛头连接墙体由瓦作做混水粉刷，交接处理，则要简单得多。

门窗洞口在外山墙，侧边塞口墙，后门洞包檐墙上口，为避免大片墙面单调乏味，有时就用砖砌外挑“戗檐”形式，加以美化装饰。同时亦起到保护木窗门框，免遭雨雪侵袭，或免受沿墙面滴下雨水冲淋和渗漏。窗口戗檐做法一般都有清水、混水之分。清水砖细镶拼贴面，而混水即以挑砖粉刷而成。式样就是门窗洞口上方增加一层外挑的小屋檐。飞砖叠塞二三皮加一抛方，托浑收底边，两侧有时带垛头，以半砖宽显得轻巧些。主要与窗口大小相协调为准。小屋面上屋脊吻头式样成为立面上的艺术处理，同样可由设计者把握选用适当形式。门洞口上的戗檐，因其洞口宽于窗口，洞口上做戗檐亦会相应尺寸大些、高些或复杂些，甚至搭建半亭、倒厦之类。做成三飞砖式门窗罩，也有飞砖、叠塞砖、上枋、中腰、字牌、兜肚、下枋等层次，只是尺寸、线脚较界墙上的雕花门楼更小型化和简单化而已，如衣架锦式墙门。总之，形式要与总体立面和谐、协调，且统一风格才是（见图7－9、图7－10）。

图7－9　衣架锦式墙门

图7－10　上枋三飞砖窗罩

苏式传统住宅界墙内天井，进门入口对着厅堂，常设置一座颇具规模、形式繁简相适的“砖雕门楼”。其屋脊高于塞口墙顶，装饰精美，仿木结构斗栱、梁、枋、挂落、栏杆布局，且多层次的配件、附件砖雕图案布满构件，除纹饰线脚外，更有在

“兜肚”上透雕各式历史故事出典等花饰，十分讲究，称为“门楼”。若其屋脊低于两边塞口墙顶者，虽然屋面下仍有三飞砖、挑檐、上枋、中腰字牌、下枋等布局，一般除简单线脚外很少再做复杂的砖雕构件面饰的，称为“墙门”，但是，有实力的业主也有仍旧照门楼规格修筑者，也不在少数（见图7－11～图7－15）。这种“门楼”、“墙门”构造复杂，墙身较厚重，门扇亦都为实拼板门，较结实，其朝外一面，有覆钉竹片或铺钉方砖，这更是防盗、防火的强化处理办法。

石库门框宕，由上槛（套环）两边下端带二个小圆角座脚，安置在两侧边的石柎（石框梃），坐落在石门槛上，槛面高出门宕地坪面，或接门枕石，以备安置门臼、铁“地方”，石框料皆三面做细，砌入墙面内作荒即可，用料：石柎（石框梃）常用有八六料230mm×165mm，门宽1000mm；九七料250mm×200mm，门宽1200mm；一八料275mm×220mm，门宽1400mm。（名称由工匠以大木尺习惯叫法按寸数称呼）若作为大门入口，常见门框外加置圆鼓石和方鼓石（幞头鼓子）装饰性石雕小品，更显富丽堂皇了，见于前面石工部分。

图7－11　砖细三飞砖清水砖墙门

图7－13　石库门方砖护门扇、砖细斗栱、发戗屋面门楼

图7－12　歇山象鼻脊飞椽出戗重栱出挑（丁字栱带枫栱、挂落、栏杆、兜肚、枋面等所有外露面。全部精细镂雕砖门楼）

图 7－14　石库门砖细门楼

图 7－15　砖雕门楼细部

砖雕门楼，俗称“石库门”，进门入口两侧，都加设砖砌门垛头，面宽以一块 400mm 中方砖为常用，常规向内开启，在门扇开后留外八字“扇宕”，藏门扇用，斜面宽同门扇，石门槛（60～80mm 高）以下地面，一般均用条石砌台基及台阶，以上垛头墙砖砌勒脚约 900mm 高，砖细锁口扁砌收口，以上砖砌门宕边包住石门框，全部用大城砖刨边接口密缝侧砌，石门栿三面加工，荒面贴墙身，门宕地面及踏步，菱角石均以花岗石铺砌，青石易打滑磨损不能使用，靠门栿之地栿上剔凿“地方”槽窠，以备安装门臼铁件；门框上槛与边栿交接处，常留有小圆角座接，较为和顺婉约，八字宕口顶上铺盖石顶板，其洞口上方仍然要架设叠木过梁，来承托上部砖雕门楼的荷重。门楼上口墙体外镶贴侧砌砖细构件，随其部位上、下构件背后，相交连设置的带大头榫木络砖，都应用捺脚砖、砌入墙体并切实压住不松动，以免倾翻。各构件都是经过精细加工的，因此在装配时，务必要小心谨慎，以确保其楞角整齐，尺寸准确，不能缺损，安装位置应对称统一，横平竖直，线条贯通流畅，否则影响整体美观。构件之间都以榫卯接口连接，缝间净口用油灰黏结，缝宽小于 1～2mm。所有构件大多采用 400mm×400mm×40mm 甲等一级成品中方砖制作而成，个别砖雕件用料亦有相应加厚材料制作，应选取致密性好的方砖，以免开料后发现气泡孔等疵病时，将报废不能用。

操作老师傅必须熟记图样各件位置，运用传统做法要求，做到部位准确，安装牢靠，符合设计要求及施工规范验收标准（见图 7－16～图 7－19）。

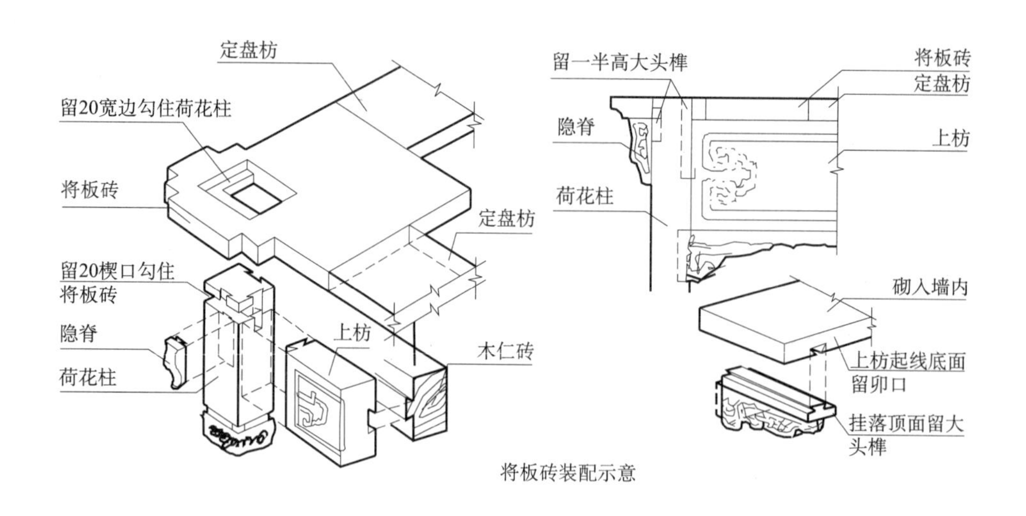

将板砖装配示意

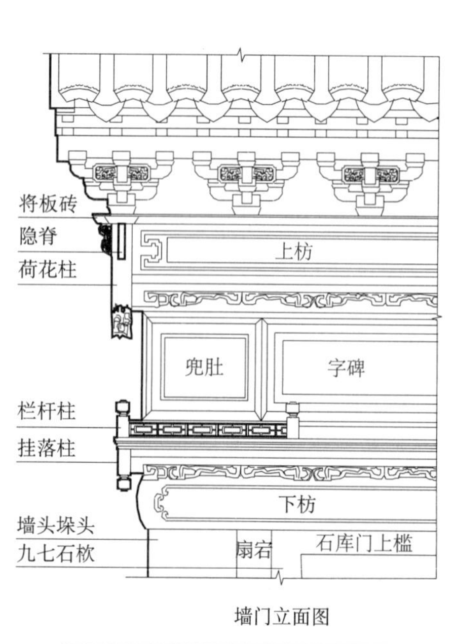

墙门立面图

门宕		看面×进深 石栿用料mm
高(mm)	高(mm)	
1000~1100	2200	220×180
1200~1300	2500	250×200
1300~1400	2750	280×220

注：石库门宕门框石栿断面根据门洞大小决定。

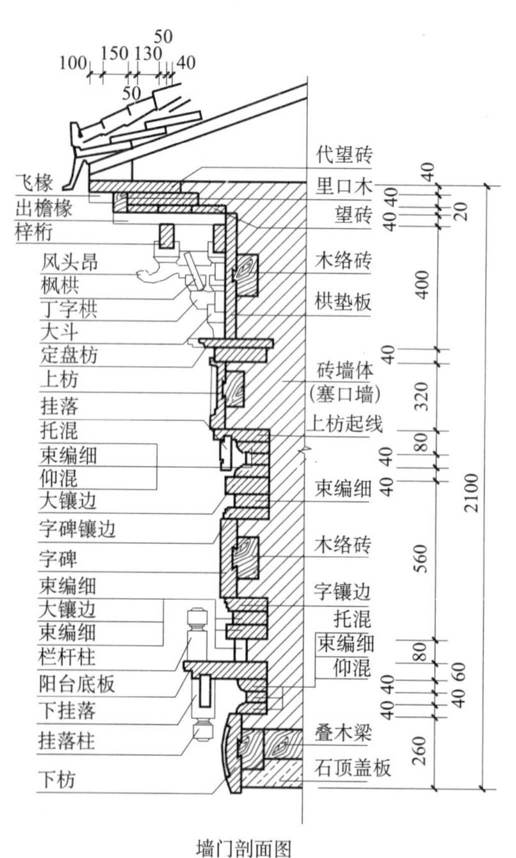

墙门剖面图

图7－16　砖雕门楼装配示意

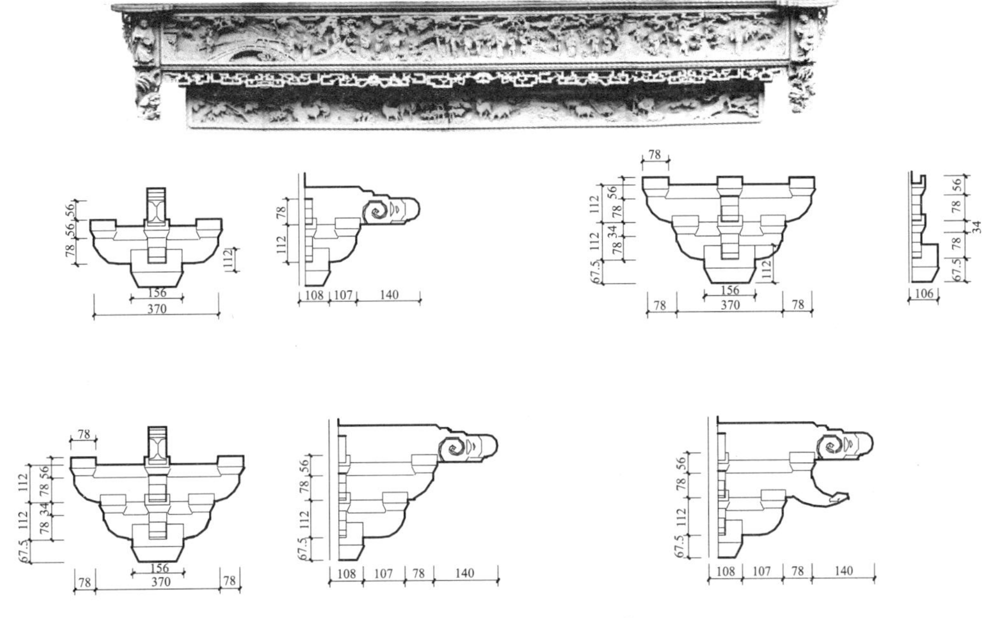

图 7－17　砖细斗栱及挂落

图 7－18　荷花柱上藕形隐脊

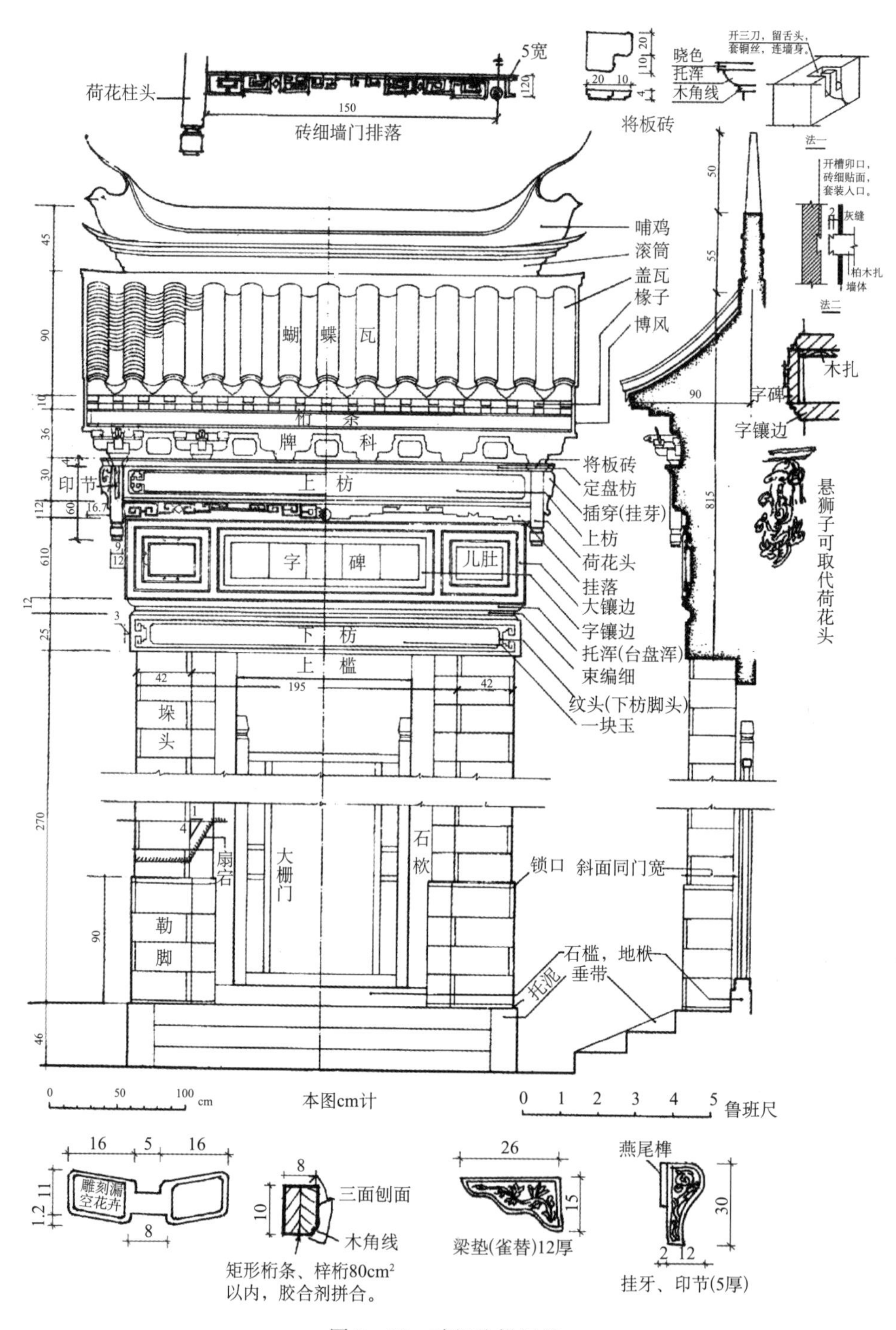

荷花柱头
5宽
150
砖细墙门排落
将板砖
晓色
托浑
木角线
开三刀，留舌头，套铜丝，连墙身。
法一
开槽卯口，砖细贴面，套装入口。
灰缝
柏木扎
墙体
法二
哺鸡
滚筒
盖瓦
椽子
博风
蝴蝶瓦
桁条
牌科
将板砖
定盘枋
插穿(挂芽)
上枋
荷花头
挂落
大镶边
字镶边
托浑(台盘浑)
束编细
纹头(下枋脚头)
一块玉
印节
上枋
字碑
兜肚
下枋
上槛
垛头
大栅门
石栿
扇宕
勒脚
锁口
斜面同门宽
石槛，地栿
垂带
托泥
木扎
字碑
字镶边
悬狮子可取代荷花头
本图cm计
鲁班尺
雕刻漏空花卉
三面刨面
木角线
矩形桁条、梓桁80cm²以内，胶合剂拼合。
梁垫(雀替)12厚
燕尾榫
挂牙、印节(5厚)

图7－19　砖细斗栱门楼

二、地面

当立架、封墙、结屋顶，做完内墙面装饰粉刷后，接下来就可以不受外界影响做完地面了，外场露天铺地，亦基本在退场前，除油漆工程外，所有管线等隐蔽工程必须全部竣工后，才可进行。

在传统建筑中，民居除了楼房用木楼板（也有做夹砂方砖面），无论室内外地面除天井铺地外，可见的多用方（金）砖铺地。室外台基、露台、甬道、御路都有用条石铺就。而庭园、花街、园路则很讲究造园艺术处理，能就地取材，利用残缺断料，变废为宝，因地制宜，奇思妙想地构筑出千姿百态的图案造型，提升了庭园景观的艺术品位，也是设计者大显身手的用武之地。

木楼面亦有铺方砖的，但极少见，只是所用木料太嫌浪费。楞木搁栅尺寸要加大、加密，楼板要加厚，做企口或甚至用双层铺板，再在上面铺砂、墁方砖，称之为“夹砂楼板”。这是当时一种特殊阶层的特殊要求而已，但对防火有利。一般木楼板仅此铺板而已，企口缝是为避免掉灰，影响楼下使用，高要求时至多加铺一层糙板垫层，表面多广漆地面处理，现有耐火涂料面做法。

室内底层地面传统做法，除简陋民居夯土地面外，一般多为砖铺地。有小青砖平铺，竖侧砌墁地：上档次的多用各种规格的方（金）砖铺设而成。先行地面地基层作夯实处理，原素土或加3：7灰土，砖面铺设在3～5cm细湿砂层上，垫实敲结，找平，长木尺校平整。另一种高级厅堂地面是在夯灰土垫层上，按照铺设每块方砖的四角下，搁在四只反放瓦钵（缸盆）底上，用油灰找平坐实，使方砖架空，下面留有通风空间。更有方砖底层刷桐油，使之不受地下潮气影响。

墁地前准备工作，必先定室内水平基准点，或四周墙脚弹墨线，或地面测标高确定（冲筋）设置基准，地面方砖居中摆设方位，然后依此上、下、左、右分趟排列。根据预设栓线，确定与室内墙面及中轴线相互平行、垂直的十字拽线来校正摆砖的平直度。室内分块必须保证进门口处是完整方砖，剩余“找头”都安排到里口、两侧边。这样做，给人以完整和气派的感觉。在外廊、檐下台基地面还应向外倾斜，做出0.7%的泛水，以免积水损坏墙身。讲究的还事前先行预摆做细刨边方砖对位，然后揭起编号，再在垫层上浇灰浆，方砖边披缝油灰，对缝就位。轻敲拍打校平整，密缝口面，刮去被挤出的多余油灰，铺设完成后磨缝口找平。待整体铺就后，再复验平整，修整缺纰后，全面擦拭干净。有时为了色调匀络，用黑矾水涂抹两遍，待干后“沾生”，用生桐油浸泡地面，用刮板来回推搌让其浸透吸饱，但不能结膜，后用软刮子去剩油，再用掺砖粉末并加入石灰的“灰面子”，撒约30mm厚层，过2～3天刮去后再反复揉擦，这样称为“泼墨沾生”。另一种做法是趁加热的黑矾胶水掺入红木刨花水，撒泼方砖表面，干后“沾生”或“不沾生”，再用白蜡熔化在地面，刮除多余量，随即用麻丝或软布擦亮为止。实质和现在的打蜡地板处理相仿。

人员聚集的场所，可采用深色石板铺地，如济南青仿方砖地砖。切割成金砖规格，墁地，则表面处理“泼墨”、“沾生”均可省去不用，至多加一次“烫蜡”工艺即可，也十分耐用。

室外地坪在传统建筑中，环绕建筑物的四周屋檐下除台基地面上台明宽（下出）占总上檐出3/4，以及土衬石金边（台基脚边的余出部分）外，紧接所墁铺的砖石“散水”，也就是从屋檐口流下的雨水滴落的位置，紧靠土衬石金边找平，向外侧做成斜面以利泄水。外口横砌一行牙口砖锁边，并与室外地坪面高程接平。有用小青砖侧砌人字纹、席纹，平砌时有用城砖墁铺。

中轴线上连通正房入口称为“甬道（路）”一般用大城砖竖向铺设，正向贯通缝与路平行走向，路面中心高于两边坡呈拱背以利排水，殿宇等大型建筑前称“御路”，则路中心横铺大块整石或方砖，两侧条石就横通缝竖向镶边，再以牙子石（侧石）竖砌锁边，以外两侧面接铺散水（丹墀）。以垂直中轴线，或斜向侧砌，于锁边牙子石外，属于海（满）铺（墁）整个内院场地，也常用小青砖、黄道砖、人字式侧干砌，以利渗地面水。但应注意全场地面，包括垫层开始整平时就应做出排水坡，以免滞水冻胀造成翻浆。排水方向，趋向排水沟，常设在路边，用砖砌壁，加盖石板，落水口常做成金钱形镂空石雕窨井盖（见图7－20）。而苏式民宅的甬道，多采用花岗岩石板横式铺筑，竖条锁边，余下两侧镶填铺黄道砖，侧砌人字、席纹等花色的渗水地面。铺筑前先行夯实素（原）土，通行甬道下加夯一步（150mm）3∶7灰土垫层，铺35mm厚细砂层（1∶3干白灰细砂）垫层，再铺砌砖块，用木板拍打整平后，撒上细砂扫缝填实，确保路面平整稳固、不会松动。

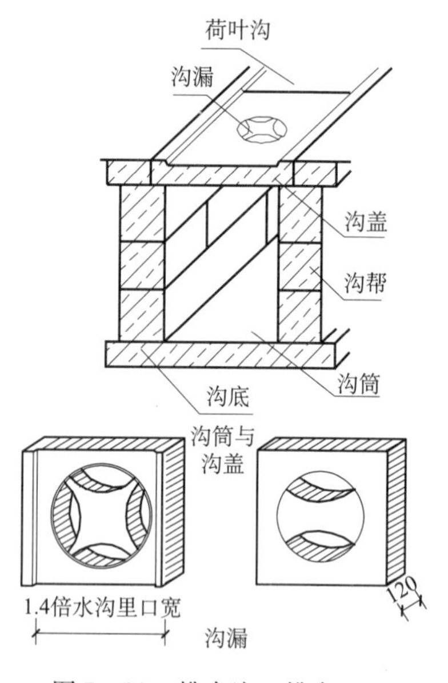

图7－20　排水沟、排水口

所有地面中央行走部分，只宜用花岗岩石类，切不可用青石类不耐磨、易损的软质石材，经长期行走打磨后，容易蹭光跌滑，虽觉得光洁好看，其实不好用，就像现在有些公园景观铺地选用磨光花岗岩、大理石一样，看上去色彩丰富、光耀夺目，容易清洁打扫，但一碰到雨天沾有水湿时，就极易摔跌伤人，阳光照射易生目眩，很不安全。

有一种地面铺装，在苏式园林中，特别显现出异常的功能。在选材上用的断砖、碎瓦、炉渣、矿石、瓷片、卵石、缸片、碎石、瓦器、片岩等，利用废料，精心打造，并加以艺术处理，创造出一幅幅优美的图案，点缀在花街、园路中，赋予丰富文化内涵、民俗寓意，并与周围轩、厅、堂、榭的命名相联系，突出主题，引人深思幽想、联想翩翩。图案式样有丰富的传统寓意，如吉祥如意、松鹤长寿、五福临门、平升三级、暗八仙法器等。现在新式的卡通图案也常在园林中出现。如何选型就由设计者发挥聪明才智了（见图7－21）。

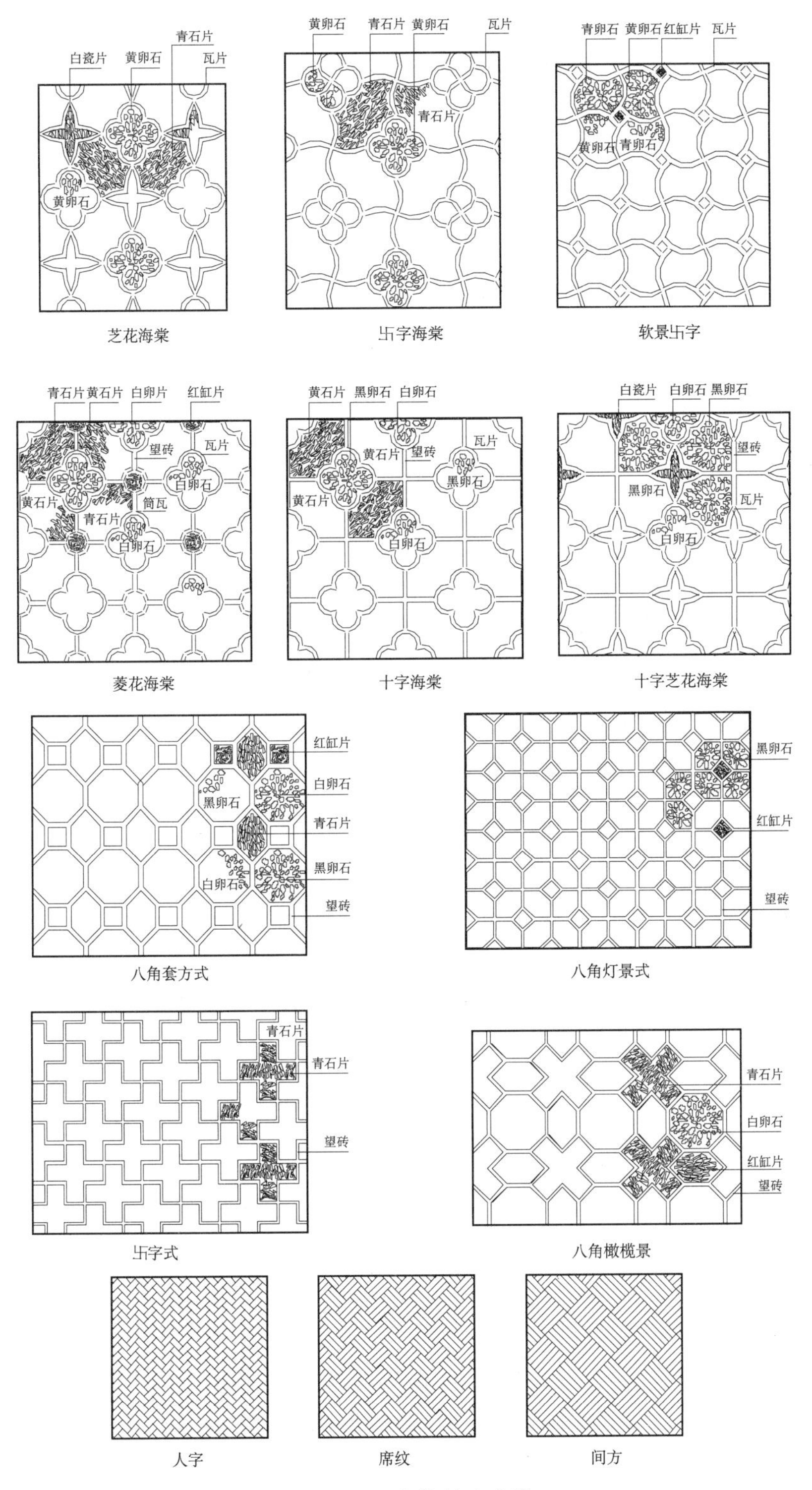

白瓷片
黄卵石
青石片
瓦片
黄卵石
芝花海棠
黄卵石
青石片
黄卵石
瓦片
青石片
卍字海棠
青卵石
黄卵石
红缸片
瓦片
黄卵石
青卵石
软景卍字
青石片
黄石片
白卵片
红缸片
望砖
瓦片
白石
黄石片
筒瓦
青石片
白卵石
菱花海棠
黄石片
黑卵石
白卵石
瓦片
黄石片
望砖
黑卵石
黄石片
白卵石
十字海棠
白瓷片
白卵石
黑卵石
望砖
黑卵石
瓦片
白卵石
十字芝花海棠
红缸片
白卵石
黑卵石
青石片
黑卵石
白卵石
望砖
八角套方式
黑卵石
红缸片
望砖
八角灯景式
青石片
青石片
望砖
卍字式
青石片
白卵石
红缸片
望砖
八角橄榄景
人字
席纹
间方

图 7－21　花街铺地式样

常用墁地方（金）砖规格（各窑厂产品各异，仅供参考）：

二尺砖坯：20 寸 ×20 寸 ×4.5 寸（640mm ×640mm ×144mm），砍净尺寸：19 寸 ×19 寸 ×4 寸（600mm ×600mm ×130mm）。

尺八砖坯：18 寸 ×18 寸 ×3 寸（576mm ×576mm ×96mm），砍净尺寸：17 寸 ×17 寸 ×2.5 寸（500mm ×500mm ×80mm）。

尺四砖坯：14 寸 ×14 寸 ×2.5 寸（448mm ×448mm ×80mm），砍净尺寸：13 寸 ×13 寸 ×2 寸（400mm ×400mm ×64mm）。

城砖：15 寸 ×7.5 寸 ×4 寸（480mm ×240mm ×128mm），砍净尺寸：14 寸 ×7 寸 ×3.5 寸（440mm ×220mm ×100mm）。

停泥砖：9.5 寸 ×4.7 寸 ×1.8 寸（300mm ×150mm ×60mm）。

八六望砖：7.5 寸 ×4.6 寸 ×0.5 寸（210mm ×130mm ×14mm）。

黄道砖：6.2 寸 ×2.7 寸 ×1.5 寸（170mm ×75mm ×40mm）。

门窗宕口上一般都有过梁支撑洞口上方砌体荷载，用木、砖、石料等，现在多数选用钢筋混凝土。传统建筑中常用砖块砌筑，砖券一般为平口券只有立砌。而弧形及半圆拱券可用立砌上加卧砌砖发券，甚至于多层交替组合。砌筑发券时，支模时必预先将拱顶抬高升起跨度的 5% ~8%，以备砌券后的下沉之数，工匠有口决“发券必起一、二、三，圆、拱、平券第一关”。

圆——半圆券升拱之矢高为 1/10 半径；拱——弧形券升拱之矢高为 2/10 半径；平——平口券即中心起拱 3% 跨度。

又“升拱加一过一六，不多不少正好够”，指支模放样时，圆心偏外向半径的 1.16 倍处作起拱模板的中心点，二个偏心圆弧相交点离原圆半径弧顶，即为 1/10 矢高，实际误差 10 +1 =11 时，仅为 10.94，故又说“多点少点都能够”（图 7 -22）。

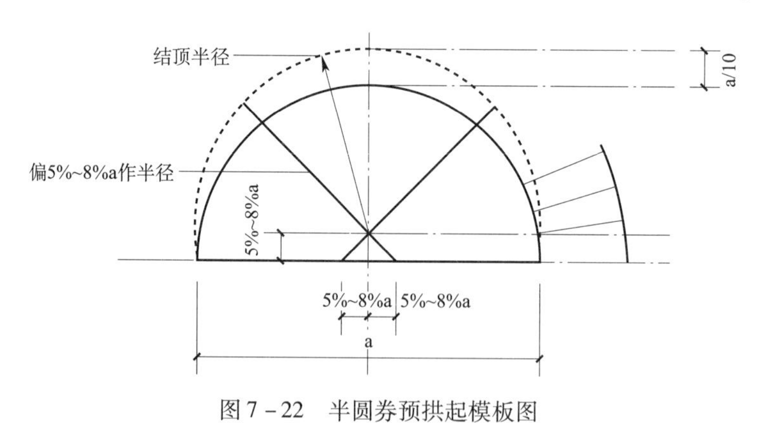

图 7 -22　半圆券预拱起模板图

弧形券指圆周长的 1/4 定弧长即“四分”，则“四分加二抬二五，斜分定轴不用数”，即是指四分弧券的矢高为其跨度的 2.5/10。

平口券做法“平口起拱一百三，莫记三四两相连”，平拱起拱取跨度 3%，券厚取大于 1/4 跨度长，但不得小于 4/10 跨度长（图 7－23）。

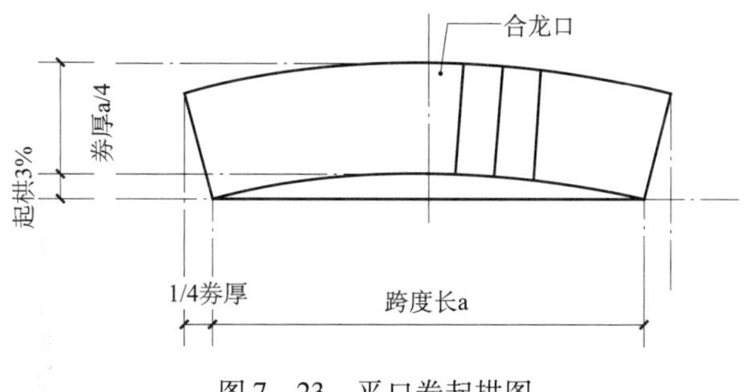

图 7－23　平口券起拱图

凡多种异形地穴门洞宕口周边框，除留出砖细镶框安装尺寸外，周框亦以侧砌发券跟通，做法相同。

第八章　门窗·装置

在传统建筑中，除了竖架立屋、造就建筑物的框架之外，还有大量工作存在于室内外装饰设置工程中。室外部分多用石材砌筑，如台基、须弥座、石栏杆、石阶沿等。而构筑于建筑物上的，则多数用木料装置，从大门、庭院垂花门（北方官式）、界墙、砖雕门楼、苏州样式的石库门、月洞院门，以及联系室内外走廊和外廊的外檐口下挂落（楣子）、各式轩顶、木栏杆、座靠（吴王靠）、坐槛墙、楼房挑阳台、雀宿檐梁头、牛腿、雀替、斗栱，还有室内纱隔、地罩、博古架、天花、藻井、壁板等砖、石、木雕花装饰件随处可见。而在建筑物室内外空间沟通部位，主要构件当属门、窗为主，且式样按功能不同分门别类，有槛框组合镶配等各式板门，包括穿带式实拼门、镶框屏门。门扇较结实耐用，并起到保卫作用者，如将军门、石库门的门扇（见图8－1、图8－4）。民间侧门、宅门也常用“矮闼门”形式，下段六份为封闭，如：夹宕、裙板、镶板框档；上段四份则为留空直楞相配的大门外副门（见图8－2）。地方乡绅有用六扇镶框屏门作为外大门，有的在门板上复加钉竹片、铁皮等保护（见图8－3）。而苏

图8－1　石库门砖细门楼

图8－2　矮挞门

式的落地长窗（隔扇）常用六冒（抹）头，即由六根横档、二根边梃组框，下段4/10高由中、下夹宕板和裙板组成，上段6/10高，由上夹宕板和装饰性很强的各式花格窗芯子组成（见图8-5）。

此长窗一般苏式习惯分成六扇，而北方官式常见用四扇、八扇，全长按上六下四分配，全窗宽高比为1∶3~1∶4，每扇净宽约500~600mm为合宜。高度亦不宜过高，约4.5倍宽为宜，过分细长则刚度不够易扭曲，芯宕子太窄，无法做花格栅，不美观亦不实用（见图8-6~图8-9）。如离上檐枋料底尚有空档，可安置横风窗，配置在中槛（横当）以上作填充处理。此外山墙或次间在槛墙上设置的“半窗”（地坪窗），高度相当于落地长窗的上六份配置，窗芯子格式与长窗可统一形式，在槛墙窗盘台（捺槛）下，亦有装木栏杆者，室内加装可卸式裙板可夏日通风，或雨闼板裙板壁墙以蔽风雨（见图8-10、图8-11）。旱舫侧半窗，窗槛下，室内常连设坐凳，如船舱内。在厅馆轩榭的山墙上，有时应景设置一种花色景窗，做成颇具艺术氛围的，犹如一幅画的景框镶边，透过留出的敞孔，看到室外的配景，显现一幅立体有生命的、赏心悦目的绝佳图画（见图8-15、图8-16）。

图8-3　六扇墙门外钉竹片保护

长窗亦为贯通室内外主要通道口。北方官式建筑常在正间选居中二扇长窗位置外侧，加设一层“风门”，另外装置“帘架”，独立设置边框（栿），两内侧边镶置两扇窄小固定的“余塞扇”，中间装置经常开启用一扇“风门”，是为北方寒冷空气侵袭而设，在苏州地区极少见（见图8-12）。

另一种“和合窗”常见于园林船舫式建筑两侧面外窗，其特点是在下段窗盘板下，外置花格式木栏杆，内覆裙板。上段窗扇分上、中、下三扇，上下两扇为可拆卸式固定窗扇，中间那扇采用“上悬”式外开窗，和合摇梗挂装在相配合的可拆卸式上窗扇侧边，开启时用支撑件（摘钩）撑起固定。窗芯子花纹常以简洁、留空多的格式，以剔透为上便于浏览观赏。上下两扇固定窗的装卸是靠此横式窗扇的边框上起的槽口，顺着边梃及中梃内侧面预留钉的“沿游”铁搭件（扒锔），引导就位插入后，用横插销固定之。亦有上、中、下三扇全做上悬式者（见图8-13、图8-14）。

与此半窗位置上有相似的北方官式称“支摘窗”者，上下分成二段，上半段用摘钩支撑上悬窗开启式，下半段为可拆卸固定式窗扇，仅在窗扇边框上、下端侧面凿销子眼，用明、暗销固定之，如在窗扇内边角，安四个雕花胖头销，插入连接边上的抱框（栿、柱）、中框（栿）内侧相应位置上的卯孔眼内得以固定。拔出销子，即可摘掉固定窗扇（见图8-17）。

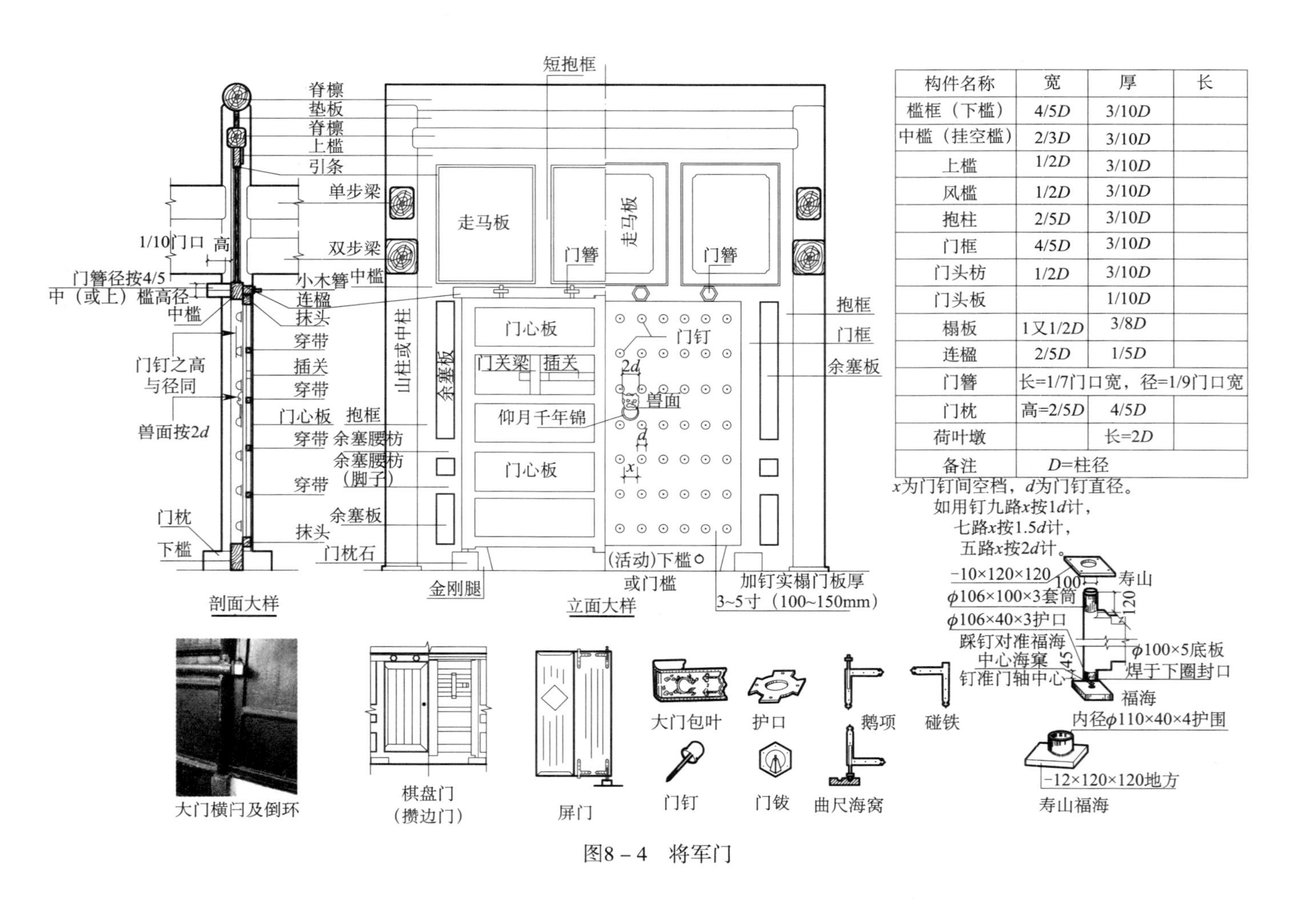

构件名称	宽	厚	长
槛框（下槛）	4/5D	3/10D	
中槛（挂空槛）	2/3D	3/10D	
上槛	1/2D	3/10D	
风槛	1/2D	3/10D	
抱柱	2/5D	3/10D	
门框	4/5D	3/10D	
门头枋	1/2D	3/10D	
门头板		1/10D	
榻板	1又1/2D	3/8D	
连楹	2/5D	1/5D	
门簪	长=1/7门口宽，径=1/9门口宽		
门枕	高=2/5D	4/5D	
荷叶墩		长=2D	
备注	D=柱径		

图8－4　将军门

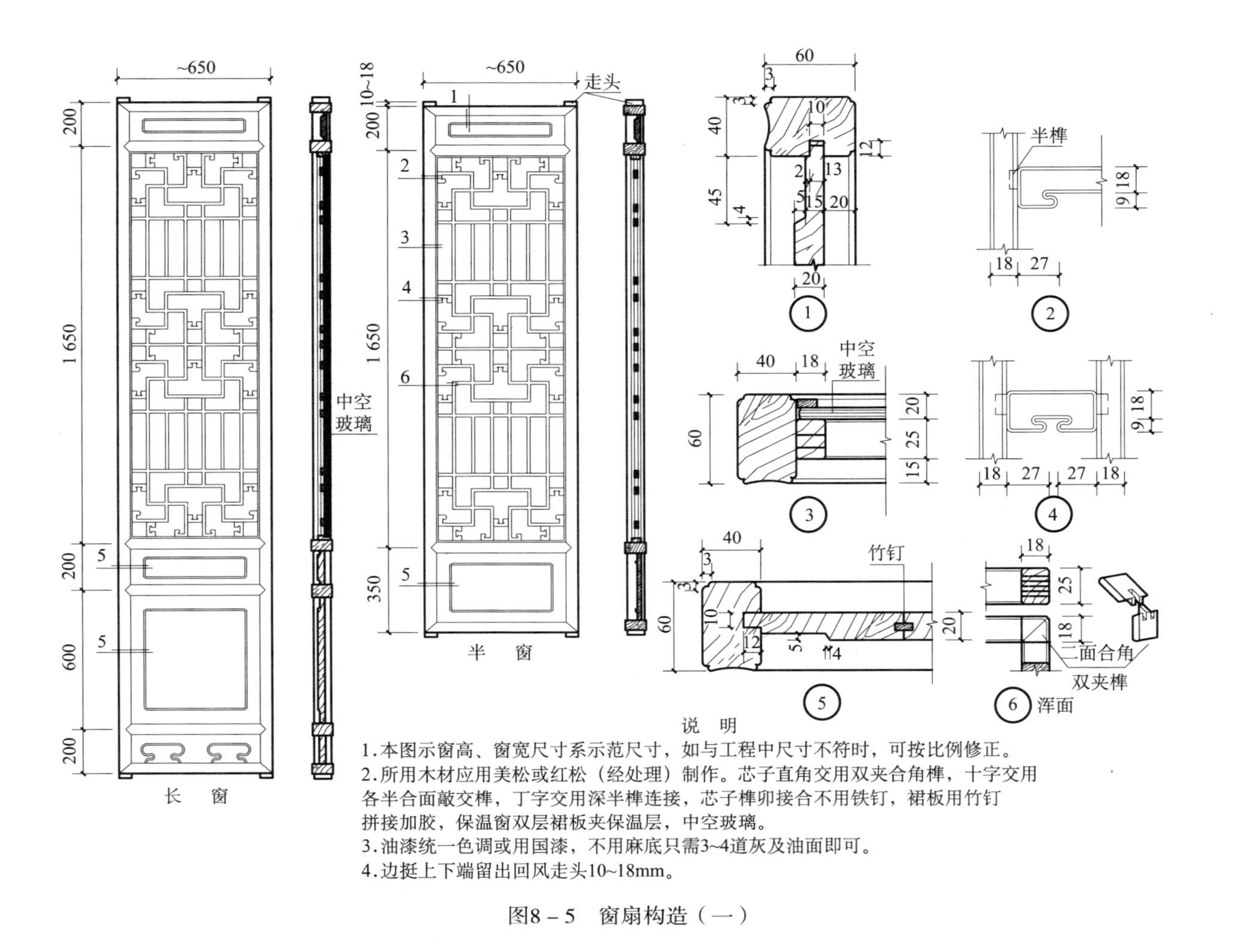

说　明

1.本图示窗高、窗宽尺寸系示范尺寸，如与工程中尺寸不符时，可按比例修正。

2.所用木材应用美松或红松（经处理）制作。芯子直角交用双夹合角榫，十字交用各半合面敲交榫，丁字交用深半榫连接，芯子榫卯接合不用铁钉，裙板用竹钉拼接加胶，保温窗双层裙板夹保温层，中空玻璃。

3.油漆统一色调或用国漆，不用麻底只需3~4道灰及油面即可。

4.边挺上下端留出回风走头10~18mm。

图8－5　窗扇构造（一）

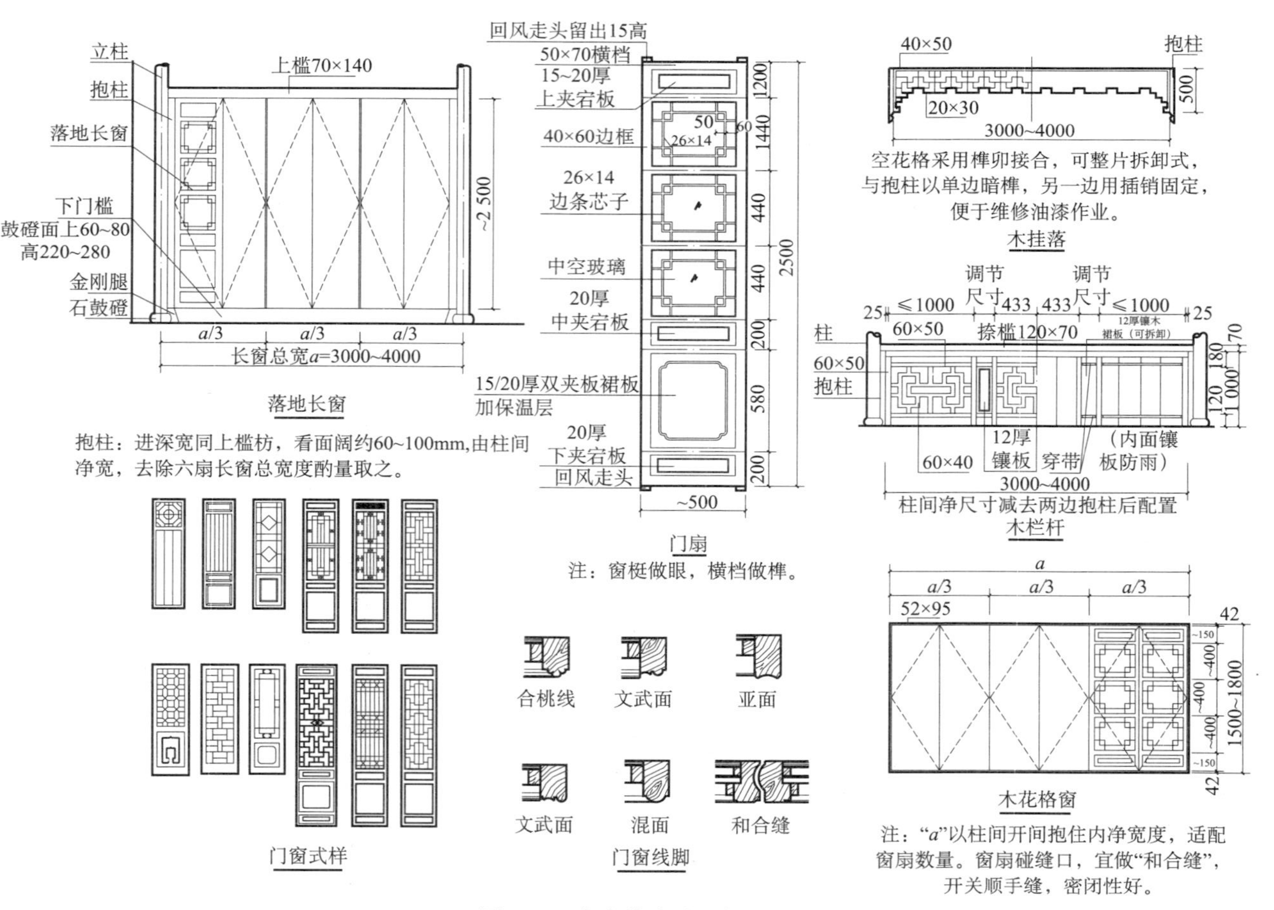
立柱
抱柱
落地长窗
下门槛
鼓磴面上60~80
高220~280
金刚腿
石鼓磴
上槛70×140
~2 500
a/3
a/3
a/3
长窗总宽a=3000~4000
落地长窗
抱柱：进深宽同上槛枋，看面阔约60~100mm,由柱间净宽，去除六扇长窗总宽度酌量取之。
门窗式样
回风走头留出15高
50×70横档
15~20厚
上夹宕板
40×60边框
50
60
26×14
26×14
边条芯子
中空玻璃
20厚
中夹宕板
15/20厚双夹板裙板
加保温层
20厚
下夹宕板
回风走头
1200
1440
440
440
200
580
200
2500
~500
门扇
注：窗梃做眼，横档做榫。
合桃线
文武面
亚面
文武面
混面
和合缝
门窗线脚
40×50
抱柱
20×30
500
3000~4000
空花格采用榫卯接合，可整片拆卸式，与抱柱以单边暗榫，另一边用插销固定，便于维修油漆作业。
木挂落
调节
尺寸
调节
尺寸
25
≤1000
433
433
≤1000
25
柱
60×50
捺槛120×70
12厚镶木
裙板（可拆卸）
70
180
120
1 000
60×50
抱柱
12厚
镶板
穿带
（内面镶
板防雨）
60×40
3000~4000
柱间净尺寸减去两边抱柱后配置
木栏杆
a
a/3
a/3
a/3
52×95
42
~150
~400
~400
~400
~150
1500~1800
42
木花格窗
注："a"以柱间开间抱住内净宽度，适配窗扇数量。窗扇碰缝口，宜做"和合缝"，开关顺手缝，密闭性好。

图8－6 窗扇构造（二）

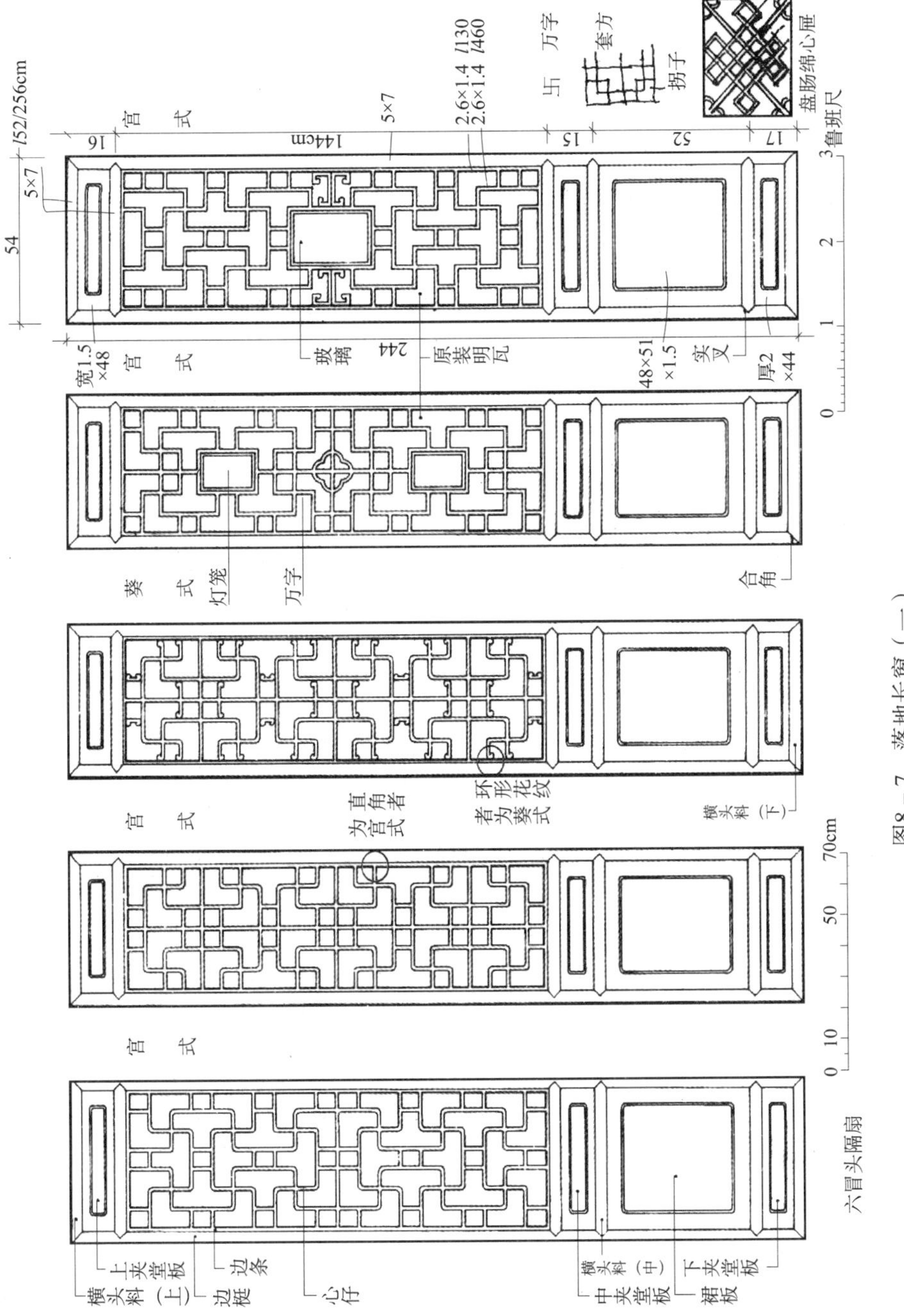
宫 式
葵 式
宫 式
宫 式
144cm
152/256cm
54
5×7
16
15
52
17
244
2.6×1.4 l130
2.6×1.4 l460
玻璃
原装明瓦
宽1.5 ×48
48×51 ×1.5
实叉
厚2 ×44
灯笼
万字
合角
直角者为宫式
环形花纹者为葵式
横头料（下）
乒
万字
套方
拐子
盘肠绵心屉
鲁班尺
0
1
2
3
0
10
50
70cm
六冒头隔扇
横头料（上）
上夹堂板
边梃
边条
心仔
横头料（中）
中夹堂板
下夹堂板
裙板

图8-7 落地长窗（一）

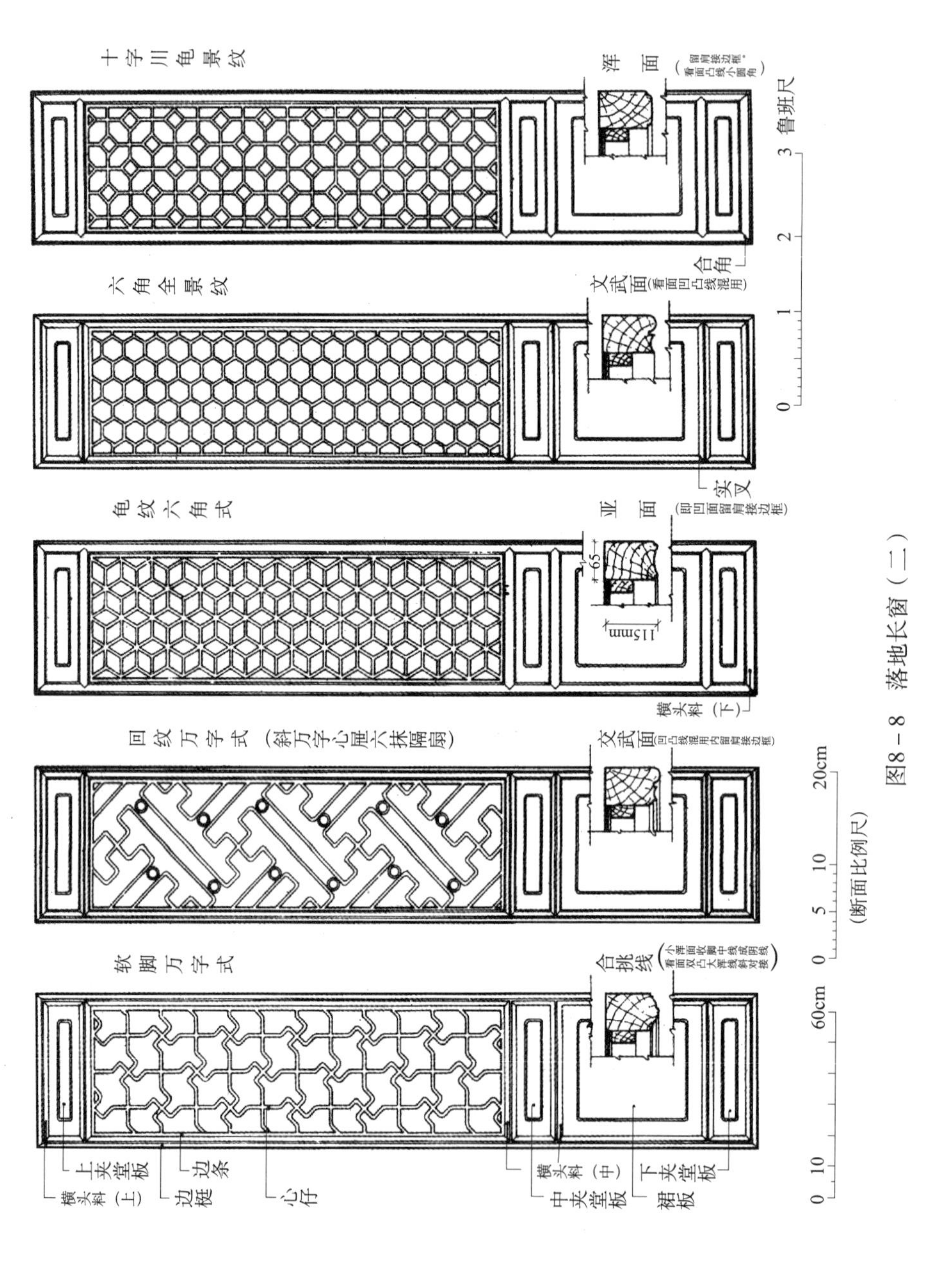
十字川龟景纹
六角全景纹
龟纹六角式
回纹万字式（斜万字心屉六抹隔扇）
软脚万字式
浑面
文武面（看面凹凸线混用）
亚面
文武面
合挑线
合角
实叉
横头料（下）
横头料（上）
上夹堂板
边条
边梃
心仔
横头料（中）
中夹堂板
下夹堂板
裙板
鲁班尺
0
1
2
3
65
15mm
(断面比例尺)
0
5
10
20cm
0
10
60cm

图8－8 落地长窗（二）

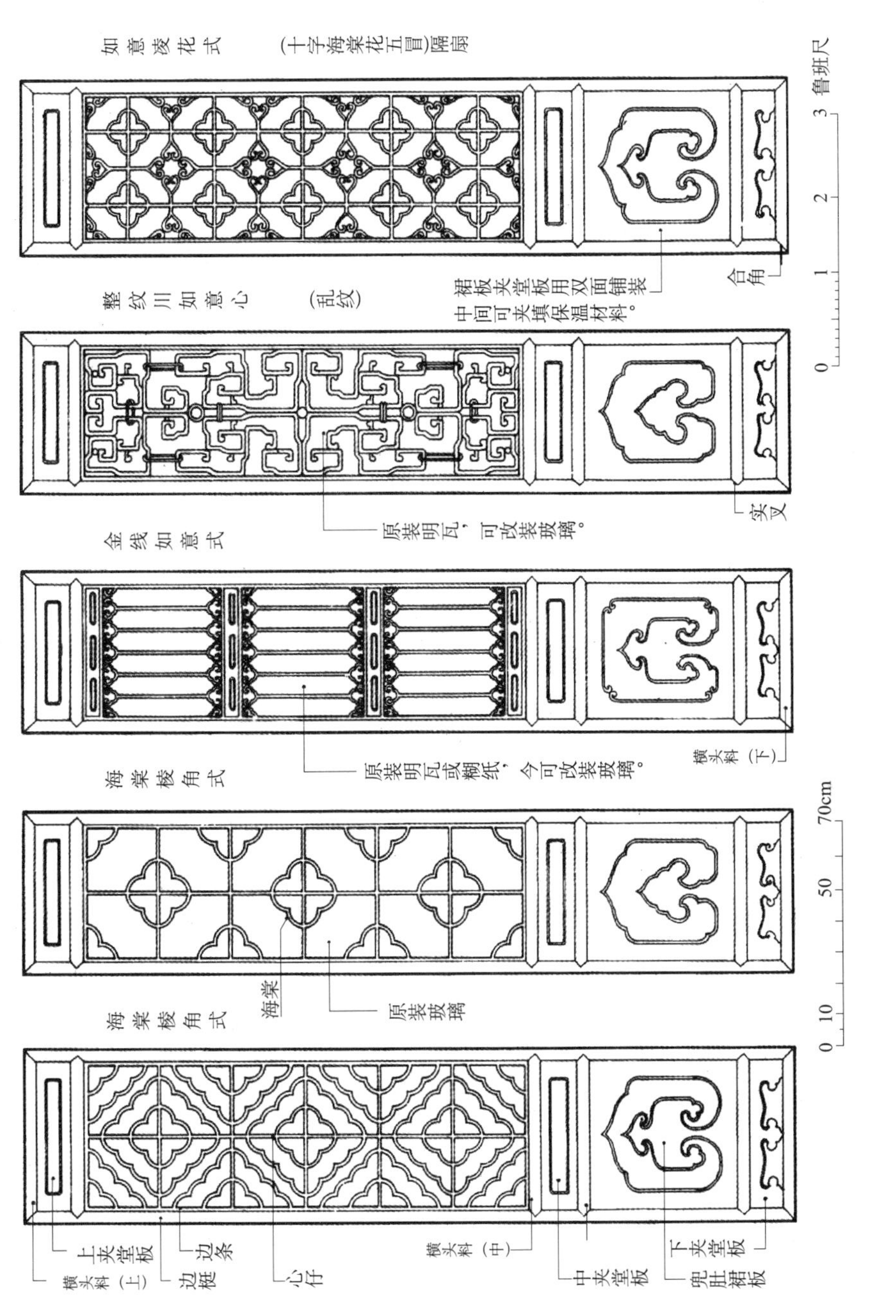
如意凌花式（十字海棠花五冒）隔扇
整纹川如意心（乱纹）
金线如意式
海棠棱角式
海棠棱角式
裙板夹堂板用双面铺装
中间可夹填保温材料。
原装明瓦，可改装玻璃。
原装明瓦或糊纸，今可改装玻璃。
海棠
原装玻璃
合角
实叉
横头料（下）
鲁班尺
0
1
2
3
0
10
50
70cm
横头料（上）
上夹堂板
边梃
边条
心仔
横头料（中）
中夹堂板
下夹堂板
兜肚裙板

图8－9　落地长窗（三）

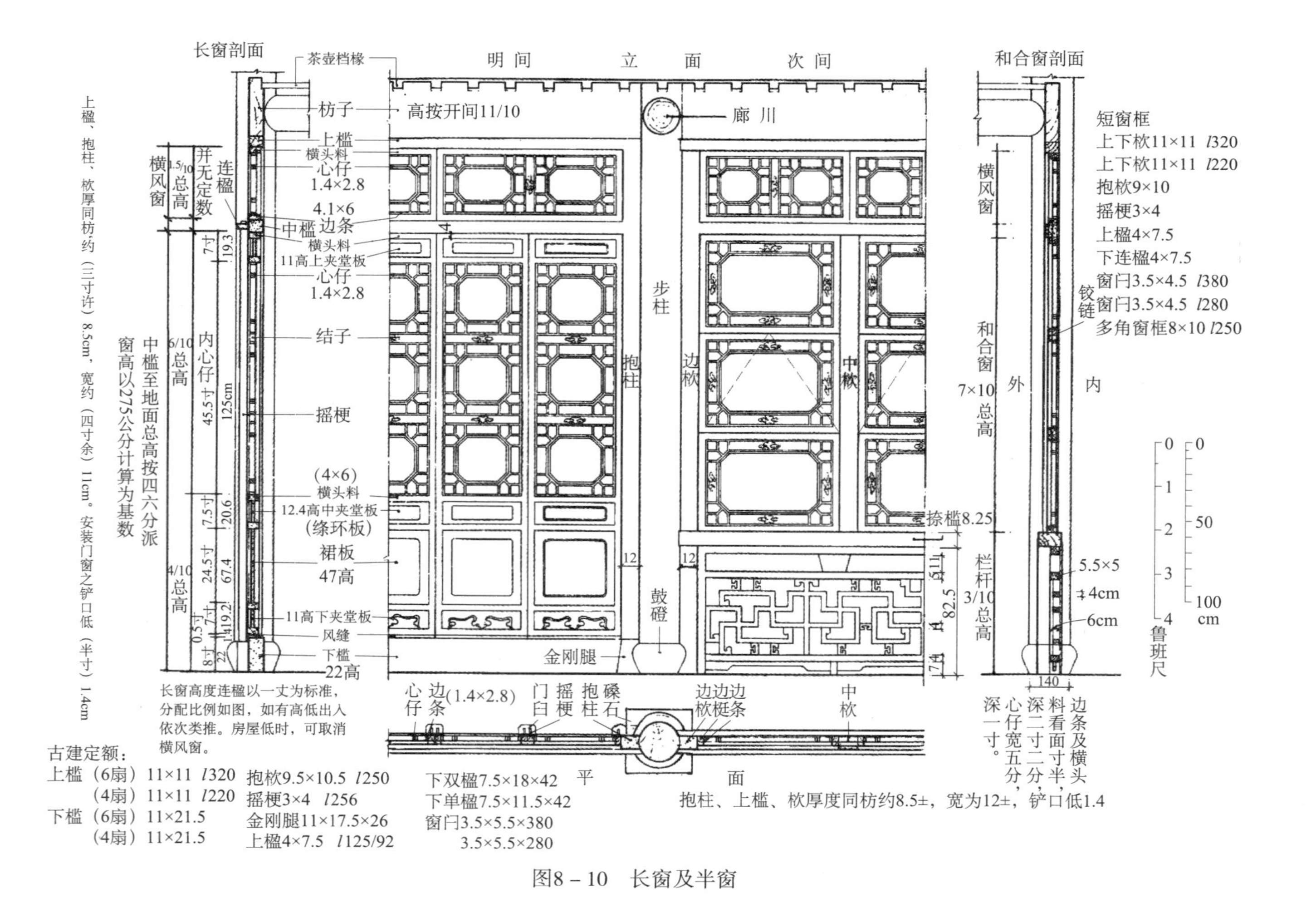
长窗剖面
茶壶档椽
明 间
立 面
次 间
和合窗剖面
枋子
高按开间11/10
廊 川
上槛
横头料
心仔
1.4×2.8
4.1×6
边条
中槛
横头料
11高上夹堂板
心仔
1.4×2.8
结子
摇梗
(4×6)
横头料
12.4高中夹堂板
(绦环板)
裙板
47高
11高下夹堂板
风缝
下槛
22高
横风窗
1.5/10总高
并无定数
连楹
中槛至地面总高按四六分派
窗高以275公分计算为基数
6/10总高
内心仔
4/10总高
19.3
7寸
125cm
45.5寸
20.6
7.5寸
67.4
24.5寸
19.2
7寸
0.5寸
8寸
22
步柱
抱柱
边栿
中栿
捺槛8.25
鼓磴
金刚腿
12
82.5
短窗框
上下栿11×11 l320
上下栿11×11 l220
抱栿9×10
摇梗3×4
上楹4×7.5
下连楹4×7.5
窗闩3.5×4.5 l380
铰链
窗闩3.5×4.5 l280
多角窗框8×10 l250
横风窗
和合窗
7×10
总高
外
内
栏杆
3/10
总高
5.5×5
4cm
6cm
140
鲁班尺
100
cm
长窗高度连楹以一丈为标准，分配比例如图，如有高低出入依次类推。房屋低时，可取消横风窗。
古建定额：
上槛（6扇）11×11 l320
（4扇）11×11 l220
下槛（6扇）11×21.5
（4扇）11×21.5
抱栿9.5×10.5 l250
摇梗3×4 l256
金刚腿11×17.5×26
上楹4×7.5 l125/92
心仔
边条
(1.4×2.8)
门臼
摇梗
抱柱
磉石
边边边
栿梃条
中栿
下双楹7.5×18×42
下单楹7.5×11.5×42
窗闩3.5×5.5×380
3.5×5.5×280
平
面
抱柱、上槛、栿厚度同枋约8.5±，宽为12±，铲口低1.4
边条及横头料看面寸半，深二寸二分，心仔宽五分，深一寸。
上槛、抱柱、栿厚同枋约（三寸许）8.5cm，宽约（四寸余）11cm。安装门窗之铲口低（半寸）1.4cm

图8－10 长窗及半窗

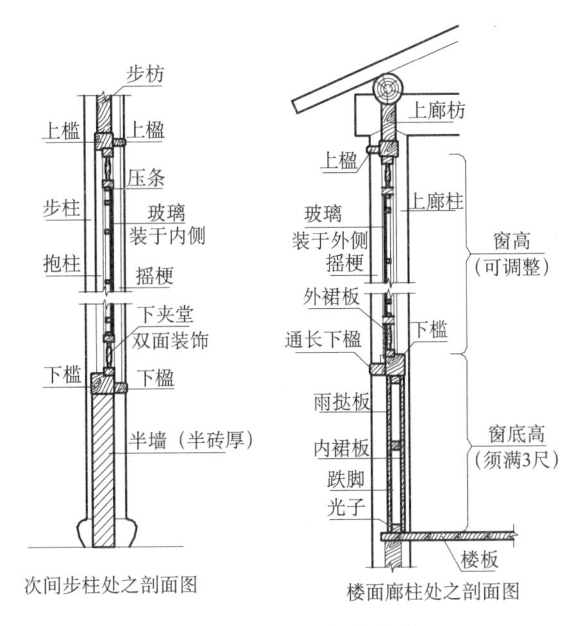

图8－11　地坪窗构造

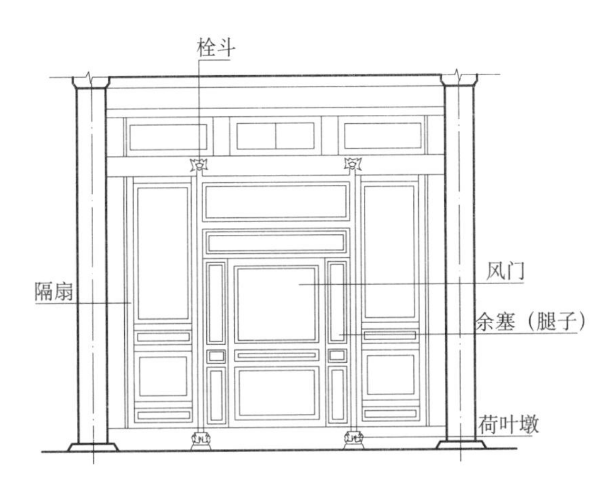

图8－12　正间外设风门帘架

图8－13　船舫和合窗

图8－14　和合窗

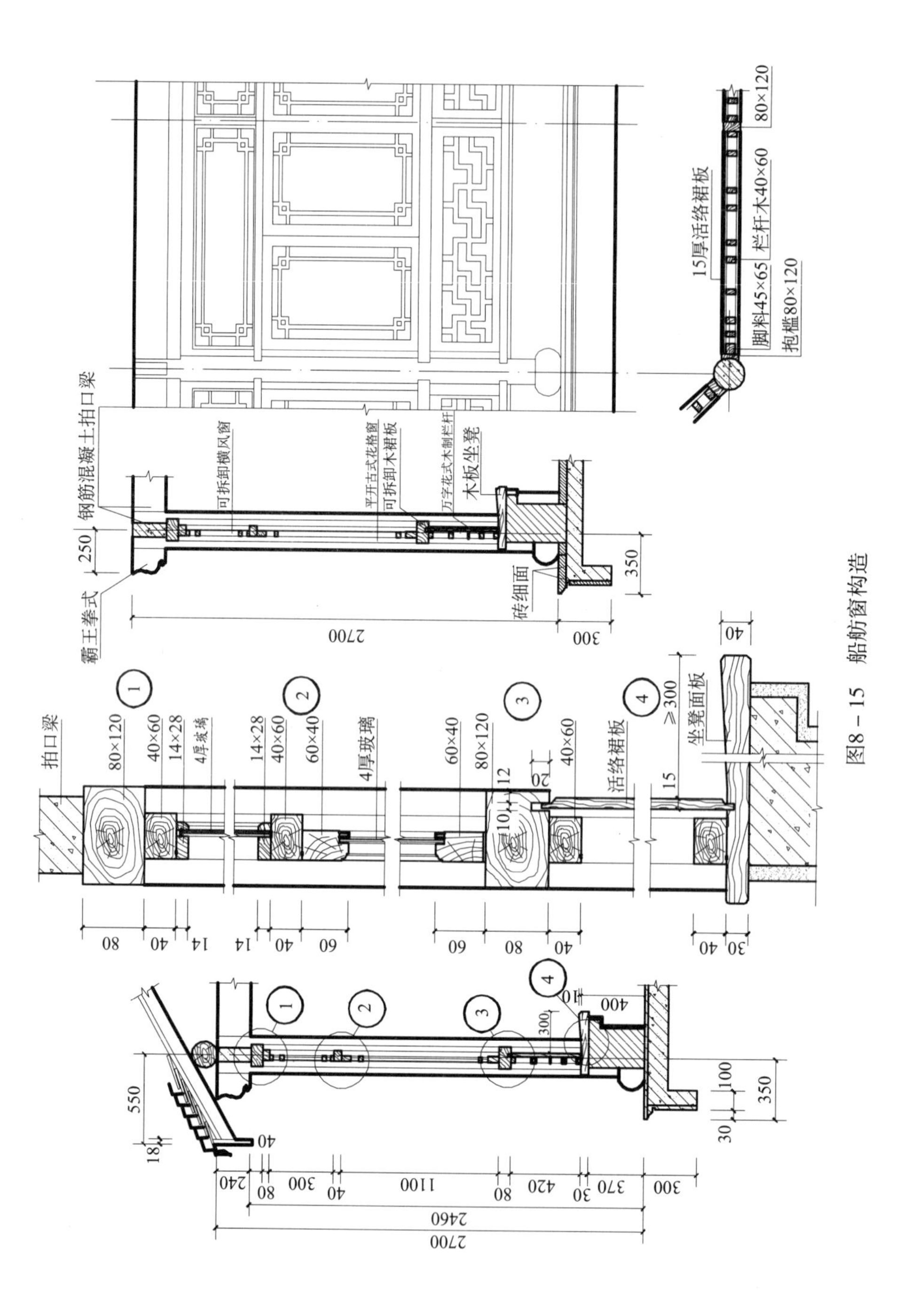
钢筋混凝土拍口梁
霸王拳式
可拆卸横风窗
平开古式花格窗
可拆卸木裙板
万字花式木制栏杆
木板坐凳
砖细面
拍口梁
4厚玻璃
活络裙板
坐凳面板
15厚活络裙板
栏杆木40×60
脚料45×65
抱槛80×120

图8－15　船舫窗构造

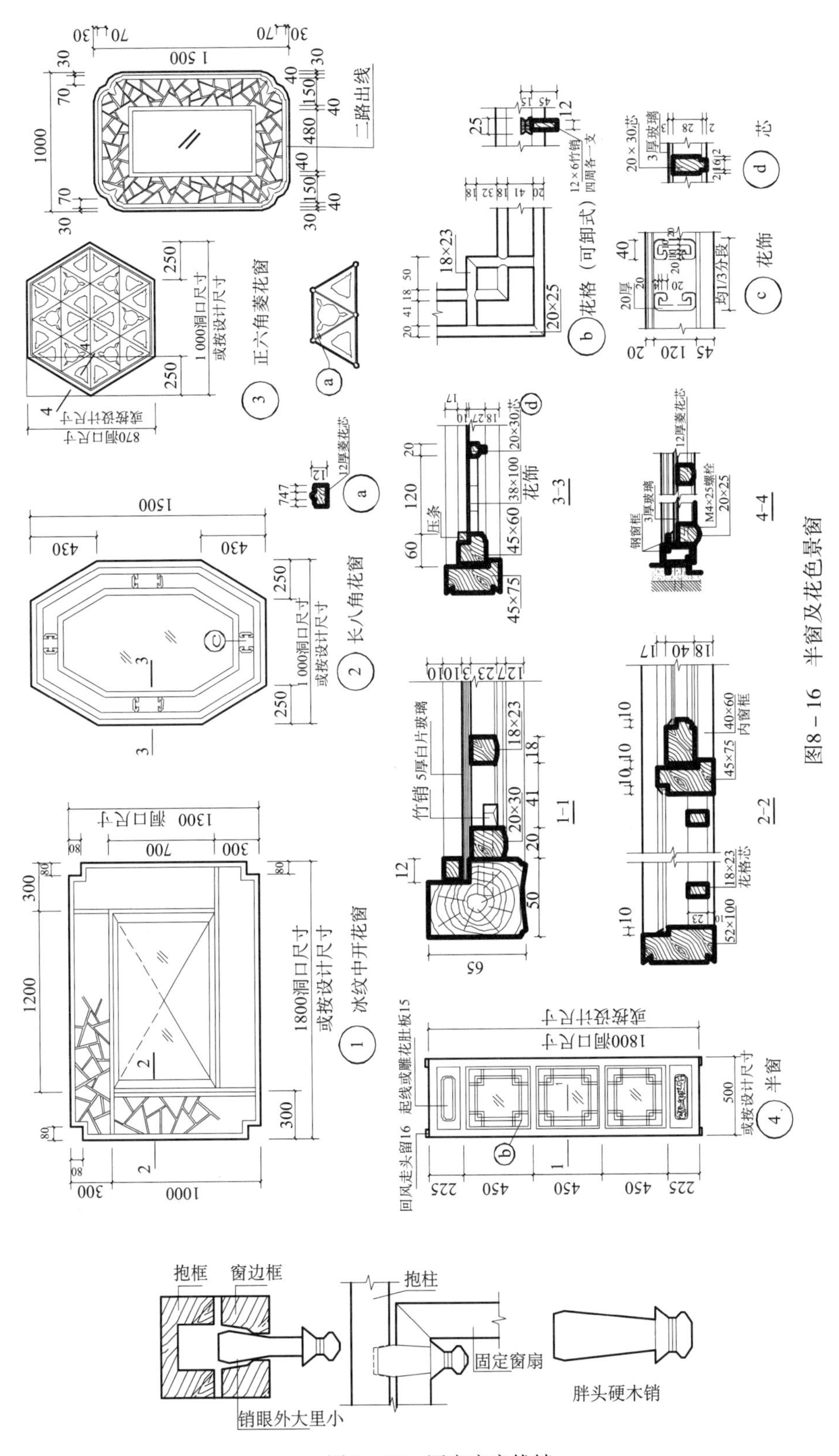

图8－16　半窗及花色景窗

图 8－17　固定窗扇拔销

传统木门窗控制关闭，所谓“关门落闩”的木闩，一般大门都是内开式的，关闭后用“天落撑”竖式门闩。上面插入上楹孔口，下端坐落在门槛后石地栿上的闩眼内，达到封门目的。门楼内石库门常采用横式门闩，将预先留在墙洞（公馆）内的门闩，用时拉出墙洞，延伸到对面浅墙洞闩眼内，定位封门。又有一种活络门闩，两端头插入固定在边栨框上的活络“倒环”，扣住横门闩，再加销固定住。再有外加斜“平字撑”顶住横门闩，后脚落在门后石地坪上撑脚眼内，则可万无一失，永保太平。一般断面以一握手使用方便即可。

窗闩形式，长窗内开者，则以每对窗扇为单元，各自用短横闩插入左右摇梗上开设的孔内固定，而长窗外开者在半腰位，室内设通间长横闩，每扇窗用“羁骨搭钮”扣搭在长闩上的环圈“锁脚环”钉上，定位之。窗扇在适当高度还配置各式铜拉手风圈，或雕花“拉攀”装置。半窗扇的固定方式与长窗基本相同。外开式在内边下捺槛上口设“锁脚环”配合窗扇上搭钮扣住，或改良型用现代式铜插销配置。若半窗扇较高长时，亦有中腰高用长横闩者。此通长横闩为统间设置，一般断面在（50～60）mm×（60～70）mm左右，两头插入固定在左右抱栨框上的“管闩”类似侧楹上开口槽内，扇与闩结连同样用羁骨搭钮和锁脚环相扣，关窗时用风圈拉手配合操纵（见图8－18）。

铜拉手风圈

窗下搭扣

羁骨搭钮

通长横闩及管闩

图8－18　半窗内固定式

传统门窗框、梃合角，一般均采用双榫实肩大割角做法，若是窗扇料看面边框露面，起线型做各式线脚时，则交角处亦相应在交合角面凹凸线脚随着做跟通，组成完整的几何图形线脚型。上框横头料两端留出毛料头，是为防安装前走样，直到立宕口时，埋入墙身固定。窗扇竖边梃上下出料头留“走头”，待整樘窗扇全部组装安置好时，才可适配上、下槛面的铲口和回风槽口，及锯截边框上下端相应留出长短合适的回风走头（见图8－19）。

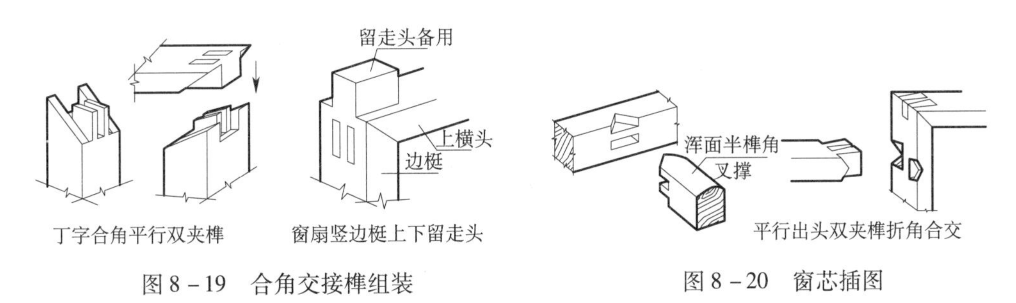

图8－19　合角交接榫组装　　　　图8－20　窗芯插图

门窗芯子棂条不是直接与框梃料相交接合的，而是单独另外用花格栅小框档（收条），镶塞于框梃宕子内，以便日后维修、油漆时即可拆卸摘下，只用明、暗插销固定就可以了。芯子棂条搭成的各种花纹，如宫式的直角线交接，夔式的交接转弯处是带钩头结束的，回纹、冰纹、书条、缠藤等式样由设计决定，但应整体统一考虑，不能像“炒什锦”一样，多种式样混搭一起，会显得混乱不堪的。应明确的是，所有花格棂条的搭接必须用双隔榫结合，直角结合均用大头榫敲合，绝不可用钉子、万能胶之类组接。雌雄榫卯口必须紧密配合，不允许松动，否则只能返工重做。芯子棂条一般在20mm×25mm。若建筑物体量大时，应适当放大些以适应整体比例权衡（见图8－20）。

敞外廊檐口做法是檐下悬置挂落，阶沿口装置木栏杆于柱间抱柱（枕），此料亦作适当调整看面宽窄，为适应挂落和栏杆安装、拆卸、维修、油漆时的便利。安装在边框上一边为固定榫，另一边用竹销、硬木横销固定在柱边抱柱上，捺槛、花罩与抱柱的安装方式基本类似。挂落、栏杆式样常用的有万川、缠藤、冰纹等，基本上与窗棂芯格式一样（见图8－21～图8－25）。

另一种用于室外临空或水池边，亭榭楼阁的廊柱间，装置的“吴王靠”弯曲靠背外倾，上盖梃与转角竖脚用横直榫相连，竖脚下长管脚榫与座槛板面双榫相连。吴王靠箍头合角或尽端处，在上横档盖梃和中横档间，正脚或转角脚上，用ϕ6金属摘钩与檐柱相钩牢。木坐槛板宽400～500mm，厚50mm，离地450mm，以供人坐憩之用。盖梃凿箍头卯口眼，做二面平行合角双出榫大合角，中、下横档两头出双竖透夹长榫叉接合于竖脚（50mm×70mm），转角脚料（立柱）相应放宽斜侧面，竖脚料下方留足管

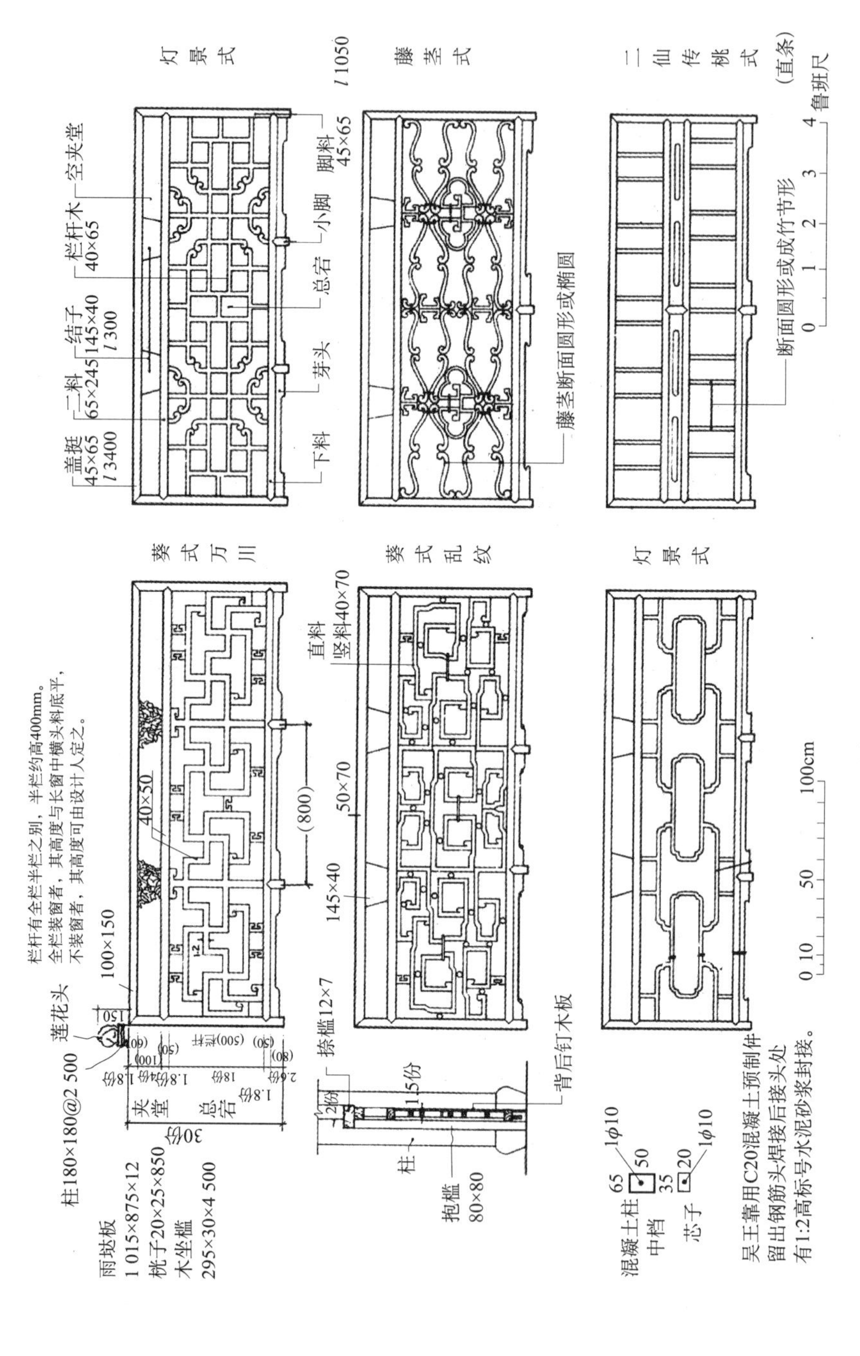
灯景式
藤茎式
二仙传桃式（直条）
葵式万川
葵式乱纹
灯景式
空夹堂
栏杆木 40×65
结子 145×40 l 300
二料 65×245
盖挺 45×65 l 3400
脚料 45×65
小脚
总宕
芽头
下料
l 1050
藤茎断面圆形或椭圆
断面圆形或竹节形
0 1 2 3 4 鲁班尺
栏杆有全栏半栏之别，半栏约高400mm。
全栏装窗者，其高度与长窗中横头料底平，
不装窗者，其高度可由设计人定之。
100×150
40×50
(800)
莲花头
150
柱180×180@2 500
雨挞板
1 015×875×12
桃子20×25×850
木坐槛
295×30×4 500
夹堂
总宕
30份
直料
竖料40×70
50×70
145×40
捺槛12×7
背后钉木板
柱
抱槛
80×80
混凝土柱
中档
芯子
65
50
1φ10
35
20
1φ10
吴王靠用C20混凝土预制件
留出钢筋头焊接后接头处
有1:2高标号水泥砂浆封接。
0 10 50 100cm

图8－21　木栏杆（一）

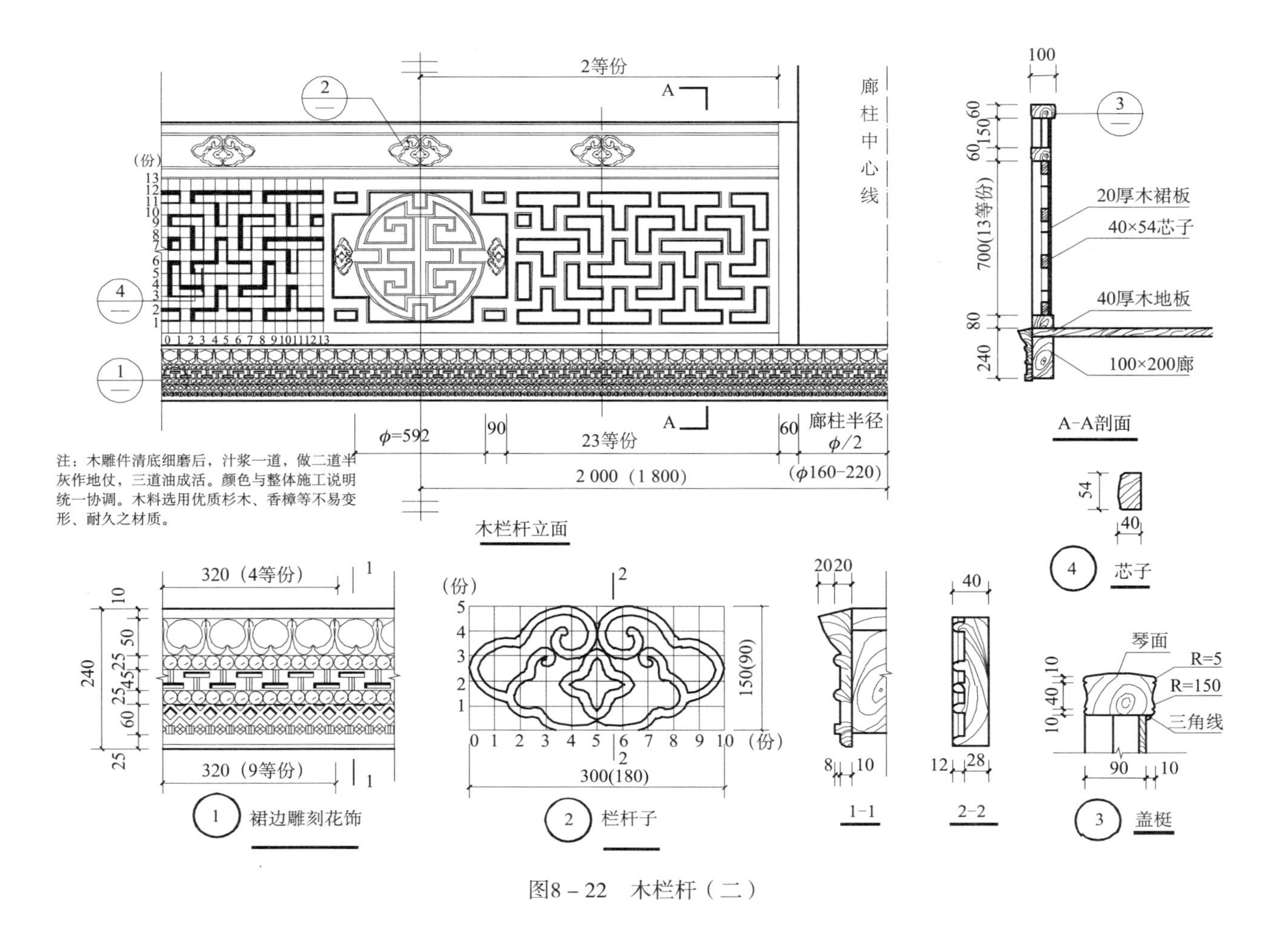

注：木雕件清底细磨后，汁浆一道，做二道半灰作地仗，三道油成活。颜色与整体施工说明统一协调。木料选用优质杉木、香樟等不易变形、耐久之材质。

图8－22　木栏杆（二）

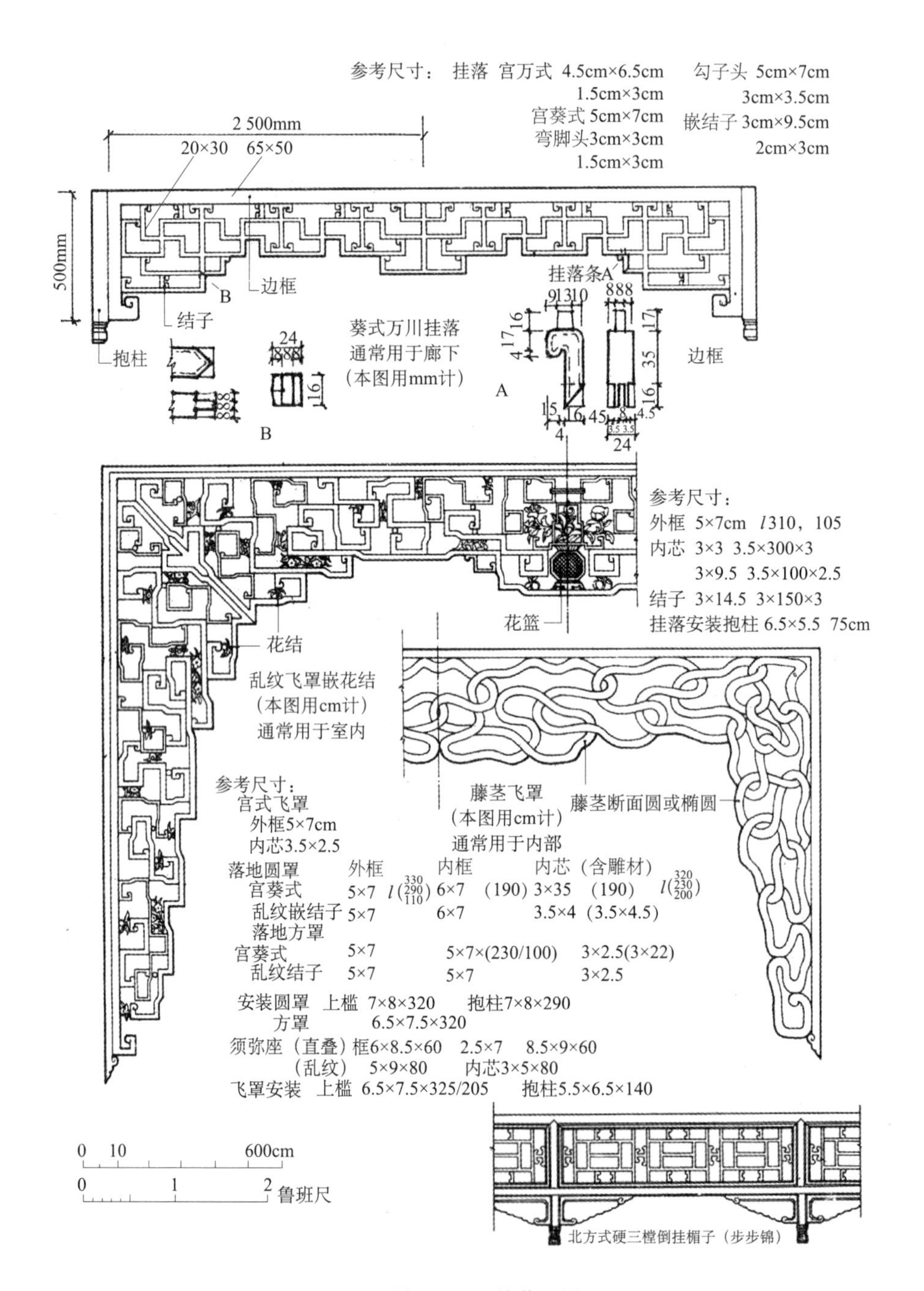
参考尺寸： 挂落 宫万式 4.5cm×6.5cm
1.5cm×3cm
宫葵式 5cm×7cm
弯脚头3cm×3cm
1.5cm×3cm
勾子头 5cm×7cm
3cm×3.5cm
嵌结子 3cm×9.5cm
2cm×3cm
2 500mm
20×30 65×50
500mm
挂落条A
边框
结子
抱柱
B
葵式万川挂落
通常用于廊下
（本图用mm计）
A
参考尺寸：
外框 5×7cm l310，105
内芯 3×3 3.5×300×3
3×9.5 3.5×100×2.5
结子 3×14.5 3×150×3
挂落安装抱柱 6.5×5.5 75cm
花结
花篮
乱纹飞罩嵌花结
（本图用cm计）
通常用于室内
藤茎飞罩
（本图用cm计）
通常用于内部
藤茎断面圆或椭圆
参考尺寸：
宫式飞罩
外框5×7cm
内芯3.5×2.5
落地圆罩 外框 内框 内芯（含雕材）
宫葵式 5×7 l(330/290/110) 6×7 (190) 3×35 (190) l(320/230/200)
乱纹嵌结子 5×7 6×7 3.5×4 (3.5×4.5)
落地方罩
宫葵式 5×7 5×7×(230/100) 3×2.5(3×22)
乱纹结子 5×7 5×7 3×2.5
安装圆罩 上槛 7×8×320 抱柱7×8×290
方罩 6.5×7.5×320
须弥座（直叠）框6×8.5×60 2.5×7 8.5×9×60
（乱纹） 5×9×80 内芯3×5×80
飞罩安装 上槛 6.5×7.5×325/205 抱柱5.5×6.5×140
0 10 600cm
0 1 2 鲁班尺
北方式硬三樘倒挂楣子（步步锦）

图 8－23 挂落飞罩

图 8－24　外栏杆

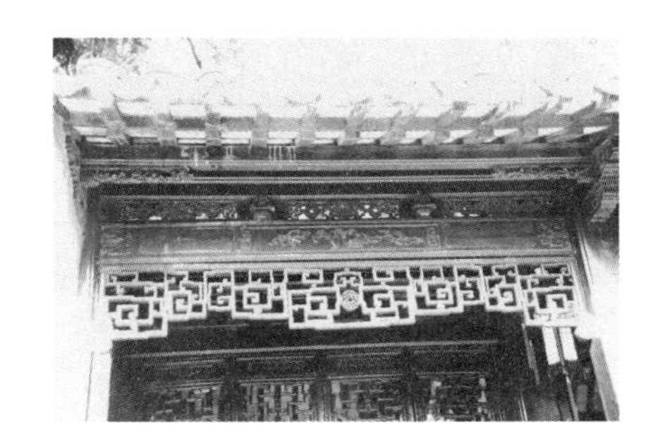

图 8－25　外檐挂落

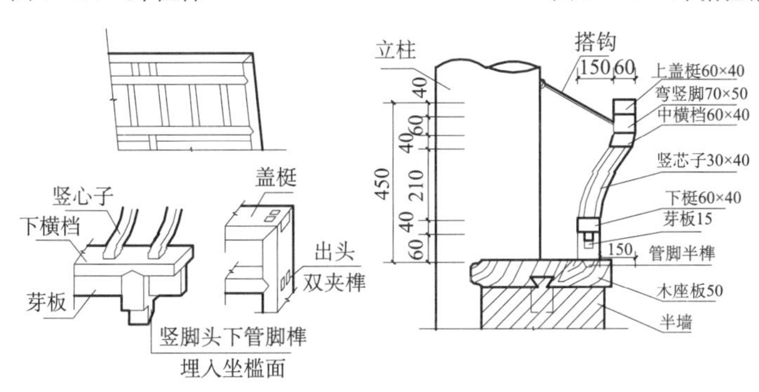

图 8－26　吴王靠

脚榫长，埋入坐槛面，竖芯子直榫依顺纹为准与上下横档相间做出半榫连接，选料常用香樟、柳安、榆木、曲柳等较硬且韧的中性木材，不易开裂变形者（见图 8－26）。当楼房挑出阳台以及用短枋挑出檐墙，下方用斜撑，若鹤颈弯曲状，雕花杆支撑短枋者，称“雀宿檐”（见图 8－27）。

室内装置是比较多样化而复杂的，且制作精细，供近处观赏的，用材相应亦高档，装饰性很强，构件纤细，表面常有各种线型，既要美观，又要耐用。常用香樟、柏树、楠木、银杏，甚至紫檀、红木之类都能见到的。

图 8－27　雀宿檐

传统建筑中室内装置重点在厅堂内，从廊檐上口的挂落、阶沿口的木栏杆，内、外墙口落地窗，花色漏窗外，在厅堂内正间后步柱间分隔空间，常用居中的多扇屏门，分隔成前后厅，分别主、次使用。功能上，前厅主要供主人接待、会客，而后厅则常供挚友或女眷会面雅叙。此屏门亦有正、次统间设置在后步（金）柱间。有选用白缮镶板门，亦有银杏拼板，线刻书画并着石绿染色。作为正厅使用时，通常居中悬挂中堂书画轴卷，屏门上方横置堂名匾额，匾额制作基本同实拼门穿带做法，加拍横头，由清水本色或油漆贴金等工艺做成。左右贴柱面配挂楹联。屏门前置长台、供桌，两边置太师椅一对，左右立柱中缝处侧位设一或二对靠椅、茶几客座。大厅正中有设拼圆半桌，或摆设火盆熏香炉架，两边夹厢亦侧放客座座椅茶几备用。有侧山墙设景窗时，会设半圆桌靠墙或长条桌、琴桌。在厅四角及中堂屏门前长台翘头案桌两端，会各摆置高脚花几一只，几上按季更换盆花应时。后厅靠屏门后，常设罗汉床待客以示亲密无间，知己相聚使用。两厢有设客座椅几或摆设落地木石插屏、自鸣座钟等，并在边桌案头放置供观赏的一些“清供”赏品（见图8－28～图8－31）。在边落的花厅、轩馆书房之类是亲友交往之所在，厅前后分隔则用“纱槅”隔扇、上下段亦按四六分成，而上段往往有用薄板，双面配贴字画，或绷架半透明绢帛，上面亦作画。此时有一种特殊功能，在室内较暗处透过纱槅可望见另外一面向阳明亮处人物景象，而逆向则看不见后面暗处事物。据说专供封建时代“相亲”之用，妙极（见图8－32、图8－33）。

图8－28　厅堂屏门前布局（一）

图8－29　厅堂屏门后布局（二）

图8－30　厅堂屏门前布局（三）

图8－31　厅堂屏门后布局（四）

厅堂两侧，前后厅次间位置，通行于两侧边间的前后空档处，往往用各式挂落、花罩，形成两个空间，似界又连，相互渗透，很是灵动。有圆光罩、落地罩、碧纱橱（隔扇）、博古架等形式（见图8－34～图8～37），具体尺寸均根据现场配置，是传统民居室内装置的一项重要组成部分，起到分隔空间的作用，又具有强烈的装饰功能，工序繁复，做工精致。花罩、挂落等式样众多，玲珑剔透，花色琳琅，皆可由设计者自由发挥。传统做法有藤茎、乱纹、冰纹、整纹，还配有鹊梅松鼠核桃、喜报早春等式样，用料更有紫檀木、鸡翅木等，也是一件高档艺术品，可供赏玩的。

该项花罩、碧纱橱和博古架也常配置在正间边侧缝中位置，为左右夹厢方向。此类构件皆可任意拆装挪动，安装于立柱间，与抱柱框（边框）用横插挂销或溜榫，以上起下落入溜榫槽内，即可完成安装。内装修的槛框档，上、中、下横槛，看面高均为柱径一半，进深厚均按1/5柱径。自下而上依次安装，完成整个槛框宕口，再装置内芯花罩等。芯宕子边框（收条）、棂条选用45mm×60mm和20mm×25mm小看面，大进深。常选用红木、花梨木、楠木、香樟、银杏等雕刻而成。花罩下座常以须弥座式样，有整木座或拼合式，以多层次线脚，三面跟通组合相配，须弥座下与地面预设铁趴锔管脚榫定位固定住，须弥座高不宜超过300mm（见图8-35之②）。

图8-32　正间纱槅，从后厅往前厅看隐约能看清前厅景象

图8-33　正间纱隔向阳，光线强，看不见后厅景象

苏州传统民居中，大户人家的内堂，除内四界扁作大梁、山界梁、月梁（荷包梁）用雕花外，还装置梁垫、蜂头、蒲鞋头及棹木（内）、枫栱（外）等花件，在山界梁中背，设五七式（或斗六升）斗栱一座，顺开间方向，承托脊桁、帮脊木、脊机，在其两侧配置抱梁云和山雾云，是依山尖形空宕尺寸做镂雕花作的，纯粹起装饰功能的遮挡花板（见图8-39）。多架多柱式房架除内四界大梁做轩顶外，常在前檐廊亦做复水椽重轩（见图8-38）。而大厅前后檐的轩廊，对天花顶棚，往往情有独钟地偏爱用各式花色轩顶来装饰点缀，使室内更加美观整齐，还能防寒隔热。在各种形状施以光亮广漆的弯

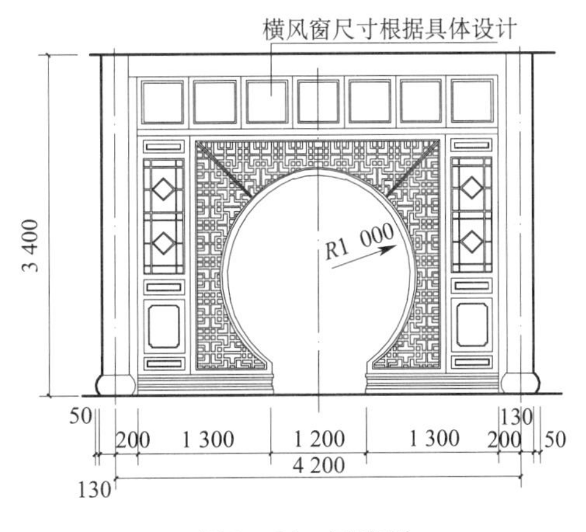

图8-34　圆光罩

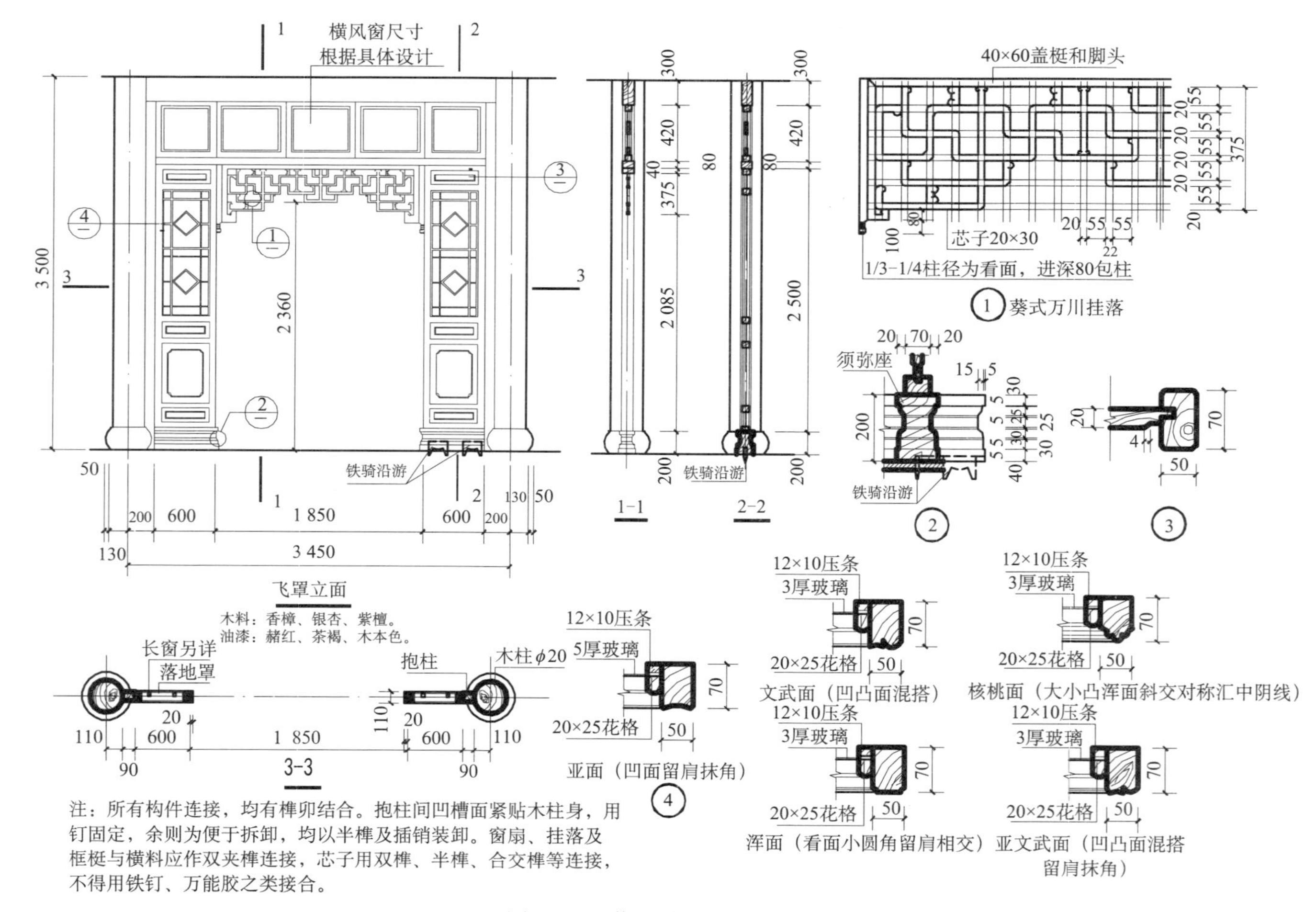

注：所有构件连接，均有榫卯结合。抱柱间凹槽面紧贴木柱身，用钉固定，余则为便于拆卸，均以半榫及插销装卸。窗扇、挂落及框梃与横料应作双夹榫连接，芯子用双榫、半榫、合交榫等连接，不得用铁钉、万能胶之类接合。

图8－35　落地罩

图 8-36 博古架

图 8-37 碧纱橱

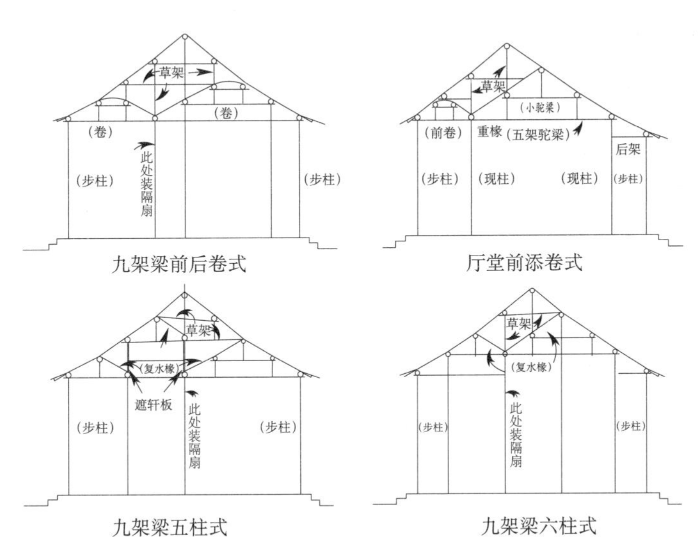

图 8-38 内轩式样

曲椽子间，镶嵌无光泽灰白色望砖，并带白色线缝的细望轩顶，能把半披不整齐的，正屋顶内草架屋面构件遮没，此轩顶会显得格外亮丽醒目。轩椽在不同位置可选用不同形式，如在内廊、走廊进深较浅时通常用最简单式样的“茶壶档”，似茶壶拎攀中部抬高一块望砖厚度的折线型直椽子，一般前后柱间，跨距在 1.0 ~ 1.25m 之间；而“弓形”之轩椽为弧形，随弯轩梁弯曲状，架于檐桁和步枋上，一般跨距在 1.1 ~ 1.4m 之间；“一枝香”常设于内轩前的廊轩内，跨距亦不大，却在轩梁中设坐斗，上架设方形轩桁，左右汇集鹤颈或菱角椽，并在椽下与坐斗间装置抱梁云板作间隔，跨距常在 1.25 ~ 1.5m 之间等，有诸多式样。在内四界的后翻轩顶，多用船篷轩、鹤颈轩、菱角轩、海棠轩等，为跨深较大时选用。轩梁除茶壶档和圆堂（料）船篷轩用圆料外，余则均为扁作，两端参照四界扁作大梁剥腮、挖底、蜂头梁垫装置，架于檐廊柱和步柱间作构架连系之用。若檐廊进深较大时，轩梁上设有两座斗或童柱者，架两根轩桁，

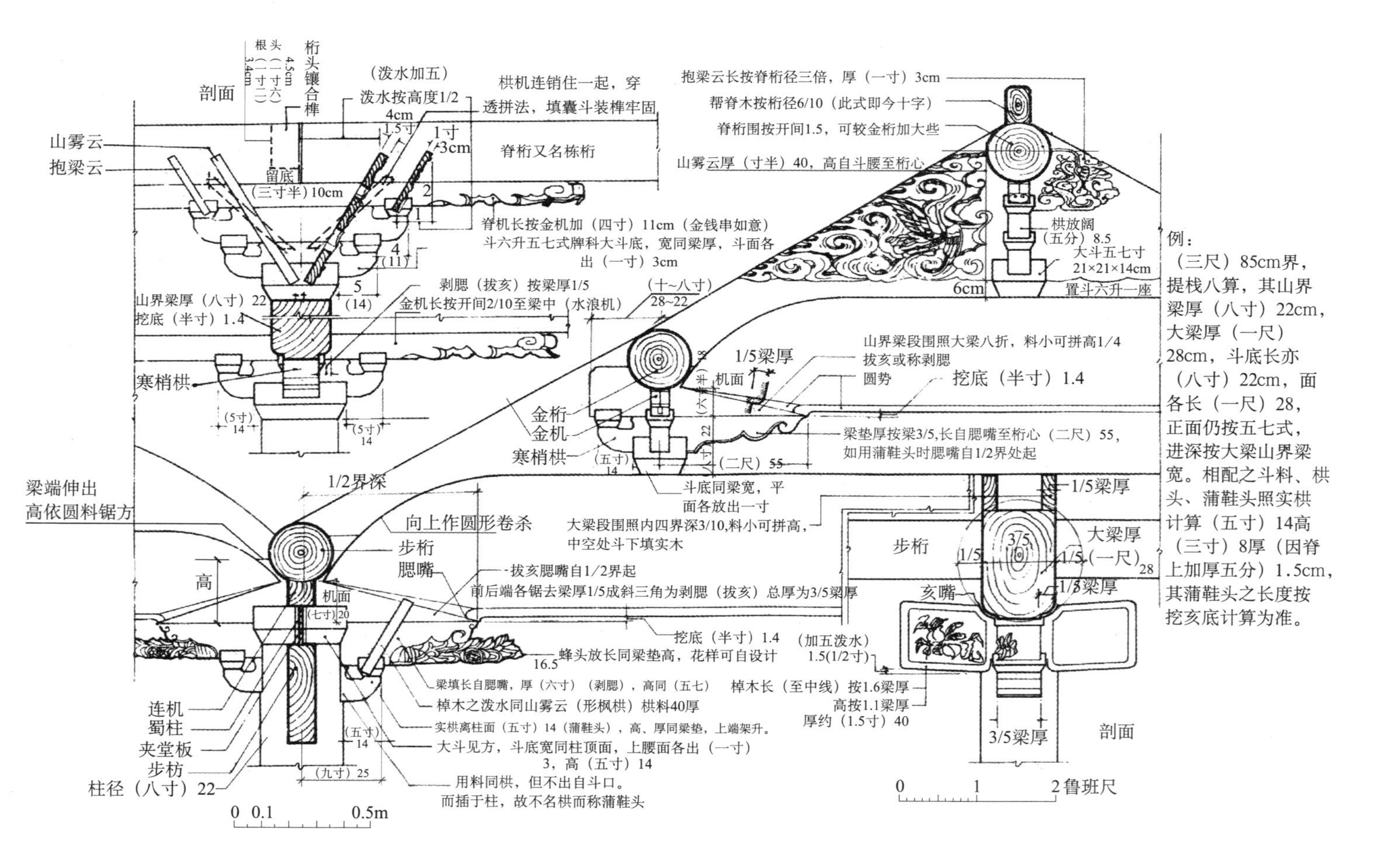

图8－39　木山雾云及棹木

则由另置月梁或荷包梁，架于斗座上，月梁做挖底，荷包梁底凿半圆脐眼，梁背鼓起呈张开折扇状，或收口荷包挂件式样，故名之。轩桁档分成三界时，中间界较小，弧形面顶椽拱起1/10界深，余下两旁常用直椽的船篷轩，亦有用弯椽的则称船篷三弯椽，而选用其他形式的鹤颈状、菱角状或海棠状弯椽中腰做成弯曲尖角凸出者，都是为了造型美观而设，上列轩顶跨深较大，常在1.65～2.75m之间，此时轩梁底辅助梁填（垫）、蜂头下还增加带小斗的蒲鞋头（见图8－40、图8－41）。当“满轩”时，即整屋联轩者，亦可应用梁垫、蒲鞋头附件。各式弯椽由于形状异常，用料较费，下料时应留有余量，依样板落料，栱弯不宜加高，否则木纹易裂，不耐久。上列各式乃是传

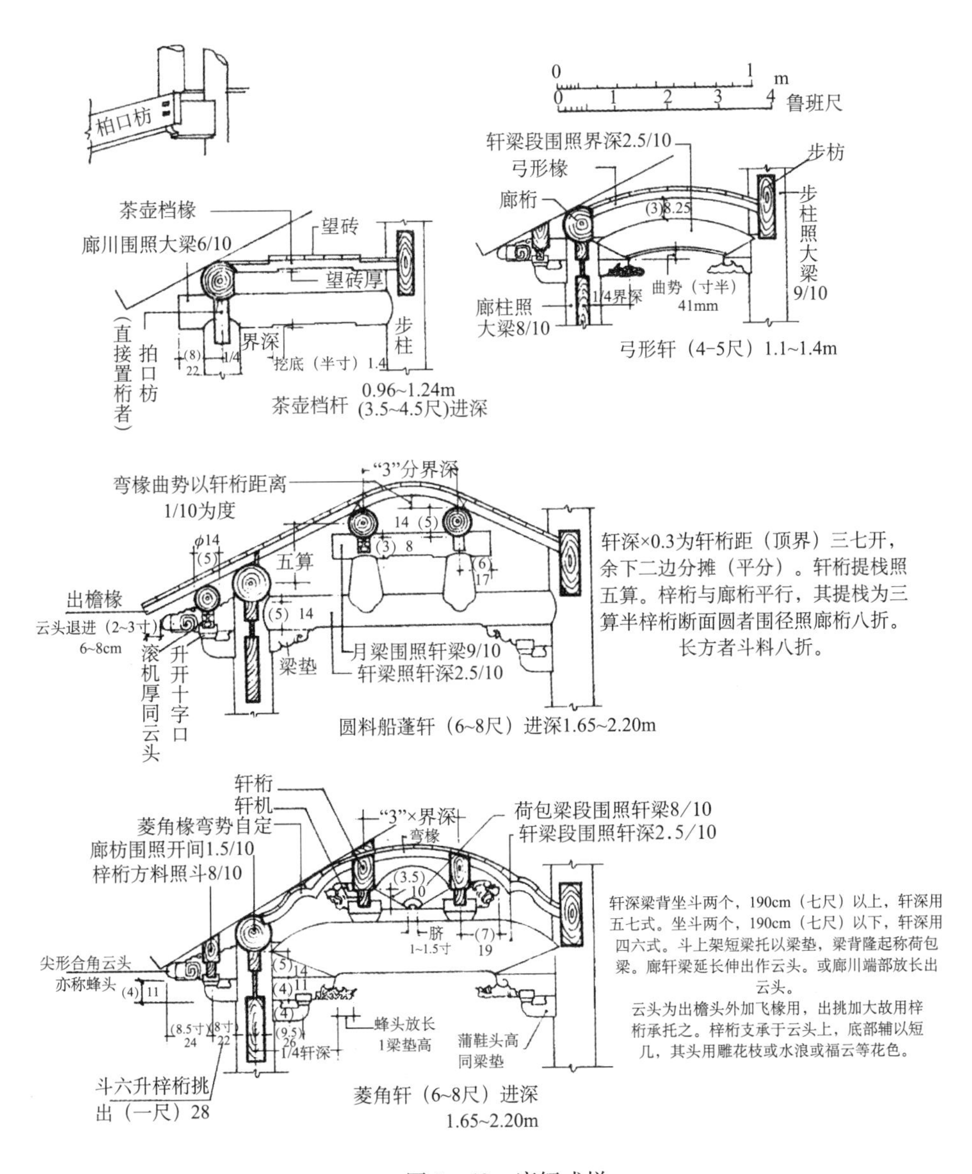

图8－40　廊轩式样

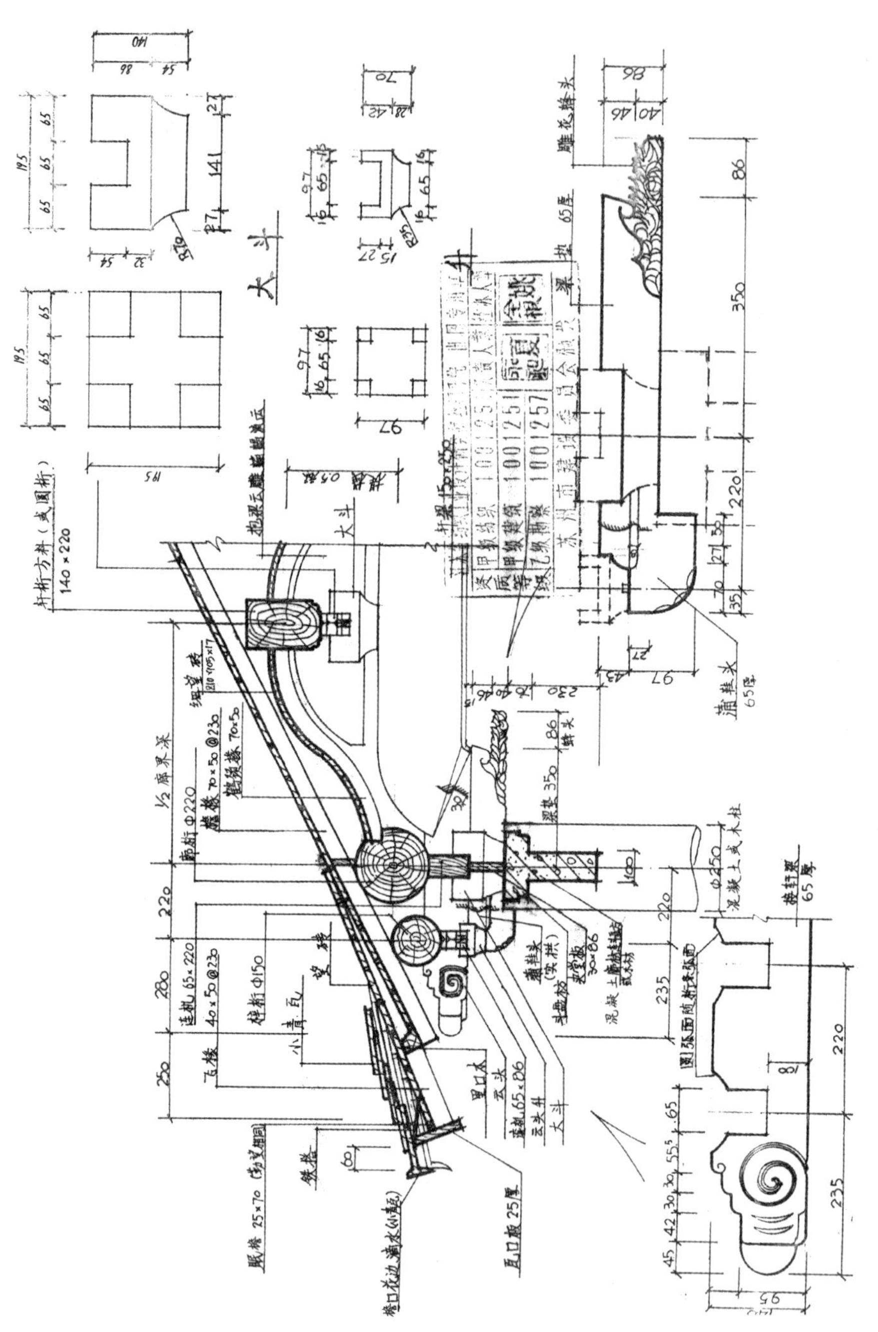

图8－41　一枝香轩顶（手稿）

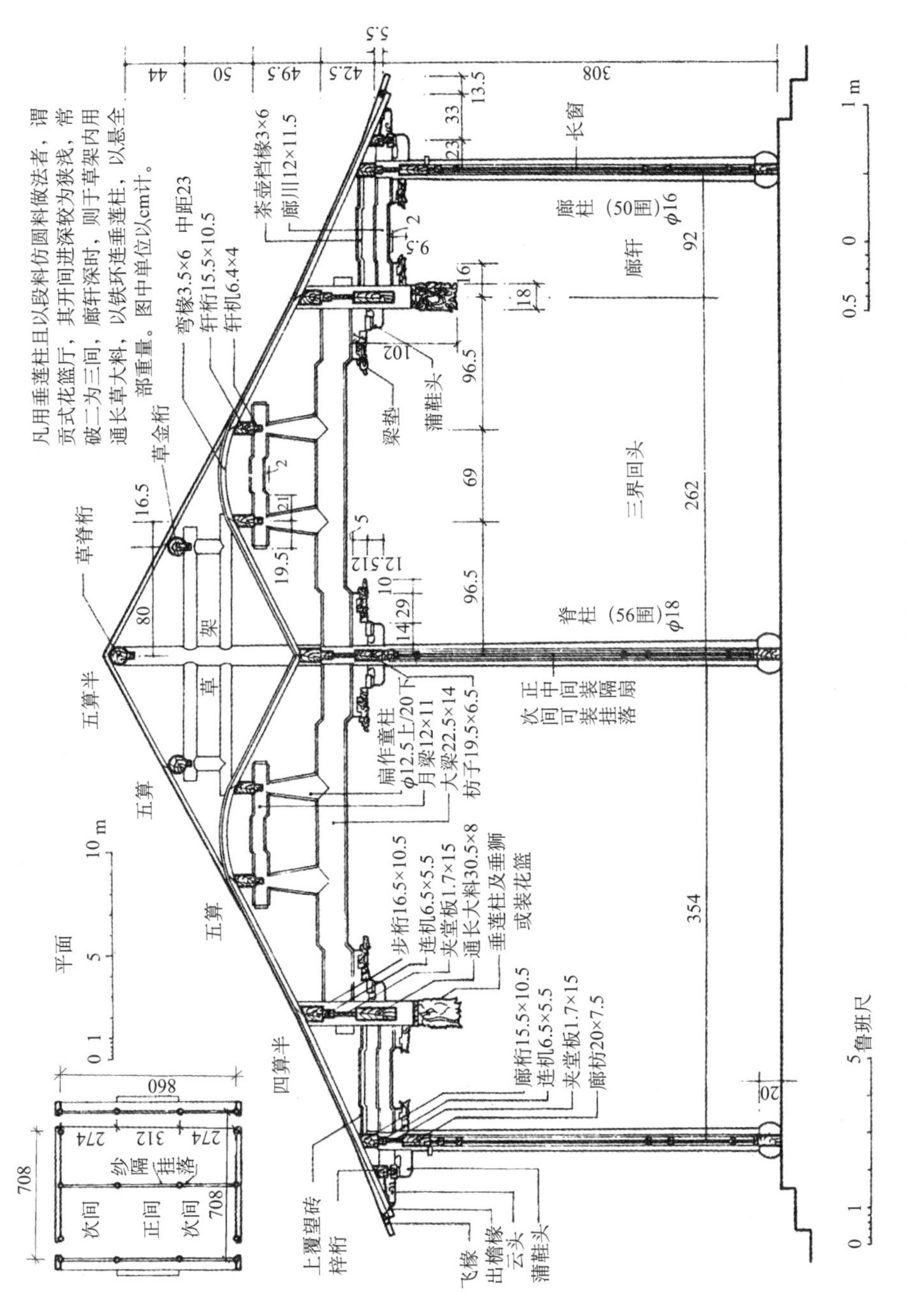

图8－42　贡式花篮正贴式

统做法，其实亦不必拘泥古式，不妨创新式样，只要符合力学受力情况，有何不可另立别意。但注意用材必须选质坚而稳定、不易变形者，如香樟木等。椽型必须一致整齐，桁枋上开凿的“回椽眼”，支承椽条的预留槽眼，必须两面对应排列相同，这样才能圆满地呈现漂亮美观的轩顶造型。

除上列各式轩顶装饰形式外，还有一种亦是苏州传统建筑在厅堂中常见的特殊而别样的装置，名称谓“花篮”厅。规模较小的厅堂，轩屋内取消了前步柱或前后步柱全省了。撤去后，看似步柱悬空吊在屋顶上方，仅露出像一只有镂雕的花篮柱头，挂在前后左右的梁枋下，如此构成满堂的雕花轩顶棚，十分富丽堂皇（见图 8－42，图 8－43）。吊花篮柱头上端是开叉做骑马榫，留榫卯孔夹置轩梁，穿枋，并用铁环、销钉悬挂固定于搁架在两侧边贴步柱上的通长草桁或草梁枋上。因此，开间、进深都不会过分大的，常以此把二开间匀作三开间，用以减小跨距，所有搭搁梁枋均为扁作。雕花构件，用材必须选用坚硬、质密、木纹细腻的，如银杏、花梨、鸡翅木等优质木料做梁枋面雕刻贴花板，外表均精雕细刻，甚至贴金、描金，极富装饰性。用红木、菠萝格、榉木等做立柱、承重梁枋弯椽等。如此精美的重椽天花做法，对于后做的正屋顶木基层，桁、枋、草架梁、椽条只需糙作即可，不必精加工（见图 8－44、图 8－45）。

图 8－43　狮子林真趣亭顶棚

狮子林真趣亭，系花篮厅属，结构特殊，前正檐有两只纯装饰性的花篮吊柱，挂在前檐通长檐口枋中，室内另有两只花篮吊柱，是挂吊在通长硬木顺搁梁上，用铁吊环固定，该梁一头搁置在正檐特大通长檐口桁上，此桁两端各搁置在转角硬木方柱上，而顺搁梁另端与内金柱相交接，内花篮柱上，贯穿的花篮枋，纵横交接成内廊间枋料，承接轩椽搁脚用。横向花篮枋内侧，装贴雕刻山花厚板，轩顶搁置中间菱角轩桁。纵横檐桁下，都设有随梁枋，内侧搁置，船篷轩椽脚。转角并设有斜插转角月梁，顶搁廊轩桁、轩椽。梁枋面均有雕刻镏金花板，装贴面板遮盖。四转角柱头檐口下，外倒挂吊舞狮，外檐口下均设吴王靠座槛，作狮头饰小立柱，内金柱间用纱槅隔断。亭平

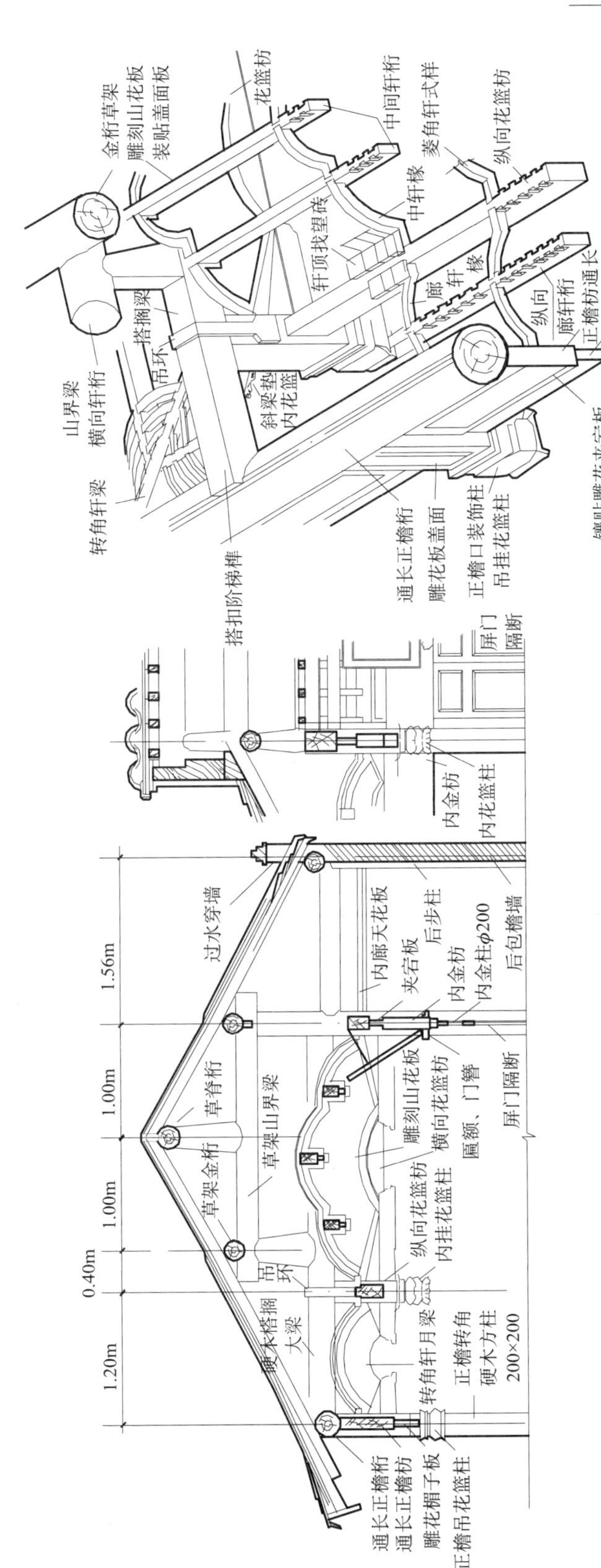

图8-44　真趣亭顶棚构造示意

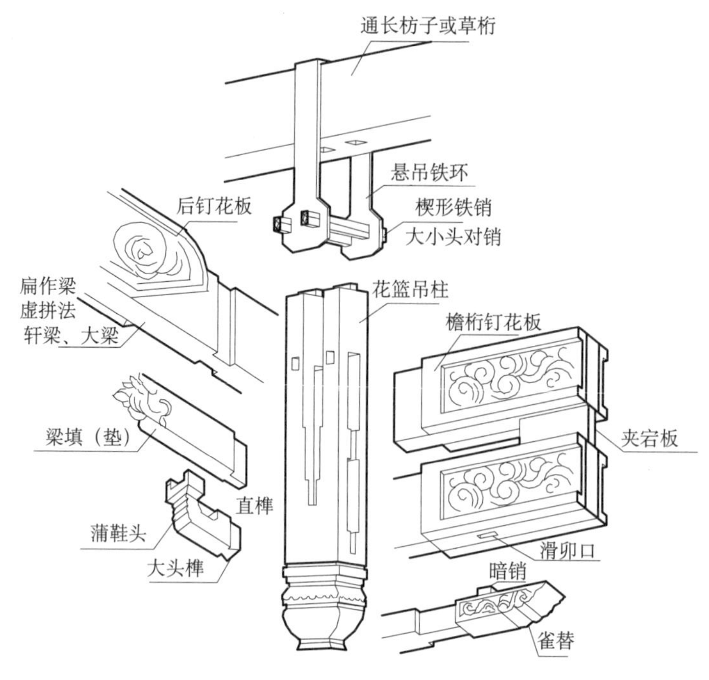

图 8－45　构造分解图

面长方形，后接游廊，面宽 6.20m，进深 5.16m，檐高 3.60m，黄瓜脊歇山顶，嫩戗发戗，前檐翼角翘，后包檐墙屋面排水作过水穿墙处理（见图 8－46）。

亭子中心结构件复杂零乱，往往加顶棚遮挡，以示整齐，但从檐口即加顶棚会显得空间压抑。艺圃乳鱼亭内顶棚构造颇有特色，以四角搭角梁托老戗木挑杆来悬挑内四方搭扣敲合的金桁檩组成高天棚，得到一处可供彩画苏式草龙图纹的地方，亭内顶棚底比檐口的 2.80m 高出 0.40m，顿显空间高敞，效果甚佳（见图 8－47）。

有一种天花藻井，常见于庙宇、宫殿的屋正中，亦见于祠堂、会馆的戏台上方，其构造复杂，有“斗八藻井”用四方井字枋搭角错位、多层逐级收缩、重叠而成，似升箩斗反扣式样。有用华栱飞挑出昂头架梓桁（牌条）汇总，收成中心八角形井顶盖板，中心可彩绘，或倒悬雕饰物，如团龙头口衔长明吊灯等，斗栱式藻井。也有由方形转成八角藻井边再收圆。苏式戏台上空常见用螺旋状多层次的斗栱昂头，逐渐挑出扭转螺旋状伸向圆穹隆顶中心的小圆“明镜”，寓意“天圆地方”、天动地静四面八方、扭转乾坤归太极、一统天下的穹隆顶藻井。一般圆径外口在 3～4m，可做 16 坐斗，层叠 16 皮等分交于藻井弧壁线，间距应适度，为 700～850mm，汇总到小圆井外周亦分 16 份，对应扭转 45°二档位与外周正下坐位连接，如此从小圆井边，正向旋转二档位到外口边交角位置衔接。仰视顺时针转向，即成中位旋弧曲线与高程投影渐变内径圆周中位线相交，便能得到一条渐变抛物线性斗栱坐位的优美曲线了。从静置的雕镂构件组合，看到犹如动态的飞舞效果的旋转斗栱组合，达到观赏特殊而音响微妙的境

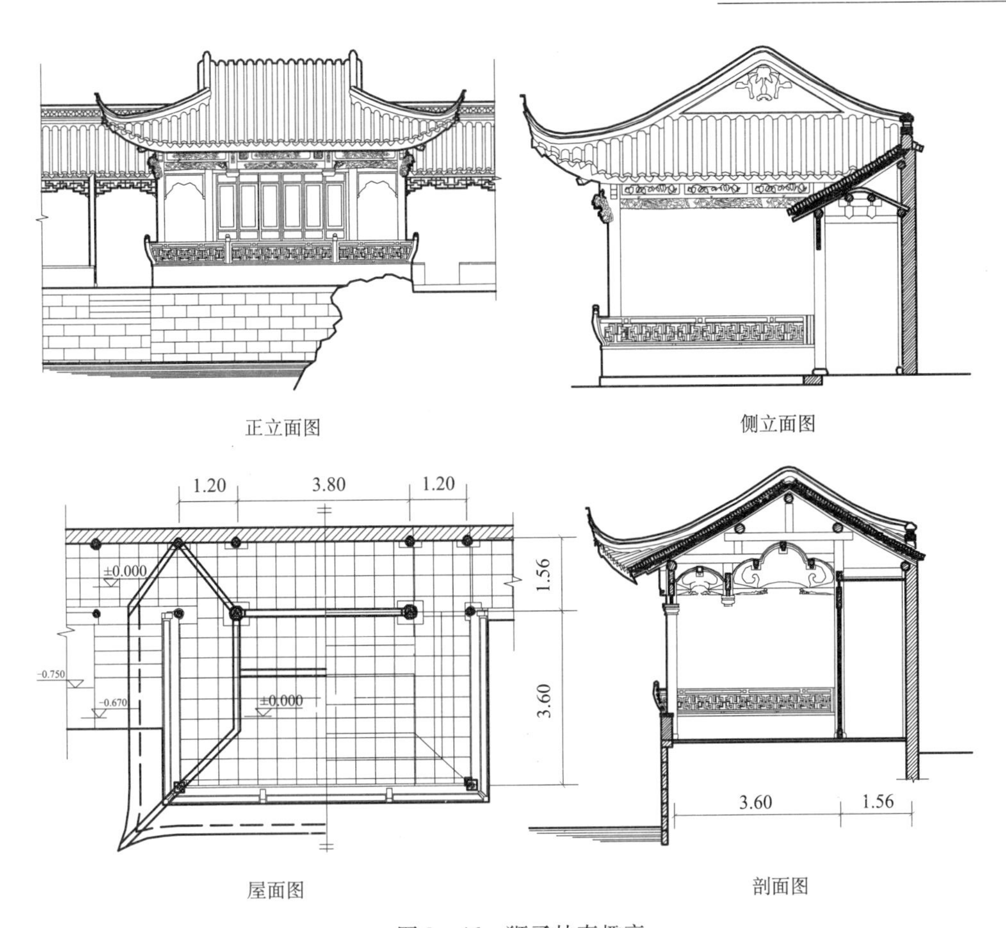

图 8－46　狮子林真趣亭

图 8－47　艺圃乳鱼亭内顶

界。至于侧厢边间，檐廊间往往使用“井口天花”棋盘顶，由天花梁、支条及彩画的天花板组成的格子型天棚顶（见图 8－48、图 8－49）。

苏州民居多有楼房，楼层上下交通必设“扶梯”沟通，常设于天井旁厢房边屋中独立楼梯间，或正间后步柱屏门背后斜设“一步登楼”扶梯。在楼面上开楼梯洞，顺

图 8－48　旋转斗栱穹窿藻井顶

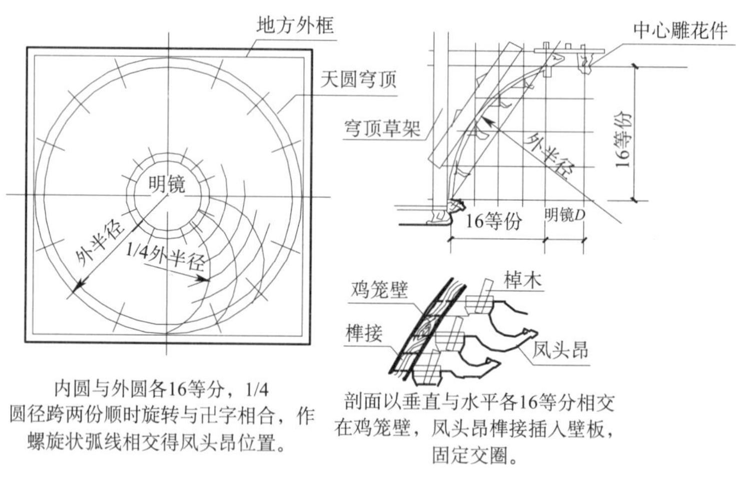

图 8－49　旋转斗栱穹窿藻井构造

扶梯栏杆转身折弯，在洞口设置楼面木栏杆，折向墙身，曲尺型护栏，在楼板洞口支梁、板面安置卧木地栿。固定在转角望柱（小立柱），与栏杆（寻仗）榫卯交接，宕口布设棂子直楞（花柱）或加中下串（横档）、花板、花瓶小蜀柱等装饰构件，构造基本榫卯接合与栏杆做法相同。木扶梯传统做法都是由两旁侧二根斜梁（颊）上开凿相互垂直的踏面板和踢脚梯板卯口刻槽内安装而成，斜梁中段每隔 3～4 级设横拉杆（棍）加以锚固锁定，防其散架。过去限于空间使用，常以一丈高作十二级，每级高、宽在八寸以上（260mm）。踏高明显比现在“规范”要高许多，通常日用高、宽之和在 450mm，而踏面宽也远大于 260mm，这属于正常使用范围，所以，有些老房子的楼梯，走起来颇感吃力，多在 45°陡峭之势。楼梯栏杆涉及安全，故护栏立柱与支梁的连结至关重要，千万不能马虎，交接榫卯节点务必认真对待。梯段宽度，民居中通行人数不多，居 1000mm 宽多数。现今依照民用通则要求，根据用途不同而设定，更有防火规范规定，都要相应对照选用（见图 8－50～图 8－53）。

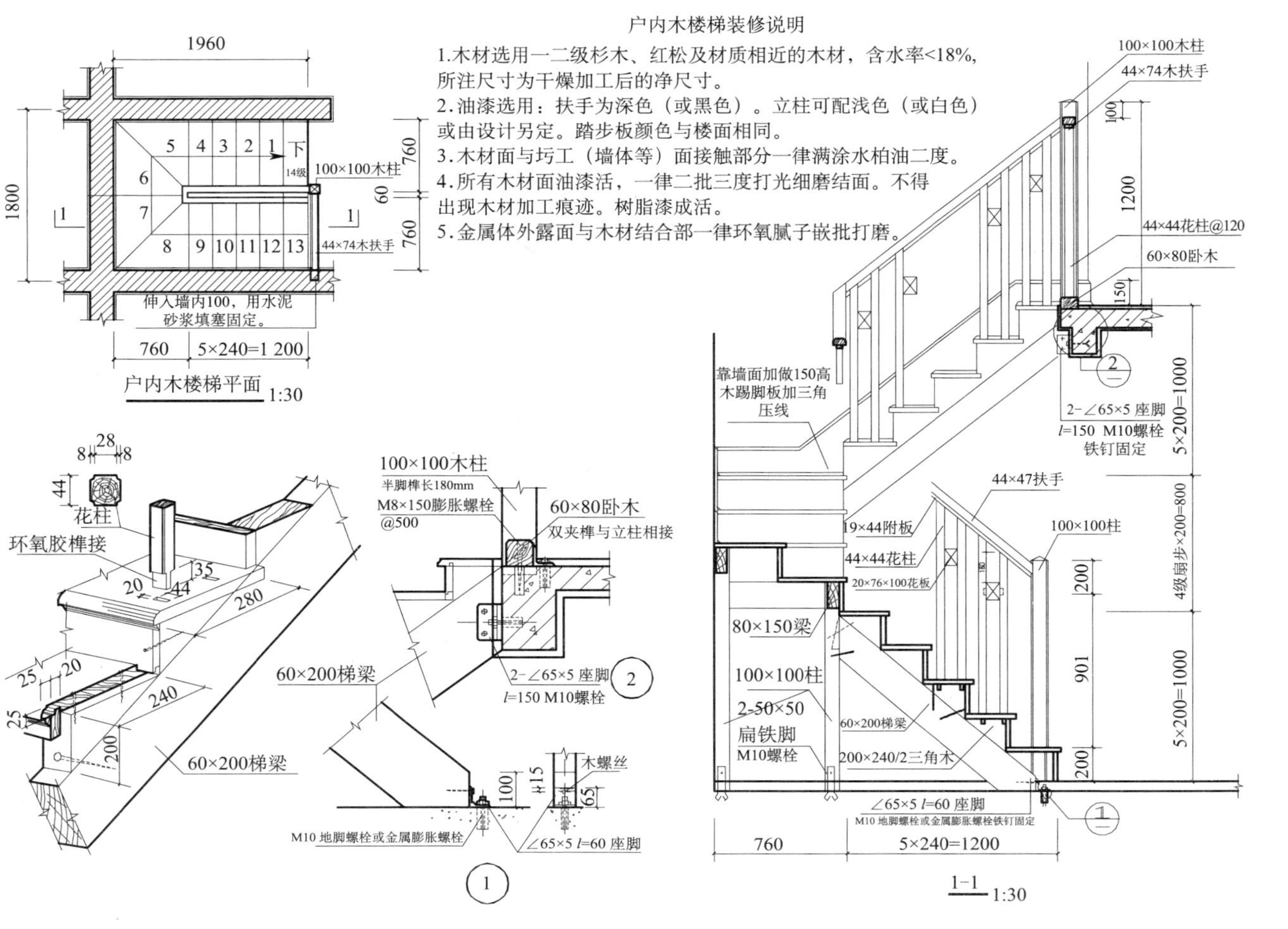
户内木楼梯装修说明
1.木材选用一二级杉木、红松及材质相近的木材，含水率<18%，所注尺寸为干燥加工后的净尺寸。
2.油漆选用：扶手为深色（或黑色）。立柱可配浅色（或白色）或由设计另定。踏步板颜色与楼面相同。
3.木材面与圬工（墙体等）面接触部分一律满涂水柏油二度。
4.所有木材面油漆活，一律二批三度打光细磨结面。不得出现木材加工痕迹。树脂漆成活。
5.金属体外露面与木材结合部一律环氧腻子嵌批打磨。
1960
1800
100×100木柱
44×74木扶手
伸入墙内100，用水泥砂浆填塞固定。
760
5×240=1 200
户内木楼梯平面 1:30
花柱
环氧胶榫接
60×200梯梁
100×100木柱
半脚榫长180mm
M8×150膨胀螺栓
@500
60×80卧木
双夹榫与立柱相接
2-∠65×5 座脚
l=150 M10螺栓
木螺丝
M10 地脚螺栓或金属膨胀螺栓
∠65×5 l=60 座脚
44×44花柱@120
60×80卧木
靠墙面加做150高木踢脚板加三角压线
2-∠65×5 座脚
l=150 M10螺栓
铁钉固定
5×200=1000
4级扇步×200=800
44×47扶手
100×100柱
19×44附板
44×44花柱
20×76×100花板
80×150梁
100×100柱
2-50×50
扁铁脚
M10螺栓
60×200梯梁
200×240/2三角木
∠65×5 l=60 座脚
M10 地脚螺栓或金属膨胀螺栓铁钉固定
5×240=1200
1-1 1:30

图8－50　户内木楼梯

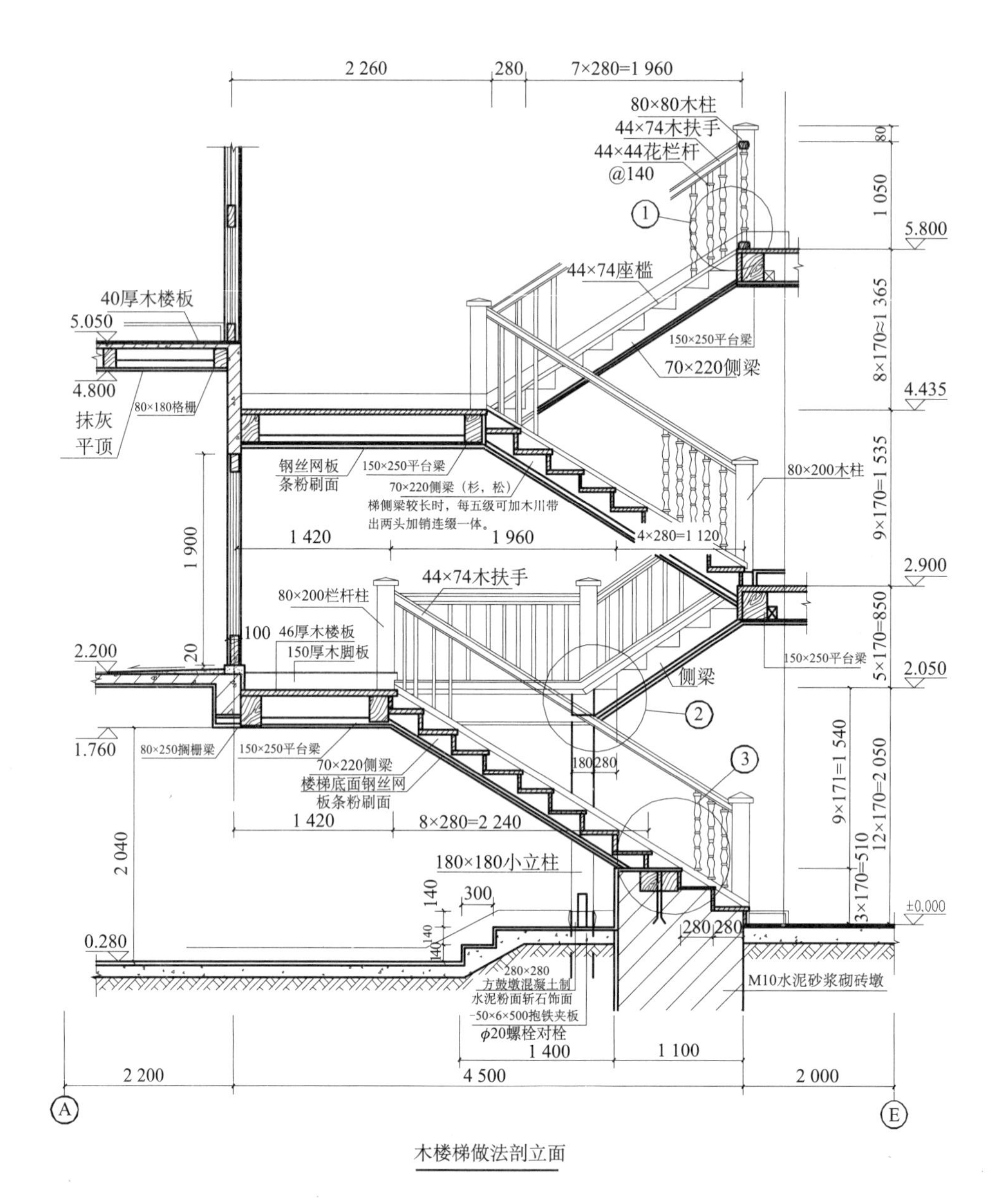

木楼梯做法剖立面

注：1.本图所示木楼梯选用白松（或杉）木。

2.折梯段下加立小木柱180mm×180mm，下端管脚榫立于280mm×280mm×140mm方鼓墩（混凝土柱脚，基础筑于地面上），铁夹板固定。

3.栏杆座槛，加暗销用钉固定于梯梁及楼板面上，水平两端头与立柱榫卯接合。

4.外层一律用耐火涂料（>1h）作外装修。

图 8－51　木楼梯剖立面

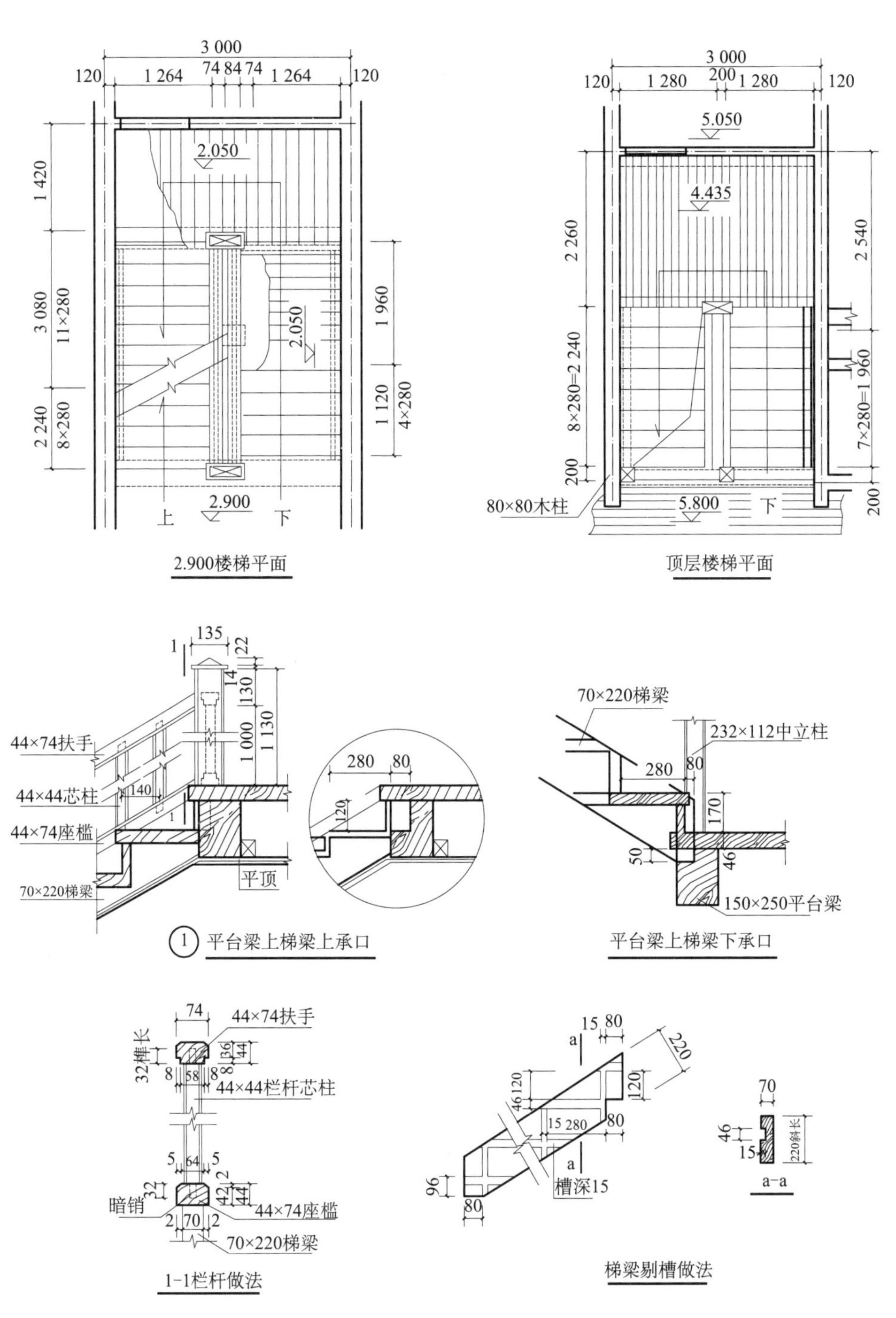
3 000
120
1 264
74 84 74
1 264
120
2.050
1 420
3 080
11×280
2 240
8×280
1 960
1 120
4×280
2.900
上
下
2.900楼梯平面
3 000
120
1 280
200
1 280
120
5.050
4.435
2 260
8×280=2 240
200
2 540
7×280=1 960
200
80×80木柱
5.800
下
顶层楼梯平面
135
22
14
130
1 000
1 130
44×74扶手
44×44芯柱
140
44×74座槛
70×220梯梁
平顶
280
80
120
平台梁上梯梁上承口
70×220梯梁
232×112中立柱
280
80
170
50
46
150×250平台梁
平台梁上梯梁下承口
74
44×74扶手
32榫长
36
44
8
58
8
44×44栏杆芯柱
5
64
5
暗销
32
42
44×74座槛
2
70
2
70×220梯梁
1-1栏杆做法
15
80
220
120
46
15
280
80
96
80
槽深15
70
46
15
220斜长
a-a
梯梁剔槽做法

图 8－52　木楼梯详图（一）

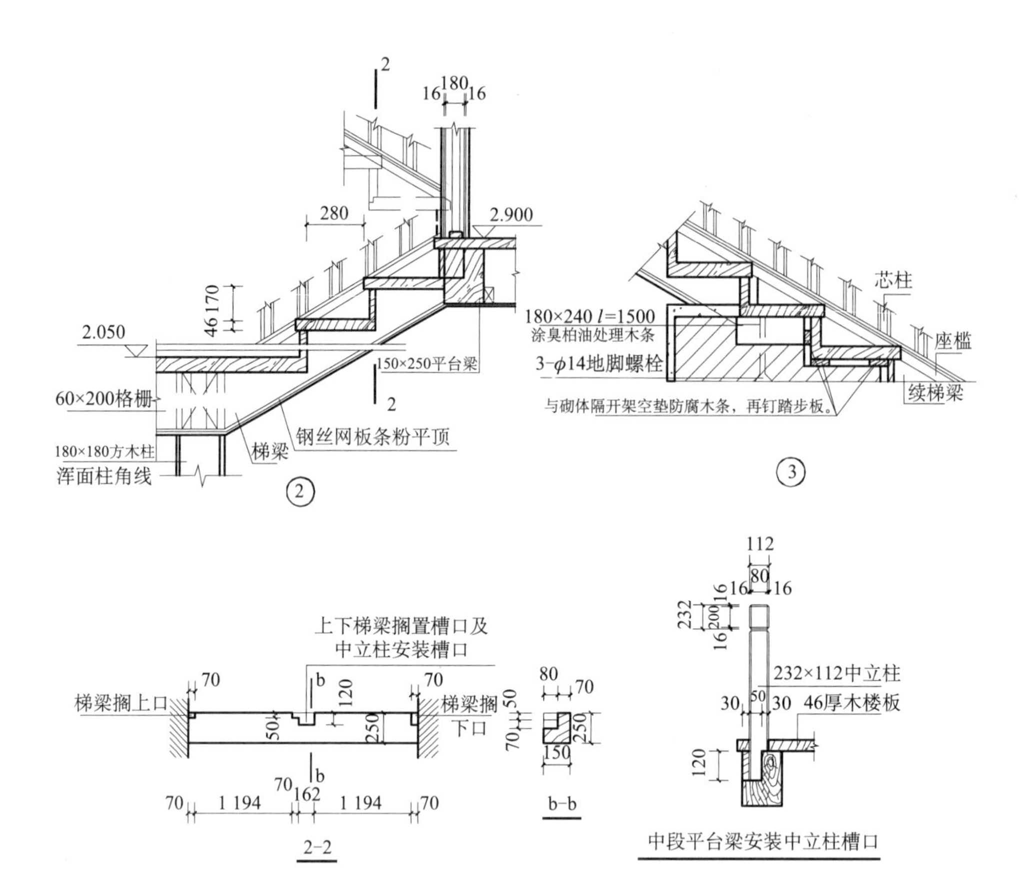

参考数据：

梯侧梁截面投影之极限跨度（参录自苏联TД定型细节图集）（单位：mm）

楼宽 \ 截面	60×200	60×220	60×240	60×260	60×280	60×300
1 000	2 900	3 250	3 550	3 850	4 200	4 500
1 200	2 400	2 750	3 000	3 200	3 500	3 700
1 400	2 000	2 350	2 550	2 750	3 000	3 200

适用楼梯坡度有：

楼梯坡度	水平夹角	踏高	步深
1:1.75	~34°40′	165	290
1:1.5	~42°20′	175	260
1:1.15	~59°40′	190	220

注：投影荷载为400kg/m²,及自重为50kg/m²计算。

30 20
~782
30 44

车木栏杆芯柱
（方案任选）

图8－53　木楼梯详图（二）

第九章　髹漆·彩画

苏州传统建筑中彩绘极为稀少，当时有资格用到彩绘的都要有一定身份，甚至油漆用色在封建朝代都是明确规定的，不可越雷池一步。且江南地带湿气太重，每年梅雨的季节，石础、砖地面，处置不当将是湿漉漉的，粉质彩绘更易受损。遗存所见，仅有在官衙府邸中，大堂内房梁上还能看到，形式犹如用彩色锦缎、绫罗包裹而成。其实自汉代以前，尚未有油漆彩绘装饰时，而只用布帛、绸缎包裹构件，悬挂室内，分隔内外宫室，因此唐宋明清彩画梁柱上纹饰常以织物花纹为蓝本。而像北方官式中，有以苏式彩画、山水花鸟等作为枋心彩绘题材，代替龙、凤固定规制，这只有在北京故宫、颐和园内非正式殿宇建筑中可以看到。晚清时期已和官式彩画的程式融合一起，但仅在梁、枋等包袱心上有所表现。至于彩绘程式、规格、花样选用何种式样组合都有一定规矩，箍头、找头、枋心、盒子应如何配合，都由设计者根据业主身份、爱好才能精心调配而成，有关专著中皆有详细诠释介绍。而苏州传统建筑中油漆为主，广泛使用纯天然生态的“广漆”，它不像现代涂料，多用各种有机溶剂调合，竣工后会长时间散发溶剂中有毒有害气味，损害人体健康。

苏州传统建筑的油漆工序，基本分木基层的处理，即将原木料表面进行清理。经过砍、挠、楦（塞）缝、下竹钉、清洗后，操底子油一道作底，然后按要求做面层油漆的“地仗”基层，按标准有“一麻五灰”等，披、嵌、刮底，粘布加麻丝，最后细磨、沾生（桐油）完结。一般建筑可省却“使麻”工序做“四道灰”，不受风雨侵袭部位更可做“三道灰”；门窗、栏杆、挂落、插芽（替）等木雕刻件，做“二道半灰”即可。现今尚有抹灰、水泥墙面等处，可做“二道灰”。如在混凝土梁柱面，不可“使麻”、“贴布”。以上“地仗”打底，必须按要求认真做好，不然面上做得再好，底子虚空，最后表面将会产生龟裂、脱壳等情况，至此除非铲底重做。以上工艺做法，因施工图中仅以说明要求，无法图示，所以在“施工总说明”中，一定详细规定要求，说明白。

面漆色彩，在苏州传统建筑中比较简单，特别在民居中仅限于素色，如茶褐色、棕色、黑色而已。市肆、农居在白木构件上也有仅施以熟桐油（光油），加入定量催干剂、松香水调制后涂刷表面，即可起到防水防潮作用。既便于施工、维修，又价廉物美。按油漆工程传统常规一般都是“三年二头”就要重漆一遍，这算是夸张说法，三年、五年总得轮回一遍吧！当然像彩画沥金这样的工艺，十年、二十年也得维修一遍了，费用不菲。因此在选择规格、档次用料时，应酌情认真从事，综合考虑，不能光顾眼前效果，一时冲动，当后继乏力时，就十分尴尬了。

传统油漆，虽已没有人再去现配现做了，但对于一些古建维修时，可能要求按原工艺施工，因此也有略作介绍的必要。

先介绍基础材料北方官式做法的配制。

（1）熬制“灰油”（表 9－1）

先将一氧化铅（密陀僧）、二氧化锰（土籽粉）等配料（均为金属催干剂）下锅，炒干、炒熟后倒入生桐油继续熬制到挂旗状，当油滴入冷水中不扩散即告成。出锅晾凉后待用。涂刷生桐油因日晒会变形，所以要炼制熟桐油，加入催干剂后，可增加干燥性和光亮度。

炼灰油材料重量配合比　　表 9－1

季节＼材料	生桐油	二氧化锰（土籽灰）	一氧化铅（樟丹/密陀僧）
春秋	100	7	4
夏	100	6	5
冬	100	8	3

（2）油满调制

过去用面粉是取其有韧性，加入稀石灰水搅拌成糊状，再加熬制好的“灰油”调匀即成，呈白色膏状物，称“油满”。具有干燥快，黏结力强，不怕水，不怕油和防潮、防霉功能。其石灰水掺和量，比较实用的配比为白面 1 份，石灰水 1.3 份，灰油 1.95 份（重量比），此为原浆汁。以 1 份“油满”，1 份血料，再加 20 份水调匀成“汁油浆”操底子油用。

供捉缝灰、扫荡灰、压麻灰、中灰等使用，唯各种料配比，根据用处不同而加减调制。

（3）熬熟桐油（光油、亮油、清油）

少量熬制法：以 2 份苏子油（亚麻仁油），8 份生桐油，入锅熬炼至八成开锅，再将 1% 生桐油重量的干透二氧化锰（土籽粉）催干剂盛于勺内，浸入熬炼的油内翻炸，

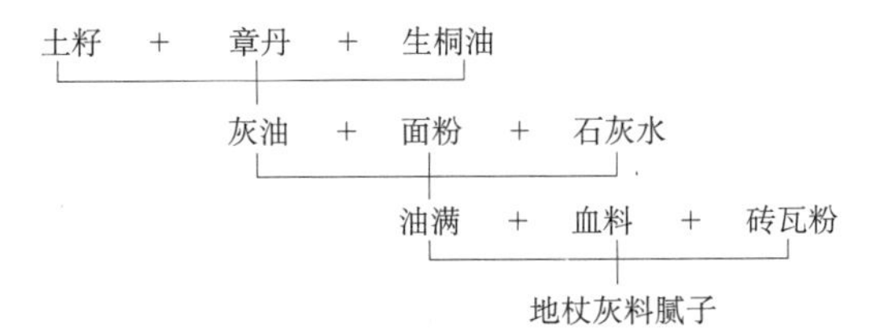

待其炸透，油温在150～180℃，倒入油锅内，炼至开锅后，约在230～250℃时，即捞净渣滓，再用微火炼之。同时提扬油勺放烟，避免油温超过180℃，根据用途而调其稠度，成熟后即灭火，继续舀油放烟。待稍有余温时，再加2.5%油重量的一氧化铅（密陀僧、樟丹、黄丹粉）搅匀，及时撤火出锅，否则油温升至280℃，再耽搁7～8分钟就会凝成胶状，不能使用了。然后盖好存放，即可待用。大量熬炼时可先将5%苏子油重量的干透、整齐的二氧化锰浸入熬沸的苏子油内，搅翻浸炸，同时舀油放烟。熬炼到有黏性时，即可捞净二氧化锰催干剂，出锅后，再以此坯油二成，加入生桐油八成，分小锅熬炼，开锅后即撤火，以微火炼至成熟，调试稠度合适后，即行灭火。出锅后继续舀油放烟，待稍有温度时加入一氧化铅（2.5%油重），盖好存放待用。

生桐油中桐油酸存在两种"同分异构"现象，即有α和β两型，由于分子排列不同，性能也就各有差异，α型活性较大，易氧化聚合结膜，而β型较稳定，不易氧化聚合成膜，抗皱性和耐候性亦α型优于β型。新榨的生桐油几乎都是α型，经日晒久存后，会逐渐转化为β型，能产生白色沉淀。生桐油经加热到260℃以上熬制后，即成为熟桐油，亦是为了使α型稳定住，不易转化分型，达到涂膜光亮、坚固的效果。

（4）发血料

主要以鲜猪血，用稻草或蔓藤茎，在血浆中搓揉研捏，去除血块、杂质。箩箕过滤后，加入4%～5%石灰水和20%清水，点浆，随之搅淘至稠度适度，过3小时后即可使用。紫红色、微腥、胶冻状，密度大于水，耐水、耐油、耐酸碱，与"油满"、砖瓦粉按不同比例，调和成用于不同的地仗上，批刮用猪血腻子。其他牛、羊血及别样动物血，黏性较差不及猪血，一般不用。

（5）砖瓦粉（瓷片粉等）

砖瓦粉是调制地仗腻子中的填充料，按用途不同经加工后分成粗、中、细级粒料，有从16孔/英寸到24孔/英寸，最细80孔/英寸筛眼规格来分级，各自调成捉缝灰、扫荡灰、压麻灰、中灰及细灰等不同细度和强度的灰腻子使用（表9-2）。现在配制腻子一般均用老粉、石膏粉代替了。

新腻子配方（重量比，%）　　**表9-2**

石膏	熟桐油（光油）	松香水	水	颜料
62.5	15.63	18.75	3.12	适量

注：先调成油糊，再少量掺加水调匀。结块即失效，不能再用。

（6）麻丝、粗孔麻布

传统建筑中大型厅堂、庙宇的梁柱面，要披经过梳、拣整理后的麻丝，捻嵌压黏在木基面上，应与横向木纹铺设，重点于木构件交接处、阴阳角，敷铺厚薄应均匀。麻布（夏布）选用新料，因其拉力强，以每10～18线/厘米为宜。

对于传统建筑的木构件，基层未刷油前，均由清底、汁油浆并经多层披灰打腻子，整平磨光，最后磨细、沾生桐油后，结成坚固灰壳油膜的“地仗”，为施油漆前，木料基底和油漆面层的承载平台结合面。其中包括清理木基底面，用砍、挠、撕缝，加竹钉、木条“楦塞缝道”。一般木料清水冲洗即可，但于旧料时有用碱水洗，火碱加水（1∶20）去旧漆皮者，此法有损木质，洗后应用清水冲洗干净。脱漆剂使用便捷，不伤木骨，20～30分钟后即起气泡，漆膜变松软，可铲除旧漆膜，但含有大量挥发性苯等有机溶剂，有害人体健康。还有用火燎烧烤，去除旧漆皮等方法工序，事后必须再用清水冲洗干净。待晾干后，刷一道“汁油浆”操底子油，用油满、血料、水（1∶1∶20）调成稍稠油浆，通遍刷到，接下来可以做披灰，使麻、磨细沾生等工艺。统称为“地仗处理”的操灰做底子层，是为了罩面油漆、彩画工艺做准备工作。这道工序是基础工程，很重要，不能有丝毫马虎，因其直接影响整个油漆工程的成败。

在基础材料准备齐全后，就可以对木基面进行操灰做底子层（地仗）。一般重要建筑的木构件，表面都必须要进行油漆保护处理，以延长使用寿命的同时，还作为适应环境的美化措施，包括色彩、纹饰、图案等覆盖外表面，用多种材料和颜色搭配，涂刷、绘制出华丽丰美的外观，是装饰建筑物的一种实用手段。

苏州传统建筑物是属于地区性档次，由于过去囿于封建礼制约束，对装饰用材，表面处理都有严格规定，不可僭越，否则将受到严厉制裁。因此，苏州传统建筑物外表的装饰处理上，趋于独特的素雅风格，色彩上仅在茶色、褐色、灰色、黑色、白色上做文章，墙面颜色以白色为主，所谓“粉墙黛瓦”，但有一些旧房子的外墙有满涂全黑的外墙，其实这是由一段历史沧桑造成，在抗战初期为防日寇轰炸，而无奈作的玻璃上贴纸格条，大墙面全刷黑这种防空措施。因为民间是不能使用彩绘的，除非是庙宇、祠堂、官衙。受爱美心理的驱使，就在木梁枋侧面、端头进行雕刻，再配以不少雕刻附件，如牛腿、撑杆、窗棂、芯子花格等，其装饰效果并不输于彩画，反而有过之而无不及，更是发展到砖、石、金属面上的雕刻。而北方官式彩画格式（另见后篇），亦还有多种规格档次，使用范围有严格规定，其式样分类做法见图9－1。

彩画配色原则，外檐口为显现挑檐加强进深效果，配色以冷色调青、绿为准，箍头、楞线和枋心用青、绿色调换设置。同样，明间、边间及梢间又互相青绿调换，其间加设沥粉、贴金，并用黑、白或深色勾画压边，用来凸显花纹。垫板通常以银朱油底，再画卷草、云龙纹饰，整体配色效果不致死板一块。为加强立体效果，运用“拉晕色”做法，即以刷色宽度分成深浅三份色阶如“三青”、“三绿”乃逐渐自然过渡色

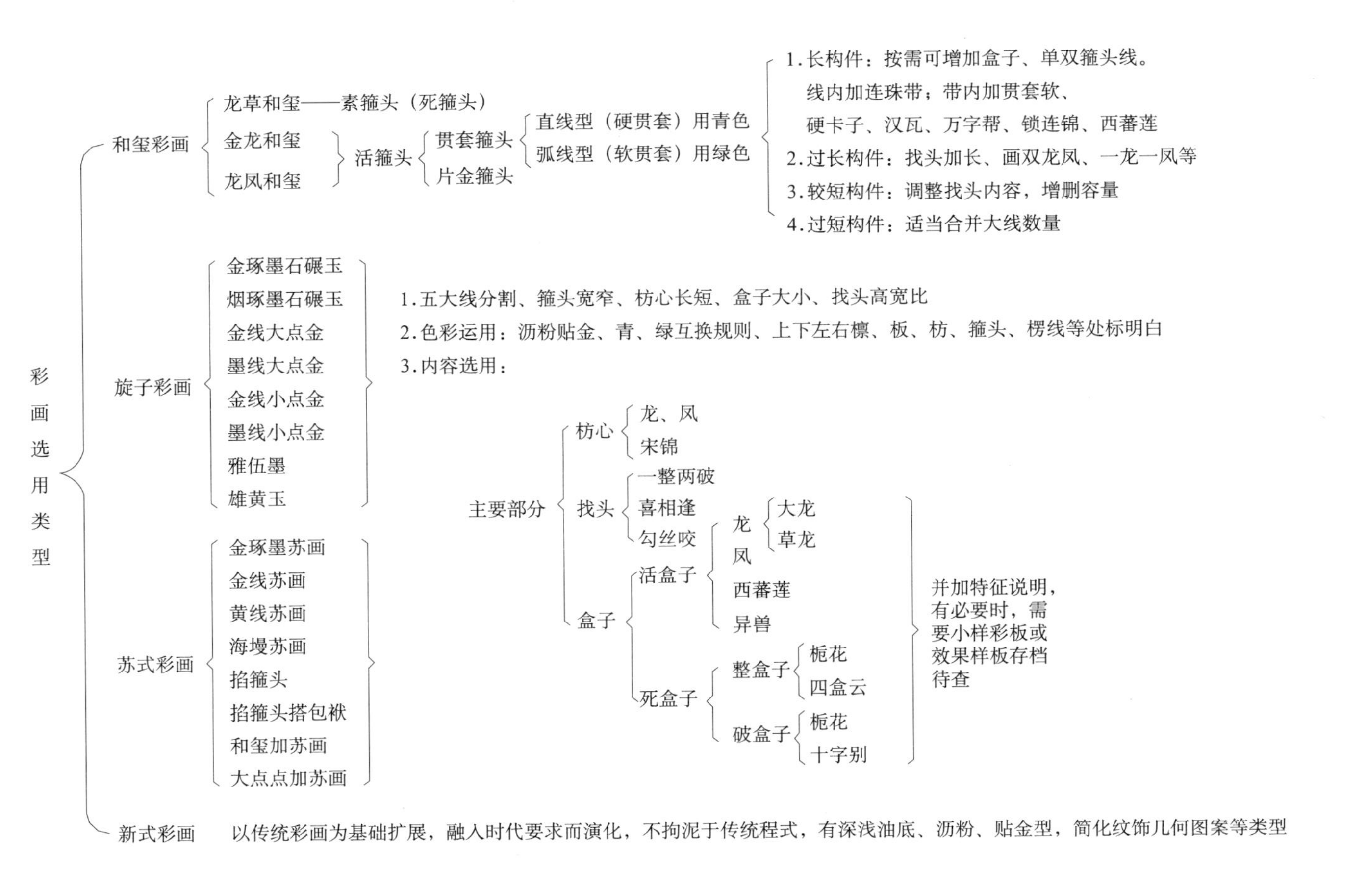

图9－1　官式彩画选用类型

阶，顿显色彩艳丽。靠近金线拉一道白粉线，起到修整金边轮廓的作用。苏式枋心除心框边“烟云托子”运用错色攒退，形成丰富层次的边框线外，在枋心中用色则按照内容，山水花鸟人物建筑等，可尽情发挥，自由运用。总体而言，彩画用色种类较多且繁杂，当须彩画的构件基面上，谱子拍粉、勾线后，必在各细部，分别标注用色名称，以防错色，由于部位细窄常以代码标设，规定为：一为米黄色，二为蛋青色，三为香（土黄）色，四为硝（浅）红色，五为粉紫色，六为洋绿色，七为佛（群）青色，八为石黄，九为紫色，十为烟子黑色，工为银朱色，丹为樟丹，金为贴金，白为粉白。涂底色颜料中加微量光油，作用极佳。调制各种分色，皆源自基本“五彩”常指红、青、绿、黄、紫，为基色调。以红、青、绿为主调，余则分别添加白粉成“二青、三青、硝红”等深浅色阶，或其他颜色配置各项小色，可直接加胶备用。

重要构件（大木）如梁、枋、桁檩、柱、框梃、山花、博风板等外露的大面积构件，清理木基面后，一般都做“一麻五灰”操灰、打底子层的地仗，具体做法是：

（1）首先在处理好的木基面汁油浆，干后，清面。用“捉缝灰”披刮到缝隙内填实，不得留空隙呈虚盖面，干后用缸瓦片、旧金刚石打磨，修整后清扫，用水布掸去浮尘。

（2）第二遍披通灰称“扫荡灰”。在“捉缝灰”面上，通身用“软皮”披刮“扫荡灰”，后面工匠随即跟上用“铁刮板”修边，检点细部，灰厚2～3mm。待干后打磨、清扫，掸去浮灰。

（3）在粘麻丝前，先满刷厚厚一层“油满”与血料为1：1.3调制后的头浆，以浸没麻丝为度，但不可过头太厚，否则会起壳，粘麻丝要铺匀，边角到界，厚薄一致，尽头不能露出麻头，以防日后吸潮，影响木料糟朽。随后用压板轧实麻筋，边角不得翘起露出麻丝头，再刷一遍1：1的油满与水调制的浆汁，涂没麻筋，应不使露出干麻丝头，浆汁不宜过厚，点到为止。然后用压板尖，挑起麻丝，检查有无干麻残留，然后再压紧轧实，全面包裹封闭没头，将余浆挤出，重复一次压轧，检查边角，若有翘裂松动，即予修补。

（4）待1～2日麻丝面干后，打磨至麻丝起毛即可，不能磨断麻丝，进行清扫，掸去浮灰，用“软皮”披刮一层“压麻灰”，来回与麻丝压揉在一起。再以“牛角刮刀”顺势裹掖一遍，操灰做到横平竖直，圆楞清晰，在边框线脚处，应用与不同灰层上、以不同口径合适的“线刮板”，在灰面轧出相应线脚，保持线型整齐、平行、流畅连贯。

（5）待“压麻灰”面干后，用磨具精心打磨，扫帚清扫干净，用干净的抹布掸去浮灰后，可用“铁刮板”满刮、靠披底灰，应为适当厚度的“中灰”一道，不宜过厚，如遇线脚，照例轧出中灰扎线。

（6）待“中灰”干后用金刚石或缸瓦片等磨具将接头磨平，清扫，掸去浮灰。加水调（光油：水为2：6）油浆涂抹一遍。用“铁刮板”修整边角、口面等“软皮”够不到处，仔细找平。干后再用“软皮”（圆面）、“牛角刮刀”（大块面）、“铁刮板”（平面）等专用工具，在不同部位，用“细灰”漫披一遍，厚度在2mm，接茬应平整，有线脚处照例轧出细灰扎线。

（7）待细灰层干后，用细磨具、细砖、瓦片等精心磨去一层皮为止，要求外形整齐规矩，是最终外观标准了。再以丝头蘸生桐油，随磨随沾，揉擦生桐油，同时修整线脚、边角口。生桐油必须沾透细灰层，浮余油迹应及时擦干净，待全部干透后，用缸盆瓦片或砂纸、木席草精心细磨各处到界，无有遗留。最后打扫干净，掸去浮灰。至此“一麻五灰”操灰打底子（地仗）全部告成（见表9－3）。

各层灰浆腻子配料（重量比） **表9－3**

<table>
<tr><th>名称</th><th>油满</th><th>血料</th><th>砖灰</th><th colspan="2">备注</th></tr>
<tr><td>捉缝灰</td><td>100</td><td>114．4</td><td>157</td><td rowspan="5">灰粒级配</td><td>粗灰粒：中灰＝7：3</td></tr>
<tr><td>扫荡灰</td><td>100</td><td>114．4</td><td>157</td><td>——</td></tr>
<tr><td>头浆</td><td>100</td><td>120</td><td>－－－－</td><td>——</td></tr>
<tr><td>压麻灰</td><td>100</td><td>183</td><td>221</td><td>中灰粒：中灰＝6：4</td></tr>
<tr><td>中灰</td><td>100</td><td>288</td><td>303</td><td>中粒籽灰：中灰＝2：8</td></tr>
<tr><td>细灰</td><td>光油100</td><td>700</td><td>650</td><td colspan="2" rowspan="2">因填料少，质松软，易修磨，故随即沾生桐油是为生成坚硬灰壳，可耐久、耐水、耐风化。</td></tr>
<tr><td colspan="4">（加速沾生结膜，可用生油：光油：汽油为6：3：1调制）</td></tr>
</table>

对于一般性建筑物木构件面，往往会为了节约，而去掉“粘麻”、“压麻灰”二道工序，但使用寿命不长，此工艺谓“四道灰”。另外更有省却“扫荡灰”者，为“三道灰”做法，常用于不受风雨侵袭处，如室内、檐下等构件上。其他雕花件细致活，木基面处理洗挠过程，就应注意少用水，以防起木丝雀毛，注意不得损毁花纹、线条外貌，操灰过程，随时修边补缺，干后精细打磨，汁浆一道“蹭细灰”以刷子涂刷花饰面，然后“细磨沾生”，此名“花活二道半灰”做法。

传统古建筑中地仗，常用在门窗装置边框角线脚形式，用不同线型轧子，轧出线形，有如下几种：八字线、混线（一柱香）、二柱香、皮条线、阳角线、窝（阴）角线、泥鳅背、指甲线、梅花线等（见图9－2）。

若依清工部《工程做法则例》其地仗做法尚有“三麻二布七灰”、“二麻五灰”、“一麻四灰”、“四道灰”、“三道灰”、“二道灰”等几种做法，根据构件大小而定，地仗面不作彩画时，素面只需以光油为主，上颜色油饰以丝头蘸油揉搓于地仗上，照三道油操作工序做法即可。用彩画时，根据彩画部位，地仗上沾生油底干后，用细砂纸打磨，水布擦净，即可就料件画线分中，以牛皮纸画谱对中，粉袋拍打印谱，写红墨。

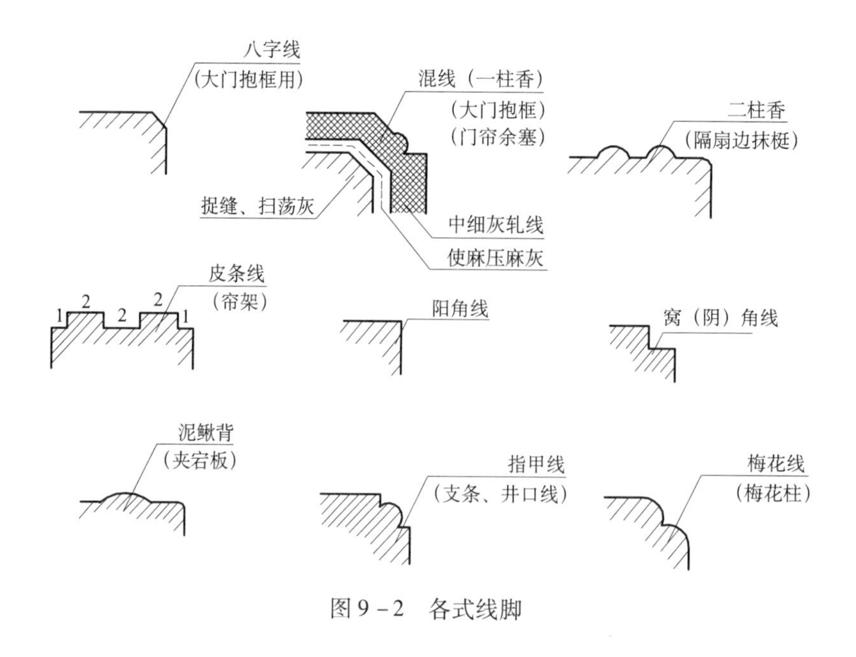

图 9－2　各式线脚

作相应规格的彩绘操作程序。经沥粉、刷色、包黄胶、贴金、拉色粉、描线“压、老”、修补打点找漏等工序做完后，才告完工。此等彩画工程，非一般油漆匠所能任担，必须有经验的老师傅亲自动手指导，才能完成。

单做油漆罩面。地仗面做好操灰底子后，才能用丝头蘸推光漆（熟漆），横搓竖揉、往复拖旋，使油面均匀一致，这样干后才能光照鉴人，油皮坚实饱满而经久耐用，永不变色。一般均以三道油垫光，罩清油结面。在做面之前，对操灰底子仍然要先浆一道细灰血料稠浆，“铁刮板”通刮底面，干后砂纸打磨，净布掸灰，再用血料∶水∶石膏粉为3∶1∶6调成薄腻子，用“铁刮板”来回披刮平服，不留茬头。干后用砂纸细磨，净布掸灰，然后分三次进行，每次都用丝头蘸油搓揉，待干后撒青粉炝之，使其干爽，再以砂纸细磨、掸灰。最后清油罩面，是在三道油的清洁干净面上，用手抓住浸透光油的丝头，作圆弧形揩涂、蹭擦，横拖竖顺，使油料反复来回，到达所有表面，揩油均匀，不流不淌，都到位，待干后即成活。所有底子面，必须干透和净面掸灰，保持清洁干净的基面，是为了保障后道工序的质量，特别是在做罩面层之先，这样才可以保证完成面，不会发生脱皮、变色、气泡、倒光、咬底等纰漏发生。至此，宣告结束最后一道工序，全部完工。

以上是按北方官式古建筑油漆作的传统做法，而现在江苏一带漆工做法与此有所不同。面漆腻子披灰料、血料已基本不用，改为生漆，填料用石膏粉，加水调和而成。“汁油浆头”（界面漆）是用生漆、松香水。称“草（糙）漆”（底漆）者，相当“油满血料浆”，则改用生漆与坯油比为6∶4调配合成。所谓坯油，为无添加剂的纯粹生桐油加温熬炼而成的熟桐油。操灰打底子（地仗）做法基本相同，仅材料、辅料配制上略有出入，不像北方做法中添加樟丹、土籽粉等催干剂。可能由于地区气候关系，特别是黄梅季节，湿热条件，气温在25℃，相对湿度在80%时，更适合大漆膜干燥，硬膜速度最快，如室内温度在40℃，湿度80%左右时，在不通风而潮湿环境下，因有水分的影响，大漆中的漆酶促进漆酚在空气中氧化聚合，其作用最强，能迅速生成网状高分子膜面，干结成膜。当温度在60℃，或低于零度，相对湿度低于60%，则漆酶几乎失去活性，难于自干结膜。

注：生漆经日晒或低温（30～40℃）烘、烤、燉等处理，脱去部分水分，即成“推光漆”。

推光漆中加熟桐油即成油性大漆（笼罩漆、广漆），可作面漆。过去有用文火熬炼适时加猪苦胆汁调制而成。

上等生漆（鉴定生漆优劣以“好漆似油，镜照人头，摇动虎纹，挑起收钩”为佳品）加入40%～50%熟桐油调制成“明漆”。

生漆又名大漆、面漆、土漆、天然漆。生成表面针孔少，封闭性好，漆膜坚固耐用，光亮耐久，不裂不粘，附着力强，耐化学腐蚀，耐油，耐酸、碱，耐溶剂，耐水，耐潮。耐磨性好，如加入填料可增加强度。有很好绝缘性。耐热性好，长期在150℃环境下使用，漆膜不污染环境，稳定性、安全性能到达饮食卫生标准。

在做每层披灰后，干后必须要打磨，是为了消除每层的披灰层干后，外形不光滑整洁，以及干后收缩产生细微裂缝等缺陷，而弥补做的必要步骤。只有在光洁的基面上做下一道工序，才能保证后续的工程质量。所抹、披、刮的灰层不能太厚，要厚薄均匀，干缩程度才能一致，可避免产生不均匀收缩裂缝。也有更地道的做法，在做细灰层前加粘贴一层“桑皮纸”（面筋纸），可拉扯住一些微裂缝。但纸面必须浸没在油浆中，不能见生纸面，油浆不能太厚。

彩绘属于古代建筑中一种特殊工艺，特别只限用于宫殿、寺庙中，一般不常见，难得应用，且施工工艺复杂繁琐，施工人员必须具有相当熟练程度专业水平者，才可胜任，因此只作简单介绍，该项工程工艺做法已见诸于许多专著，如边精一著的《中国古建筑油漆彩画》一书有详细阐述。对修复古建筑应遵照“修旧如故”的原则，要按原汁原味的传统做法去修复，则可作专篇讨论。若当代新作大可不必陷于老套，尽可能创新构思与时俱进地接近现代思路运用新工艺、新材料、新方案去创作。特别当今对防火意识的重视，涂料选用亦必然优先予以认真考虑择优采用。

油漆工程，除彩绘，在施工中有绘制详图、标明做法、色彩配置部分外，一般现场施工中无论室内外哪个部位标有色彩要求的，都必须事先做小样，经业主同意后，即封样存档，待竣工时取出供验收核查之用。一般性素色油漆面要求，仅在一些立面图及局部详图处标注说明清楚外，对于操作工序等主要程序，只能根据“工程施工总说明”，即首页上所列要求执行，因此为了能尽量满足施工，要求说明文字简洁概略，但又要明确重点施工标准，以确保正常进行施工。

常用简略说明，如：油漆采用荸荠色广漆面；一般木结构做法为，一底二面三遍成活，清底—浆底—打磨—满披—复砂—底披—复嵌—打磨—刷头道广漆—打磨—二道光漆结面。大构件梁、柱等加麻、布或4×4孔涂塑玻纤网格布，血料、瓦灰腻子打底，再做一底二面三遍光漆面成活。

对于混凝土构件面做法：先修整表面，去除油渍、脱模剂等污垢，清底—界面剂—打磨—满批环氧腻子—复砂—封底漆—复嵌—打磨—底披—复嵌—打磨—头道广漆—细磨—二道广漆结面。

今抄录某寺庙工程中，油漆专项施工说明以供读者参考。

某寺庙油漆彩画工程总说明：

（1）本工程全部上、下架油漆彩画工程，采用传统古建油漆彩画做法，标准以及质量要求按《古建筑修建工程质量检验评定标准》（南方地区）[CJJ70－96]。

（2）所有大木构件，包括拼叠木梁、枋、柱、板及大型门、窗框料均需做“一麻五灰”地仗做法。不宜用布代麻，虽省工但不耐久。使麻工序应按：①开头浆；②撕麻、粘麻；③轧麻、压实；④糊麻；⑤翻麻轧实；⑥复压整麻、多道进行。

（3）其他上架外檐小型构件，均采用单披灰、四道灰地仗做法。

（4）雕刻花采用三道灰地仗做法时，最后一道细灰只需加血料调成糊状满刷“蹭细灰”做法即可。

（5）凡混凝土、抹灰面基层、清底、原浆腻子补嵌披刮打磨后，满涂专用封底漆1～2遍，干透后再做“二道灰”地仗做法。

（6）所有地仗操作前，必须清除基层底面所有纰疵残渣，浮灰应扫净掸清，缺陷处补填嵌刮平整，干后再打磨清净。

（7）在做地仗前，基面均应汁浆一遍（即界面剂），以加强灰面衔接牢固。

（8）每道使灰前，必须待上道灰干透后，用各号砂料认真打磨、去浮渣，再用笤帚打扫干净，以水布掸净。

（9）最后一道细灰干后，以细砂料精心细磨至断斑，随磨随即以丝头蘸生桐油钻透细灰层，干透后再精心细磨即可告成。

（10）地仗完成后，根据构件部位施行各式彩画。

①主殿采用“龙草和玺”规格：

枋心、找头红底、配法轮或轱辘草图案，草纹用多层退晕做法。绿底画龙、配金琢墨五彩云。

楞线、岔口线、线光子等平行线，以青、绿色间换调用。

素箍头两侧用香色硬式连珠退晕做法。

②副、配殿采用“旋子彩画”规格：

以金线大点金模式：找头部位，采用若干翻卷漩涡状花瓣组合图案，外轮廓线，旋花瓣、栀花瓣等均用墨色勾黑，不退晕，眩眼花心、剑头、菱角地均贴金。

大线：枋心、箍头、盒子、皮条、岔口五大线均用沥粉贴金、素盒子、皮条线等两侧加晕。

素盒子：十字线上下与左右蓝绿调换配色、行粉、勾黑。

枋心：龙锦纹互换，上枋青底画金龙，配绿楞。下枋绿底画宋锦，配青楞。

由额垫板：轱辘草，青绿二色调换。

平板枋：降魔云沥粉贴金青绿双色调换。

③僧俗寮房采用“苏式彩画”金线苏画规格：（和玺画法为基础，在枋心、盒子、池子中龙锦纹改用苏画中山水、人物、翎毛、花卉等图案时，均需过一道矾水覆盖之，以防再上色时沾污已经画好的底色）。

箍头：用七道双楞万字活箍头，边心底色青绿双色退晕，配颜色卡子，攒退活做法。

包袱：白活以花鸟图案为主，软烟云向里五层退晕，外围烟云托子颜色与烟云相配，五道退晕。

找头、聚锦：黑叶子花卉配景，随机配聚锦内容，以和谐相合为准。

枕头：画博古、花卉图案用作染法，侧面青色底山石、竹、梅等图案。

④杂件彩画：飞椽用栀花椽头，片金、黄、墨根据该建筑彩画规格相衬。（下同）

檐椽：用虎眼椽头，四层退晕，青绿相调换，由外及内，深、浅、白、黑心（或贴金勾黑）。

望板、椽肚：用红帮、绿（青）底，但椽肚可随和玺大型彩画时亦做彩画退晕做法。

戗角梁：用绿底金镶边带转面，底面中心加黑线，和玺彩画用龙肚弦纹黑、白、浅蓝、蓝四层退晕。

宝瓶：为章丹底勾墨线花纹图案。和玺彩画则通身沥粉贴金，上下连珠箍头卷草圆肚。

斗栱、垫栱板：斗栱用平金斗栱、金线轮廓行白粉、青绿换色，中心画细黑线。垫栱板用瑞草、长流水。

垫栱板用三宝珠火焰门式：宝珠以深、浅、白三层退晕，火焰纹沥粉贴金。宝珠正中间顶珠为蓝色，下二珠为绿色。次、梢间三珠以蓝、绿色调换。三角形外大边用绿色沥粉贴金退晕做法。

雀替、花活：红油漆底色、青绿色大草纹，下边山石、灵芝草用蓝色，蒲鞋头绿色，深绿色退晕，大边平贴金，雕刻花纹青绿两色纠粉退晕，底肚沥粉贴金退晕，随大木做法。

天花：砂绿大边，二绿岔角云沥粉贴金退晕，蓝底圆鼓子心，沥粉贴片金。

支条：绿底子、井口线贴金，燕尾为红、黄、蓝三色组成，攒退小色勾线，近法轮处、整云用红色，后两半云为黄色，外档用蓝色接支条大边，法轮蓝底白心贴金。支条、天花可采用软式做法。地面画就后上架裱糊粘贴就位。

（11）地仗完成后下架大木柱，槛框等刷油漆工程如下：

①圆大木柱用三道油工艺：已完成干透之地仗面，用细灰加血料糊披刮一遍，干后砂平掸净，再用细腻子通刮一遍，干后细磨，另行水布掸净。然后用丝头蘸色油蹭垫光本色油，分三遍进行，每遍干后炝青灰，细砂纸细磨，后罩清油一道成活。外圆柱用铁红色，室内用银朱色。

②混凝土大柱选用氟碳涂料做法。

混凝土基层用 15% ~20% 硫酸锌溶液，涂刷水泥表面数遍，中和碱性水洗干透待用。

清底剔疵，原浆填嵌、整平。平整度 <2mm，砂磨清净。专用封底漆通涂 1 ~2 遍。

满批氟碳专用抗裂腻子，先竖、后横通刮一遍，干后及时打磨，一段批刮 4 ~5 遍为准。

打磨平整的腻子上，再做一道抛光腻子。粘贴遮挡纸带，保护非工作面，免受污染。

喷涂氟碳底漆一遍，干后精磨，抹布掸净擦净。

喷涂氟碳面漆，在保证质量前提下，尽可能喷厚一些。

清理周边遮挡粘贴物，保护其他成品。

（12）地仗各道灰壳、油面等，以及彩画从打谱、描红、沥粉、刷色、贴金等各项工序，均应逐道作隐蔽工程验收。

（13）彩画先做各部小样，经业主、设计方确认后，封样验收。

（14）本工程之油漆、彩画工程由于工艺复杂、技术高难、不易操作等因素，要求管理及施工人员必须具有相应资质等级者，才能持证上岗工作。

（15）油漆、彩画工程施工前，必须在土建、水、电等工程结束后才能进行，清场必须保持场地环境干净，不遗留废残物料。

（16）彩画油漆各部分颜色规则：

屋檐头配色原则以冷暖色调，对比色错位设置，以红绿双色相互间换配置示意。

其他：连檐瓦口（红），下接飞椽头（绿）。椽身望板（红），椽肚（绿）。

小连檐（红），檐椽头（青、绿间），椽根（红），下接檩桁部彩画（青、绿间）。

斗栱（青、绿间），垫栱板（红），斗栱构件：栱，昂，翘，斗（青绿间），荷包，栱眼边（红）。周角用金线或墨线，若斗、升为绿，则栱昂为青，反之，交换设色，每攒青、绿相间分配。柱头科常用青色升斗，绿翘、昂，偶数栱，中心双栱座同色，压斗枋（檫檐枋）底面一律刷绿色。

压斗枋（青），盖斗板（红）。檩，枋彩画（青，绿间），垫板、由额垫板（红）。

吊挂、楣子、楞条（青、绿间），大边即外框档（红），雀替、雕花大草花（青、绿间），凹底（红）。

门槛框（红）、芯仔、花格（绿）。将军门框、走马板芯（红）、大门（黑）（或贴金框楞边、配铜包页，红大门）。另有“黑、红净”做法——凸面用黑、凹底用红。

望板、扶手（红）、花瓶、结仔（彩画相配）。坐槛凳面（红），櫈花格栅（红、绿配）。

（17）彩画以“硬抹实开线”法为主，抹色用小刷子“硬抹”稠浆打底，勾线覆底色要“实”，勾勒“开”线条。

工序如下：清底，分中，起稿，落红墨定稿，沥粉抹色（平涂），包黄胶，贴金，拉晕色、拉大粉、行细粉，罩胶矾水，渲染（罩染或分染），勾勒不透明的各色线条，包括墨线条，压老，攒深色，高光处实色提高嵌粉，打点找批补活，清场完工。

（18）相邻配色原则：青（含蓝）配香色（近土黄），绿配紫，大红配大黑。相配晕色时，“深三绿、浅三青”，掌握分色层次。既要与本色有差异，又分别于白色。

（19）上架指檐枋下皮为界，上架大木多做彩画。下架指檐枋以下多做油饰。地仗自上架顺序至下架，彩画行至打金胶贴金活时，下架油漆应及时插上操作，多为“一片红”。因各部物件上有用金线等分割清爽，可达到金碧辉煌统一协调的观感。小式建筑少金饰彩画，以素色红绿或黑红相间变化分割各部分，亦能起到稳重、靓丽的效果。

（20）彩画易受雨淋部位，必须加罩光油一道，以防冲损彩画。苏式彩画枋心时，必须刷过一道矾水覆盖，以防再上色时咬混沾污底色。

注：退晕——刷色分三个层次，由深至浅，也称“晕色”。

行粉——顺花草等纹样的三色外缘，画一道细白线。

纠粉——最简单的退晕做法，无明显分层次，逐渐退晕过渡。

沥粉——用塑料袋扎灌口，用手指压袋中粉浆，由下尖口挤出，沥于花纹线上。

攒退——退晕的图案花纹中，用深色线条区分的工艺。

贴金——沥粉条上，贴金箔处，满包黄胶一道，适当黏度时，即可贴拢金箔。

硬、软式——硬式线条指几何状直线条。软式线条指圆润流畅之圆曲线。

炝 ——抓紧时间及时撒上（青灰）辅料的工艺。

拉（大）粉——贴金后修整轮廓边线，起“齐金”作用，为一定宽度的白色线条。

压（黑）老——彩画最后一道工序，勾图修边作用，穿插在其他工艺间进行时为“勾黑”或“切黑”工艺。

嵌粉——用白线条打受光部分的工艺。

第十章　园林·杂项

园林中各种小品建筑物是一种不可或缺的主要因素，与山、水、树木合成四大要素。而这种体态玲珑，婀娜轻巧、明快、活泼、外形变化多端，空间处理多趋随意自由，开敞流通，譬如诸多厅、堂、馆、阁、楼、榭、舫、亭、廊、桥与假山、花坛、岸、坡、瀑、池、沟、壑等组成园景，彼此和谐统一，以造型高低参差、错落有致、虚实相间构成独特的诗意画韵、绝佳风景。

苏州传统园林建筑的特点在于素雅，不张扬。建筑本身极少过度雕琢，油漆色彩大多只用栗壳色、黑色，难得用其他颜色。斗栱、彩画更为凤毛麟角，限于民间不得僭越礼制而为，仅在装置上，如落地长窗的窗格芯子的花饰、夹宕板上雕刻，作了着重处理，有不少精致花饰形式，外形丰富和生动的历史故事、出典，并含有吉祥如意的寓意，如《西厢记》、《西游记》、“郭子仪祝寿”、“八仙过海”之类内容。同样在室内纱槅上蒙以绢帛，加以书画，既装饰文雅，又丰富多彩，体现室主人之情趣。百宝橱、博古架，施以素净温和的色彩，以配合展品起衬托作用，亦与室内陈设家具相协调，室内为分割空间功能以屏风门、挂落、地罩等构件装饰，色彩上并无突显，但由于制作上有着精巧细致的构建，构件搭拼，节点繁多，类似窗格芯子，杆件细小，尺寸精确，接点外观非常注重细腻耐看，割角合面无论十字、丁字合角都要求对称均匀，如虚叉（缝口盖面接缝搭头做法）对接，密丝缝道等部位，制作精良。木作分行，属于小木作家具橱柜类，对每一杆件都有各方看面，要求光洁齐美，同一件架橱内杆件都应是一个格式，一个规格尺寸，看面拼合后，都应成为一个整体，浑然一体。榫卯口接合常用的直榫有半榫、透榫、单榫、双夹榫，合角处亦有用燕尾密排榫连接。交接面形式有：八字肩、斜交割角肩、平齐肩、角撑虚叉肩、单双穿榫割角肩等，接合要求完整紧密，不能有丝毫松动，才算合格。看面杆件常见各种线型装饰，基本与窗扇框芯上线条相同，有浑面、凹面、文武面、合桃等组合可选择。选材均为贵重硬木类：酸枝木、花梨木、紫檀、老红木等。次之用菠萝格、楠木、银杏、黄柏、柳桉甚至老杉木等。就要看性价比合算否而定，因其对制成品的使用要求不同。过去讲究要传子孙万代，像红木家具。现在有的像电影道具，喜欢折腾翻新，那就不必选用珍贵材料了。其他如屏风门板，有时会有整幅阴线刻书画，而挂落、地罩却用小料按精美图案勾搭出一幅美轮美奂的工艺佳作，这些都是靠精确的卯榫结构，连缀而成的，不是用胶水、钉子拼成的。

园林建筑中的厅、堂、馆、所是较大型建筑，主要功能也是用作会客、宴会、娱乐之用，一般要求室内敞亮宽广，往往会将落地内柱抽去，以搭搁梁、花篮梁形式构建，如拙政园远香堂、荷花厅等（见图10－1、图10－2）。室内构件在外形变化上，构成用途功能不同而有区分，如鸳鸯厅，其南半部用扁作，叫“厅”，供男主人待客用；北半部改作圆料，叫作“堂”，供女宾接待，以档次而言，就略逊一筹了。另外花厅主要对内供家人生活起居，属于较为轻快的环境，故多用回顶、轩顶，在前、后廊轩，式样更是多种多样。园林中屋顶式样一般三开间，常用硬山处理，亦有三开间，两边次间做一半“落翼”的歇山顶，称“次间拔落翼”，而五开间大多用歇山式样，外形来得比较丰满大方（见图10－3、图10－4）。至于园林中的“楼”、“阁”，一般为二层，占地不大，只作配景。此“楼”并非指眷属生活居住之所，是为一景点之所，常可从室外靠壁假山蹬步上楼，如靠壁山墙上楼，留园冠云楼等（见图10－5）。“阁”亦有一层者也称“阁”，如拙政园之留听阁，也有建于山上二层的浮翠阁。攒顶屋面构造同亭相仿（见图10－6、图10－7）。“榭”、“舫”多建于水边、面水或临水，用石料砌筑或架空构筑（见图10－8）。而“舫”更是外形近似画舫，舫头部“台”状，头舱敞似亭，中舱常用上悬式和合窗式样象形船舱。屋面形式亦以前舱和后楼舱采用卷棚拔落翼歇山顶，中舱采用黄瓜环脊回顶两坡式，比例造型极佳，且装修精美，集园林中经典的“亭、台、楼、阁”式样之大全，可成一景（见图10－9）。

图10－1　远香堂内景

图10－2　荷花厅内景

图 10-3　歇山屋面敞厅

图 10-4　歇山赶宕脊做法

图 10-5　靠壁山墙上楼

图 10-6　拙政园浮翠阁

图 10-7　重檐阁

图 10-8　水榭

图 10-9　船舫

"亭"形式颇多，种类繁杂，平面有方、圆、多角、花形、半亭等，屋面形式有歇山、攒尖、靠壁半坡、盔顶、单檐、重檐等，构造也较繁复。屋面"提垂"斜弧度要比厅堂轩榭更为峭峻婀娜，且屋角反翘大多用嫩戗发戗式样，而水戗发戗式样比较简单，不足以炫耀其轻巧、活泼的形象，但常在戗尖上要些花样变化，增其美观效果。如何选型还要看其地位、重要性并融合于环境中。攒尖或歇山式屋顶构造在符合外形要求下，梁架做法比较灵活，用扒梁式、搭角梁式，在梁上立童柱或搁木墩，再换向搁梁，逐级收缩到中心点，加横天平梁上承托灯芯木（雷公柱），也有角戗木汇中撑起灯芯木的做法，但只能在小型亭子应用。由于屋面搁梁零乱，往往采用天花板封没，显得整洁。歇山式屋脊上，常在脊中饰以灰塑等装饰，而攒尖式的尖顶上，有用砖瓦砌筑，或成品窑货装点的宝顶、葫芦等式样，但必须有一定分量，加以镇住屋面，以保安稳，近来也有用混凝土构筑的（见图 10-10、图 10-11）。多型花样、圆瓣形小亭在构件上多以六柱、八柱撑起屋面，仅在檐口做成相应的圆弧形式，用出檐桁檩和檐椽类似做翼角发戗一样相兜合角，调整成形的。

所谓"台"一般指带有屋顶者，并非露台、月台，在会馆、祠堂内可能看到，为聚会举行仪式后的娱乐庆贺之活动场所——戏台，除开敞的正面开间较大、天花大多做穹顶藻井，构造类似花篮厅做法，面宽囿于木构材料不会太大，外观讲究富丽堂皇，现在用新型混凝土、钢结构就有可能放开手脚做了（见图 10-12）。

园林中"廊"的功能非常重要，起到穿针引线的作用，能使整个园林有机联系在一起，为沟通各建筑物间的网络，亦是引领、向导的必经之路。布局上随势而为，随形而曲折，随景而移情，隔、透、露、藏，变化无常。在建筑形式上，亦千变万化，有直、曲、上、下、敞、透、复廊，以及所处地位，有靠壁单坡、临空回廊、双坡游廊、爬山廊、水廊、楼廊等。构造上在敞廊之檐下，设有挂落，半墙坐槛，或吴王靠凭栏赏景，亦有满间设墙，墙上开各式漏花景窗，或嵌书画刻石，半敞半隔，高低起伏，着实丰富了园景，增加了空间变化，扩展了园景深度。

"廊"以轻巧造型为主，不宜过于高大，否则会显得空旷，缺乏亲近感，一般中小园林，廊宽在 1.50m 左右，亦符合《民用建筑设计通则》走道宽度要求，檐高仅 2.50m 左右，立柱常用木柱 ϕ150mm，柱距在 3.00m 上下，如此权衡尺度较为适宜，否则将显笨拙、粗重，与整体不相协调匹配。廊柱间砌矮墙坐槛者，有留空档、有实砌，坐面上用磨细砖和木板覆盖之，可供坐憩。柱间封墙者，常以砖细护墙裙覆之，以上

墙角设半亭

四合舍亭

湖心八角亭

歇山石亭

靠墙半亭

六角石柱亭

图 10－10　各式亭子式样（一）

圆亭

五子登科亭

斜搭角梁中立童柱，架桁梁，中搁天平梁立脊童

前后搭搁梁上架支梁，立童柱，架八角，斜搭卡腰交桁梁，中搁天平梁立脊童（灯芯木），戗角梁汇中

图 10－11　各式亭子式样（二）

粉墙上或设漏花窗，或设书画法帖嵌壁石刻。廊之梁架一般均为二界搁梁，双坡童柱架脊。单坡则架穿（川），或有三界改作回顶，做复水椽者，其上再用草椽承单坡屋面，接靠墙壁并作赶宕脊（围脊）泛水收头，廊内上口或做各式轩顶天花。爬山廊依地形高低，楼廊多半借假山之势，设蹬步曲折转上楼面。又如水廊之临水、如随水面，

有起伏似浪，似踏波而行，此类皆取巧而设，求其灵活应变。梁架搭构，悉如常规，总体构造还属简单，唯地基基础必究其稳固为妥，凌空游廊之木柱，必柱脚用套顶长榫，穿透柱顶石、鼓墩，直抵磉墩基础面，才能保持稳定牢固，且檐枋必用大头榫，与柱身牢固楔紧 连接，因诸多建筑体型纤小，若四周无大型树木遮挡避风，容易遭风损毁（见图 10 – 13 ~ 图 10 – 16）。屋面之泛水、排水沟等应特别讲究防水措施，必保万无一失。

图 10 – 12　戏台

图 10 – 13　爬山廊内景

图 10 – 14　单面敞开、实墙开漏花窗及书条石

图 10 – 15　水面桥廊

图 10 – 16　廊架圆料棚顶

在园林中常见水池岸边驳岸、曲桥、小拱桥等构筑物，大多随地形而设，小巧玲珑，犹似天成，采用天然石料，略为加工而成，更是“天人合一”融入自然天地间。

如驳岸高不过3m，以最小构造要求尺寸，块料砌筑重力式挡土墙，即可满足要求，且岸坡大部分随池岸边，自然坡度略加驳砌，也就可保持岸线，不发生滑坡泻岸，免遭受损坏水岸了。曲桥、小拱桥亦就是利用石料最小断面，桥面石条不宜过宽过重，银锭榫接缝口。跨长不超过3m。随势曲折，用石料竖立为墩脚，搁石梁或发券起半圆拱筑桥面，映入水面，犹如满月。也能造出小桥流水、望月观桥之情景（见图10－17，图10－18）。桥墩虽说较为简单，但所有立脚基础，必须稳固牢靠，千万不能马虎敷衍了事，基底垫层一定要夯打坚实，否则就会桥毁人亡。即使花坛、坡岸、山脚、池畔，看似低矮出地面不足500mm，或看来仅挡住粒屑砂土，若无坚实地基一样会坍塌倾毁，起码遭人贬为豆腐渣工程吧。基底不是生土、原土，就不知表土下有何猫腻，不加以夯实垫层，掉以轻心，将悔之莫及。

图10－17　双边石栏曲桥

图10－18　石拱桥

苏州传统建筑除建筑物本身之外，室内外一定与周围环境共同组成生机勃勃、天人合一、有机融合的场景，内有山水花木，不可能独立独处，必有前庭、后院，且随之布置一些花草树木，山石、水池、场地、花街园路，假山、水池亦必须配以坚实基础，才不至于山体滑塌开裂，水池泻岸、渗漏，即使场地铺设花街、院路，不做好地坪基础，不考虑好排水方向，路面铺设得再好看的图案花纹，结果时间一长，地面不均匀沉降造成积水，再返工重做，绝对不是一气呵成原作那种气氛了。同时要照顾到和周边建筑物地基基础有无妨碍，配种植物树木也要考虑到日后生长是否会受到影响，现如今更要留心，保证现代化使用要求的各种管线埋设走向，所占位置不能“碰车”，否则后果也是非常严重的。所以说凡事都要打好扎实的基础，周密全面思考规划，千万不能浮夸了事。

庭院与房屋是一个组合，是室内空间拓展延伸的一部分。静止的内空间转换到动感的自然外空间，生机勃勃的花草树木，顺应自然，聚土构石为山，石峰之应用尤为突出，为中国文化艺术史上特有的癖好，赞其风骨神韵，精神所倚。水乡姑苏，无水不成园。广之荷塘，微之砚池，有水则显灵活。鸟语花香，水流听雨，活脱脱一派欣欣向荣的秀美情景。庭院艺术是一种简练、素雅、清幽、诗意之艺术，虽由设计师前期设计阶段规划，而后在处理空间布置中，实施施工方案时，应多考虑符合它的风格特色，再选用材料，选定结构形式，搭配色调，组织空间层次，从多角度斟酌权衡，从近而远，自高而俯，居中顾周，疏密得体，光影适配，姿态协调得当，必先静思默念，烂熟于心，凝神联想才能一蹴而就。施工操作中，若没有相当的专业技术水平，基础理论和实际经验结合一起，将多个环节融合，是很难完成的。

传统园林造园概念源自中国山水画理，体现在“天人合一”、和谐相处，设计图纸上，仅有一概括，取材、布景、搭建皆由施工者灵活操作，不可能规定到每块山石和每棵树木花草的品种规格、具体尺寸、姿态、位置的确定，因此老师傅教授时，即使手把手地教，也不可能就学得会。“授之以鱼，不如授之以渔；传之以业，不如传之以道；天不变，道亦不变。”讲的是“知其所以善”才能“悟其道”，讲得再清楚，亦不如亲力亲为一回。中国画理讲究“外师造化，中发心源”，在布置小品景观、花坛、假山时亦同理，施工者心中，必先有打动人的意境，才能出手表现出创作的成果。庭院中一角一隅，或隔岸对景、叠山理水，借景建筑小品，花树配景陪衬，曲折岸边，桥涵（渡石）相通，选择形态造型，皆在方寸之间，取求空间艺术之多变，精巧求趣，拙中取华，以达“品味”之意，赏四季景色，杏柳荷蒲，桂菊竹梅。佳木蕉篁缤纷，湖石假山成趣，春梦夏恋，秋意冬思，春品繁似锦，夏观荷塘清新，秋赏皓月当空，冬望瑞雪启春。“细雨中蕉林朱栏，骄阳下翠竹白莲”。目击神传，得心应手，适宜的亭、榭、楼阁，岸、壁、坞、湾，掩映其间，体裁得当，相得益彰，尽显设计原意矣。特别苏式庭院中，植树栽花草，十分讲究“讨口彩”，求其寓意吉祥祈福，树木花草之名称必须符合喜庆祝贺，如树木搭配，有庭前栽种金桂、玉兰和海棠配置谓“金玉满堂”，也有屋前池塘种荷植柳，在花坛布大盆景者，有配植黑松、蜡梅石笋脚边兰花镶边，南天竹衬景，意在“松竹梅岁寒三友”等。此外，石榴寓多子，以士大夫之高风亮节之寓意竹子谦虚、坚韧、名节，诸如此类，不胜枚举。至于如何相配固然由设计师事前约定，其中许多文化涵义、特定寓意，一定要领会原意，不要自作主张，妄加改动，否则必遭业主横目，欲知更多，专著甚众，如居阅时的《庭院深处》等，皆可参考研究之。

花木园艺栽植有方，山石点缀与植物之陪衬，堆叠水岸、石矶、水口、护坡直至延伸水中，拟似山脉之余，均胸有成竹。大体量的假山还有分割空间、组合空间以及障景、对景等功能。如何符合设计意图，假山堆砌手法特点在施工过程中，应予随机留意地选择造型艺术和技术之运用。同样的设计指标要求，到达现场的材料、树形等形体、材质皆千差万别，如何应对，总应遵循一定的规律原则，花木之配置皆随地形、环境、朝向、植物之生长习性，疏密关系，姿态、色调、季相等特征，以不对称，不规则，有层次，不求几何图案规律对称。机械人工状态布局，亦不强求玄妙禅意，崇尚自然格局，按园艺设计要求做到，对环境的协调，衬托主题达到意、形、色、香之景象观赏应考虑生长因素，切勿喧宾夺主，只见绿荫别无他物。唯院墙之蔓萝，是为打破大块面呆板墙面，而隐深幻境之作。为保证花木之成长，必有专业绿化园艺老师傅承包才可，养护一段时间，成活后才算告成。

假山堆砌形式不外乎土、石，按设计要求分别为“石包土”，以石料见多，小如石块镶边的花坛，中填以土，供置峰栽草木，厅前石假山之列；“土包石”是指天然或人工之土丘，间或在山径，驻足处镶配置少量山石块，点缀布景而已。假山占地广宽，可居园林之一隅。材料大体有湖石和黄石，堆掇时不宜混搭，因其形态软柔或刚硬，风格各异，很难融合一起，且其效果违背自然规律者未见有成功之例。堆叠假山时，虽有设计图纸指导，框架走向、状态概况可定，具体到石块堆砌是必须要心中有谱，才能发挥，环视周围环境，择石堆掇取其高矮呼应，切不可临时对付，峰石位置应偏安不僭越，山腰悬崖之巅，设置平台，不宜太大，仅止足眺望即可，要有险景。绝壁、石岸忌平直，石块应有进退交叉，外挑内收，灵活转折，大小相夹，凹凸间杂。形状纹理一致，不能过之，反则显平乏无味。溪谷侧边忌对称设置，必大小、高低、横斜、竖侧错落有致，且主宾有分，才显生趣。路径桥堍，转弯岔道之处，可以奇、大独石竖立或横卧斜躺标志引导之。绝壁傍水更应显高耸，壁上小径幽弯曲折，转入山谷，登高渡桥达顶，乃山水画之理也。山麓建洞、隧道，当留意适可设置透光穴道，山体外侧壁随机预留花坛、花池、裂隙等以便播植草花蔓苔，托衬山石之自然效果更佳。

湖石假山首推苏州的环秀山庄，仅在约 300m^2 的一席之地，堆叠出峰、峦、洞、壑浓缩其间。布置之精巧，变化之别出心裁令人叹服。此假山由清代戈裕良叠成，其运用石料形体纹理之精确，以高超技巧，殚思极虑，俾叠山之法具备结构完整协调，感觉宛如天成，可称极品。黄山假山以上海豫园之规模最大，峰谷桥溪、绝壁、洞窟气势雄浑，构架奇特富有变化，山脉开合，奇峰夹持涧谷，磴道随势蜿蜒而上，斜登悬跨，奇险又危。在 240m^2 范围内，假山高仅 14m，由明代张南阳设计堆叠而成，令人深感其气势磅礴，忘乎身在万山丛中。

堆掇假山石，除领会意图，掌控全局纹理走向外，必须熟悉掌握掇叠各种基本技法，大概有安、连、接、斗、挎、悬、剑、卡、垂、撑、整、竖、叠、拼、挑、压、钩、挂，以及置、组、掇、刹、镶、垫、夹、贴、拱、顶、骑、缀、飘等三十多种构造操作和装饰镶嵌工艺和技法，至于何处适用哪样做法，因地制宜，随机灵活择用，大匠不以技法囿人，而能信手拈来，法即在其中，皆成妙品（见图 10－19）。

苏州园林中假山堆掇亦是一特色，素有“假山王国”之称的狮子林假山，构思之巧妙，变幻莫测，游人入内，大呼惊奇，就凭几块石头也能堆叠出奇妙绝景，实非大师不可为之。故此叠山筑池，必事先详细规划，确定方案、路线，具体施工组织者，必将设计意图烂熟于心，方可动手构筑搭建，此工程施工复杂，带有艺术创作，一时

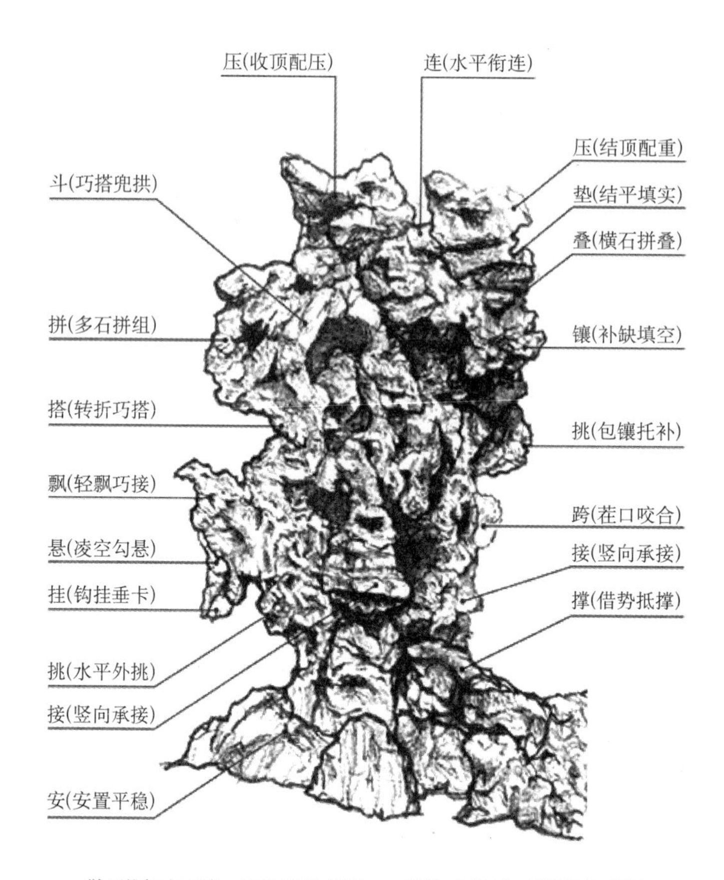

散石堆掇之石峰，依然遵循“瘦”、“漏”之准则，以湖石类堆掇方能显其风采，但堆掇手法几可全部用上，因地制宜，因形择石，巧搭奇构，玲珑剔透。

图 10－19　峰石堆掇手法示意

难以讲清，更多详情可参见《假山营造》一书，应该有所启迪。

中国传统建筑在装修布置中，不单考虑居住舒适，往往还有一种表达精神思想情感交流，显示出浓烈的企求，以构件为载体，不光作简单地美化处理，还赋予深奥寓意，祈愿、祝贺、向往的寄托，这种耐人寻味的做法，就出现在建筑构件、装置、空白墙面等各个部位上，组成一个重要部分，以营造雕刻、塑型、装饰造型艺术来承担，涉及砖、石、木、竹、灰塑、油漆彩绘等各专业。其中不乏工艺之精美，已高于一般匠作，操作者必先有较高手艺和一定艺术修养者，否则绝难承此作业。虽其部分位置，从属于主构架，仅作雕饰美化处理，亦可算是锦上添花之举，但确是点睛之妙，而成果都是要求至上。在实施砖、石、木、竹外表作雕饰之前，必先将基面认真处理好，做到精确详尽，然后摹描镂刻，如何运刀、起锋、收尾，都就全凭操作者之功力了。砖、石类雕刻件及灰塑作品，多见于室外，图案线型简洁、粗犷，表面多不见另外装饰，不像木件常在表面另有沥金彩画等工艺装潢。如厅堂木质落地罩上之“松鼠合桃”、“松、竹、梅”、“鹊梅报喜”等雕刻和长窗上、中夹宕板上有雕刻戏文、典故之人物、山水故事，皆栩栩如生。又如檐柱、牛腿、雀替、梁头上亦有舞狮、人物故事等，花机头、蜂头多数透雕牡丹、花卉，同样精细镂雕十分生动。游廊嵌壁之书条石碑上，名家书法、绘画皆为阴线镌刻，颇能体现书画原作之精粹气韵，非金石名家不能成就。另有厅堂上匾额、屏门中堂及柱楹、对联者亦有板面阴刻、立体凸面镂刻，俱能保持原作风貌。同样在大型建筑之梁、枋心、柱端头上尚有油漆彩画和沥金描绘工装，除工匠之尺画外，特别苏式之枋心彩画，更是非一般彩画技巧，所不能胜此重任。此类工作，皆由事前业主延请名家共同协作，才能完成。所以设计编绘图纸上，应多注意留有部位加以附注，详尽说明内容尺寸、要求、规格、形式，施工时，始可配合协作妥帖。

在不少殿宇屋面，山尖、正脊以及园林院墙、漏花窗芯等处多见用胶泥堆塑成各种造型艺术精美佳作，凭借光照变化角度，映现在墙上、地面，会得到丰富多彩和意想不到的光变的艺术效果，及步移景换在人为和天然景物的交错组合中能领悟别有一番意境。

传统建筑中常见于各处构件显眼处，起到点睛作用的装饰性很强的石、砖、木各种雕刻及灰塑作品，如台基、栏杆，侧宕壁面，牌坊梁枋面，屋脊柱磉，柱头坤石抱鼓，门窗框边，芯宕、礓磜、御路，以及各种镌刻的石狮、石灯笼、石幢、石塔等石雕件。又见于精美绝伦的砖细雕刻门楼之各式构件上纹饰和配件斗栱等组合，照壁、芯宕面、檐口、垛头、抛枋、门框漏窗芯子等处。

更多见在室内装置中木雕装饰配构件，如花地罩、挂落、栏杆、屏门隔断、窗格、窗扇夹宕板面、梁、枋、牛腿、棹木、机头、山雾云、抱梁云、鞋麻板、枫栱、填栱板等诸多场合，不胜枚举。此类雕刻题材，内容往往设计图纸一笔带过，不作详图。要求施工者按传统做法灵活应对了。

另有一种灰塑作品，多见于室外歇山墙山花部位，屋面上屋脊中腰、吻头、垂脊、水戗头、宝顶、门垛头墙上口以及漏窗花饰等处。灰塑之不同于上述石、砖、木雕是凭空堆掇而成，不是在基材上加工而为。首先在工作部位用竹、木、金属条以麻丝绑扎骨架成形后，将白灰膏或贝灰膏加河沙、（宣）纸筋调合成沙筋灰浆用来塑型。所用白灰膏须经漂洗、过滤、沉淀后制作高质量的泥料，存放 3 ~4 个月熟透后成的膏泥，敷作面层时，加水研磨而成，此时才不至于表面爆裂损坏造型。灰塑需经多次造型细plus、研光成形，粉刷后成活。常用工艺以圆塑、浮雕为主，题材有人物、山水、花卉、瑞兽、吉祥图案等（见图 10 –20）。

石、砖、木类雕刻，大部分在构件之边角棱缘，择有多种线条型，常见如琴面、圆弧浑面，木角线、文武面、合桃面、凹（亚）面以及各种组合型。在平面上除各种线性组合多种图案，如回纹、万字、葵式、绦套、乱纹、莲花蕃草、串枝宝相花、椀花结带、流水云纹等各种花纹拓扑组合，已见前各章不一一详述。此外夺人眼球的是

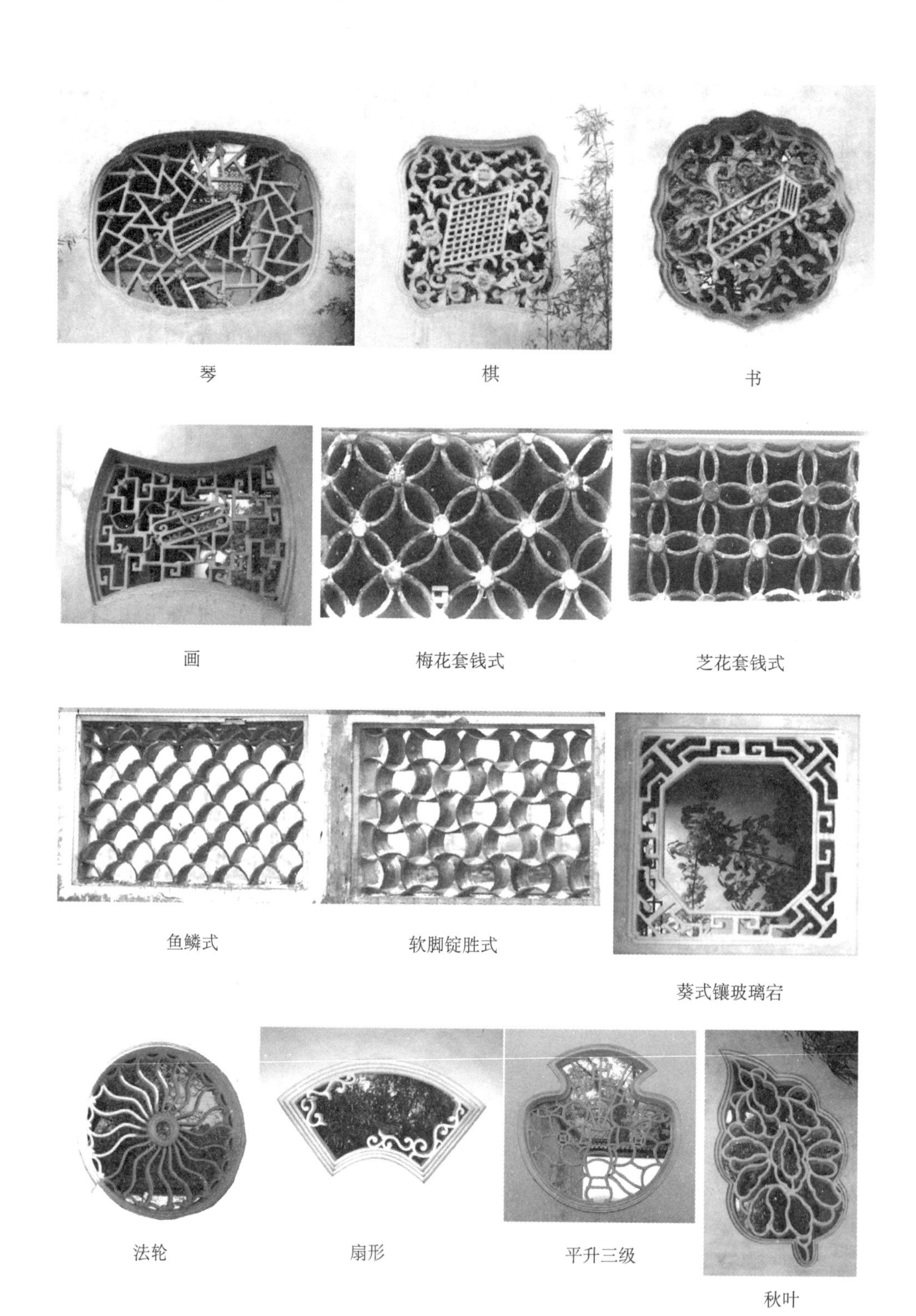

琴　棋　书

画　梅花套钱式　芝花套钱式

鱼鳞式　软脚锭胜式　葵式镶玻璃宕

法轮　扇形　平升三级　秋叶

图 10－20　灰塑漏窗式样

各种形象图案，如花篮、流苏、万胜、古钱、舞狮、佛法轮、道法器、四灵（龙、凤、麒麟、鼍）、四兽（狮、虎、象、貔貅）、岁寒三友（松、竹、梅）、四君子（梅、兰、竹、菊）以及诸多牡丹、海棠等花卉形。果实有寿桃、石榴等，飞禽有仙鹤、喜鹊等，走兽有梅花鹿、白马等，另有猿猴、松鼠和蝙蝠等，还有琴、棋、书、画、博古文物等，凡是能与吉祥如意、寓意庆贺、祝福、欢乐、和谐，符合“好口彩”的都可以随意组合成景。例如石雕常见有“六合同春”者，图形中央设一聚宝盆，两侧配鹿（六）、鹤（合）口衔灵芝，于桐（同）、柳（春）树下。皆谐音会意的组合，松、石、流水为背景，是一幅太平盛世的吉祥图案。又见“路路连科”，以鹭鸶鸟伫立于荷花深处，棵棵莲蓬结子饱满。其意为事业通达顺利。又如“锦鸡图”、“八骏图”意在前程似锦、飞黄腾达的寓意。石雕较为粗犷大气，又处室外较空旷地方，工作面较宽畅，空白块面较大处，选题亦较宏伟为主，以线刻、圆雕、浮雕和阴雕相结合者多见。

砖雕亦常见于室外照壁，除线型框边及中心部位还有精美花饰（书字）和叉角镶边外，牌楼、檐墙、垛头、兜肚、梁枋往往有一组精美雕刻图案（见图10－21、图10－22）。在线框内有时用圆雕，透过好几个层次，立体感相当丰富，常见有“出入平安”者。有一老者着官服，左手捋须，右手执如意，后侍立一童子，双髻短衫，手执屏风扇，对面站一少年，身着长衫，头带幞巾，双手捧瓶（平），另一童手牵马，似欲远行，却又回首状，童子双髻，双手捧鞍（安），奉于老者。远景山石松树，祥云瑞气，蝙蝠飞翔，暗喻“出入平安，福从天降”。又“鸾凤和鸣”图形为双凤对舞，祥云缭绕，衬以牡丹，缠枝卷草，一派和谐景象等。其他还有古典故事神话类，如《郭子仪上寿》，讲述郭子仪曾借回纥兵，平安史乱之唐朝功勋重臣，生平有七子八女，晚年无疾而终，图形为高座长髯老者元勋官服，两旁孙儿抚膝承欢，周

图10－21 砖雕门楼

边子孙满堂，热闹祝寿场景。《文王访贤》意指周文王访姜子牙出山辅政，终于伐纣灭商的故事。图形为一位三绺髯口王者，服饰华丽，躬身作揖，后侍立二行猎从者，老渔翁持竿垂钓江边状。诸如此类各式图案，皆取决业主志向爱好，表示身价修养之品味。

砖雕门楼上，尚有许多构配件，如砖雕斗、栱、昂、枫栱、雕花垫栱板、砖栏板、砖挂落、挂芽（隐脊）、荷花头等，此外在枋面上尚有各式精美图案，由文字、几何图形、宋锦纹、如意纹等组合而成。砖雕技法有线雕似白描手法，勾画出轮廓线条而已。平雕多用于镶边框装饰，即面、底皆呈平面，高差约 20mm 的“减底平”。“浅浮雕”凸面较浅，而“深浮雕”则凸面大于 50mm，且层次多一些，镂雕的层次更为丰富、图案镂深剔透。“圆雕”者形象造型灵活丰富，立体感强，层次叠显，多用于图案中心主要部位，如垛头，以吉祥图案为主（见图 10－21、图 10－22）。

图 10－22　水磨砖垛头

砖雕工序先从选料开始，挑选高质量、色泽均匀、击声清脆的砖坯，经水磨修砖后，才可在其上绘稿、贴样，然后以小凿打坯定稿刻样。打坯时先外周，再主纹，最后清底，之后进一步细雕修整，开相，初稿完成。下来如若多块组合者，就是试装，在雕饰纹接缝口拼接、合线，适当初步雕磨、修补，最后再就位贴装时，还需要进一步整合。确定后进行细雕修光，精心打磨，局部有细小砂眼和缺损，可用猪血砖灰腻子修补，精磨上蜡后，全部完成。

木雕件在传统建筑中，几乎无处不在，这是由于封建朝代等级限制，民间不允许彩画装饰，然而爱美之心人皆有之，既然不能像皇家一样彩画装饰，吾则择构件雕刻替之，结果反而发展成另一种建筑艺术门类。按地域而言，苏州地区较为徽派、浙江东阳一带的建筑，木雕的应用场合范围来得少多了。苏州地区在传统建筑中，木雕作品多偏重室内装置部位的构件上，如飞罩、窗楞（芯子）、挂落、栏杆、博古架等杆件，稍加修饰做成竹节、缠藤、卷草等形状而已。构件虽小却做得精巧细致，形成“苏派”特色，格调大方、简练不繁琐，造型优美、线条流畅、比例适当、精于用材、工于技法，工艺特点是“简约、厚朴、精巧、典雅”，即在长窗中夹宕板上雕刻最佳发挥地，把所有雕刻技法悉数用上可大显身手的地方，能把所有想得到的戏文、故事，如三国有古城会、三战吕布、三顾茅庐、战长沙、凤仪亭等，西厢有拷红、约会、解围，红楼梦有葬花、焚稿、酒令，水浒有浔阳楼、生辰纲、景阳冈等。凡是场景热闹者皆可入闱，其他上夹宕板一般位置较高，只做花卉植物，如松柏、寿桃、牡丹、兰梅等简单图形的题材。而裙板幅面较大，既有中夹宕板上精致雕刻戏文故事或博古图案，可细品鉴赏，则裙板构图尽量选用浅浮雕手法，镌刻一些吉祥图案，如平（瓶）升三级（戟），福（蝙蝠）从天降，吉（平安结）庆（磬）有余（双鱼）等。在落地长窗等经常出入之所，不惜精力、重点装潢，是为了显示主人的一种情趣和心态，是风雅或风俗皆由主人爱好而为之。

木雕技法繁多，几乎所有雕刻手法皆能用上，各种造型的工具，有凿子、线刨子等数十近百种足以装麻袋存之，俱由师傅自制，根据工况创作所需。基本技法有线刻、阴雕、圆雕、深浅浮雕、镂雕等。在设计图纸上，往往仅标志某处某位选取何种雕花名称时，具体内容将由施工者与业主沟通后，才能落实决定方案做法。这就要求施工者明了图案内容详情，否则难以完成。

中国传统民俗装饰纹样，往往以意象、谐音、寓意用物件组合表达，总是代表吉庆、欢乐、和谐、兴旺为主题，常见留存于世的古建筑中有：

官上加官：图形为雄鸡和鸡冠花组合，企想封官晋爵。这是谐音法。

玉堂富贵：图形为玉兰花、海棠花、牡丹花的组合。这是寓意法，意在升官富贵。

五世同堂：图形为五只柿子和海棠的组合，为祈愿子孙满堂家族兴旺。

长命百岁：图为雄鸡引颈长鸣（命），旁有稻穗百粒散地（百岁），意为长寿延年。

教子成名：以雄鸡延颈长啼，母鸡带领五只雏鸡在后，五子登科（窠），亦为寓意谐音法。

三阳开泰：“易经”十月坤卦、十一月复卦，仅一阳在下始长，冬去春来，阴消阳长，乃吉祥之兆，故称“三阳开泰”，为岁首交泰称颂之辞，图形以三只羊居中，一方太阳流云，另方山、石、梅、竹等花草，意大地回春，万物复苏之境。

万象更新：大象背驮一盆万年青，其实君子兰开红果更喜庆，取国泰民安、欣欣向荣。

喜报春早：喜鹊栖蜡梅枝头（报春花）引颈鸣啼，俗语“喜鹊叫，喜事到”。

天马行空：一长两翼之飞马横空出世，意志在远方，宏图八方。

五福捧寿：五只蝙蝠散布周围，聚头围住中心变体寿（寿）字图形，系意象会意祈福长寿之作。五福者，一寿、二富、三康宁、四积德、五为善终。

平升三级：长颈瓷瓶（平），分插三支方天戟（级），亦为意象，步步高升。

禄寿有余：一只鹿（禄）和一只鹤（寿）在池塘边，池中有鱼（有余），跃出水面，为祈祝阖家兴旺、安详。

八骏图：亦故事神话，图案丰满热烈，画面布置长卷，犹如连环画，乃表现雕匠之能耐，全套本领皆可发挥得淋漓尽致。八骏姿态各异，据说周穆王有八匹骏马，称赤骥、盗骊、白义、逾轮、山子、渠黄、华骝、绿耳。造父赤骥之乘匹，与桃林盗骊、华骝、绿耳献穆王。穆王使造父御，西游巡狩，遇见西王母，乐之忘归。而徐偃王反，穆王驰千里马，攻徐偃王大破之。唐太宗、昭陵亦有八骏，未见用于雕刻题材上。

博古图：意在好古，图见商鼎、彝、钟、磬、缶簋、古瓷瓶、玉件、琴、棋、书、画、盆景、文房四宝等各种器物什件，造型种类繁多，各色古玩珍宝凡具古色古香者，悉数皆可登录。

《营造法式》专门有"雕作制度"一节，列出雕混作八品：一曰神仙，二曰飞仙，三曰化生（以上项手执法器者），四曰"拂菻"（"蕃"人手执旗戟或牵畜兽者），五曰凤凰（飞禽类），六曰狮子（瑞兽类），七曰角神（角戗下力士像），八曰缠柱龙（含各种龙形）。又五种花卉：一曰牡丹花，二曰芍药花，三曰黄葵花（向日葵），四曰芙蓉花（木芙蓉，谐音"荣华"），五曰莲荷花。俱意荣华富贵之意。其余常见纹样镶边组合，不仅在石、砖、木雕刻所见，同时在油漆彩画中亦有运用。式样有蔓草形如带，蔓延生长，谐音"万"（吴音"慢"），会意"代"与牡丹组合即"富贵万代"之意。又常见以金银花缠绕拓扑组合，象征生命绵延无尽（见图10－23中*d*）。也还有云纹、云雷纹（回纹）、如意纹、方胜（菱方形部分压交，意压胜），盘长在营造雕刻及彩画中最为广泛使用。佛所说的"回环贯彻，一切通明"以各种"万代"、"套方"、"锁纹"、"回纹"均可连缀成形，含好事绵延无尽含义。彩画中旋子画以佛教花卉图案"宝相花"为蓝本用于宫殿彩画，以自然花形糅合牡丹、荷花、菊花等特征抽象而成，尚广泛应用于织锦、瓷器、建筑雕刻，有传统吉祥富贵含义（见图10－23～图10－25）。

营造雕刻工艺手法，基本与绘画相通，外形轮廓较粗概抽象一些。抓住典型，点到为止，但依然保持生气神韵，并不呆板。根据老师傅传授技法口诀，甚是受用不浅。如景物中"春景花茂，春花叶点点，万紫千红，缤纷斗争艳。夏景亭多，踞坐轻摇扇，依亭远眺，焚炉煮茶饮，邀友旅游，背伞喝驴行。秋景月皎，雁飞横长空，美人依窗，遥望赏月情。冬景桥小，围炉欢宴饮，风天雨雪，埋头撑伞走，雪压古木茫茫飞漫天"。四季景色以形会意，已跃然入目。

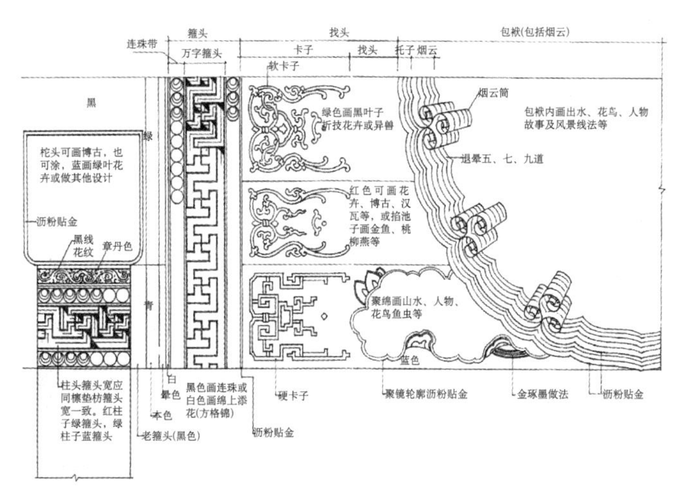

(*a*) 苏式彩画图例（金线苏画）

(*b*) 西番莲箍头

(*c*) 箍头西番莲画法

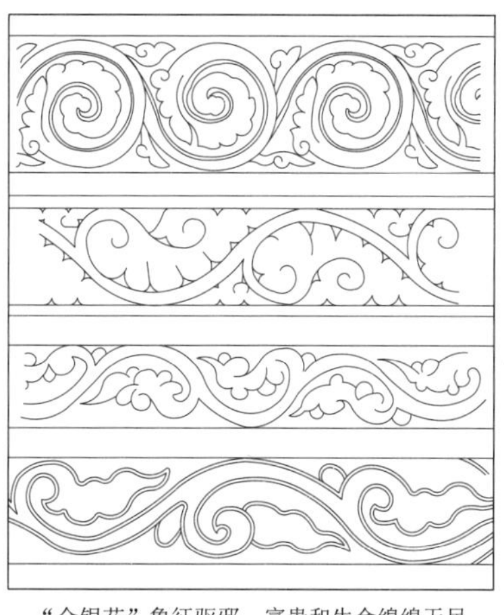

“金银花”象征驱邪、富贵和生命绵绵无尽

(*d*) 金银花

“盘长”佛教原义为“佛说回环贯彻，一切通明”，后有生命或好事绵延不尽的含义

(*e*) 盘长

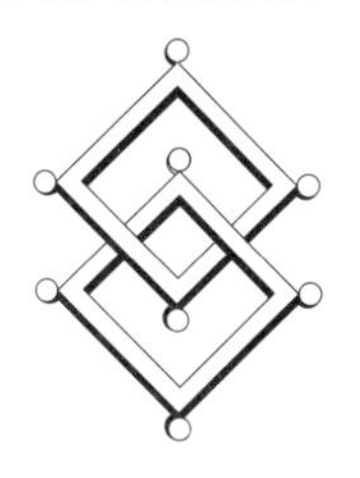

“方胜” 象征克制邪恶

(*f*) 方胜

(*g*) 花篮一支香轩顶雕花描金

图 10－23 彩画纹式样（一）

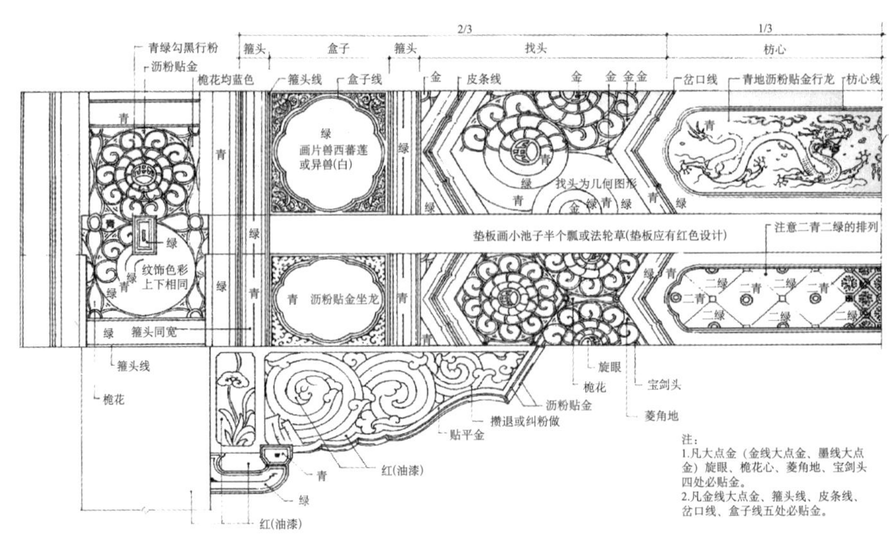

(*h*) 旋子彩画图例（金线大点金）

图 10－24　彩画纹式样（二）

压底隐起华底座

剔地起突底座

圆雕望柱莲花头

镂雕

透雕

剔地起突

深浮雕

浅浮雕

高浮雕

图 10－25　砖石雕刻

人物雕刻概要。富人：胖体、垂耳、厚眉、粗颈、宽额。贵人：双眉入鬓目有神，轩昂岸然精气足，举止稳健持凝重。贵妇：目正神怡富态稳，气静眉舒慈祥富，行止徐缓坐如山。娃娃：胖臂短腿大脑袋，小鼻面圆没脖子，面颊肥嫩脸带笑，眼眯五官凑一起。美人：柳眉凤目瓜子脸，樱桃小口鼻如胆，微笑千万莫张口。丫鬟：眉高眼媚笑容可，咬指弄巾掠发髻，插花整衣显年轻。福禄寿三星：福天官，耳不闻声天官帽，朵花立水江涯袍（袍面纹饰），朝靴抱笏五绺须；禄员外，青软巾帽绿绦袍，牵手携子抱画卷；寿仙翁，绾冠玄髦系裙裳，薄底云靴露裙底，手持龙仗悬葫芦。罗汉像：深目高鼻四蕃僧，慈眉善目老龙钟，少年和尚抱膝听，捧香献花南无经，降龙伏虎威严神，捋眉托钵怒目睁，高举环圈显神通。人物服饰衣纹宜用“蚯蚓纹”，身体前倾面俯视。龙相：牛头、鹿角、虾眼、凤爪、鱼鳞、蛇身、团扇尾巴。凤凰：鸡头、蛇颈、燕颔、龟背、鹤腿、长鱼尾、五彩羽翼。麒麟：鹿身、独角、鱼鳞、牛尾、龙头。动物相：十斤狮子九斤头（雄狮头大），一条尾巴拖后头；十鹿九回头（形态警惕状）；抬头羊，低头猪，怯是鼠，威风虎；鸟噪夜，马嘶嚎，牛行卧，狗吠篱，捉鼠猫咪常洗脸。人物相：人像各部比例以头为基准，立七、坐五、盘三半（不含头部），头为一，肩二，身三头，臂三、腿四、脚一头，画手一头，三分二，大腿小腿各二头；头部比例“三停、五部”分上下，耳目鼻嘴各占位。这些都是老师傅之经验秘诀，照此择样，基本上七不离八相似相像了。

营造石作雕刻作品，工艺要求精确唯美，工匠要求具有高级熟练能手、独具匠心者，才能做出活灵活现的传神佳作。石雕中，石狮颇有代表性，设置场合较广，且形状按地域各有特色风格。苏州地区称“苏狮”、北京的“京狮”、广东的“粤狮”，并称石狮三大流派，形态各异。苏狮特点是雌雄成对并列，雄者居左（东），左足踩绣球。雌者居右（西），右足抚幼狮，左顾右盼，笑脸相迎，造型古朴温和可爱，在苏州，官衙外大门两侧多见。京狮较威严，多见于故宫内。粤狮，大头瘦身，屈体，婀娜多姿，犹如舞狮状，在苏州忠王府门口等可见。一般 $2m^3$ 石料雕一只狮子。2004 年价格一般约在 3 万元左右。由花石匠用“圆身”立体雕工艺造就。

灰塑作品如软式漏花窗做法。先依漏花窗宕口尺寸，在平地沙盘内，预先用加工后的砖、瓦、竹、木片或钢筋铁丝等材料，按设计图样，在打网格的沙盘内拼搭成形。墙面上留出的漏窗洞口内，单边平外侧墙面，砌 1/4 砖厚的单吊衬墙，宕口内用纸筋灰糙平，弹出米字网格黑线，按图样砌镶边，然后取出沙盘内预先搭好的花饰图案，根据网格位置，复砌在宕口内，接合点用水泥麻刀灰及缠麻丝加以固定造型。待 2 ~ 3 日结硬后，可拆除背衬墙，再在搭构的骨架上，两面同时配合进行，用细玨灰塑形，经压光、粉刷后即可成活。工艺相当于“圆身”、“透雕”做法。由瓦工精心操作而成。

屋脊两端吻头灰塑常见八等，龙吻为首，依次有鱼龙吻、哺龙、哺鸡、纹头、雌毛、甘蔗、游脊等，唐宋式样大殿宇用鸱尾式，象征镇火灭灾。寺庙中腰部分灰塑图案主题以期盼延年消灾、平安富贵、喜庆祥和等。民居中，吉祥图案有：三星高照（福禄寿星）、刘海戏金蟾、松鹤柏鹿、五子登科、平升三级、五福献桃、丹凤朝阳、和合二仙、麒麟送子、天女散花、嫦娥奔月、岁寒三友、游龙戏凤、狮子滚绣球、万象更新等。而释道宗教大殿之屋脊中腰常见用团龙取水及风调雨顺、国泰民安等砖雕字碑饰之。歇山屋面的戗座及水戗头上亦见有天王、广汉、仙人、小瑞兽，而民居常见有用佛手、石榴、寿桃、卷草、牡丹、鲤鱼跳龙门、麒麟昂首，均意在迎祥、长寿、富贵、上进、仁德、多祉等象征。此项堆塑工程内容众多，工艺复杂，往往由把作师傅亲手操作才行，特别戗尖灰塑还要建筑物周边四角平衡对称，不能上下翘趔，否则肯定得返工重来。

还有一种堆塑工艺运用在匾额上，做出立体丰满感的名人书法字体，做法工艺较繁，但能传神。如殿宇檐下之大匾额上字体笔画宽于60mm者，则需先在做好地仗后，将字样拓于匾、额底板上（照实拼板穿带门做法），打竹或铁钉作为骨架支撑，梅花式排钉，正面为 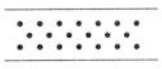 形，剖面为 形，中高边矮，钉上刷头浆后缠麻丝，下头道粗灰，根据板上放样字体，堆塑毛坯成型，呈半圆凸鼓状，待干后划网格线道，为了便于接茬，接着堆灰塑出字型笔画来，绝不能一次性堆灰成功的，否则，易裂翘脱落，再上中灰，修饰笔锋边缘，当糊粗夏布条时，应先刷一道油满（稀灰油糨糊），再敷贴粗夏布条于字上，又用中灰压布条面，待干透后字体笔画须细磨顺光，注意勿损笔锋，再用细灰刮、捋、沾直到显现字体且无砂眼、缺损，表面平整圆润，待干后再刮浆一道，使字体表面更加光洁完美，干透后用0号水砂纸做精磨，边磨边修正，使字形笔画匀称、饱满，保持原作字体笔锋神韵风格。

匾、额若不是整块木料，多块木板用实拼带穿镶框组合，整形后，为木工活结束，接下来归油漆工操作，浑水油漆必须披麻筑灰，多次完成，地仗做好后，再做下道工序，包括做字、做底面、装饰上油，首先做头道垫光油，用丝头蘸色油“揩油”做法，应横蹭竖顺，使油均匀布满，待干后（停放一天），再刷本色油，要均匀饱满，可随即将青或绿蒙金石细筛过撒于字或底面上，经晒、晾干后，经一昼夜二十四小时后，用排笔扫去浮色粉，即成青绿色绒面感效果。一般搭配做法是，底子扫蒙金石则字体扫青或绿，若底子扫青、扫绿者，则字面配贴金等做法为宜。高档次顶级匾、额，描、贴金者，常加以四周镶贴雕花、回纹、云纹、游草龙、飞凤等外倾八字式边框，过去用生漆黏着胶合后，再做面饰工艺，尺寸大时，仍要按照升斗斜边密榫镶合做法。清水屏门、抱柱对楹联以及小型匾牌，常用银杏、香樟、柏树、楠木等取其木纹细腻清晰，颜色浅淡均匀，可反衬板面书画效果。底板刨光，阴刻书画后，常用“揩漆”工艺，北方采用烫蜡工艺，为保持原木纹清新美观。刻字后有填绿涂金、刷黑等做法，为园林、厅堂中常见，起到导游、明志、记叙等作用，展现了轻盈、自然、雅趣、励志等情致。

另外，有一项工程虽不属于上面所列雕塑之类，但在运用构成过程中，常与上述漏花窗做法一样，选择多种寓意的吉祥图样，就是常在园林小径中。庭院里的花街、铺地做法，是将极其普通的一处地坪，运用望砖、瓦片、卵石、碎石，甚至利用断砖残瓦等在工程中余下的废料，以及破瓷片、残缸片、矿渣、残渣，以各种形态、色泽搭配出不同质感、颜色，构筑出各种吉祥图案或组合出十字芝花、菱花海棠各式变形图案，其中丰富多彩，堪称一绝。铺地图案一般都有祈福、祝愿等寓意。内容常见有蝙蝠（福）、鹿（乐）、松鹤（长寿）、桃（长寿）、牡丹（富贵）、荷（和平）、桂花、玉兰、海棠、池塘（金玉满堂），五只蝙蝠围聚寿字（五福捧寿），瓷瓶中插三支戟（平升三级）等。其他还有如盘长（平安结，意好事连绵）、双鱼（有余）、方胜（双钱或双菱形叠压胜，可制邪）、莲荷（出污泥不染，高洁之意），以及各种几何图形，方、圆、多角、花形等组合。铺设操作工艺：是将地基先行用3:7 灰土夯实找平，做出排水坡向，根据场地范围或曲径路侧边缘，用“鹤嘴镐”，一种“砌街”的专业工具，长尖如鹤嘴形头，手持短木柄的小镐头，刨松事先放好样的界线，将砖、瓦以双层料交错缝、顺势筑边，将镐头在手中旋转 180°翻身用另一端呈锤头状面，将砖、瓦等镶合筑料轻打结实。外侧用水泥砂浆座根护持，以防植草时遭受挠动，内宕按图样，弹墨线组成图案边框，可用 1/2 阔的望砖或 1/3 高的小青瓦，刨槽、敲砌，用长木尺找上平面，“筑宕子”完成后，再在宕子内铺填细石灰土，低于上口平面，然后，用面料按要求，分别镶砌组合图案，排紧敲实，再一次找平确保上口平面平整服帖，当铺砌数单元适当块面时，应及时用一米见方，装高长柄的木板轻夯拍平、拍实，完工后撒细灰土填缝，将表面浮土，用芦花扫帚，扫除余灰土，干净后，稍加洒水为便于填缝灰土凝结。以上适用渗水路面及路面荷载不大的场合，否则宜做好坚实地基，及提高结合面层强度和黏结力，以免引起路面下沉变形垮坍。

《营造法原》诠释书中介绍苏州常见花街铺地式样。在《园冶》中介绍的砖瓦嵌砌及鹅（卵石）子地，做法图版式样基本只在几何图形上变化，而《营造法原》诠释中照片则显示多种寓意拼图，更加丰富多彩。只是比砖石、木雕造型更简约明了，没有那样复杂了（见图 10－26）。

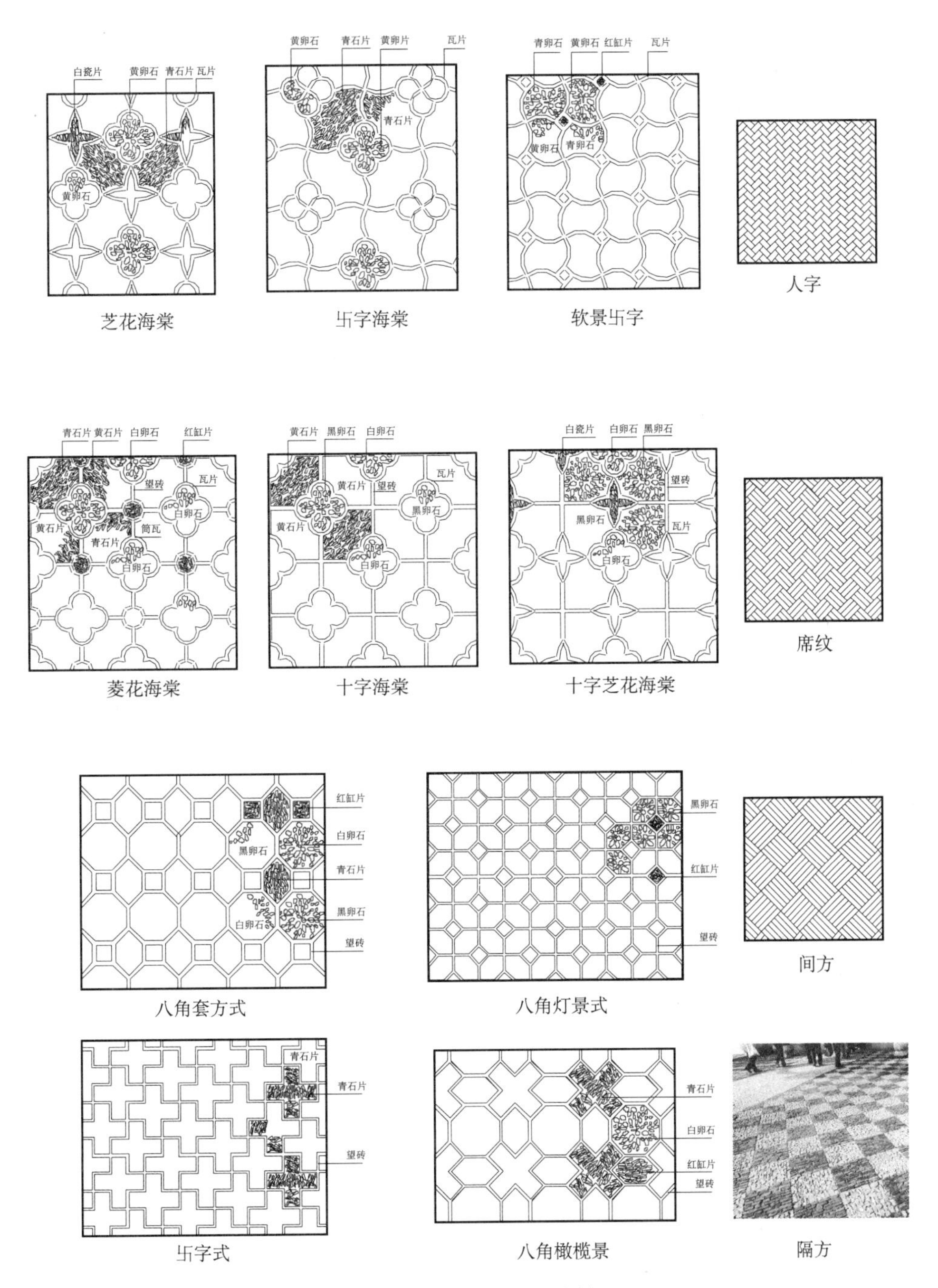

图 10－26　花街铺地式样

附　　录

（宋、清构件用料规则及工程实例图片）

虽说苏州传统建筑由江南民间建筑演化而自成一支，但它与北方官式建筑却有着相互渗透的因果关系。为了拓宽视野，能旁征博引，多一点资料参考，增加一份启示，今将北方官式之取材规则与《营造法原》中常见用料规格列表对应比照，亦可相得益彰。同时，选了一些工程图纸的示范篇幅和平常不太注意的细节照片，以供同好举一反三。当前对中国古典建筑形式比较关心，特别在寺庙、园林建筑以及修复历史遗存建筑的建造和整理维修过程中都涉及规模用材、造型构件间权衡，除园林小品建筑规模比较小的需要轻巧灵动造型，并参考《营造法原》这部南方经典来选择创作外，近来有为数不少的纪念性大型建筑，如一些宗教、历史纪念馆等建筑形式，多数偏爱选用唐、宋那种粗犷雄伟的外形，也正好与当代混凝土结构相近，胖柱、粗梁构件规格较大，结构简约，因此求索于《营造法式》，而较小规模者，则喜按清《工程做法则例》，用材等级趋低档，降格择用。为方便参考，今收录有关资料以飨读者参考使用。

集《营造法式大木作研究》（陈明达著）的研究成果，择有关实用部分摘录如下：可对《营造法式》中房屋的长、宽、进深和柱高，即指开间广、宽，架椽数水平（跨度）之进深，及房檐立柱之高度，构成房屋三维向长、宽、高的基本尺寸权衡。以及大式木作中斗栱铺作，设置规定，屋架举折。椽架（桁距）水平间距，用椽参数等选择释义可见一斑，而对主要构件梁栿截面等见诸如《法原诠释》附录，不再详述（见表1）。

《营造法式》材等分类及应用范围 **表1**

材　等	断面（高×宽）mm 15份×10份	份值 寸/mm	适用范围
一等材	300×200 9寸×6寸	0.6寸/~20	殿身九间［心（正）间双补间，共45.6m］，十一间逐间皆用双补间共79.2m（十椽）（逐间皆双补间共64.8m），（十二椽）（只心间用双补间共55.2m） 庑殿屋顶
二等材	270×180 8.25寸×5.5寸	0.55寸/~18	殿身五间（只间用双补间共24.2m，均用双补间共33m）七间（只心间用双补间33m，逐间皆双补间共46.2m） 庑殿屋顶
三等材	240×160 7.5寸×5寸	0.5/16	殿身五间（全双补间共30m，只间双补间22m），三间（全双补间共18m，只心间双补间共14m） 歇山屋顶 厅堂七间（全间300份共33.6m歇山顶） 歇山——二头 （十椽）（只间300份共28.8m悬山顶） 悬山——不二头 余屋以此为始
四等材	225×150 7.2寸×4.8寸	0.48/15	殿身三间（逐间双补间17.28m，只心间双补间13.44m） 歇山顶 厅堂五间（逐间300份23.04m，只心间300份20m） 用歇山或悬山
五等材	210×140 6.6寸×4.4寸	0.44/14	殿堂小三间（逐间300份12.672m，只心间300份11.264m） 歇山顶 厅堂大三间（逐间300份12.672m，只心间300份11.264m） 悬山顶
六等材	200×130 6寸×4寸	0.4/13	小厅堂三间逐间250份共9.6m，八角亭径750份合9.6m，方亭225份合2.88m
七等材	180×120 5.25寸×3.5寸	0.35/12	小殿堂三间逐间250份共8.4m，八角亭径750份合8.4m，方亭225份合2.52m
八等材	150×100 4.5寸×3.0寸	0.3/10	八角亭径750份合7.2m，方亭225份合2.16m，殿内藻井、小亭榭

注：1寸=32mm

开间宽度：由斗栱铺作数决定，正心用双座补间375份，次间单座补间（攒，座，斗栱组）250份，殿堂之面间宽度。每补间铺作中距。各等材为125份（100~150份），净距以重栱计心造为每铺作一朵（净广96份）中距三等材100份时余4份，六等材125份/一朵计。

厅堂之300~250份均用单座补间；

亭榭之八角亭径有375份、500份及750份三种；

方亭面宽有225、250、300、375、500等五类。

《营造法式》大木作各件造作功限皆以第六等材为准，15份×10份（6寸×4寸），分值0.4寸。

房屋建造前必先定“地盘”，即平面图，正面按“间”数，指相邻两柱间的空间尺度为单位，面阔有多少柱间，组成多少“间”，侧面进深亦同。大式木作，主要外周设有斗栱铺作，决定尺寸以铺作斗栱朵数中距之倍（份）数为准，亦即“补间”尺寸。进深相应椽架平长总计数，随之檐高、柱高、铺作高，加上举折屋坡总高，即可完成房屋之平、立、剖面图。

（1）开间：“凡于阑额上坐栌斗安铺作者，谓之补间铺作。当心间须用补间铺作两朵，次间及梢间各用一朵。”（单补间铺作设一朵时，加两侧柱边各半朵，共计间距为二朵间广一丈，双补间铺两朵时，同理计间广一丈五尺，此以三等材计）铺作在殿堂八至五铺作，补间一朵或两朵。厅堂六铺作至斗口跳，补间一朵或不用。余屋四铺作以下，补间一朵或不用。

（2）椽：“用椽之制，每架（桁距）平（水平计）不过六尺（1.92m），若殿阁或（可）加五寸（0.16m）至一尺五寸（0.48m）……”（见表2）

标准开间、椽平长按材等计实际尺寸 **表2**

材等	断面	份值	开间宽		椽架（桁距）平长	
	H×D15×10份 寸/mm	寸/mm	双座补间375份 尺/mm	单座补间250份 尺/mm	150份 尺/mm	187.5份 尺/mm
一	9×6/290×200	0.6/20	22.5 7200	15 4800	9.0 2880	11.25 3600
二	8.25×5.5/ 270×180	0.55/18	20.625 6600	13.75 4400	8.25 2640	10.3125 3300
三	7.5×5/ 240×160	0.5/16	18.75 6000	12.5 4000	7.50 2400	9.375 3000
四	7.2×4.8/ 230×150	0.48/15	18.0 5800	12 3840	7.20 2300	9.0 2880
五	6.6×4.4/ 210×140	0.44/14	16.5 5280	11 3520	6.60 2110	8.25 2640
六	6×4/200×130	0.4/13	15 4800	10 3200	6.0 1920	7.5 2400
七	5.25×3.5/ 170×110	0.35/11	13.125 4200	8.75 2800	5.25 1680	6.5625 2100
八	4.5×3/ 150×100	0.3/10	11.25 3600	7.50 2400	4.5 1440	5.625 1800

注：1. 殿堂自四椽（界、每桁距）至十椽（前后总计）用六至八铺作，柱高250/375份。
2. 厅堂四椽至十椽用四至六铺作，柱高250/300份。
3. 殿堂殿身十椽用七铺作，柱高500份，副阶两椽用五铺作，柱高250以上椽平长一律按150份计。
4. 1尺=320mm

（3）柱：“皆随举势定其短长，下檐柱为准”，若副阶廊舍，下檐柱虽长（高），不越（超过）间之广（宽）。转角则随间数升起角柱：从三间升高二寸（64mm）算起，每增一档（二间）逐增二寸，至十三间殿堂则角柱比平柱升高一尺二寸

(384mm)，殿身柱高不超过500份。

《营造法式》所列“以材份为准”绝大部分以第六等为例，是为各种尺寸折算均可取整数为六等材份值0.4寸，折算五份为二寸，125份为五尺，150份为六尺，187.5份为七尺五寸，250份为一丈，375份为一丈五尺。而须用其他材等则另有注明。另三等材折算时亦能取整数。

①开间（间广），是与铺作朵数相关，“铺作一朵间广一丈，补间两朵一丈五尺。”即是单补间时柱开间为一丈，双补间柱开间应为一丈五。

若以三等材五尺合100份则开间为200份时，单补间柱距为200×0.5寸=1丈=3.20m。

六等材五尺合125份则开间为250份时单补间柱距为250×0.4寸=1丈=3.20m。

如若双补间时，六等材为375份则柱开间为375×0.4寸=1丈5尺=4.8m。

现存善化寺三圣殿开间为最大尺寸，正心间7.68m/444份，次间7.34m/424份，梢间5.16m/298份，总宽32.68m/1889份。心间二朵，次梢间各一朵，进深心间4.42m/255份，梢间5.23m/302份，总深19.30m/1116份。椽平长2.71m/157份。允许增减时，单补间可在200~300份间，双补间可在300~450份之间调整。

②进深（椽架平长）是桁檩距为基准。“殿阁椽径九分至十分，若厅堂椽径七分至八分，余屋径六分至七分”，“每架不过六尺”计合三等材120份，而六等材合150份，以“若昂身于屋内上出皆至下平槫……”意思内伸至檐内第一桁应即为“椽架平长”合计椽架数即房屋进深与开间的宽长比以材份计，在1∶1到1∶2.8之间，常见三间到五间，避免选用方形地盘。

副阶进深用料较殿身减一等，椽架平长亦由此增减，可300份副阶，375份殿身，椽架平长，前、后一间用两椽明乳栿，中间（主间）二间用四椽明栿，每椽平长(375/2) 187.5份。平棊以上承屋盖的梁架成150份椽平长的布置，因此椽档（桁距）架数，可不与柱档相关。平棊以下梁栿不承屋盖者计算椽平长可增长12.5~37.5份算计。副阶柱高略小于殿身柱高之半。

总之，屋面椽架平长不得超过150份。进深间宽二椽与次梢间同不得大于375份。正心间宽可增至450份。梁架上主要构件取材随建筑物类型、规格而异（见表3）。

营造法式主要构件规格（单位：份）　　**表3**

类型	梁栿	檐额	柱径	叉手	槫（檩）径	椽径
殿堂	60×40 六~八椽栿	63×42	45	21×7	30	10
	45×30 四~五椽栿	51×34	42		21	9
	42×28 三椽栿 六铺作以上乳栿					
	36×24 六铺作以上平梁					

续表

类型	梁栿	檐额	柱径	叉手	榑（檁）径	椽径
殿堂	30×20 四～五铺作乳栿、平梁、三椽栿					
	21×14 扎牵					
厅堂	36×24 四～五椽栿 30×20 扎牵、出跳（乳栿） 三椽栿（平梁）	45×30	36		21 18	8 7
余屋	根据椽架数参照， 厅堂减一、二等法。		30 21	18×6 17×6 15×5	17 16	7 6

殿堂梁栿净跨不过八椽栿截面广（高），用四材 60 份（殿阁檐额用三材三栔 63 份），厅堂月梁五椽栿广 55 份，四椽栿 50 份。厅堂直梁明栿 6～8 椽用三材 45 份，4～5 椽栿用二材一栔 36 份，3 椽栿平梁扎牵出跳乳栿用二材 30 份。余屋三椽栿用足材（一材一栔）21 份即可。广宽比为 15：10。

③椽径可按建筑物等级分类，取椽径断面。

依类分：殿阁　　椽径取 10 份　　中距 9.5 寸
殿阁及副阶　　椽径取 9 份　　中距 9 寸
副阶及厅堂　　椽径取 8 份　　中距 8.5 寸
厅堂及余屋　　椽径取 7 份　　中距 8 寸
余屋　　椽径取 6 份　　中距 7.5 寸

不论椽径大小，椽子净距一律取 9 份。每架平不过六尺（1.88m）（《营造法式》原文）。

小结（表 4、表 5）：

（1）铺作每朵中距 125 份，允许增减最大限度 25 份，即 100～150 份间配置；

（2）单补间柱中距（开间）250 份，允许增减最大限度 50 份，即 200～300 份间配置；

（3）双补间柱中距（开间）375 份，允许增减最大限度 75 份，即 300～450 份间配置；

（4）椽每架平长最大 150 份，殿堂平綦以下最大 187.5 份；

（5）柱高无副阶最大 375 份；

（6）柱高有副阶（廊檐）最大 500 份；

（7）副阶柱高最大 250 份转角檐口伸出一间伸 8 份，三间伸 10 份，五间伸 14 份，五间以上随意酌定；

（8）角柱昂起三间升 5 份，每增两间递增 5 份，至十三间升 30 份止；

（9）椽径6～10份，净距皆9份（或椽径6份，中距15份，径每增一份，中距亦增一份）；

（10）檐出椽径6份，檐出70份，椽径每增一份，椽出递增2.5～5份，椽径10份，檐出80～90份止（见表4）；

（11）梢间转角升起，一间升8份，三间升10份，五间升14份；

（12）脊桁檩山墙增长每头75份；

（13）歇山两头出挑转角150份转过两椽，亭榭转过一椽，出际（桁檩出柱头）长半椽架75份；

（14）悬山两头出挑（出际）：二界屋40/50份，四界屋60/70份，六界屋70/80份八～十界屋90/100份；

（15）梁栿尺寸、檐出、柱高、间广权衡；

①八椽栿（八界梁，九架椽）长1200份，高四材60份（4×15份）梁栿最大规格，不应超过。

②檐额高三材三栔即63份，系最大荷重物件，可作承担屋架之大枕。

③檐出自檐柱中心至檐椽头，总檐出约为檐高（地面到橑檐方（梓桁）背为准）。

柱高檐廊不超过开间为原则，殿堂平座柱高250/375份，有廊檐时不超过500份。

屋高各部比例关系

四椽屋及副阶（四界及檐廊）	柱高＝铺作＋举高
六椽屋（六界）	柱高＝举高
殿堂八椽厅堂八到十椽	柱高＋铺作高＝举高

房屋高度（总）＝柱高＋铺作高＋举高

柱高＝地坪到栌斗底

铺作高＝栌斗底至橑檐方背

举高＝橑檐方背至脊桁背（与《营造法原》不同）

屋面坡度（举折法）以“前后橑檐方（梓桁）中心，相去（计）远近［若余屋柱梁作（造）或（檐椽）不出跳者，则用前后檐柱心（为准）］，分成若干份数与（为）橑檐方背至脊槫（桁檩）背举起高作一份……”称（分成份举一），而《营造法原》之以前后桁水平距与提栈高之比称“多少算”计（十分之多少称几算）。对应《营造法式》之“举折”称“多少分举一”，则应取总份数之半与举高之比才合适。其最下一架斜度约在50%至40%，也就是《营造法原》之四算、五算，基本相符。

如殿堂（三分举一，1/1.5＝0.66，相当于6.6算，近七算）

厅堂（筒瓦四分举一，另每尺加八分，相当于5.4算）（板瓦即五·二算）

廊屋用板瓦（即五·一算）四分举一，另每尺加二分，1/2 +0.1 = 五算 +0.1

亭榭用筒瓦二分举一（即 1∶1 对算），板瓦十分举四（4/5 = 八算）

庑殿正屋脊长应不小于总开间之半，不足时脊檩两头各增长 75 份。

殿堂间广（开间）250 份到 375 份，厅堂间广 200 份到 300 份，椽平长（桁檩水平距）100 份到 150 份，殿堂平棊（披廊檐）以下，可增至 187.5 份，铺作每朵间距 125 份，可增减 25 份，殿身柱高不超过 500 份，副阶柱高略小于殿身柱高之半。平柱（地面到栌斗底）高与屋面总高（铺作高加上举高）之比约在 1∶2 左右，而平柱高又大致相当于举高。檐出与檐高的比例通常在 40% 左右和 50% 左右居多数。

椽径、檐出尺寸（寸/mm）　　表 4

余屋		余屋及厅堂		厅堂		殿阁			
椽径 6 份	檐出 70 份	椽径 7 份	檐出 72.5/75 份	椽径 8 份	檐出 75/80 份	椽径 9 份	檐出 77.5/85 份	椽径 10 份	檐出 80/90 份
0.36 120	4.20 1350	0.42 135	4.35/4.50 1400/1450	0.48 155	4.50/4.80 1450/1550	0.54 173	4.65/5.10 1500/1600	0.6 190	4.80/5.40 1550/1700
0.33 110	3.85 1250	0.385 125	3.99/4.13 1280/1320	0.44 140	4.13/4.40 1320/1400	0.50 160	4.26/4.68 1360/1500	0.55 180	4.40/4.95 1400/1600
0.30 100	3.50 1100	0.35 115	3.63/3.75 1160/1200	0.4 130	3.75/4.00 1200/1280	0.45 145	3.88/4.25 1250/1360	0.50 160	4.00/4.50 1280/1450
0.29 95	3.36 1080	0.34 110	3.48/3.60 1110/1150	0.38 120	3.60/3.84 1150/1230	0.43 140	3.72/4.08 1200/1300	0.48 155	3.84/4.82 1230/1380
0.26 85	3.08 1000	0.31 100	3.19/3.30 1000/1060	0.35 110	3.30/3.52 1060/1130	0.40 130	3.41/3.74 1100/1200	0.44 140	3.52/3.96 1130/1270
0.24 80	2.80 900	0.28 90	2.90/3.00 930/960	0.32 100	3.00/3.20 960/1020	0.36 120	3.10/3.40 1000/1100	0.40 130	3.20/3.60 1030/1150
0.21 70	2.45 800	0.245 80	2.54/2.63 800/850	0.28 90	2.63/2.80 840/900	0.32 105	2.71/2.98 870/950	0.35 115	2.80/3.15 900/1000
0.18 60	2.10 700	0.21 70	2.18/2.25 700/720	0.24 80	2.25/2.40 720/800	0.27 90	2.33/2.55 750/800	0.30 100	2.40/2.70 770/860

檐出与檐高（柱高及外檐铺作外跳高之和）的关系由铺作多少而定　　表 5

铺作高	斗口跳	四铺作	五铺作	六铺作	七铺作	八铺作
份数	63	84/69	105/90	113/111	134/132	144/153

注：1. 每跳之长（中心计）不超过 30 份，跳出再多不会超出 150 份。

2. 跳上安栱称“计心”，不安栱者谓“偷心”。一斗上放素方者为“单栱”，斗上再加一铺作跳上安栱谓“重栱”。“昂”与“抄”叠铺高略有高差。“下昂”只有六至八铺作时才使用。

3. 铺作高是以栌斗底算到橑檐枋（梓桁）上背为准。

4. 飞子（飞椽）平出跳为檐出（檐口椽平出跳）之 60%。《营造法原》则为出檐椽之半。

5. 出跳檐口总平长为飞子、檐出加上铺作出跳数，一般首跳不过 30 份，内跳可以用 28 份，第二跳可减为 25 ~ 26 份予以调整。

6. 檐高与出跳檐口的比例大概控制在 2∶1 时为《营造法式》之标准图样。

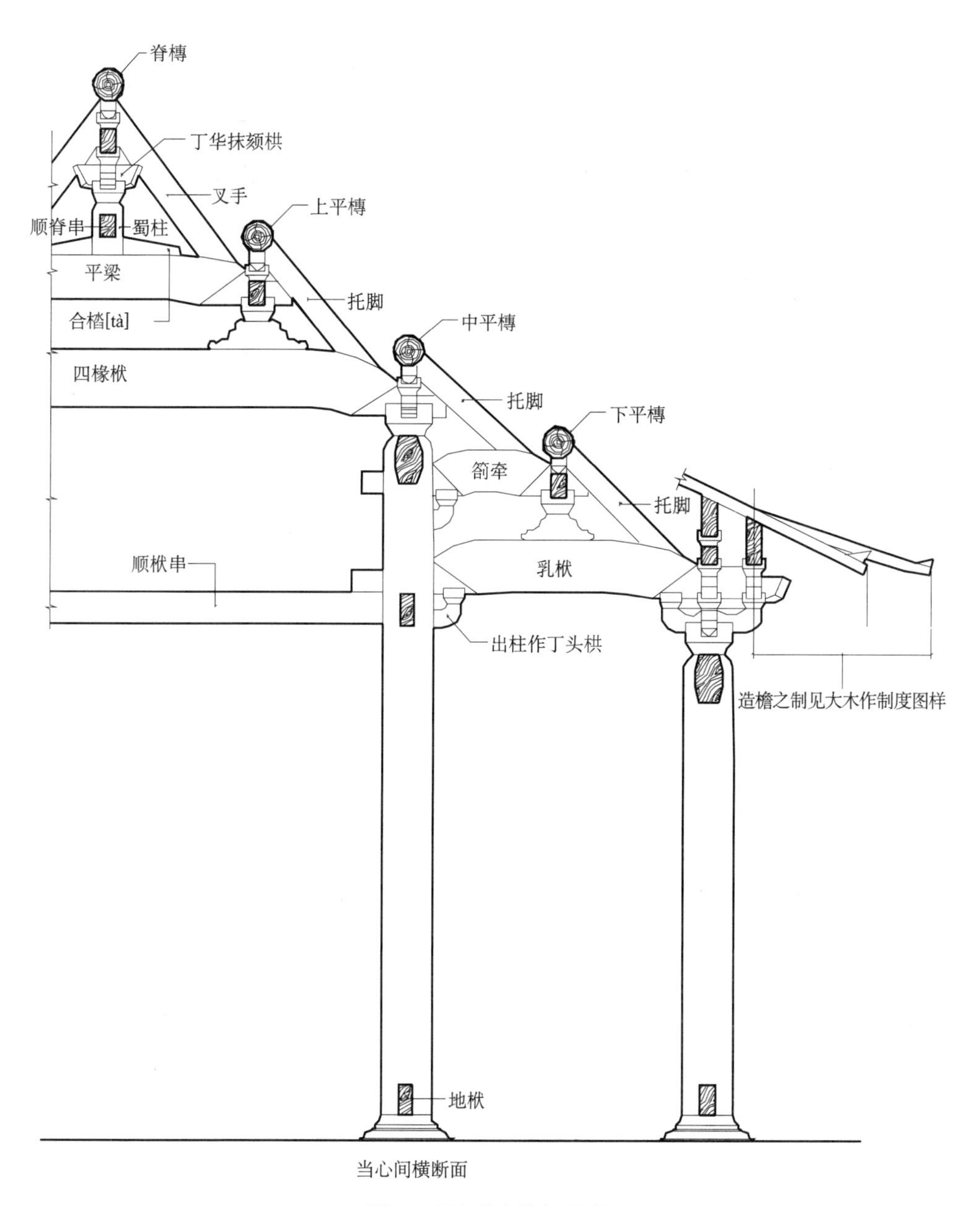
脊槫
丁华抹颏栱
叉手
上平槫
顺脊串
蜀柱
平梁
托脚
合楷[tà]
中平槫
四椽栿
托脚
下平槫
劄牵
托脚
顺栿串
乳栿
出柱作丁头栱
造檐之制见大木作制度图样
地栿
当心间横断面

图 1　宋法式木构架示意

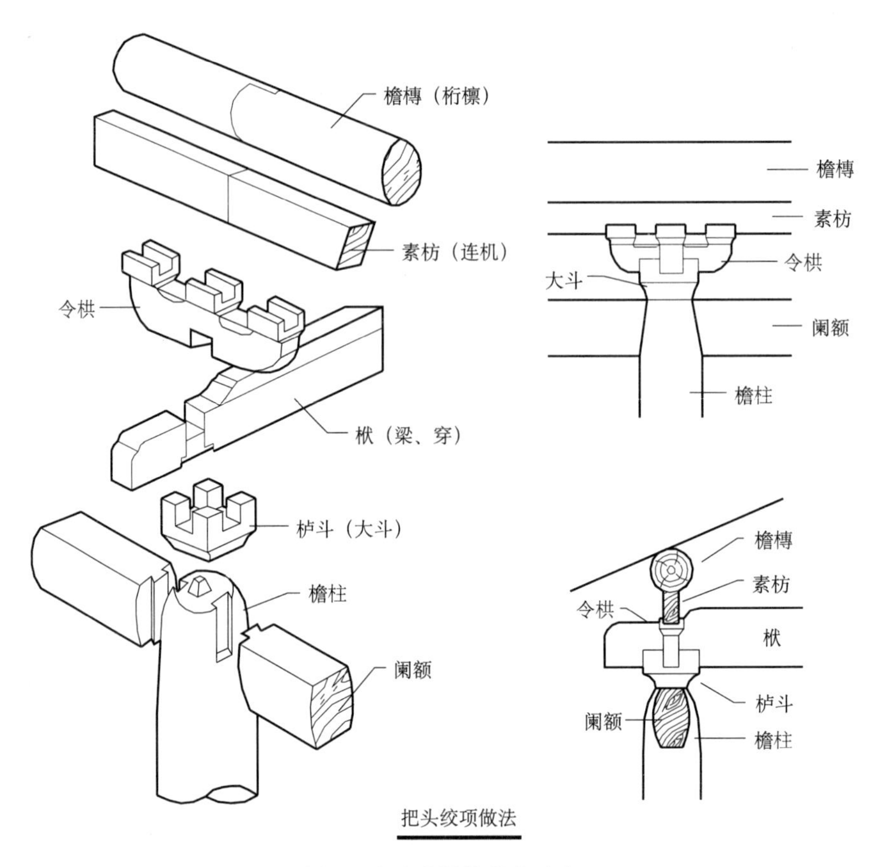

图2　宋法式梁柱节点示意

注：上项中素枋加令栱换成“替木”称为“单斗只替”。又把梁栿头伸出部分做成华栱安上交互单斗，不用令栱，直接承托檩檐枋者，即称“斗口跳”，使之增加出跳檐口。

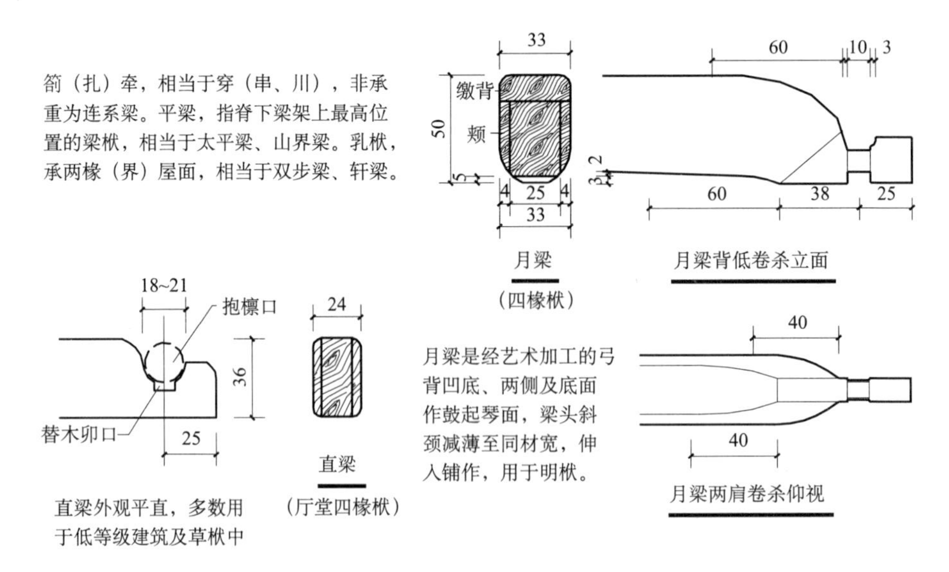

图3　月梁、直梁拼接及梁头做法

根据《古建筑木作营造技术》（马炳坚）所载大小式建筑各部构件尺寸权衡和宋《营造法式》中大木作各部构件造作功限，以第六等材为准的“厚材”大小尺寸为4寸×6寸，接近清式斗口十一等级中的第五等（4寸×5.6寸），同为当时所多见，使用量最为多的建筑构件规格。但与《营造法原》上所见五七式牌科（斗栱）用栱料的宽（即斗口尺寸），只相当清式八等料（斗口2.5寸）还不到宋法式第八等用材数，且宋、清所用营造尺，（一尺=320mm）而现代香山帮所用大木尺（一木尺=280mm）还不同。待晚清建筑中，所常见大规格的原木已属罕见，不得已时，多取拼制而成。今以日用常见者为例，为便于实际使用时可参考，今以一大木尺=280mm为准，相应构件尺寸兑换五七式斗栱中，升、栱料（斗口）2.5寸=70mm时的实用近似值，以供借鉴（见表6）。

清式带斗拱大式建筑木构件权衡表　（单位：斗口/mm）　表6

类别	构件名称	长	宽	高	厚	径	备注
柱类	檐柱			70/4900（至挑檐桁下皮）		6（420）	包含斗栱高在内
	金柱			檐柱加廊步五举		6.6（460）	内步柱
	重檐金柱			按实计		7.2（500）	重檐口外柱
	中柱			按实计		7（490）	中脊柱
	山柱			按实计		7（490）	边贴柱
	童柱			按实计		5.2（365）或6（420）	重檐外接柱座落下桃尖梁上
梁类	桃尖梁	廊步架加斗栱出踩加6/380		正心桁中至要头下皮	6（420）		带斗栱大式建筑大梁端头成桃尖状
	桃尖假梁头	平身科斗栱全长加3/200		正心桁中至要头下皮	6（420）		顺扒梁外山面檐头装饰
	桃尖顺梁	梢间面宽加斗栱出踩加6/380		正心桁中至要头下皮	6（420）		歇山面顺梁出头
	随梁			4（260）+1/100长	3.5（245）+1/100长		增大上层梁身承载能力
	趴梁			6.5（455）	5.2（365）		扣在檐檩上

续表

类别	构件名称	长	宽	高	厚	径	备注
梁类	踩步金			7（490）+1/100长或同五、七架梁高	6（420）		歇山下承山椽，断面与对应正身梁相等
	踩步金枋（踩步随梁枋）			4（280）	3.5（245）		加强用
	递角梁	对应正身梁加斜		同对应正身梁高	同对应正身梁宽		建筑转折处之斜梁
	递角随梁			4（280）+1/100长	3.5（245）+1/100长		递角梁下之辅助梁
	抹角梁			6.5（455）+1/100长	5.2（365）+1/100长		转角搭搁梁
	七架梁	六步架（桁距）加2檩径		8.4（590）或1.25倍厚（610）	7（490）		六梁架同此宽厚
	五架梁	四步架（桁距）加2檩径		7（490）或七架梁高的5/6（490）	5.6斗口（390）或4/5七架梁厚（390）		四架梁同此宽度
	三架梁	二步架（桁距）加2檩径		5/6五架梁高（410）	4/5五架梁厚（310）		月梁同此宽厚
	三步梁	三步架（桁距）加1檩径		同七架梁（600）	同七架梁（490）		外檐廊用
	双步梁	二步架（桁距）加1檩径		同五架梁（490）	五架梁（390）		外檐廊用
	单步梁	一步架（桁距）加1檩径		同三架梁（410）	同三架梁（310）		廊檐用
	顶梁（月梁）	顶步架加2檩径		同三架梁（410）	同三架梁（310）		卷棚双脊檩下步架梁
	太平梁	二步梁加檩金盘一份		同三架梁（410）	同三架梁（310）		用于庑殿“推山”脊瓜柱外支承挑出桁头，雷公柱下加设的梁。亭子构造亦用
	踏脚木			4.5（315）	3.6（250）		用于歇山面下

续表

类别	构件名称	长	宽	高	厚	径	备注
梁类	穿			2.3（160）	1.8（125）		用于歇山面下
	天花梁			6（420）+2/100长	4/5高（310）		金柱间天花主梁
	承重梁			6斗口+2寸（480）	4.8斗口+2寸（390）		用于楼房下大梁
	帽儿梁					4（280）+2/100长	天花骨干构件（大龙骨）挂搭于梁上
	贴梁		2（140）		1.5（105）		天花边框贴于梁、枋
枋类	大额枋	按面宽		6（420）	4.8（340）		檐柱间顺檐口联系构件，用于带斗栱平板枋下；上平柱头顶
	小额枋	按面宽		4（280）	3.2（225）		于大额枋下，隔开额垫板
	重檐上大额枋	按面宽		6.6（460）	5.4（380）		于重檐口下
	单额枋	按面宽		6（420）	4.8（340）		同檐枋
	平板枋	按面宽	3.5（250）	2（140）			檐口额枋上，承接斗栱座的扁枋
	金、脊枋	按面宽		3.6（252）	3（210）		与梁、柱侧面相交
	燕尾枋	按出梢		同垫板	1（70）		梢檩下支托用
	承椽枋	按面宽		5~6（350~420）	4~4.8（280~340）		承接下层檐椽后尾的枋子
	天花枋	按面宽		6（420）	4.8（340）		柱间天花主枋承接井口天花
	穿插枋			4（280）	3.2（225）		《清式工程则例》称随梁，拉结檐、金柱
	跨空枋			4（280）	3.2（225）		中柱与檐柱间拉结穿插枋
	棋枋			4.8（340）	4（280）		承椽枋下与檐枋同水平位置
	间枋	同面宽		5.2（365）	4.2（295）		用于楼房
桁檩	挑檐桁檩					3（210）	檐桁外梓桁
	正心桁檩	按面宽				4~4.5（280~315）	檐柱中心檐桁

续表

类别	构件名称	长	宽	高	厚	径	备注
桁檩	金桁檩	按面宽				4 ~ 4.5（280 ~ 315）	金柱上桁檩
	脊桁檩	按面宽				4 ~ 4.5（260 ~ 290）	中脊柱顶桁檩
	扶脊木	按面宽				4（260）	脊桁上六边形顶面承椽及栽脊桩扶持正脊用
瓜柱	柁墩	2 檩径（560 ~ 630）	按上层梁厚收 2 寸		按实际		步架梁端高宽小于 1 时垫衬方木墩支承
	金瓜柱		厚加 1 寸	按实际	按上一层梁收 2 寸		金桁檩上下步梁间垫衬支承件。高、宽比大于 1 时，使用瓜柱
	脊瓜柱		同三架梁厚（310）	按举架	三架梁厚收 2 寸（270）		于三架梁上支承脊桁檩用，常带角背扶持
	交金墩		4.5（315）		按上层柁厚收 2 寸		山、檐桁檩转角扣搭交合处承托之墩（柱）
	雷公柱		同三架梁厚（310）		三架梁厚收 2 寸（255）		庑殿用或攒尖脊中用
	角背	一步架		1/2 ~ 1/3 脊瓜柱高	1/3 高		脊瓜柱下扶持用
垫板、角梁	由额垫板	按面宽		2（140）	1（70）		大小额枋间的垫板
	金、脊垫板	按面宽	4（260）		1（70）		金脊垫板也可随梁高酌减
	燕尾枋		4（260）		1（70）		悬山挑桁檩下替木
	老角梁			4.5（315）	3（210）		转角翼角之主梁
	仔角梁			4.5（315）	3（210）		翼角主梁上之挑出梁
	由戗			4 ~ 4.5（280 ~ 315）	3（210）		仔角梁后尾之续接梁
	凹角老角梁			3（210）	3（210）		窝角梁
	凹角梁盖			3（210）	3（210）		窝仔角梁

续表

类别	构件名称	长	宽	高	厚	径	备注
椽子飞、连檐、望板	方椽、飞椽	占檐椽总平出1/3	1.5（105）		1.5（105）		方形仔椽
	圆椽	步架长				1.5（105）	全部用椽
	大连檐	随通面宽	1.8（125）	1.5（105）			里口木同此
	小连檐	随通面宽	1（70）		1.5望板厚（55）		联系老檐椽头
瓦口衬头木	顺望板				0.5（35）		翘翼角椽面用，每档1块
	横望板				0.3（20）		正檐口檐面用
	瓦口				同望板（28）		大连檐上安装承托檐口瓦件用
	衬头木			3（210）	1.5（105）		即枕头木，钉于翼角檐檩上垫翘翼角椽用
歇山、悬山、楼房各部	踏脚木	山面步架梁+2桁檩径		4.5（320）	4.5（320）		歇山草架柱坐落于此枋木上
	穿			2.3（160）	1.8（125）		横向稳定山花面草架柱支撑梢檩的构件
	草架柱			2.3（160）	1.8（125）		山面出挑梢檩支顶的小方柱
	山花板				1（70）		歇山面钉于草架柱架上
	博缝板		8（560）		1.2（85）		遮挡歇山面梢檩头用
	滴珠板				1（70）		平座外沿的挂落板钉在沿边木上
	沿边木			同楞木或加1寸（240或270）	同楞木		平座楼板下外沿备封钉滴珠板用
	楼板				2寸（70）		企口接缝口
	楞木	按面宽		1/2承重高（240）	2/3自身高（160）		间距650～800

注：“斗口”指平身科斗栱坐斗在面宽方向的架栱身的刻口尺寸。

“斗口”按清官式将建筑类型分成十一等级，称十一等材，由此决定每一个等材的“斗口”尺寸。

清式五檩、四檩小式木构建筑的各部构件用料尺寸权衡，概以柱径（D）为准，而《工程做法则例》规定：“凡檐柱以面阔十分之八定高，以百分之七定柱径。”柱径（D）与开间大小、柱高成一定比例关系，柱径 D 先由正面开间决定后，依次断定柱高、柱径。即以开间：柱高：柱径=1：0.8：0.07 核算。柱高与柱径比例约为 11：1，对于四、五檩小式之面阔：柱高可减为 10：7。以此规定可依列表决定各料尺寸。按《营造法原》定例取柱径略小，仅为“正间加二”得围径（正间阔×0.2/π），转换成圆径约为正间的 0.064，已可使用。

下列表作为北方官式小式建筑各部构件用料情况，可作参考。今以常见小式建筑，开间用 3.40m 时，柱径 D=3.40m×0.064≈0.22m，一大木尺=280mm 计换算。（见表 7）

小式（或无斗栱大式）建筑木构件权衡表（柱径 D=220mm）　　表 7

类别	构件名称	长	宽	高	厚（或进深）	径	备注
柱类	檐柱（小檐柱）			11D 或 8/10 明间面宽（2400）		D（220）	廊柱
	金柱（老檐柱）			檐柱高加廊步五举		D+1 寸（250）	步柱
	中柱			按实计		D+2 寸（275）	脊柱
	山柱			按实计		D+2 寸（275）	山墙边贴立柱
	重檐金柱			按实计		D+2 寸（275）	重檐口外柱
梁类	抱头梁	廊步架加柱径一份		1.4D（310）	1.1D（240）或 D+1 寸（270）		后尾半榫插入金柱，榫长 1/2～1/3 金柱径，榫厚 1/4 梁厚
	五架梁	四步架+2D		1.5D（330）	1.2D（265）或金柱径+1 寸（290）		四界大梁
	三架梁	二步架+2D		1.25D（275）	0.95D（210）或 4/5 五架梁厚（225）		山界梁
	递角梁	正身梁加斜		1.5D（330）	1.2D（265）		转角处斜梁
	随梁			D（220）	0.8D（180）		为增加上层梁身承载力
	双步梁	二步架+D		1.5D（330）	1.2D（265）		排山梁架
	单步梁	一步架+D		1.25D（275）	4/5 双步梁厚（210）		排山梁架
	六架梁	五步架长		1.5D（330）	1.2D（265）		五架带前檐廊或卷棚
	四架梁	顶步长加前后步架长		5/6 六架梁高（275）或 1.4D（310）	4/5 六架梁厚（210）或 1.1D（240）		三步架卷棚

续表

类别	构件名称	长	宽	高	厚（或进深）	径	备注
梁类	月梁（顶梁）	顶步架 +2D		5/6 四架梁高（230）	4/5 四架梁高（170 或 190）		卷棚顶梁
	长趴梁			1.5D（330）	1.2D（265）		用于亭子屋顶井字趴梁
	短趴梁			1.2D（265）	D（220）		用于亭子屋顶井字趴梁
	抹角梁			1.2～1.4D（265～310）	D～1.2D（220～265）		转角搭角梁
	承重梁			D+2 寸（280）	D（220）		梁身按楞木加刻口备用
	踩步金	四步架		1.5D（330）	1.2D（265）		用于歇山
	太平梁			1.2D（265）	D（220）		攒尖顶，雷公柱下
枋类	穿插枋	廊步架 +2D		D（220）	0.8D（180）		抱头梁下方
	檐枋	随面宽		D（220）	0.8D（180）		檐柱间枋
	金枋	随面宽		D 或 0.8D（220 或 180）	0.8D 或 0.65D（180 或 145）		柱间枋
	山金、脊枋	随面宽		0.8D（180）	0.65D（145）		柱间枋
	燕尾枋	随檩出梢		同垫板（150）	0.25D（55）		梢檩挑头下托件
檩类	檐、金、檩	四、五、八（1200～1500）			D 或 0.9D（220 或 200）		梢檩外挑出四椽四挡或出檐
	扶脊木	同桁檩			0.8D（180）		六边形，两下侧剔凿椽窠，顶穿脊桩孔
垫板类	檐垫板老檐垫板	按面宽减梁柱径		0.8D（180）	0.25D（55）		檩枋间的板
	金、脊垫板			0.65D（145）	0.25D（55）		
柱瓜类	柁墩	2D（440）	0.8 上架梁厚	按实计			作用同瓜柱
	金瓜柱		D（220）	按实计	上架梁厚的 0.8		筒柱

续表

类别	构件名称	长	宽	高	厚（或进深）	径	备注
柱瓜类	脊瓜柱		D ~ 0.8D（220 ~ 180）	按举架	0.8 三架梁厚（168 或 180）		中脊筒柱
	角背	一步架（1 桁距）		1/2 ~ 1/3 脊瓜柱高	1/3 自身高		瓜柱根脚帮衬木
角梁类	老角梁	正檐椽头平出二椽径		D（220）	2/3D（150）		转角发戗之主梁
	仔角梁	冲三翘四		D（220）	2/3D（150）		冲出老角梁 1/2 平出长，翘高正飞椽四椽径
	由戗			D（220）	2/3D（150）		即续角梁
	凹角老角梁			2/3D（150）	2/3D（150）		即窝（里）角梁
	凹角梁盖			2/3D（150）	2/3D（150）		即窝仔角梁
椽望、连檐、瓦口、衬头木	圆椽	随步架				1/3D（75）	大式多用之
	方、飞椽	随步架、加跳	1/3D（75）		1/3D（75）		小式多用之
	花架椽	随步架	1/3D（75）		1/3D（75）		脑椽，檐椽之间
	罗锅椽	随步架、加座	1/3D（75）		1/3D（75）		套样实做
	大连檐	通面宽	0.4D 或 1.2 椽径（90）	同椽径（75）	1/3D（75）		断面直角梯形
	小连檐	通面宽	1/3D（75）		1.5 望板厚		断面直角梯形
	横望板				1/15D 或 1/5 椽径（15）		横铺式
	顺望板				1/9D 或 1/3 椽径（24 或 25）		顺坡式
	瓦口	通面宽		1/2 椽径（38）	同横望板（15）		明间中底瓦座中带瓦口山适当加高
	衬头木	同檐步架			1/3D（75）		钉于檐檩上托翼角椽

续表

类别	构件名称	长	宽	高	厚（或进深）	径	备注
歇山、悬山、楼房各部	踏脚木	按步架		D（220）	0.8D（180）		歇山面下供草架柱落脚用
	草架柱		0.5D（110）		0.5D（110）		方形，或1.5椽径或2斗口
	穿		0.5D（110）		0.5D（110）		草架柱间串联
	山花板				1/3～1/4D（75～55）		留出檩碗孔
楼房各部	博缝板	每步架一段	2～2.3D或6～7椽径（440～500或450～530）		1/3～1/4D或0.8～1椽径（75～55或60～75）		板缝接茬舌长为板1/3宽，板内背剔挖1/3椽深的檩径及燕尾枋窝口
	挂落板	按总面宽分		平座斗栱高	0.8椽径（60）		即滴珠板竖板穿带企口缝
	沿边木	随开间		0.5D+1寸（140）	8/10高（110）		楼面平座滴珠板后
	楼板	沿进深方向			1.5D－2寸（50）		企口接缝口
	楞木	随开间		0.5D+1寸（140）	8/10高（110）		间距在650～800

以上尺寸表依照马炳坚根据梁思成、赵正之所拟权衡所得，经校订后列表，今增加对应转换成公制尺寸，是为常见规模的建筑构件用材数值，仅作参照。所列构件名均按《中国古建筑木作营造技术》。

清《工程做法则例》规定：有斗栱时出檐21斗口，无斗栱者为檐柱3/10高为出檐进深，飞椽与檐椽出挑比1∶2，飞椽楔形后尾部长与飞椽头之比为2.5∶1。椽径与檐平出、总出檐间权衡见表8。

椽径与檐平出、总出檐间权衡 **表8**

椽径（寸/mm）	檐出（尺/mm）	椽径/檐出比	飞椽出挑＝0.6檐出	总出檐（尺/mm）	椽径/总出檐	适用建筑类型及材等
3/96	3.5/120	1/11.7	2.1/670	5.6/1800	1/18.7	殿阁八等材、厅堂六等材，余屋四至五等材

续表

椽径（寸/mm）	檐出（尺/mm）	椽径/檐出比	飞椽出挑=0.6檐出	总出檐（尺/mm）	椽径/总出檐	适用建筑类型及材等
5/160	4～4.5/1280～1400	1/8～1/9	2.4～2.7/770～870	6.4～7.2/2050～2300	1/12.8～1/14.4	殿阁二～三等材
*6/192	4.8～5.4/1540～1730	1/8～1/9	2.9～3.3/900～1050	7.7～8.7/2450～2770	1/12.8～1/14.4	殿阁一等材

注：*6寸椽径为殿阁一等材时，用上项数值，按1.2倍5寸椽测算而得。飞椽为矩形，高为檐椽径8/10，宽为檐椽径7/10。

传统建筑内涵丰富，涉及面广，各种类型繁杂，式样变化很大，很难一一详述。同样构筑方式、方法也随之而变，才能适应。下面收集一些过去部分工程图样、实录照片以及手稿供读者共享（见图4～图70），或许尚有点参考启示价值，仅此而已。

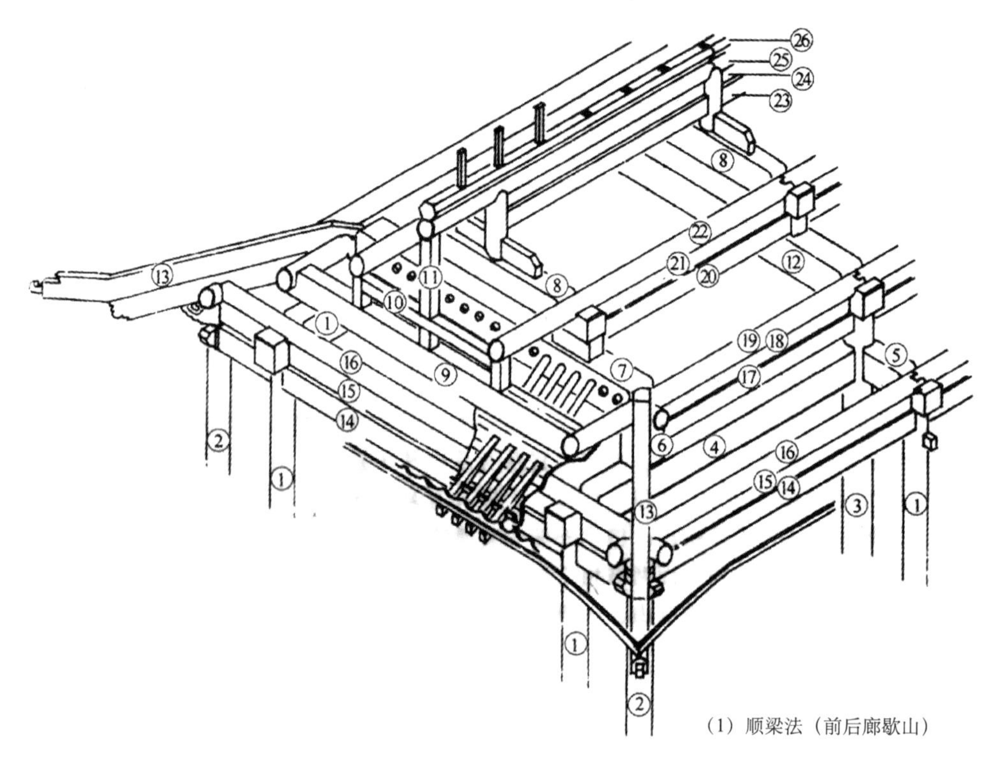

（1）顺梁法（前后廊歇山）

1. 檐柱　2. 角檐柱　3. 金柱　4. 顺梁　5. 抱头梁　6. 交金墩　7. 踩步金　8. 三架梁　9. 踏脚木　10. 穿　11. 草架柱　12. 五架梁　13. 角梁　14. 檐枋　15. 檐垫板　16. 檐檩　17. 下金枋　18. 下金垫板　19. 下金檩　20. 上金枋　21. 上金垫板　22. 上金檩　23. 脊枋　24. 脊垫板　25. 脊檩　26. 扶脊木

图4　歇山建筑山面的基本构造——顺梁法

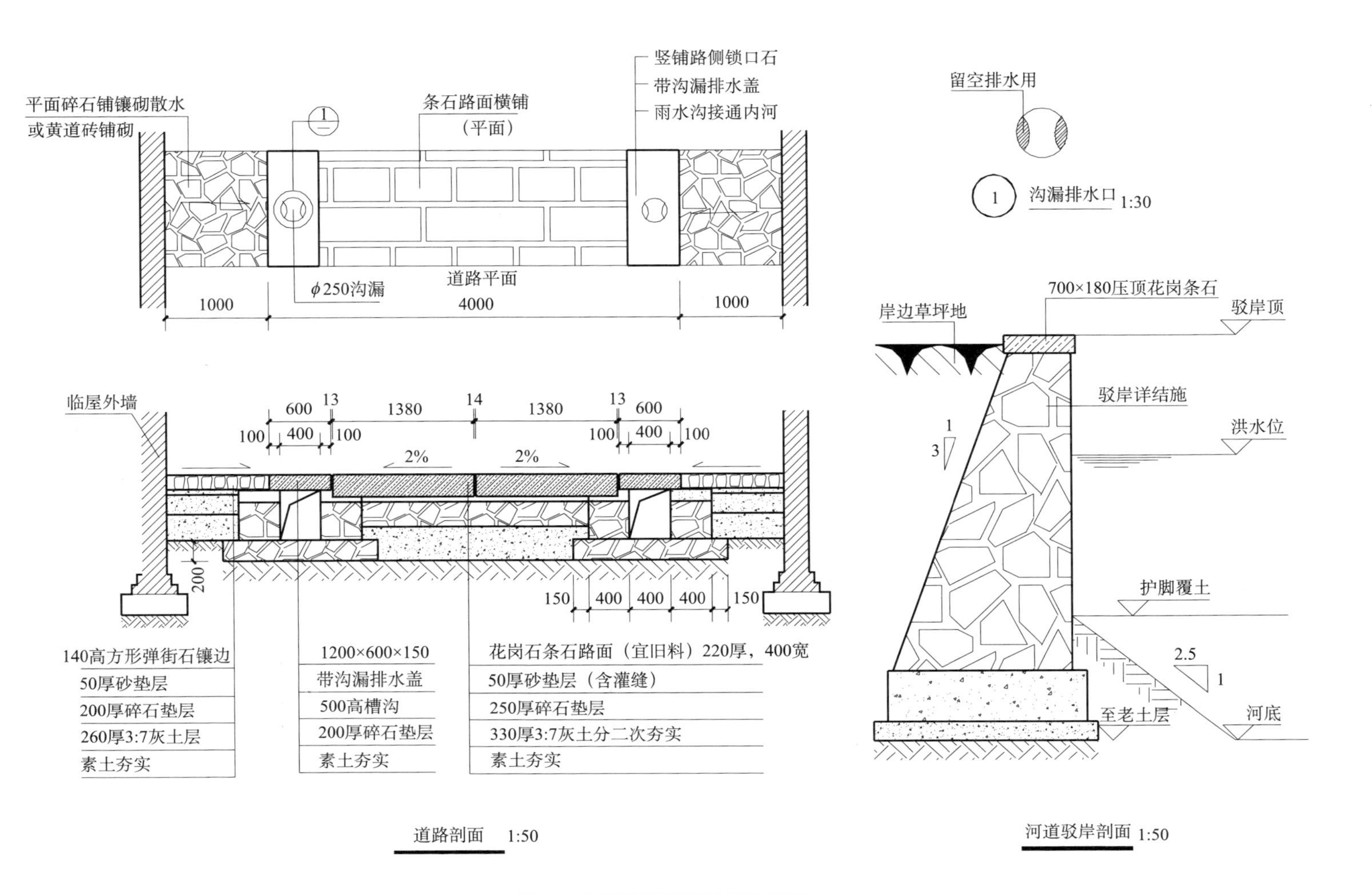
平面碎石铺镶砌散水
或黄道砖铺砌
条石路面横铺
（平面）
竖铺路侧锁口石
带沟漏排水盖
雨水沟接通内河
φ250沟漏
道路平面
1000
4000
1000
留空排水用
1 沟漏排水口 1:30
临屋外墙
600
13
1380
14
1380
13
600
100
400
100
100
400
100
2%
2%
200
150
400
400
400
150
140高方形弹街石镶边
50厚砂垫层
200厚碎石垫层
260厚3:7灰土层
素土夯实
1200×600×150
带沟漏排水盖
500高槽沟
200厚碎石垫层
素土夯实
花岗石条石路面（宜旧料）220厚，400宽
50厚砂垫层（含灌缝）
250厚碎石垫层
330厚3:7灰土分二次夯实
素土夯实
道路剖面 1:50
岸边草坪地
700×180压顶花岗条石
驳岸顶
驳岸详结施
洪水位
1
3
护脚覆土
2.5
1
至老土层
河底
河道驳岸剖面 1:50

图 5　小道路面铺设及岸边驳岸

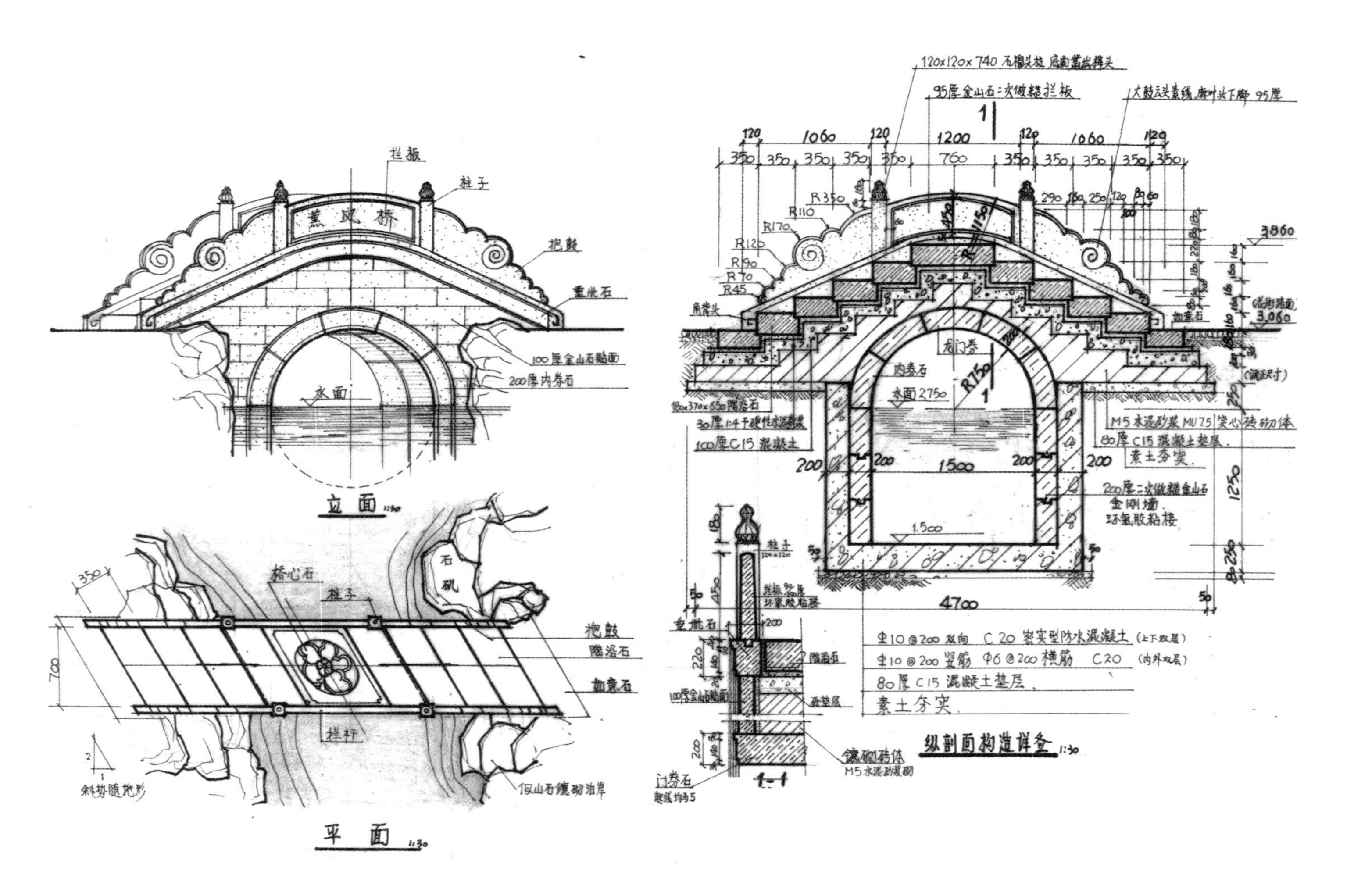
栏板
柱子
抱鼓
垂带石
100厚金山石贴面
200厚内券石
水面
立面 1:30
桥心石
柱子
石矶
抱鼓
踏步石
如意石
栏杆
斜势随地形
假山石镶砌驳岸
平面 1:30
120x120x740 石榴头柱 底面凿出榫头
95厚金山石二次做糙拦板
大鼓立头素线 麻叶头下脚 95厚
龙门券
内券石
水面 2.750
M5 水泥砂浆 MU7.5 实心砖砌体
80厚 C15 混凝土垫层
素土夯实
200厚二次做糙金山石
金刚墙
环氧胶粘接
30厚1:4干硬性水泥砂浆
100厚C15 混凝土
镶砌砖体
M5水泥砂浆砌
门券石
1-1
纵剖面构造详图 1:30

图 6 园林小桥（手稿）

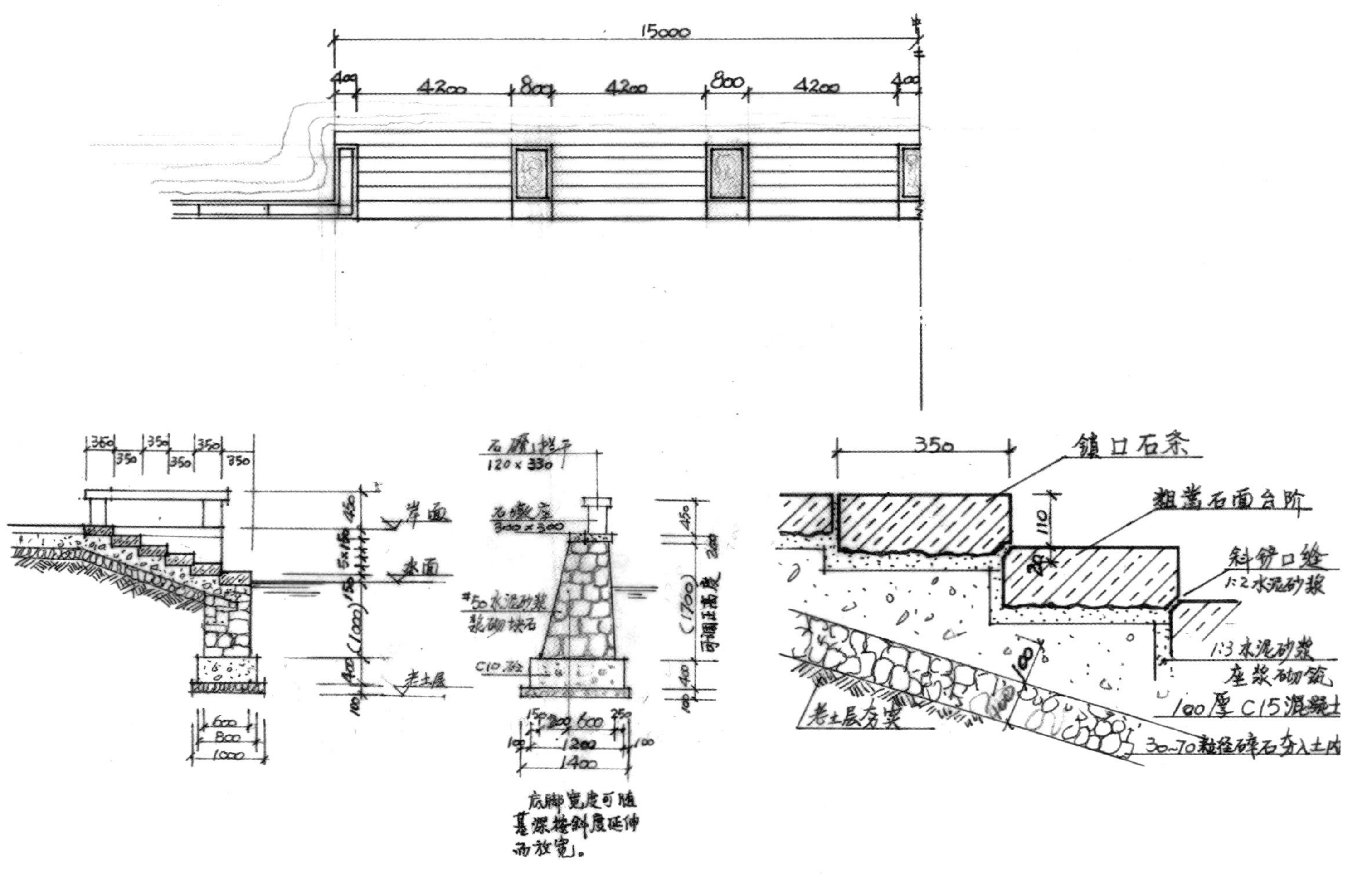
15000
400
4200
800
4200
800
4200
400
350
岸面
水面
老土层
C10砼
底脚宽度可随
基深按斜度延伸
而放宽。
镇口石条
粗凿石面台阶
斜铲口缝
1:2水泥砂浆
1:3水泥砂浆
座浆砌筑
100厚C15混凝土
老土层夯实
30~70粒径碎石夯入土内

图 7　河滩水埠头（手稿）

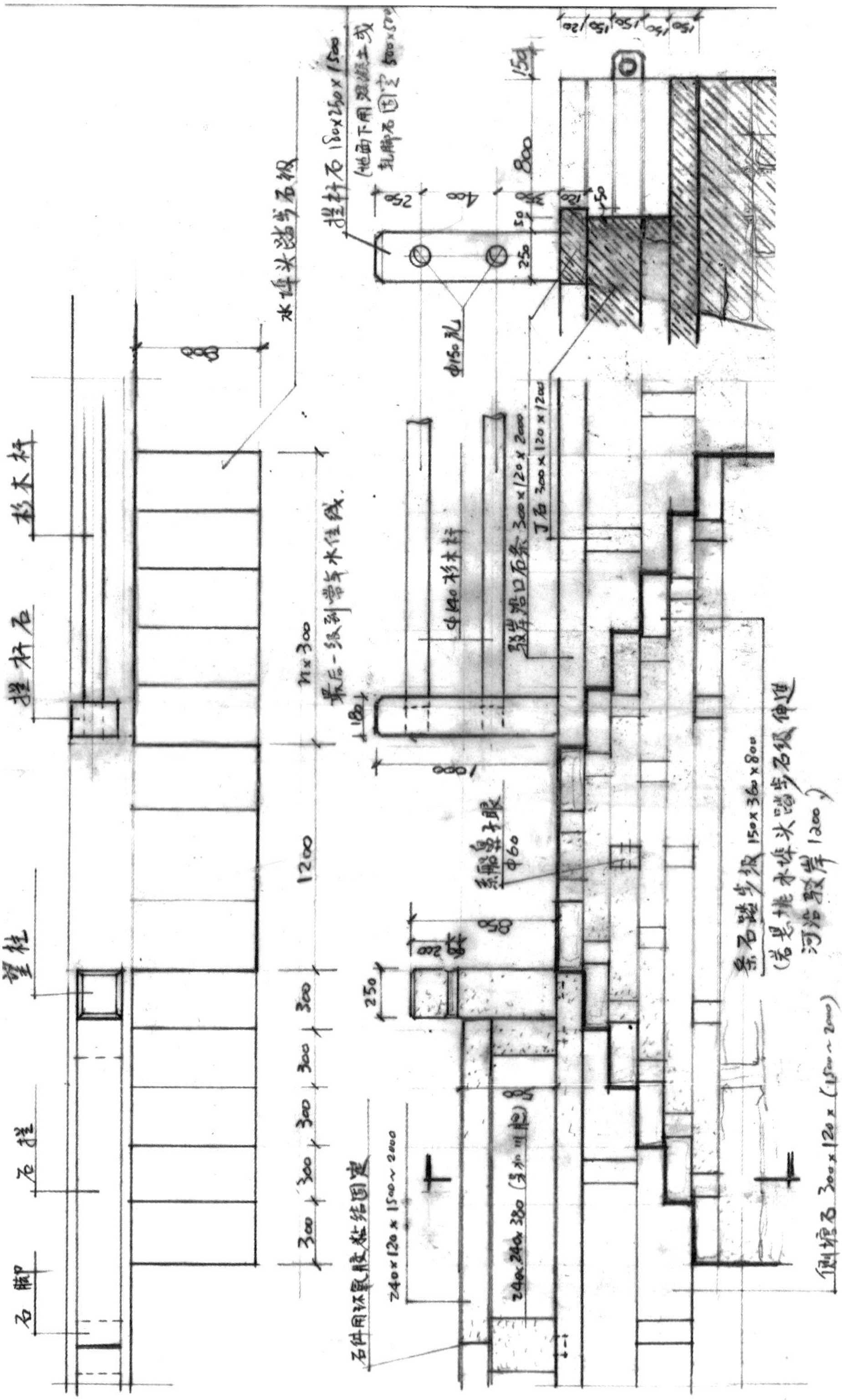

图 8　岸边水踏渡（手稿）

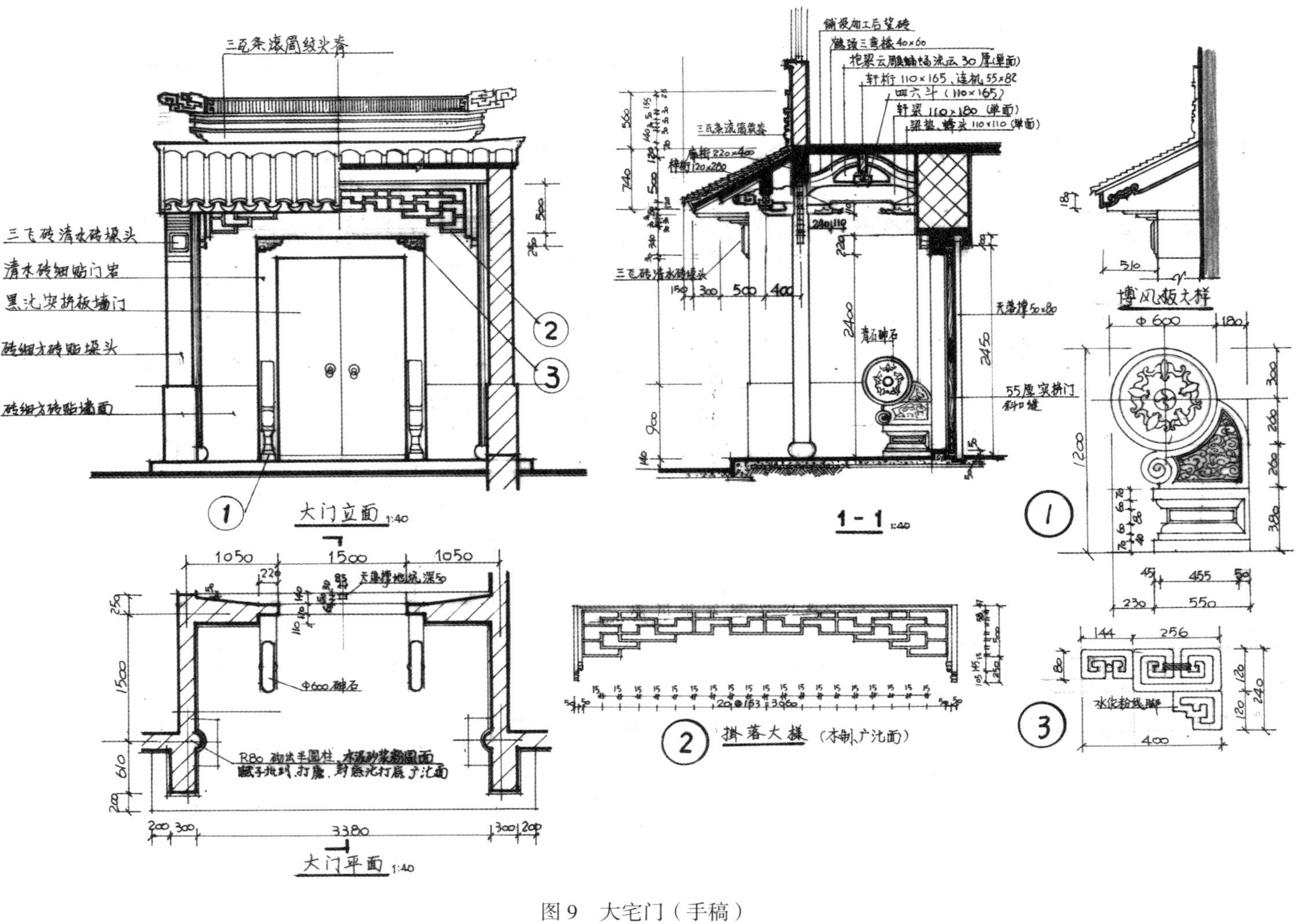
三瓦条滚筒纹头脊
三飞砖清水砖垛头
清水砖细贴门宕
黑沉实拼板墙门
砖细方砖贴垛头
砖细方砖贴墙面
大门立面 1:40
1－1 1:40
天落撑 50×80
55厚实拼门
青石鼓石
博风板大样
大门平面 1:40
Φ600鼓石
挂落大样（木制，广沉面）
水泥粉线脚

图9　大宅门（手稿）

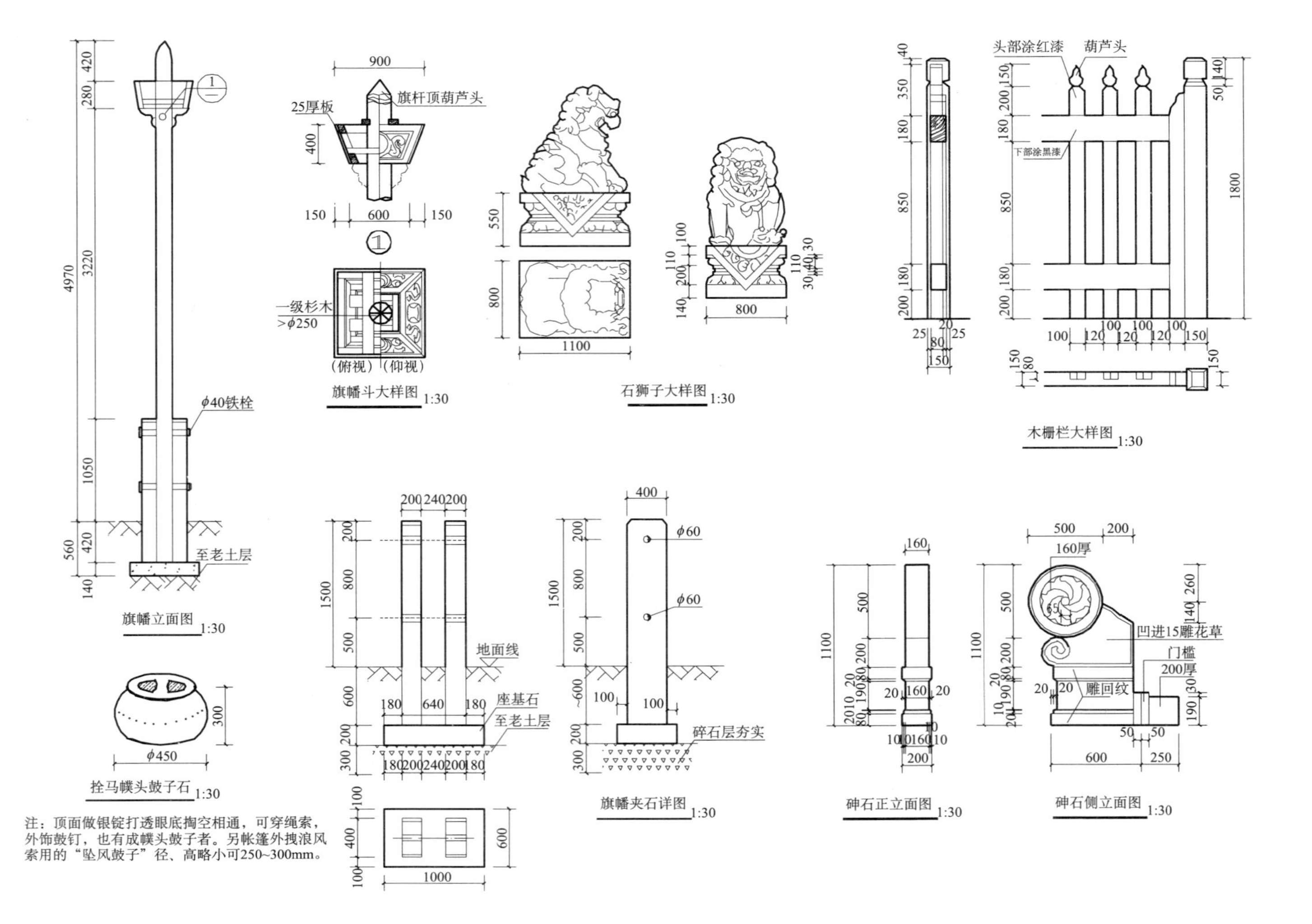

旗杆顶葫芦头
25厚板
一级杉木 >φ250
（俯视）（仰视）
旗幡斗大样图 1:30
石狮子大样图 1:30
头部涂红漆
葫芦头
下部涂黑漆
木栅栏大样图 1:30
φ40铁栓
至老土层
旗幡立面图 1:30
拴马幞头鼓子石 1:30
φ450
地面线
座基石
至老土层
碎石层夯实
旗幡夹石详图 1:30
砷石正立面图 1:30
160厚
凹进15雕花草
门槛
200厚
雕回纹
砷石侧立面图 1:30
注：顶面做银锭打透眼底掏空相通，可穿绳索，外饰鼓钉，也有成幞头鼓子者。另帐篷外拽浪风索用的"坠风鼓子"径、高略小可250~300mm。

图10 庙前什件

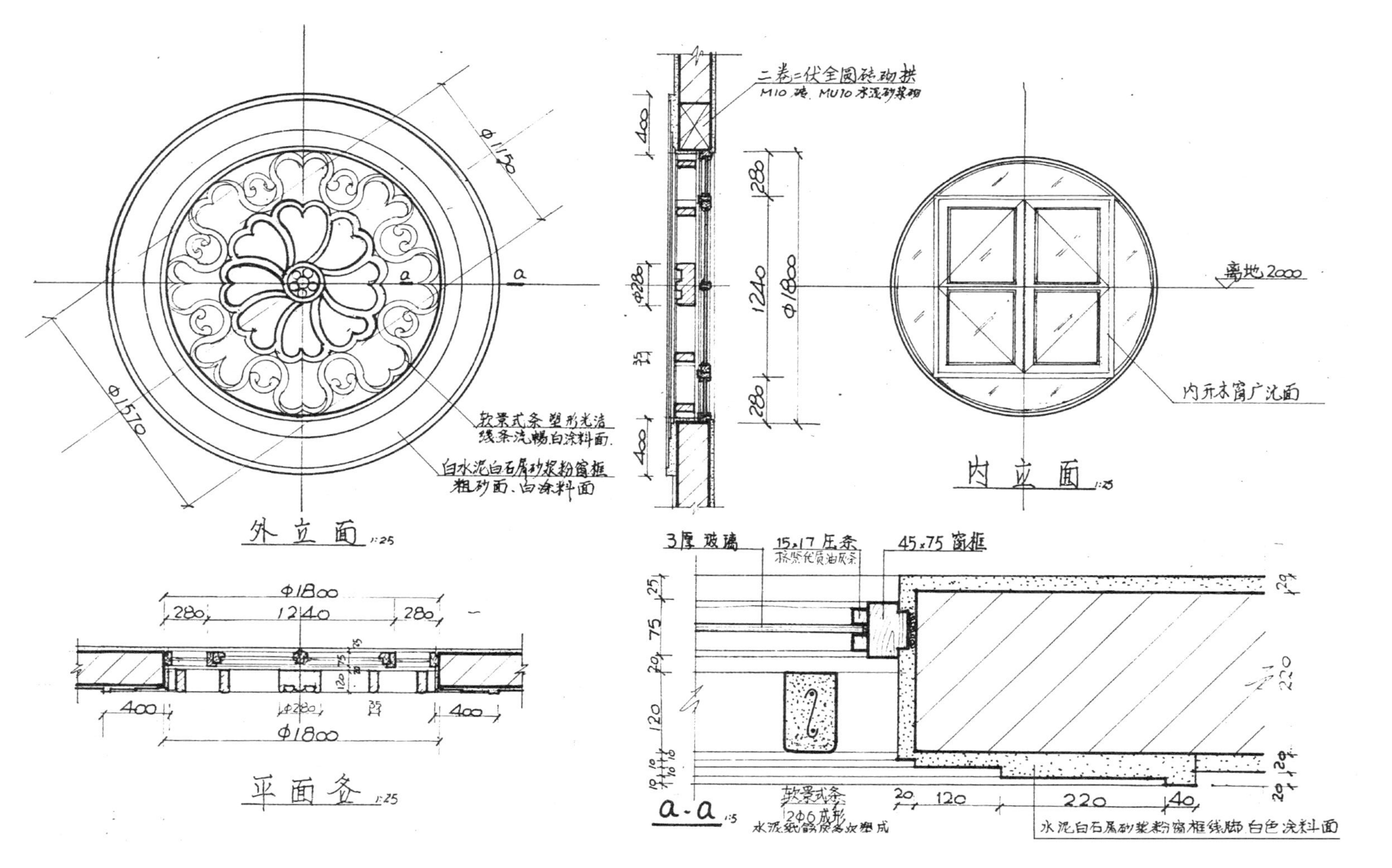
Φ1150
Φ1570
a
软景式条 塑形光洁
线条流畅白涂料面.
白水泥白石屑砂浆粉窗框
粗砂面、白涂料面
外立面 1:25
二券二伏全圆砖砌拱
M10 砖、MU10 水泥砂浆砌
400
280
1240
Φ1800
Φ280
离地2000
内开木窗广汕面
内立面 1:25
Φ1800
280
1240
280
400
Φ280
400
Φ1800
平面图 1:25
3厚玻璃
15x17 压条
45x75 窗框
25
75
20
120
220
20
120
220
40
a-a 1:5
软景式条
2Φ6成形
水泥纸筋灰条灰塑成
水泥白石屑砂浆粉窗框线脚 白色涂料面

图 11　法轮窗详图（手稿）

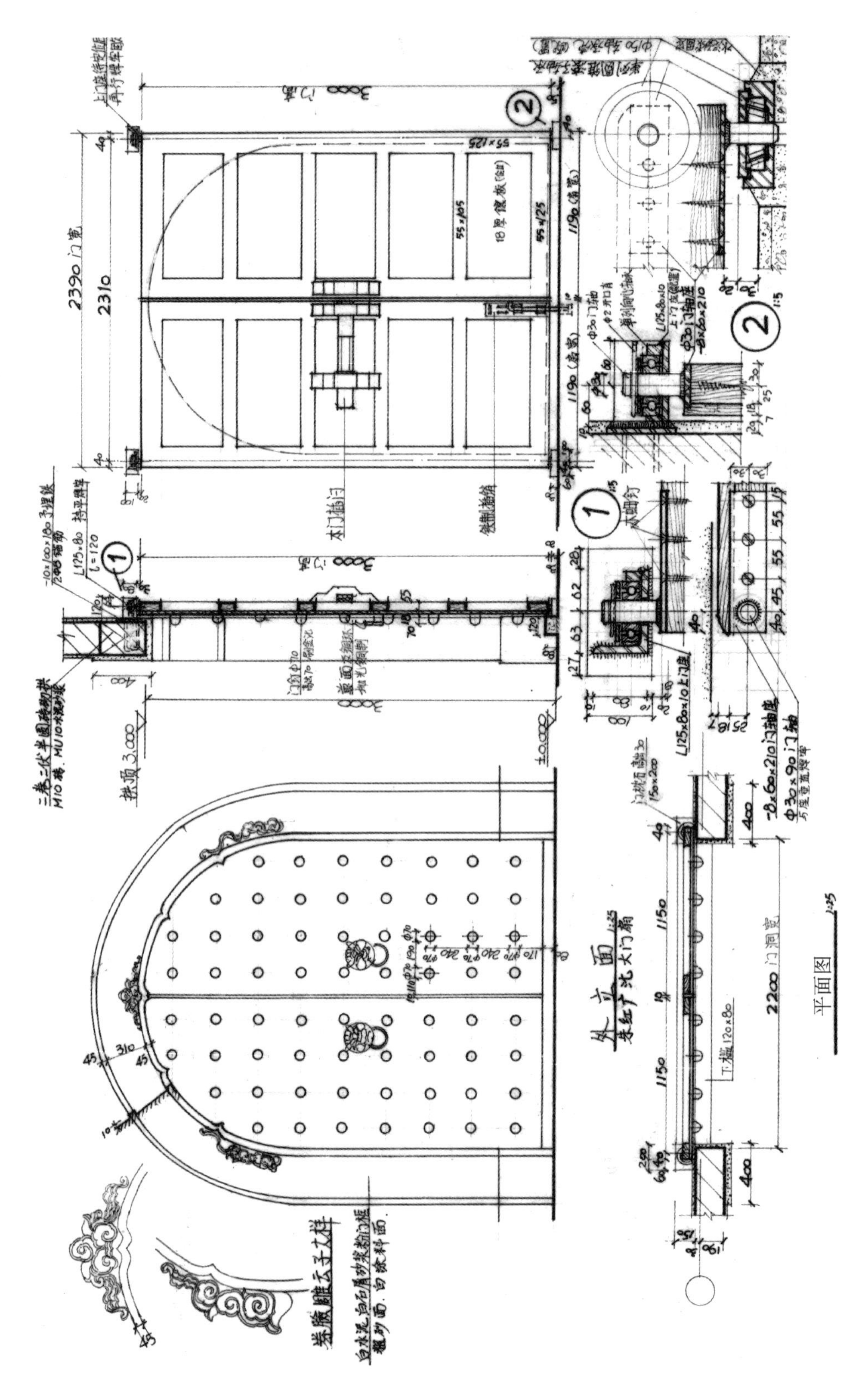

图 12　山门详图（手稿）

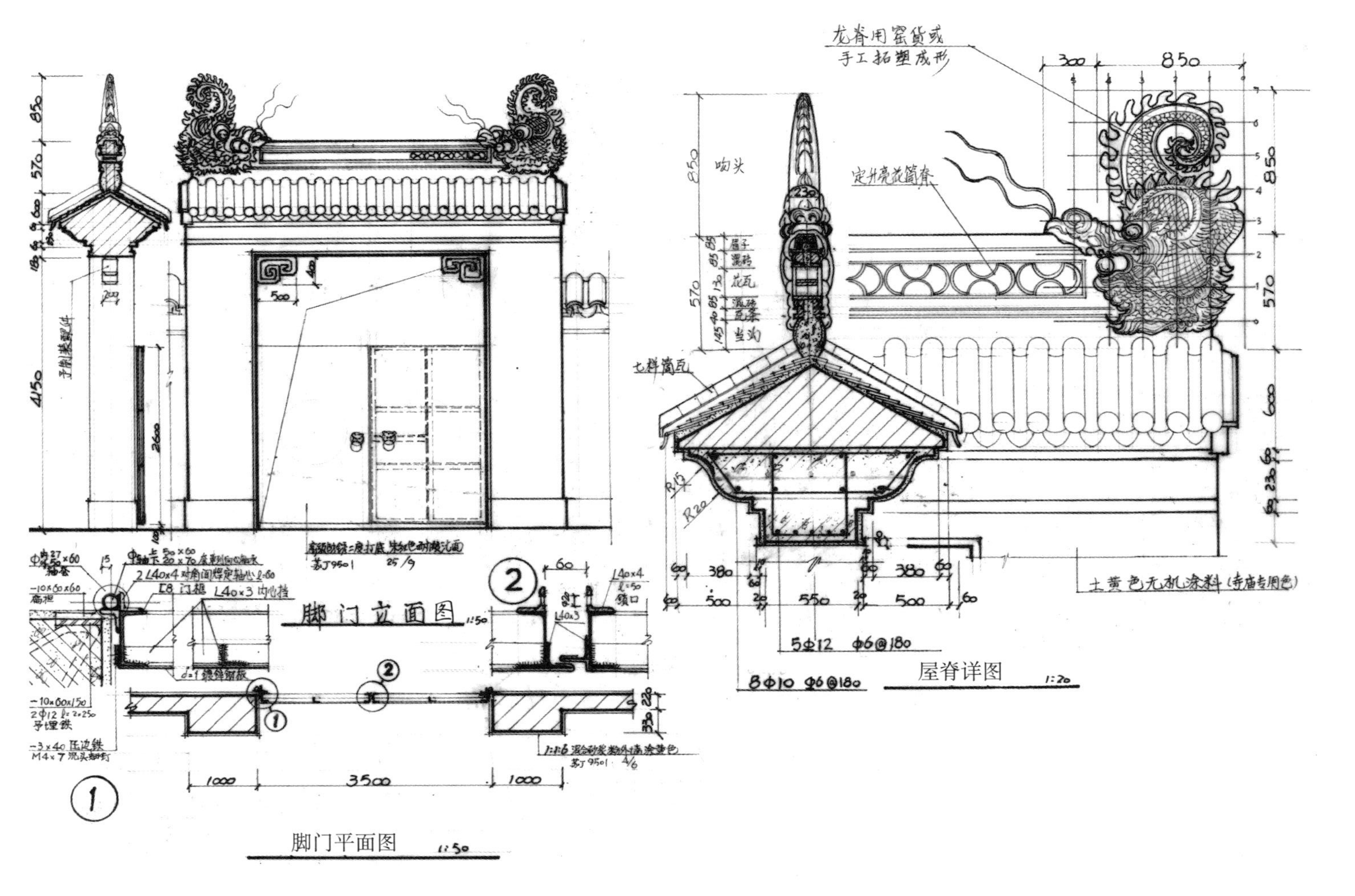

龙脊用窑货或手工拓塑成形
定升亮花筒脊
吻头
七料筒瓦
土黄色无机涂料（寺庙专用色）
5Φ12 Φ6@180
8Φ10 Φ6@180
屋脊详图 1:20
脚门立面图 1:50
脚门平面图 1:50
1000
3500
1000

图 13　脚门详图（手稿）

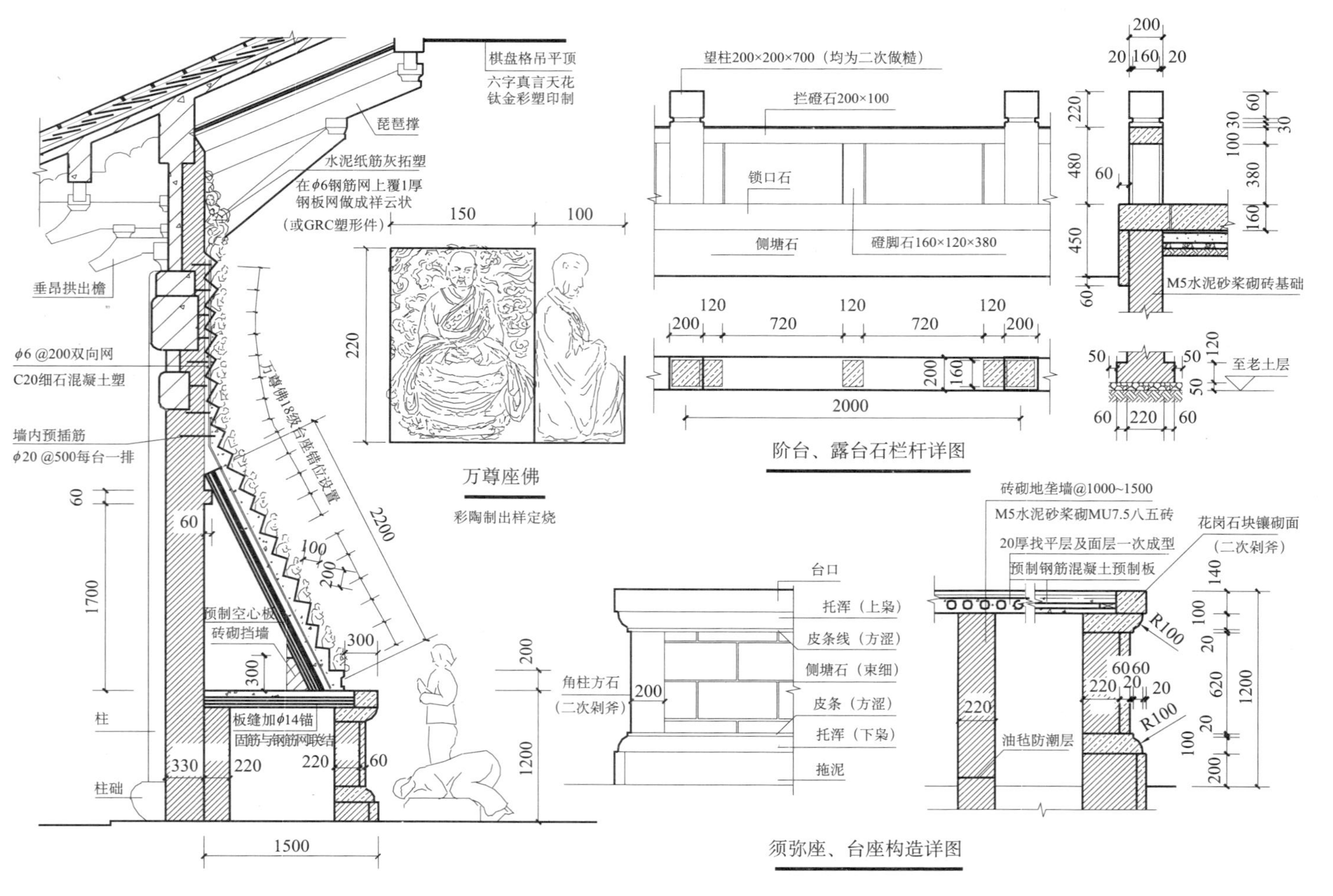

图14　万佛须弥座、简易露台栏杆

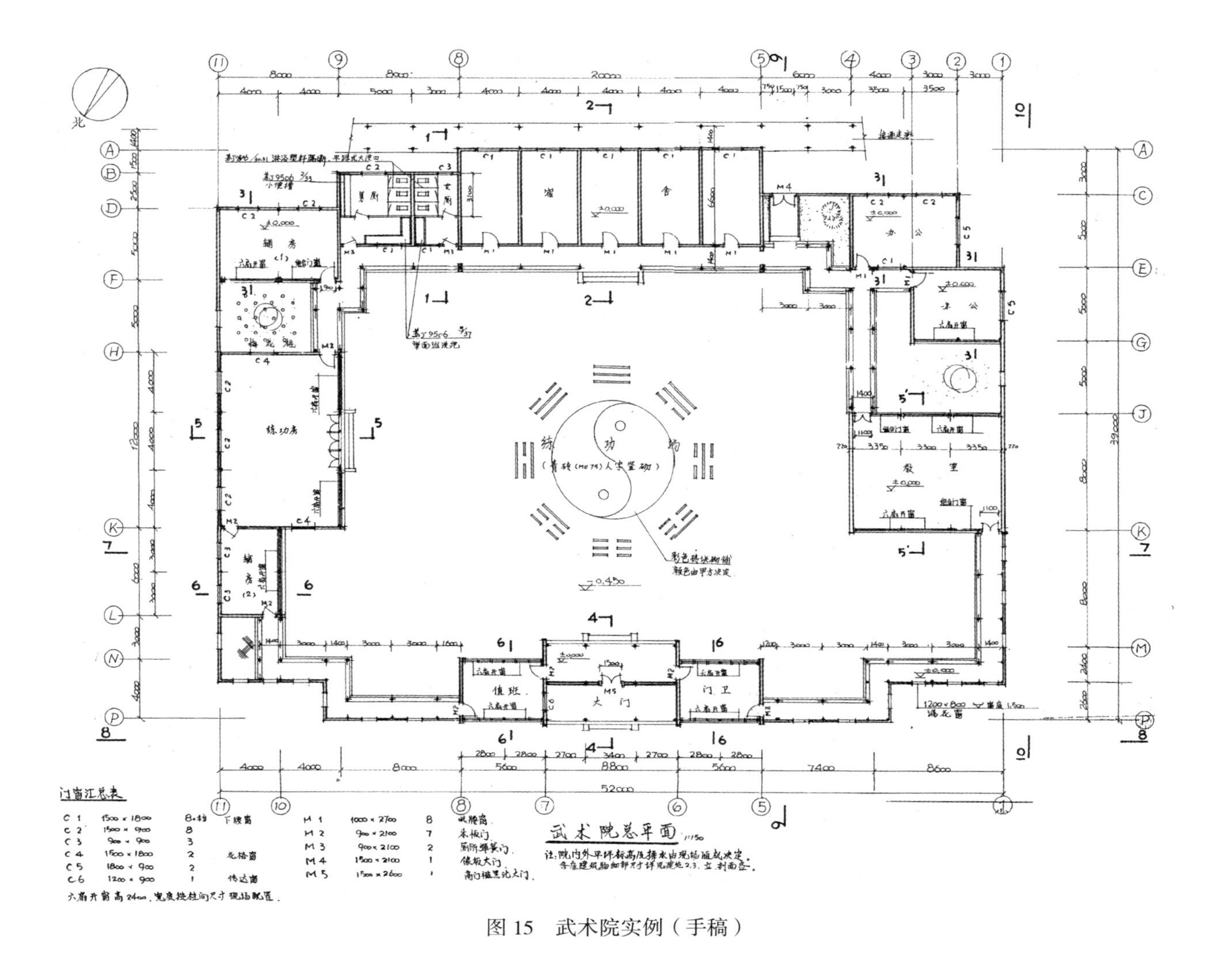
宿
舍
男厕
女厕
办公
教室
练功房
练功场
大门
值班
门卫
辅房
北
门窗汇总表
C1　1500×1800　下腰窗
C2　1500×900　8
C3　900×900　3
C4　1500×1800　2　花格窗
C5　1800×900　2
C6　1200×900　1　传达窗
M2　900×2100　7　木板门
M3　900×2100　2
M5　1500×2600　1
武术院总平面 1:150

图 15　武术院实例（手稿）

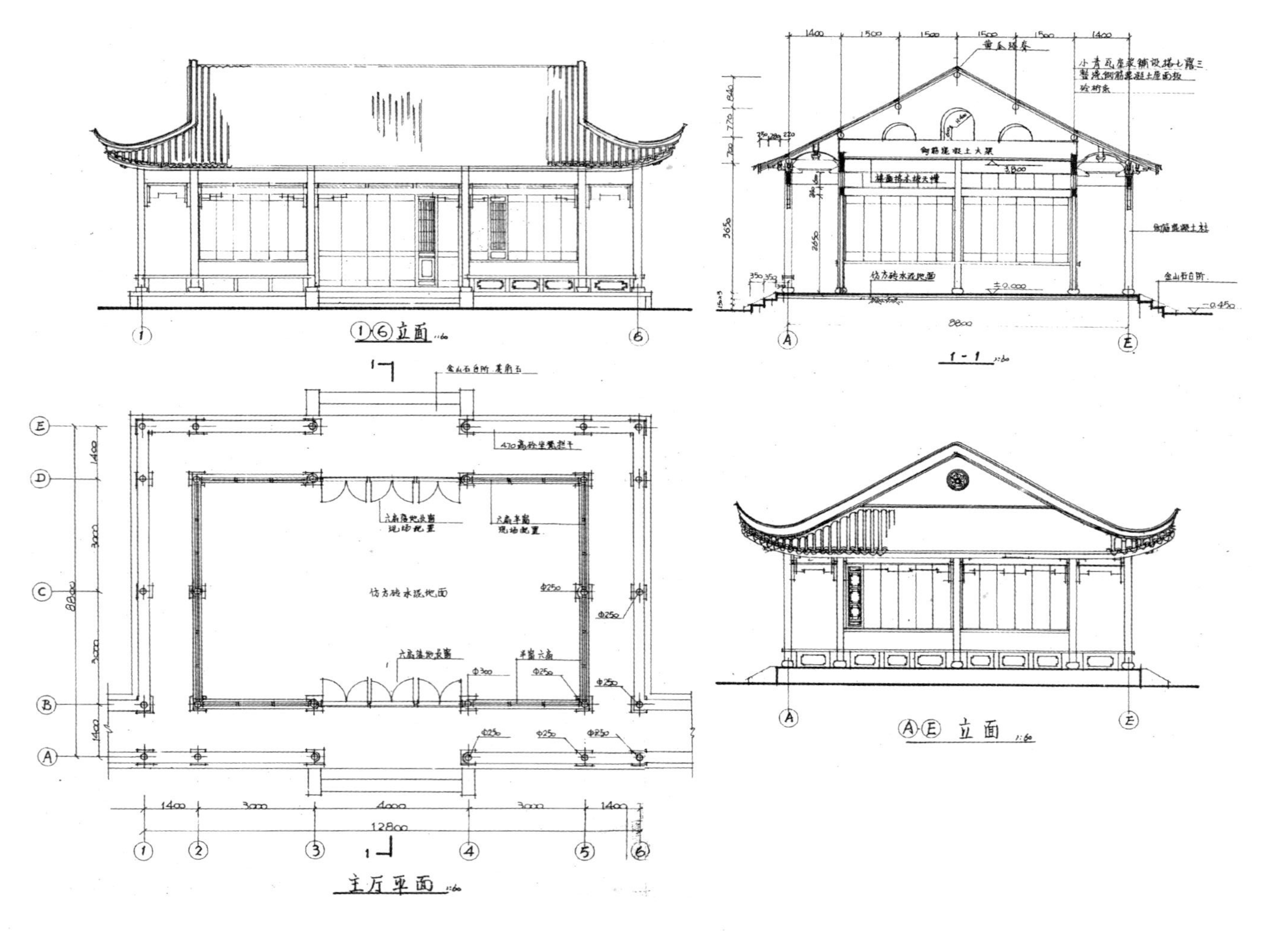

图16 四面厅实例（手稿）

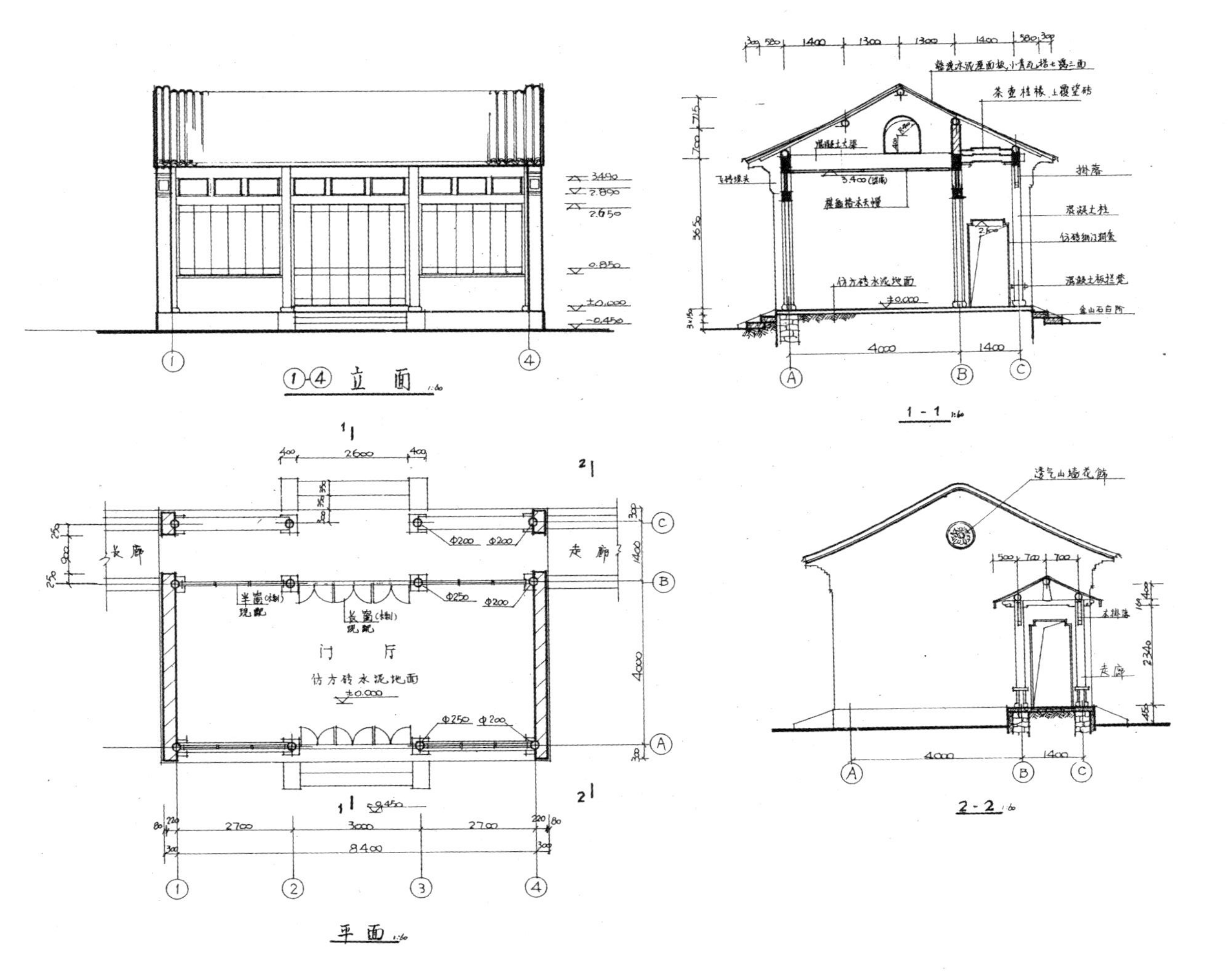

图 17　三间前廊后厦一门厅（手稿）

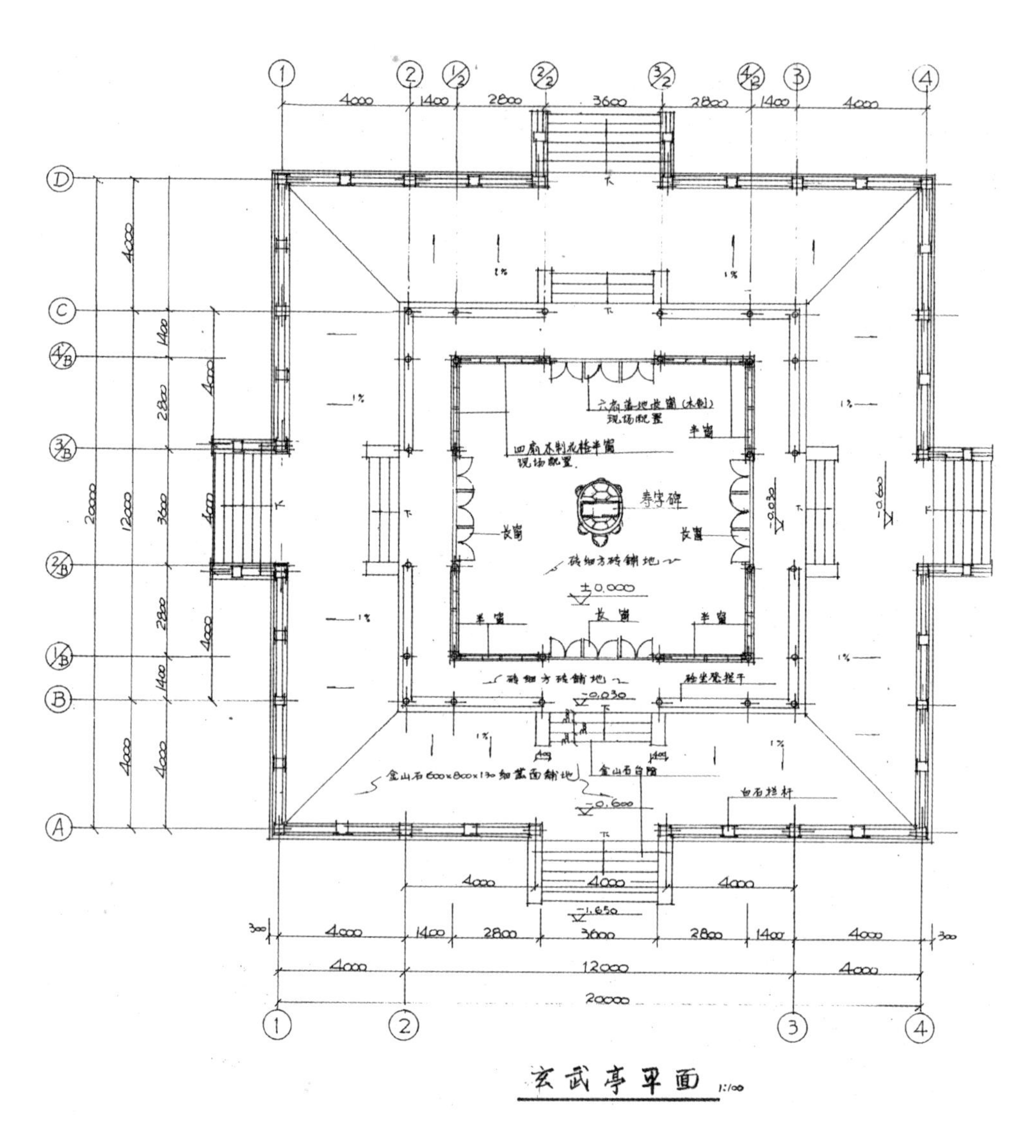

图 18　重檐四方亭——玄武亭（手稿）

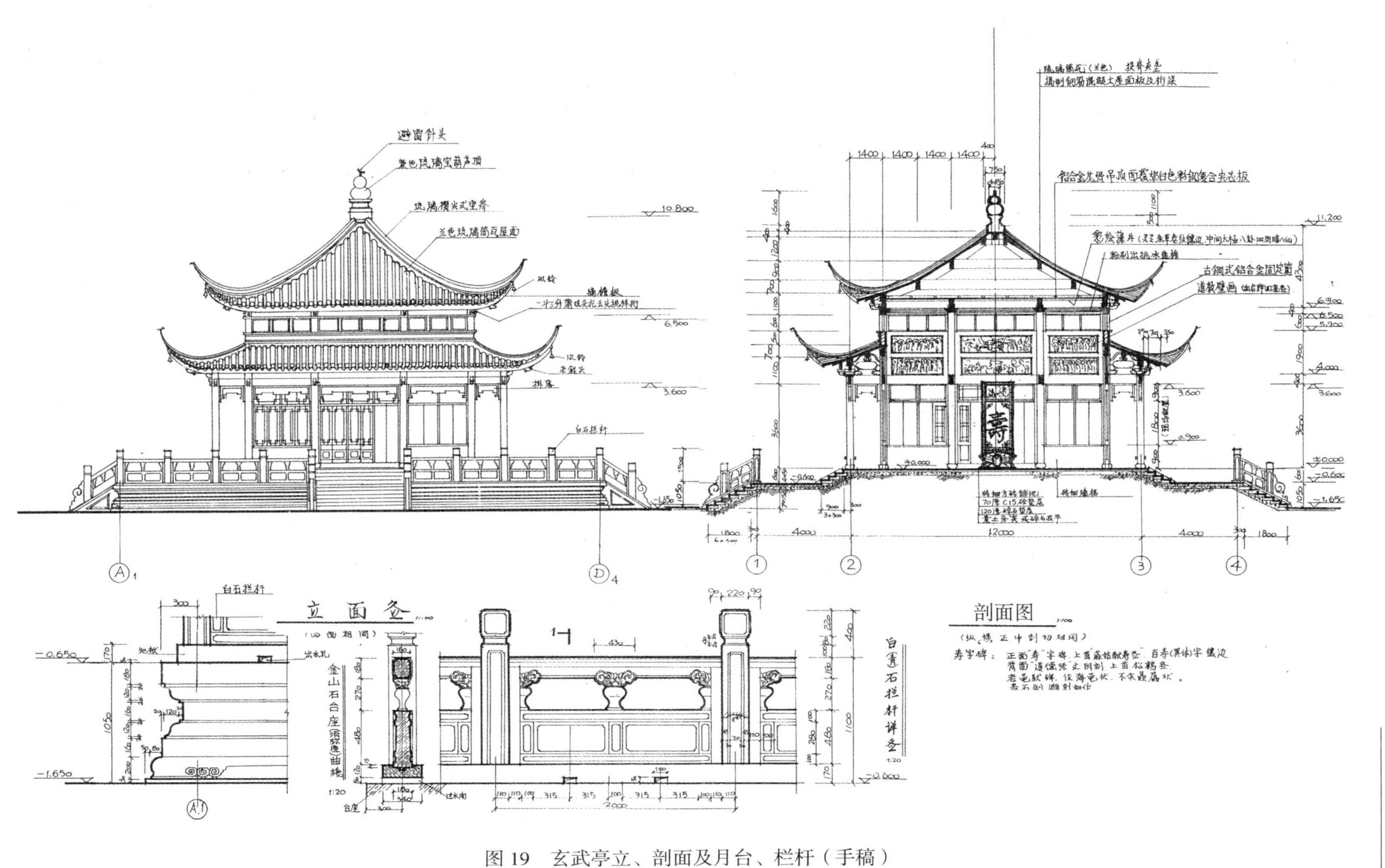

图19　玄武亭立、剖面及月台、栏杆（手稿）

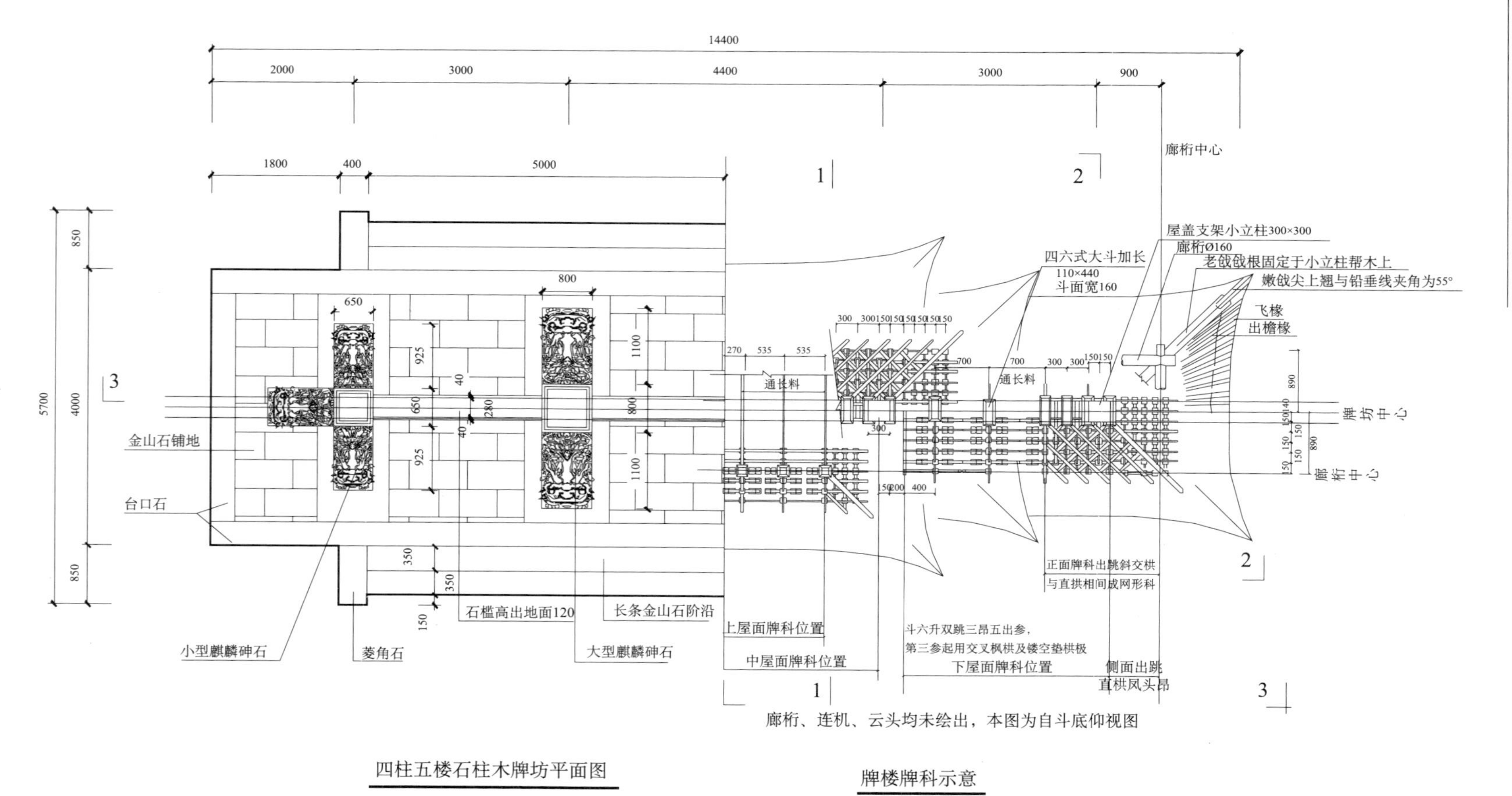

图 20　四柱五楼石柱木牌坊平面图

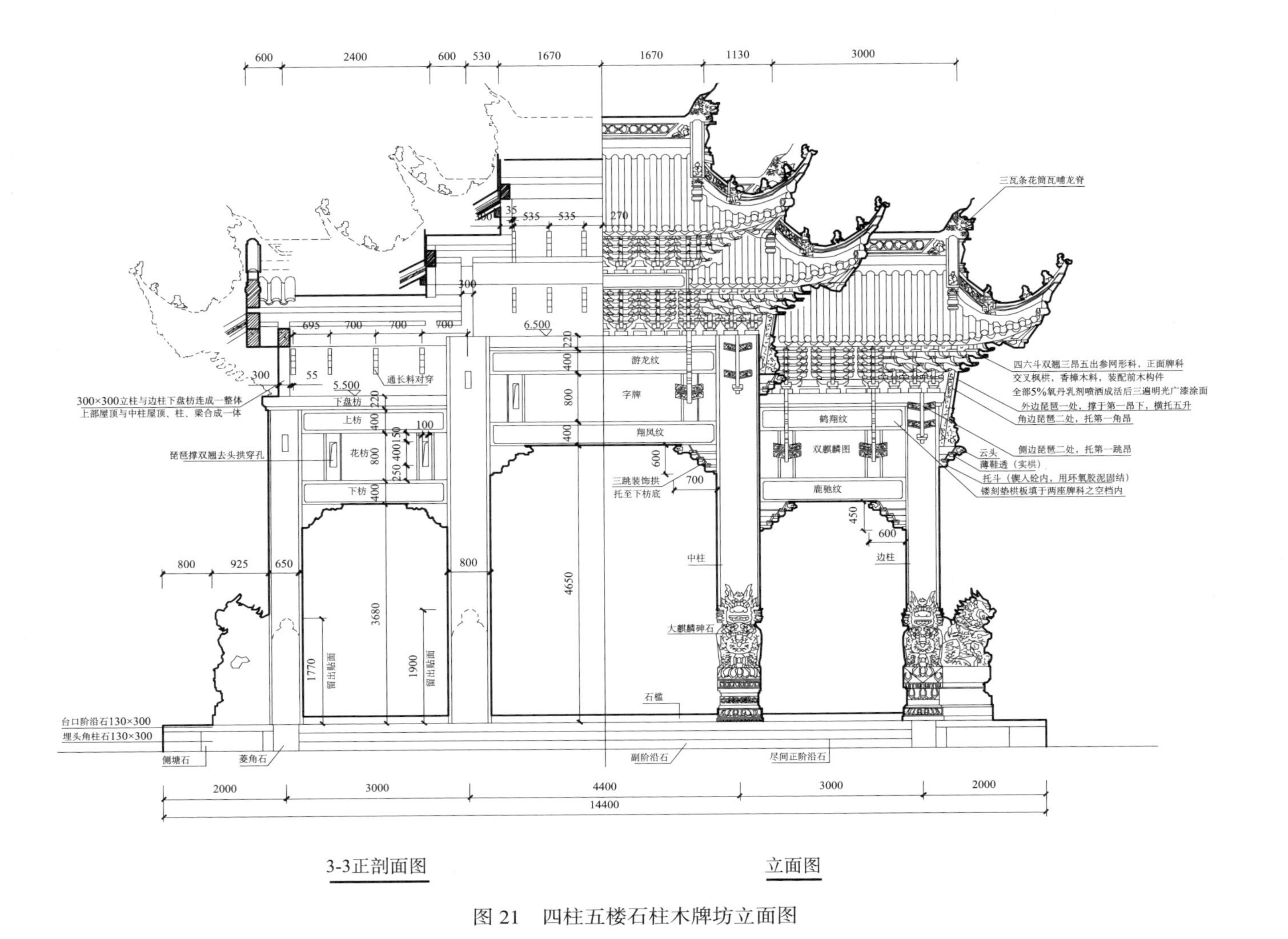

图 21　四柱五楼石柱木牌坊立面图

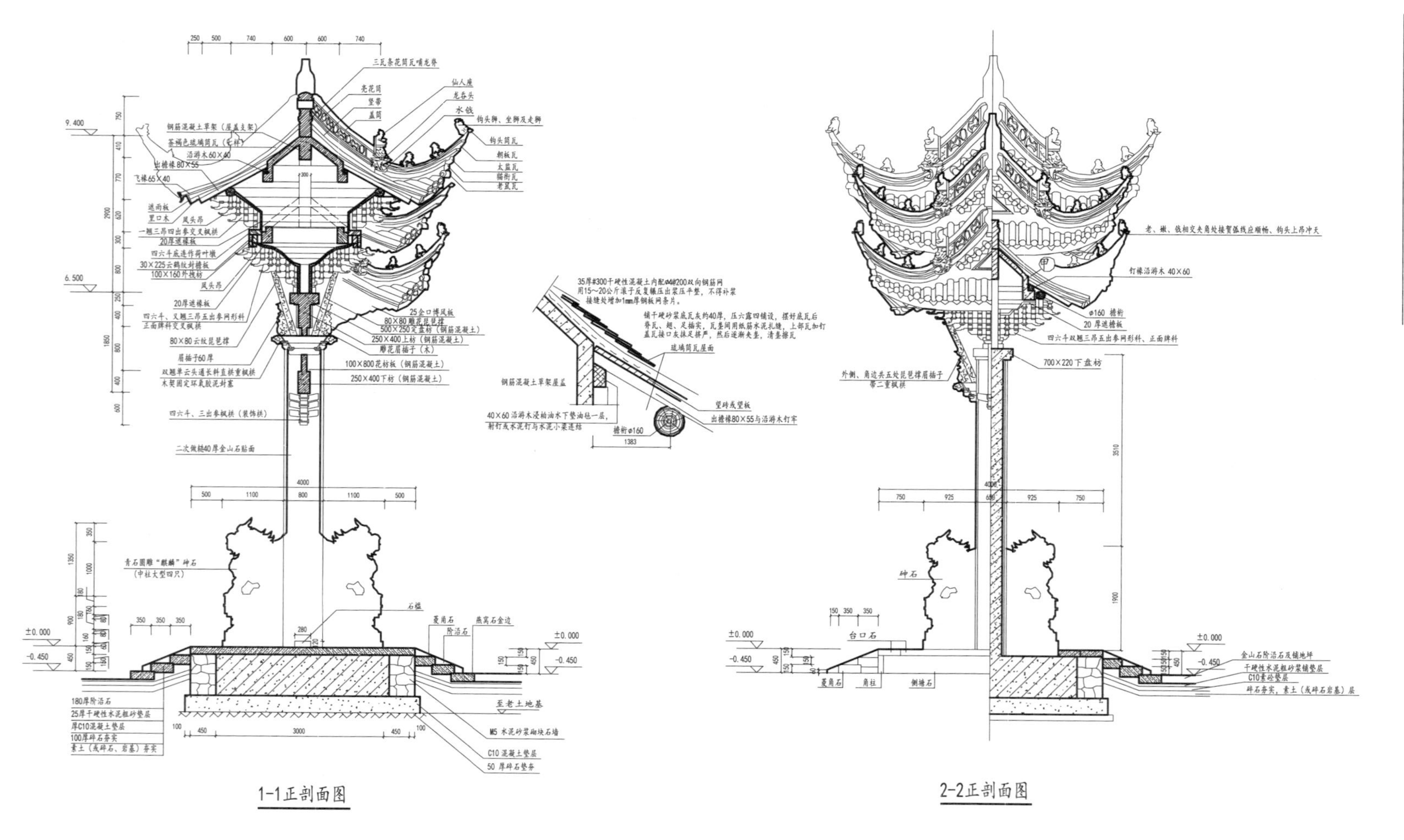

图 22　四柱五楼石柱木牌坊剖面图

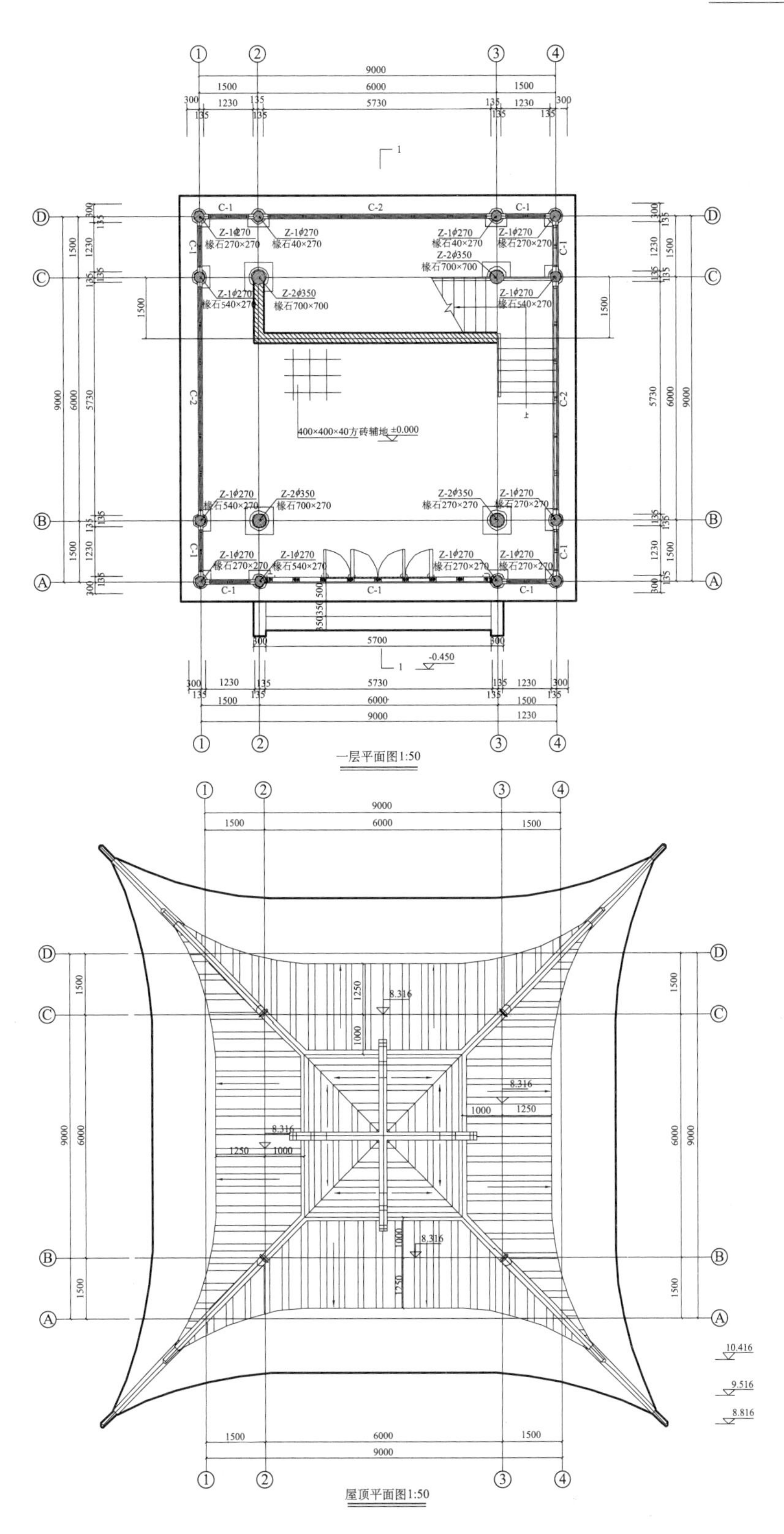

图 23　十字屋顶楼阁一层平面图、屋顶平面图

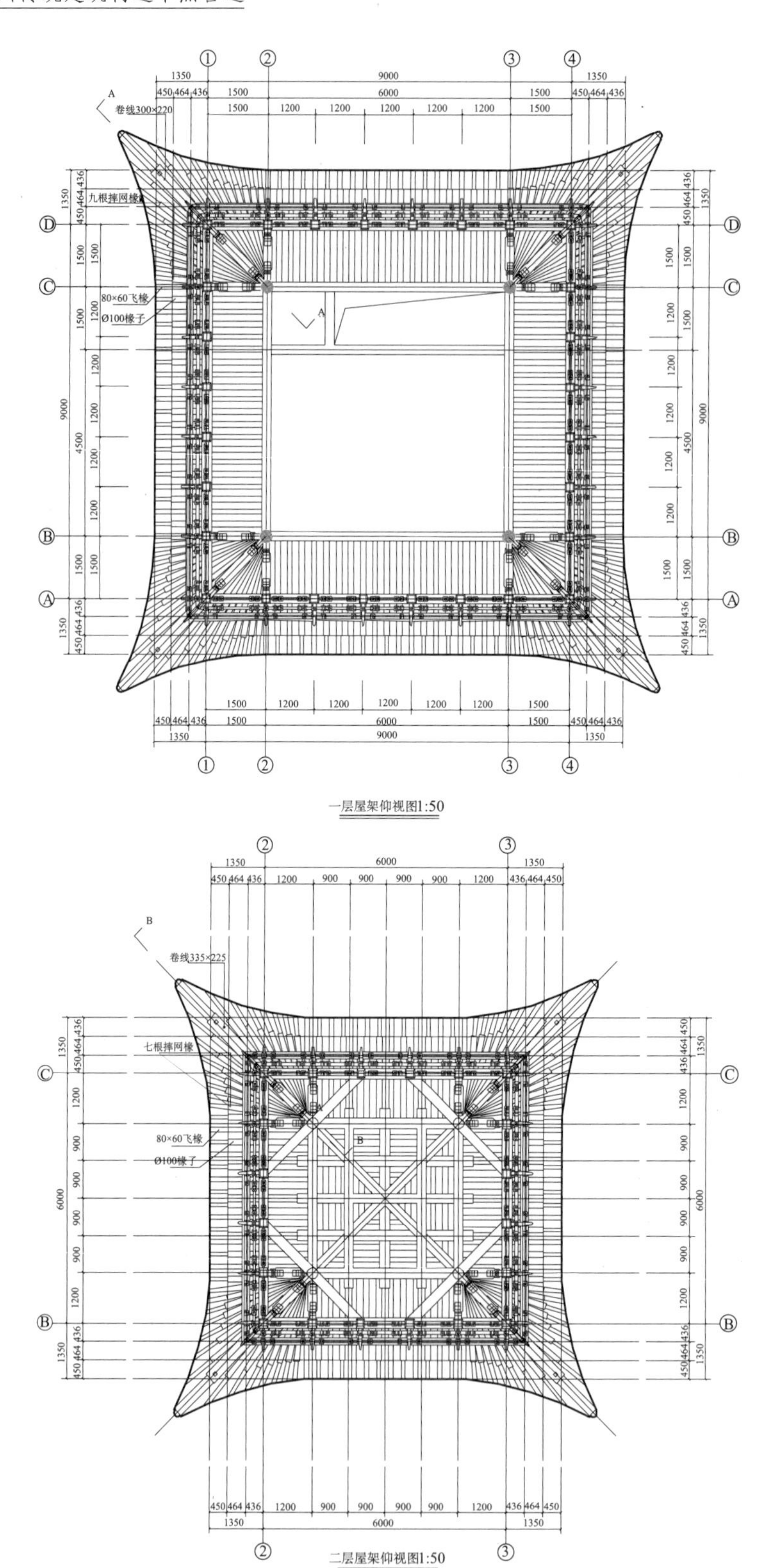

图24　十字屋顶楼阁一层屋架仰视图、二层屋架仰视图

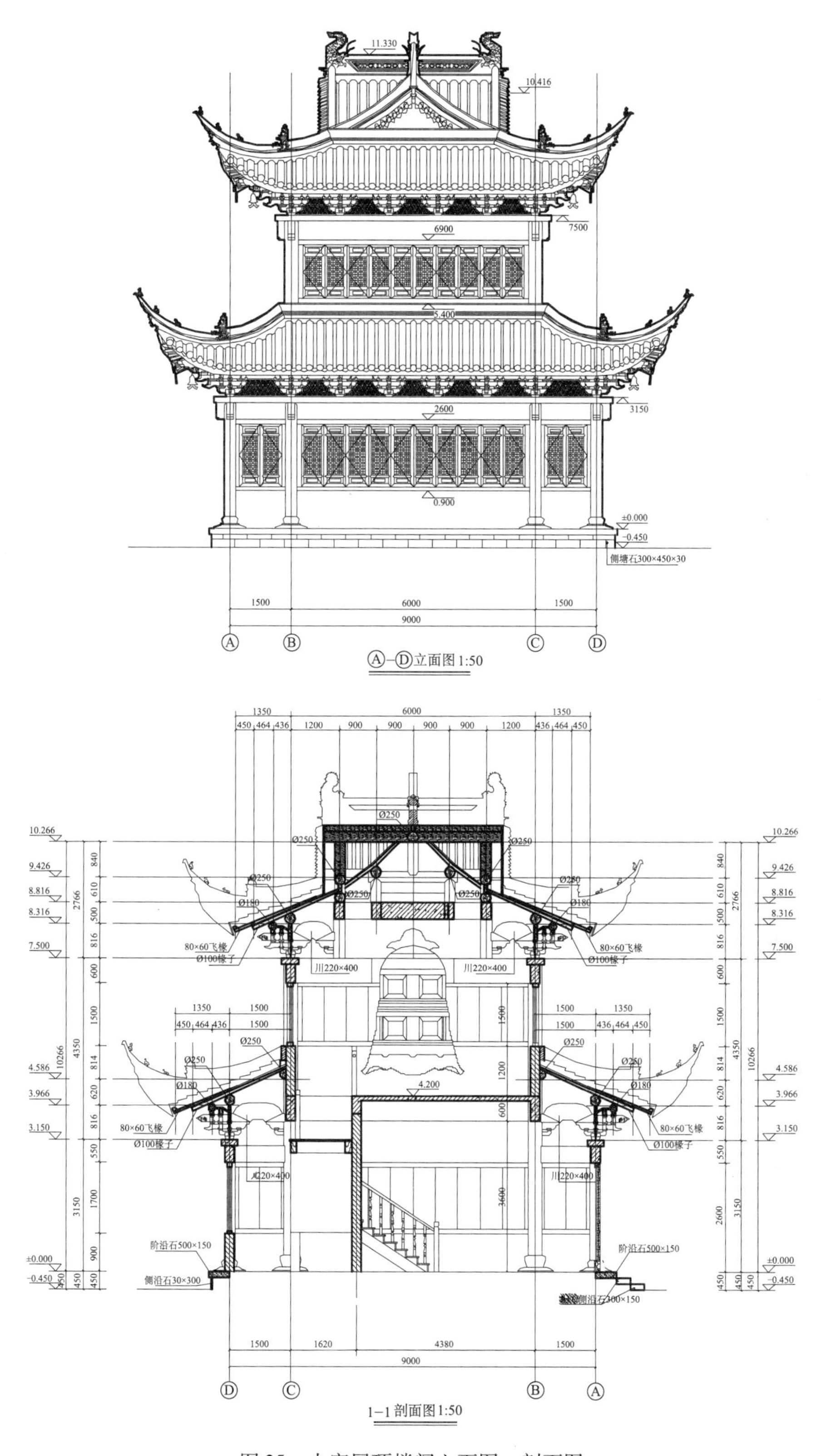

图 25　十字屋顶楼阁立面图、剖面图

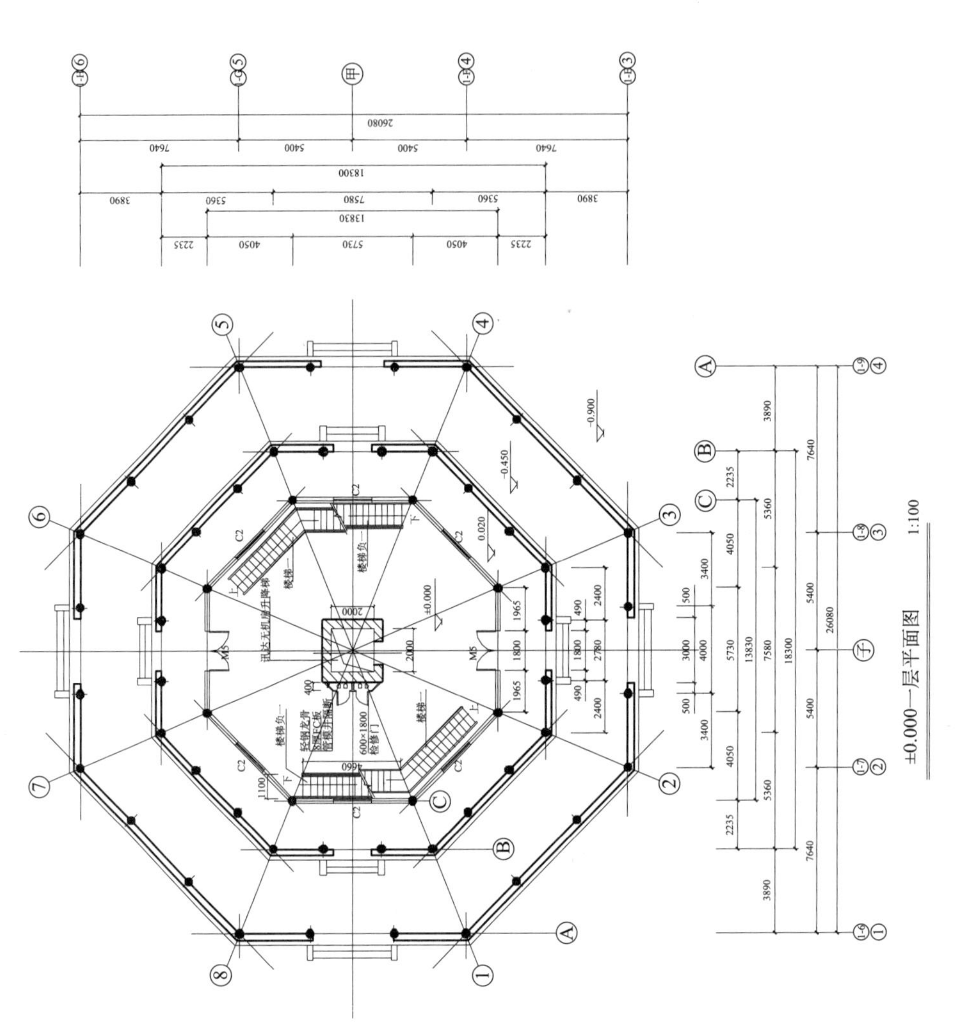

图 26 聆风塔一层平面图

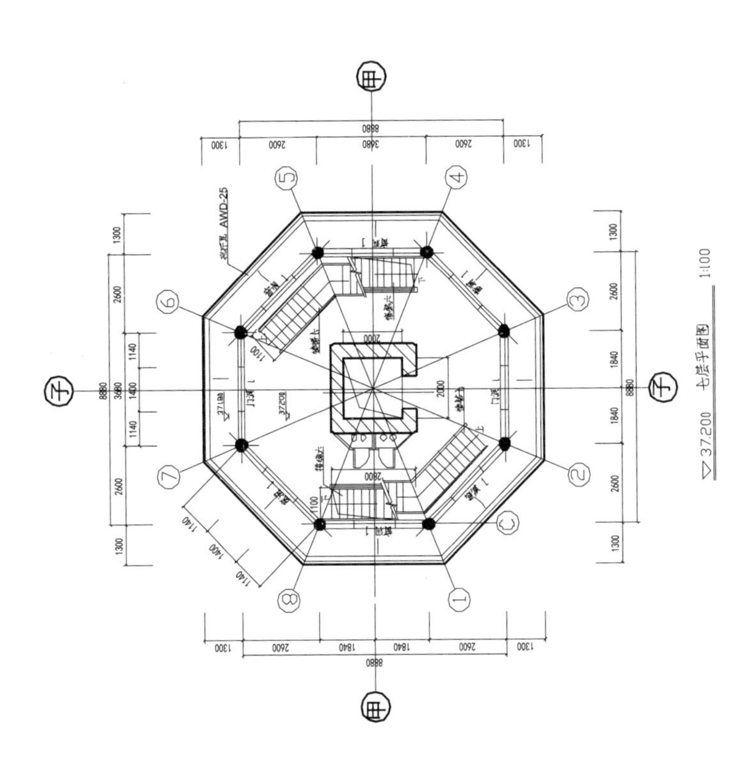

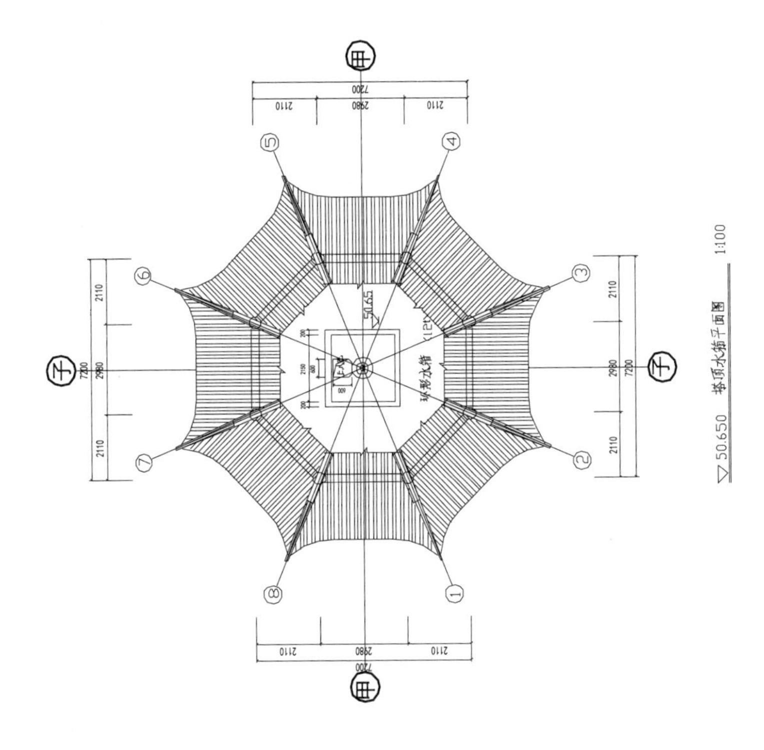

图 27 聆风塔七层及顶层平面图

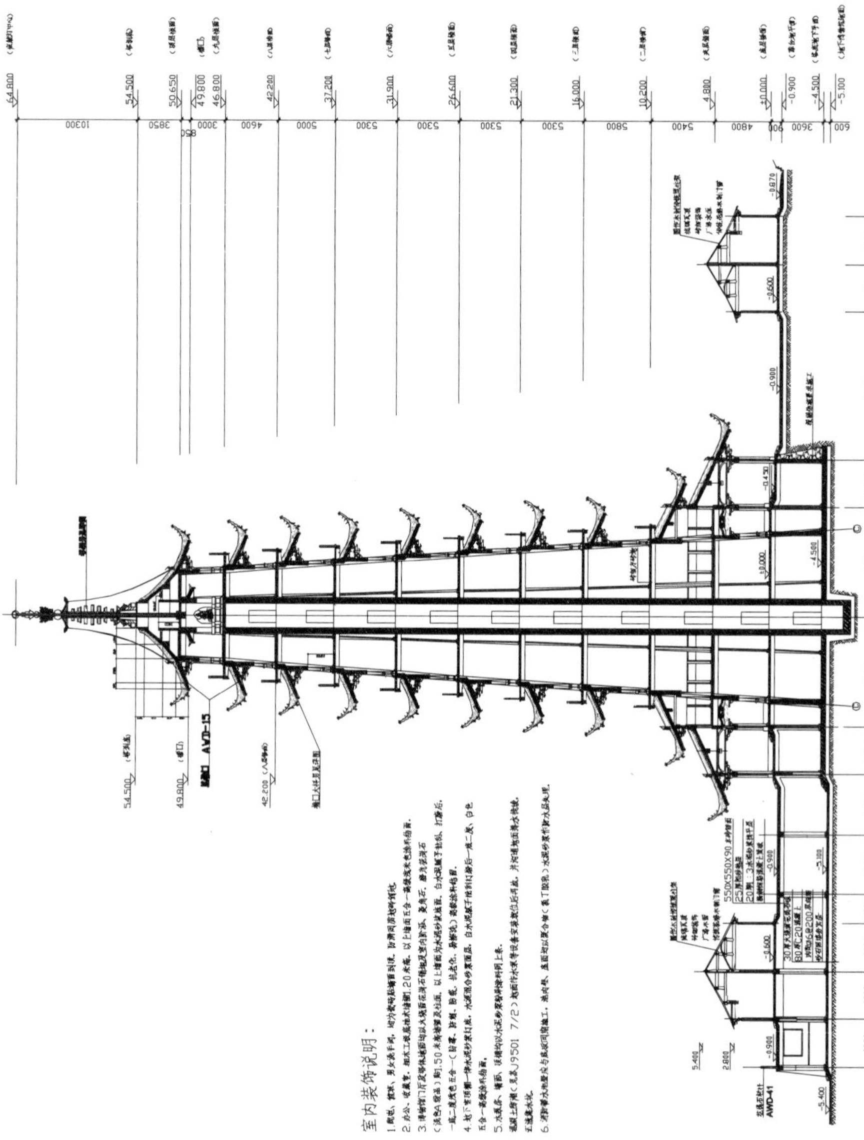

室内装饰说明：

1. 配电、值班、男女洗手间，均为瓷砖贴墙面到顶，防滑同质地砖铺地。
2. 办公、收藏室，细木工板底柚木墙裙1.20米高，以上墙面五合一高级浅米色涂料饰面。
3. 博物馆门厅及塔体地面均以火烧面花岗石铺地及室内踏步、菱角石，磨光花岗石（浅色A级品）贴1.50米高墙裙及柱面，以上墙面为水泥砂浆底面，白水泥腻子批刮、打磨后，一底二度浅色五合一（防霉、防潮、防裂、抗老化、易擦洗）高级涂料饰面。
4. 地下室顶棚一律水泥砂浆打底，水泥混合砂浆面层，白水泥腻子批刮打磨后一底二度、白色五合一高级涂料饰面。
5. 水泵房、墙面、顶棚均以水泥砂浆粉刷涂料同上条。
混凝土防潮（见苏J9501 7/2）地面作水泵等设备安装就位后再做，并沟通地面排水找坡，至流集水坑。
6. 消防蓄水池壁应与底板同期施工，池内壁、底面均以聚合物（氯丁胶乳）水泥砂浆作防水层处理。

1-1 剖面图 1:100

图 28 聆风塔剖面图

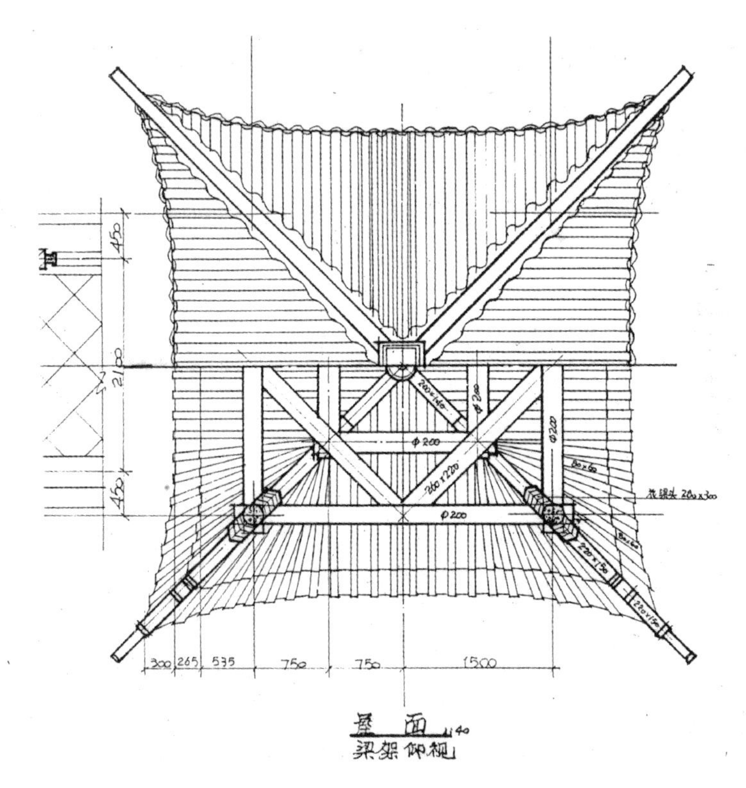

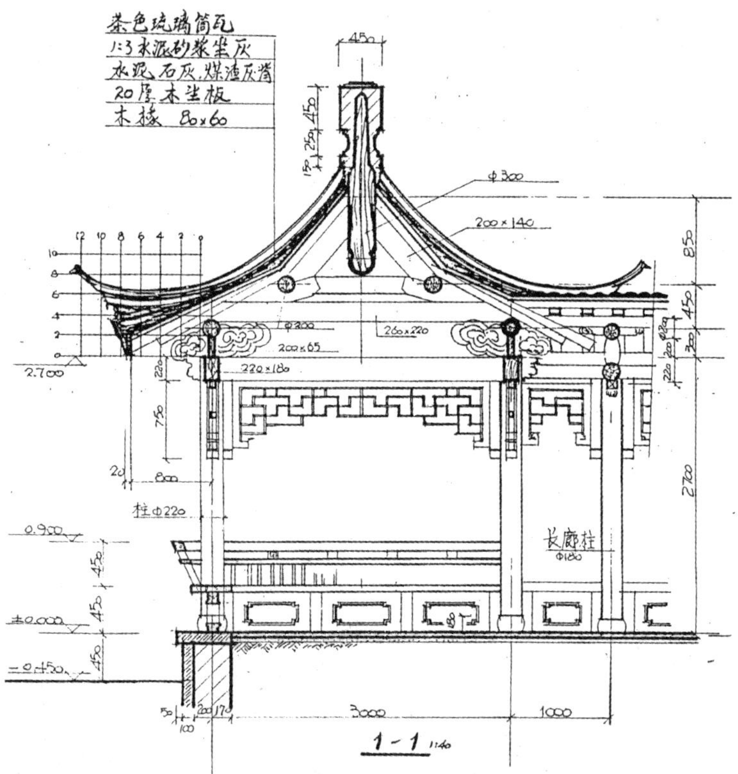

图 29　园林方亭屋面、剖面（手稿）

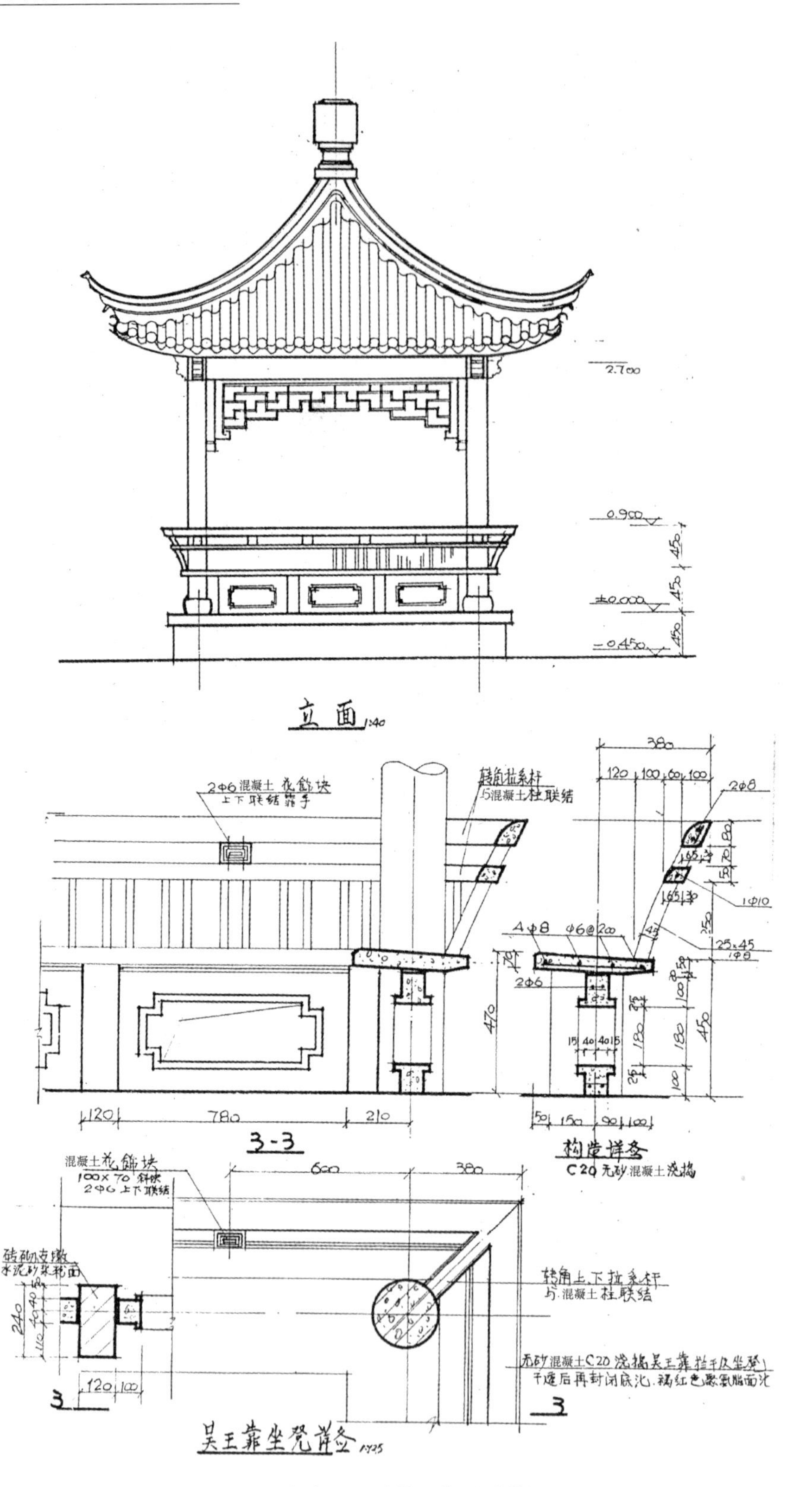

图30　方亭立面及吴王靠（手稿）

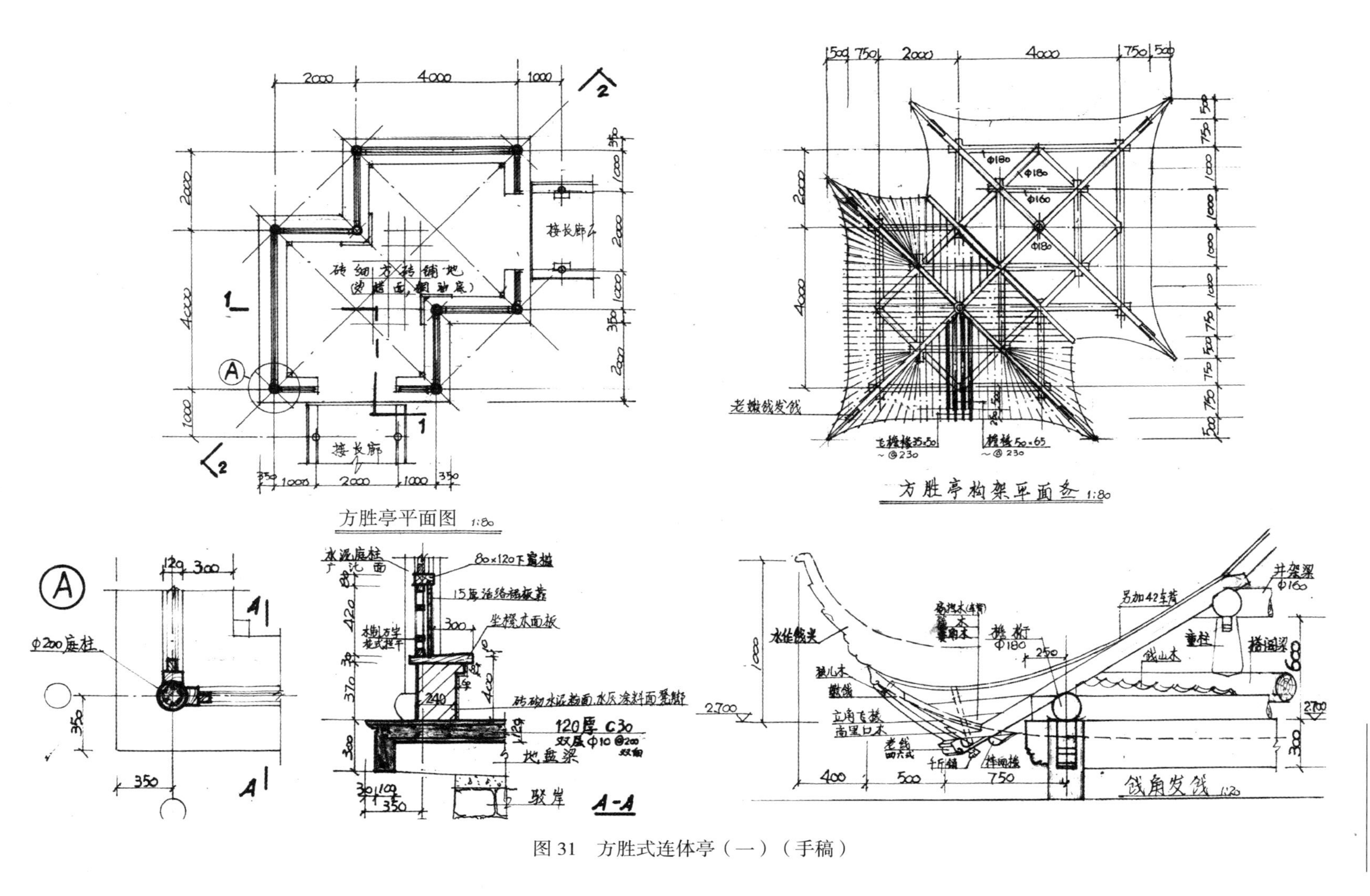

图 31 方胜式连体亭（一）（手稿）

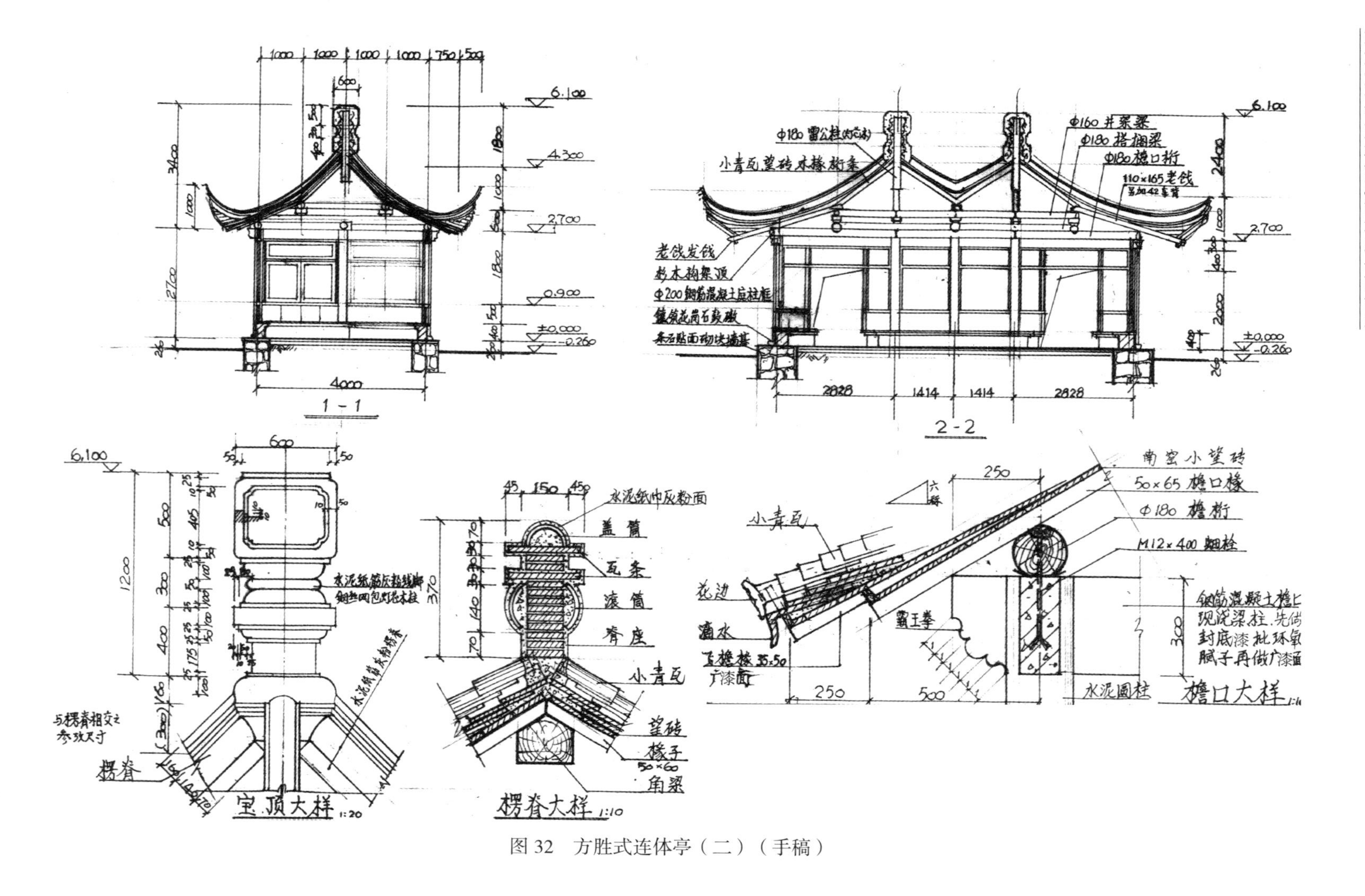

图 32　方胜式连体亭（二）（手稿）

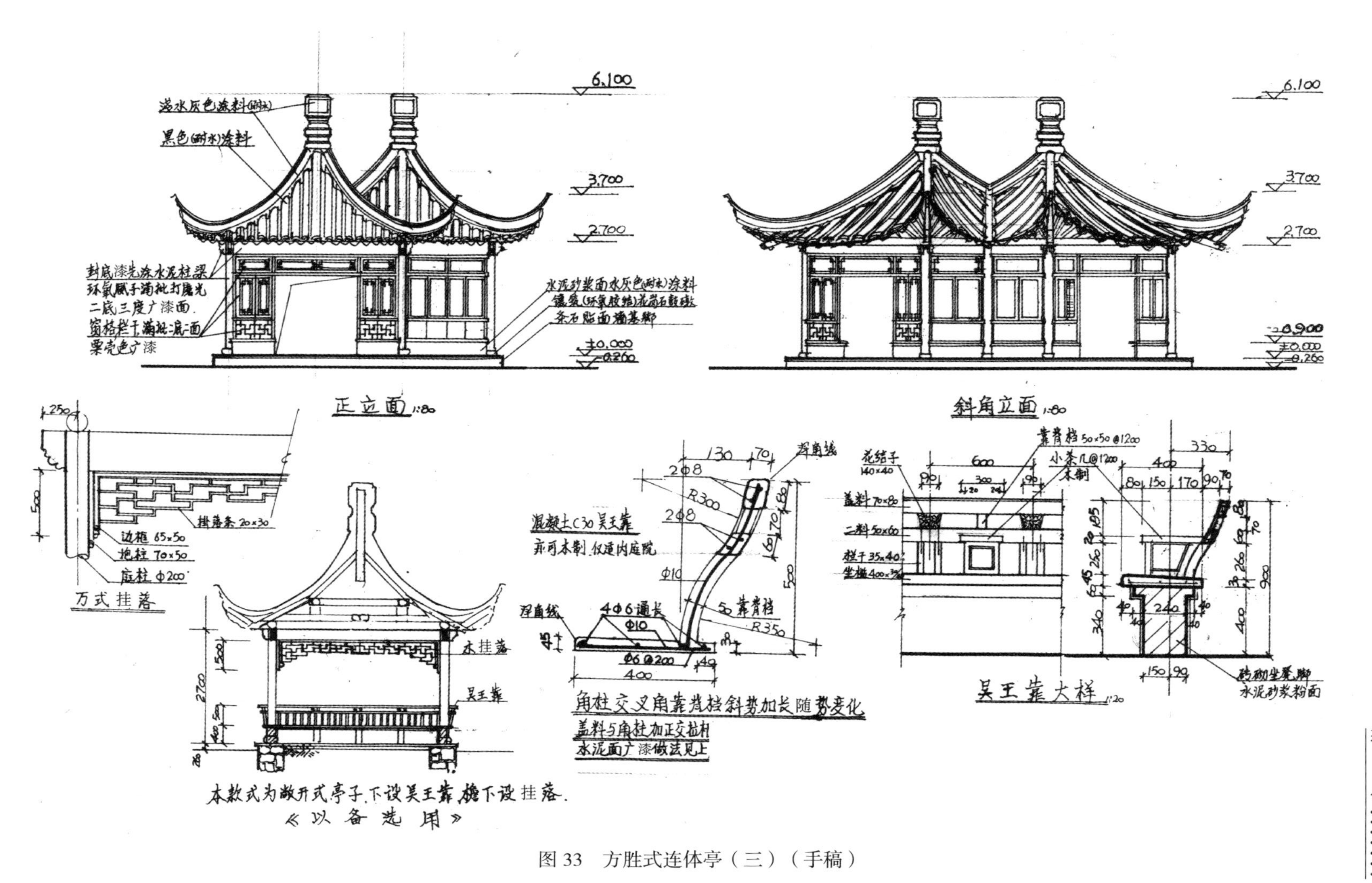

图 33　方胜式连体亭（三）（手稿）

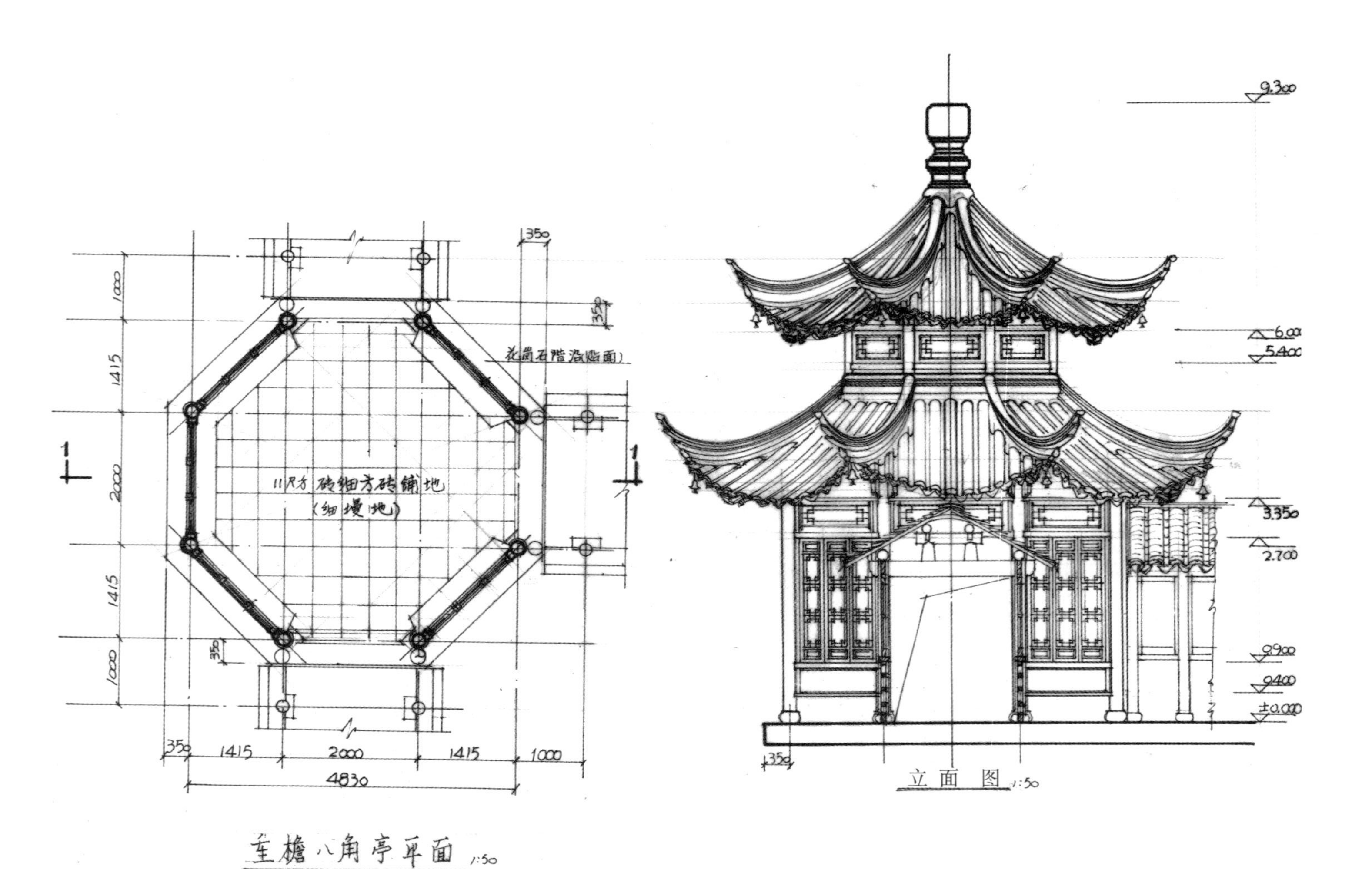

图 34　重檐八角亭（一）（手稿）

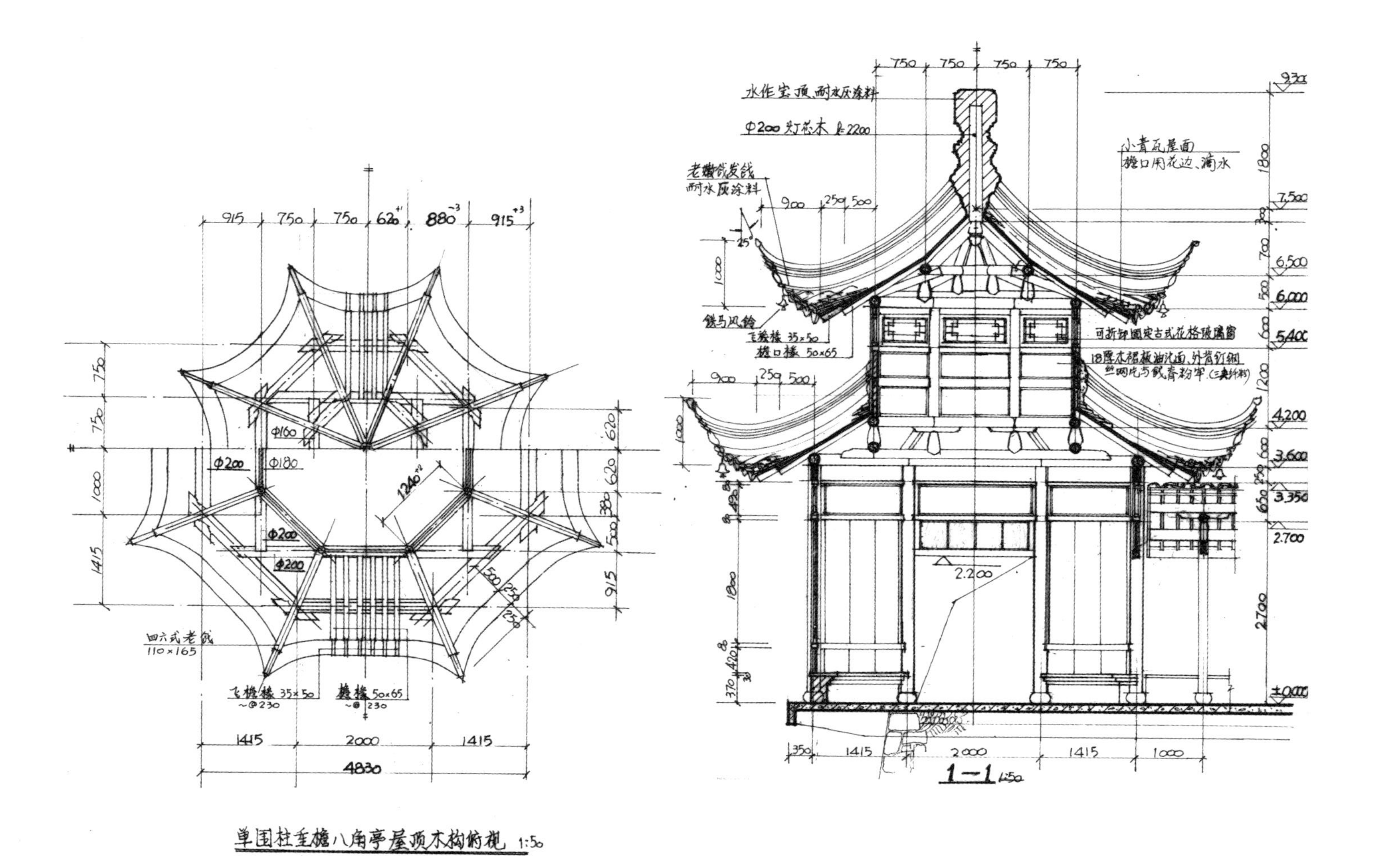

图 35　重檐八角亭（二）（手稿）

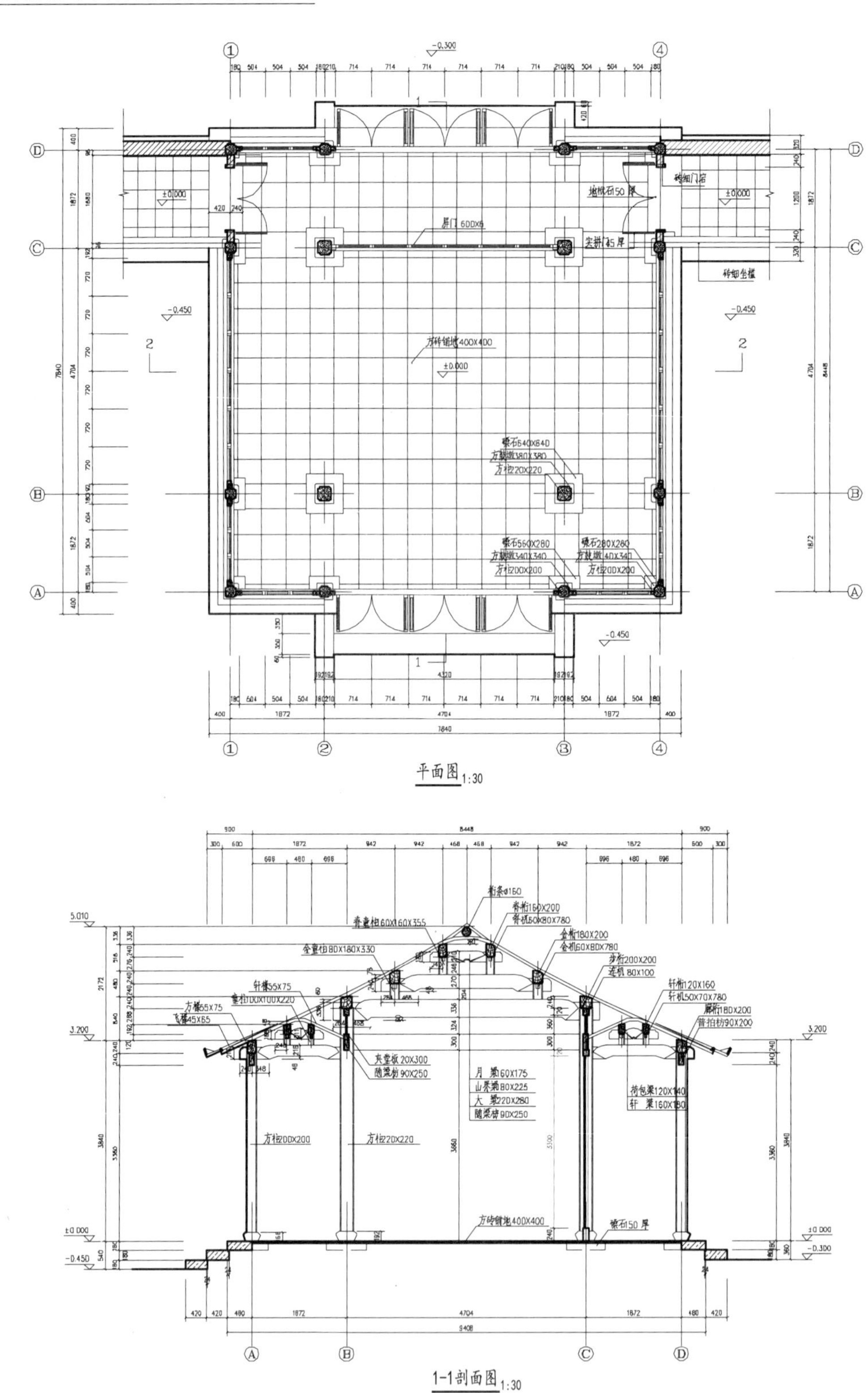

图 36 卷棚顶轩榭平面图、剖面图

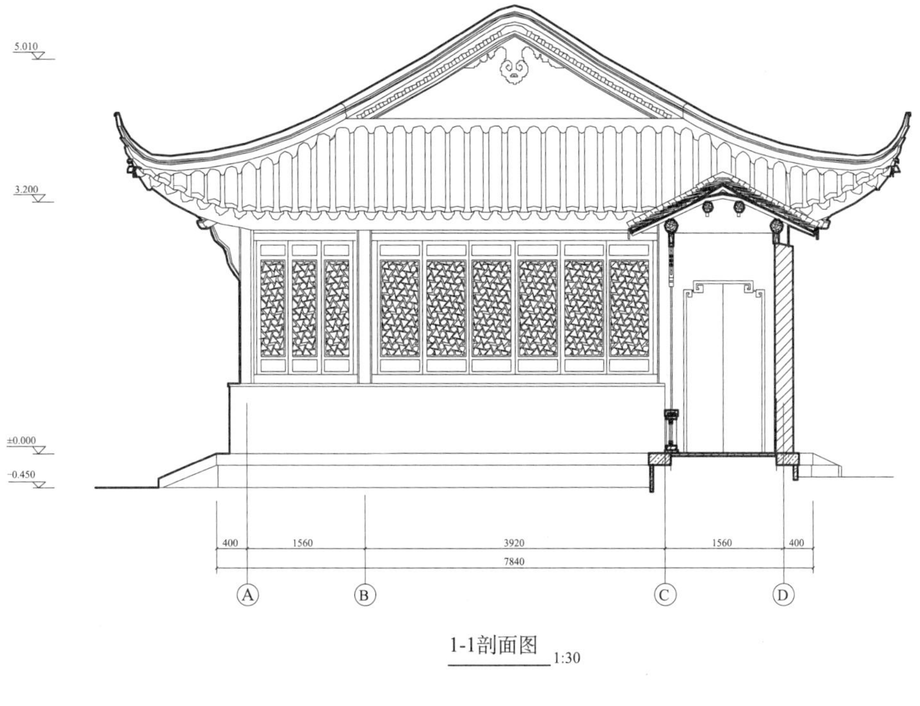

1-1剖面图 1:30

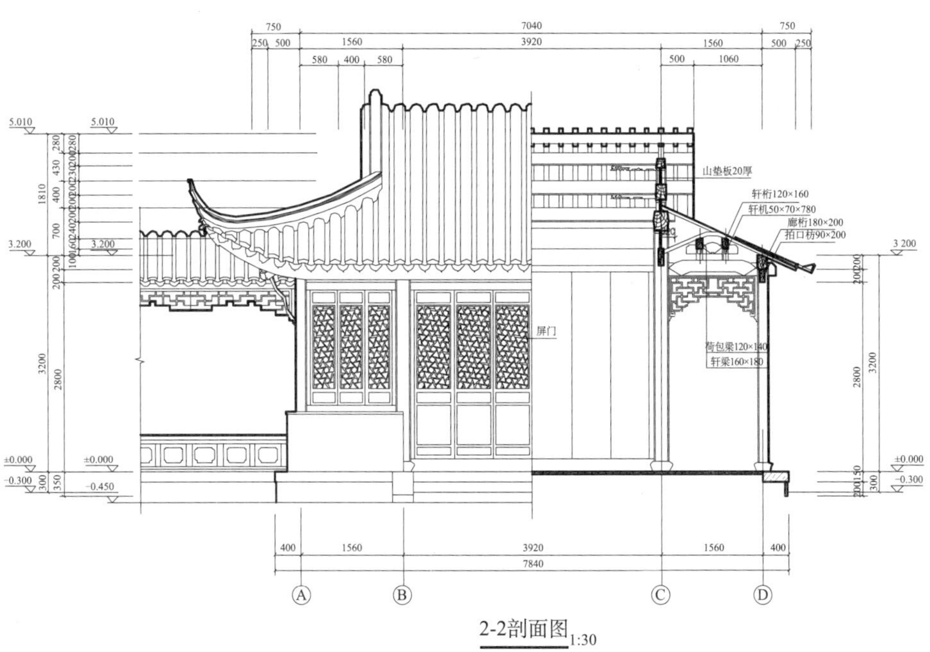

2-2剖面图 1:30

图 37　卷棚顶轩榭剖、立面图

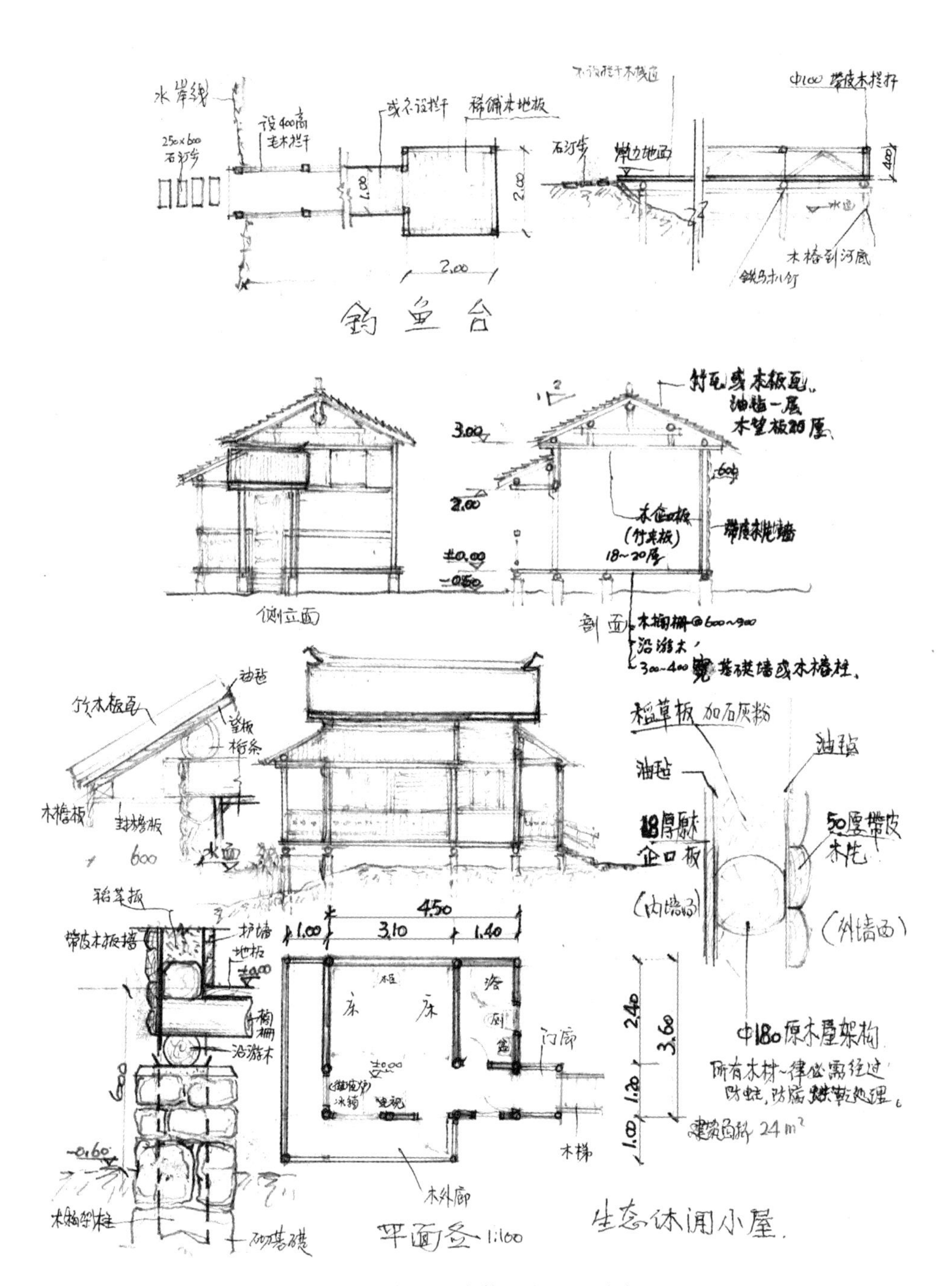

图 38　度假区生态休闲小屋（手稿）

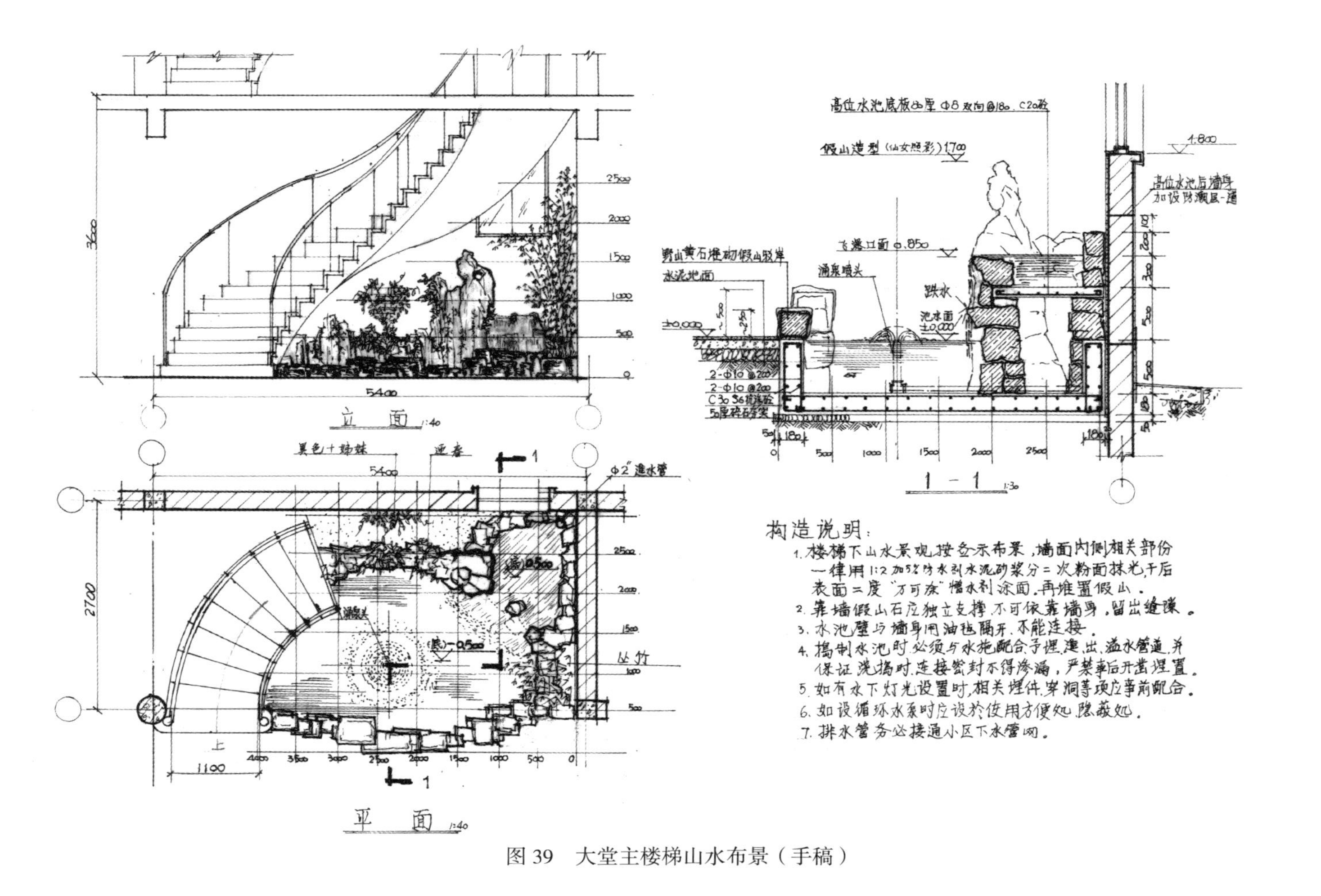

图 39　大堂主楼梯山水布景（手稿）

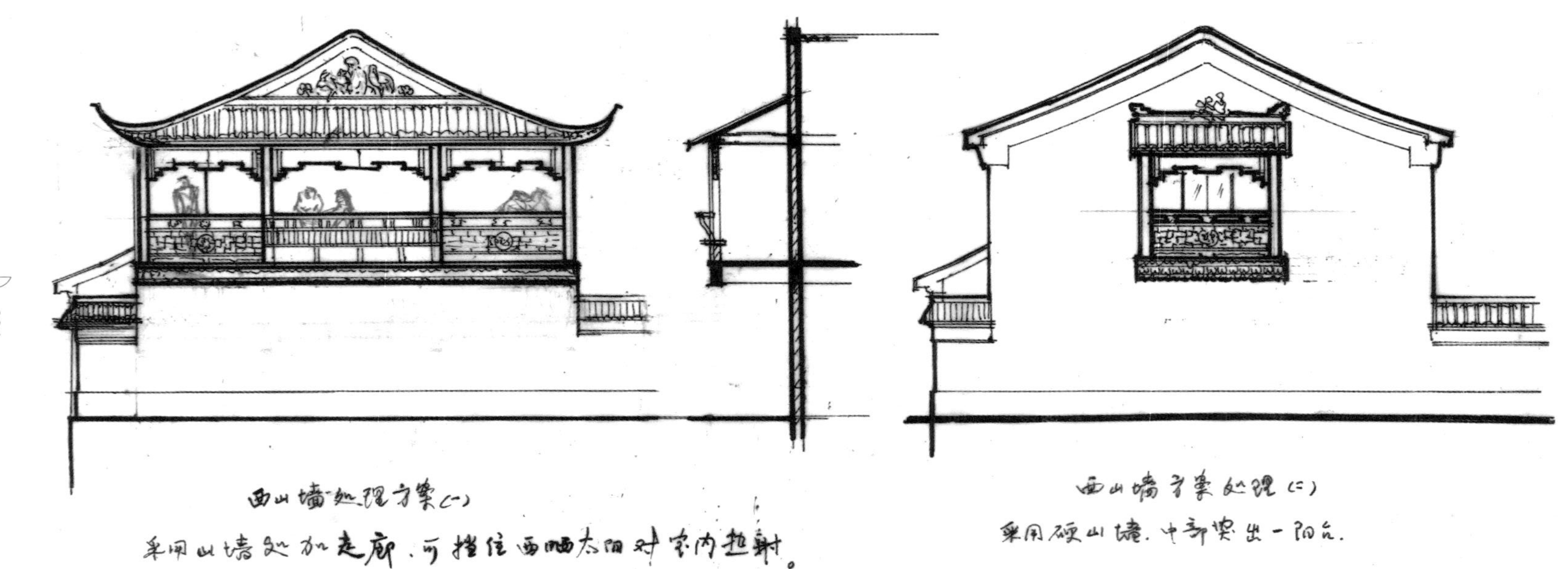

图 40　外山墙立面处理方案（手稿）

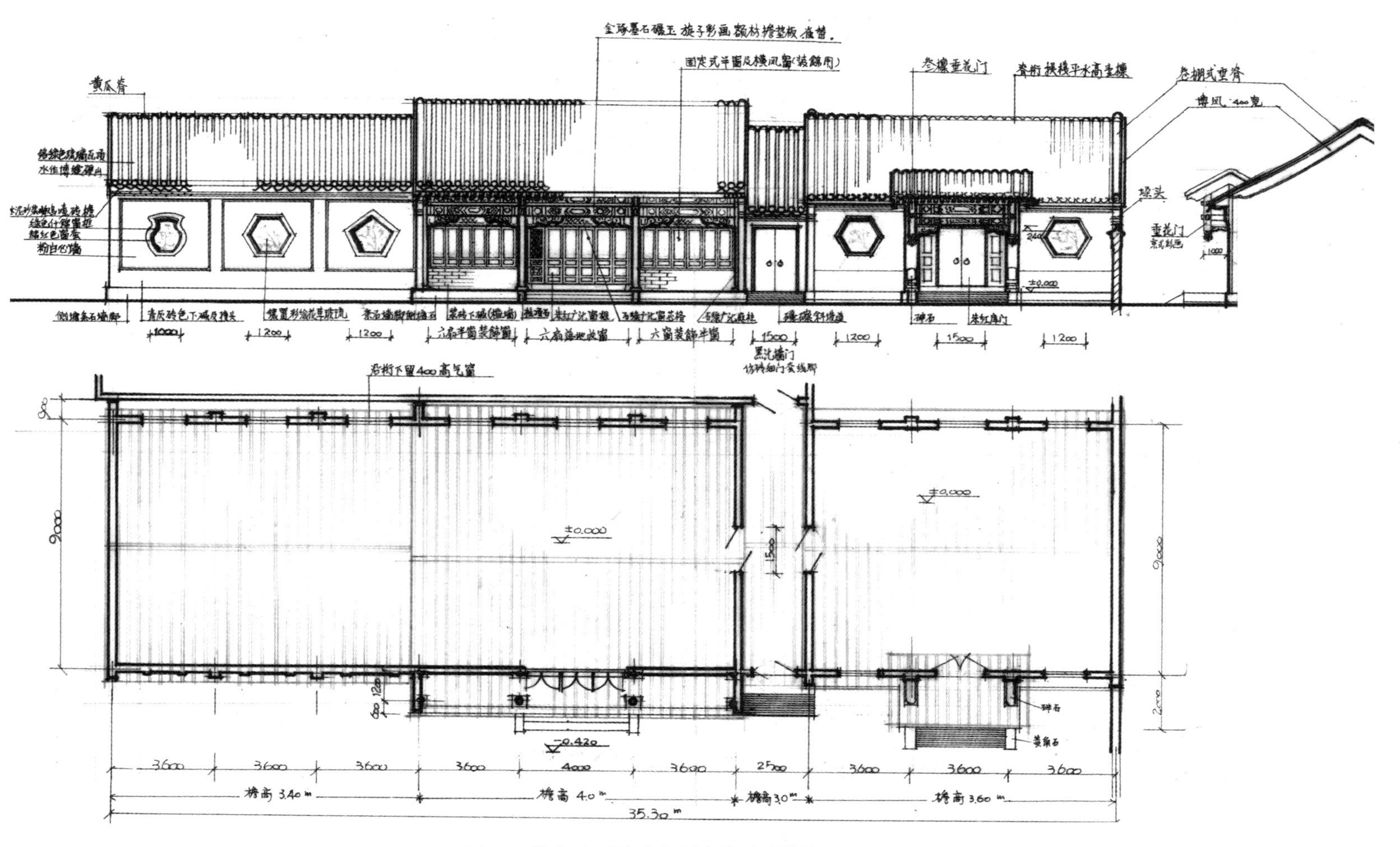

图 41　临街立面北式布置方案（手稿）

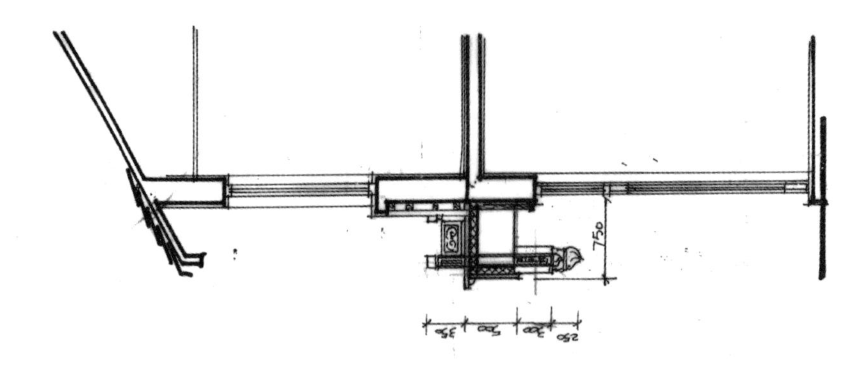

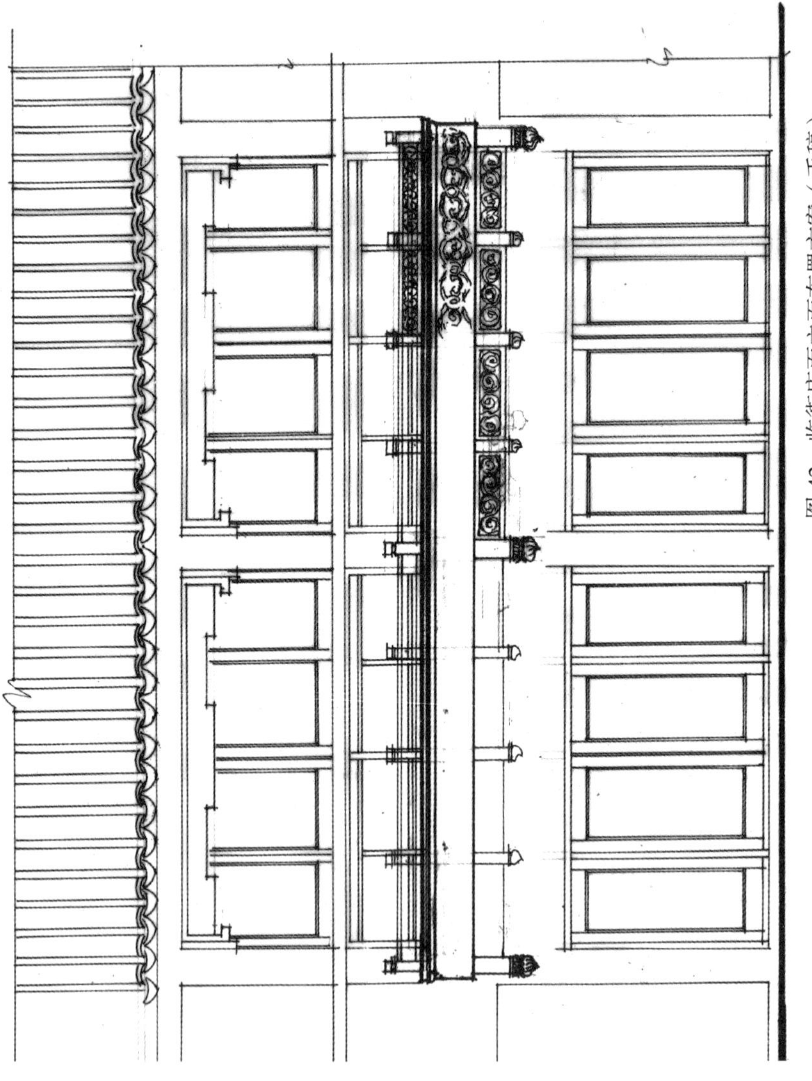

图42 临街店面立面布置方案（手稿）

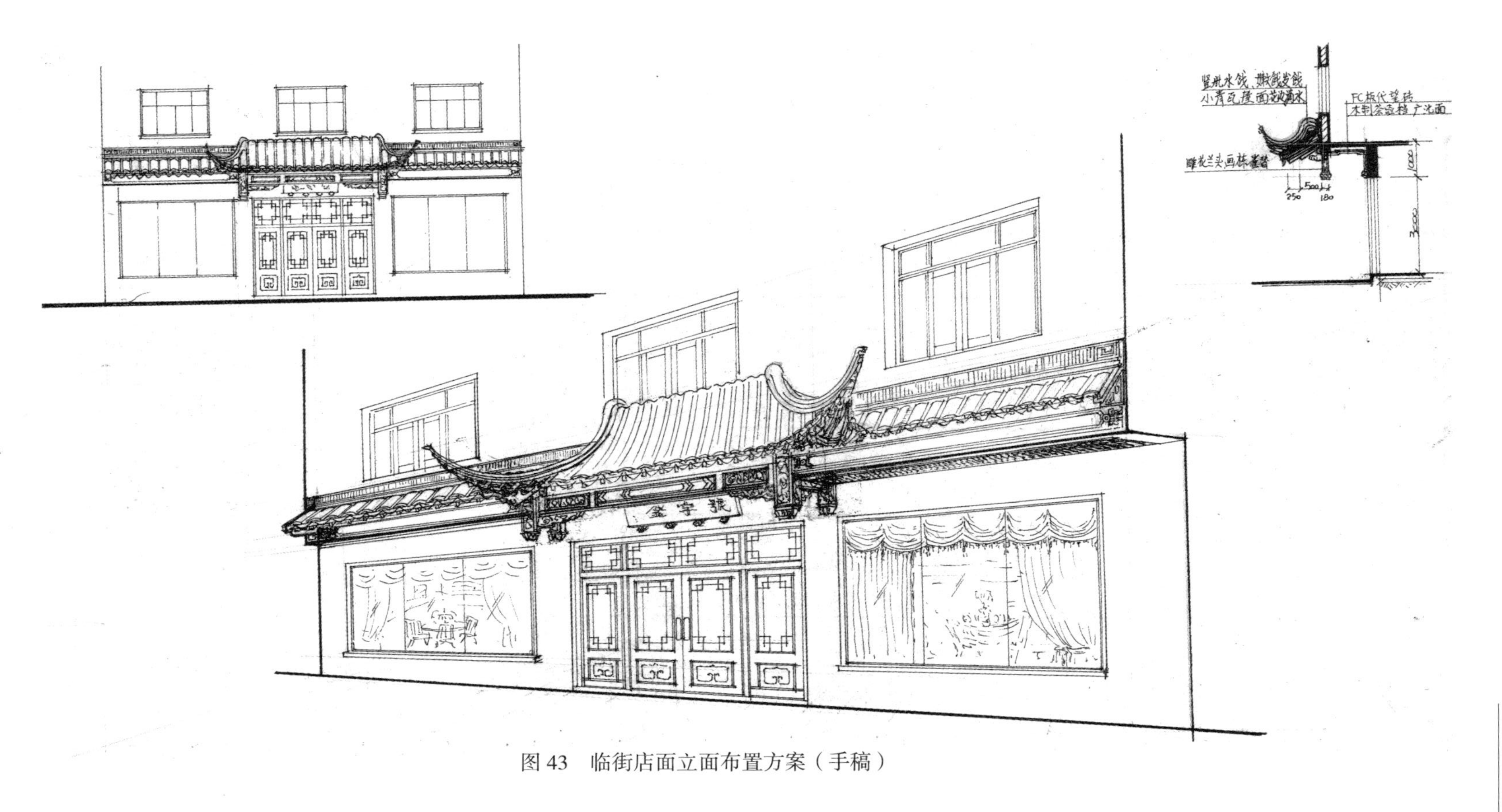

图43　临街店面立面布置方案（手稿）

图 44　转角由昂、柱头栱布置

图 45　网形斗栱安装实况

图 46　木构梁架立贴立架施工实况

图 47　檐额枋安装施工实况

图 48　扎牵月梁转角柱布置

图 49　转角大梁与廊轩梁布置

图 50　寒山寺铸铁塔刹顶原件

图 51　聆风塔鎏金塔刹安装完毕

图 52　张家港香山聆风塔全景

图 53　重檐翼角檐口及斗栱布置

图 54　露台前台阶及栏杆布置

图 55　楼面令栱及平座下斗栱梁枋柱布置

图 56　大明宫唐氏檐口下斗栱铺作实况

图 57　穿斗式木构架拼装后立架实况

图 58　园林建筑小品花色屋脊、山花实景

图 59　大型殿宇室内明御造井梁架枋面彩画

图 60　大型亭式建筑井架布置及彩画

图61　大型歇山屋顶室内翼角梁与屋面梁枋布置

图62　大型殿宇建筑室内攀间梁枋及井字天花

图63　将军门上槛门簪布置

图64　垂花门檐口下彩画

图65　大型殿堂山花绶带花纹及檐下彩画

图66　现存开间最大故宫太和殿

图67　恭王府前后厅堂合谷排水天沟及披廊

图68　清式歇山翼角檐下斗栱、梁枋彩画

图 69　颐和园四柱三楼官式牌楼

图 70　牌楼屋顶前后设有铁钩加固措施

参　考　文　献

〔1〕梁思成．清式营造则例〔M〕．北京：清华大学出版社，2006.
〔2〕梁思成．清工部《工程做法则例》图解〔M〕．北京：清华大学出版社，2011.
〔3〕刘敦桢，陈从周．中国建筑史参考图〔M〕．南京：南京工学院；上海：同济大学，1953.
〔4〕刘致平．中国建筑类型及结构〔M〕．北京：中国建筑工业出版社，2000.
〔5〕陈明达．营造法式大木作研究〔M〕．北京：北京文物出版社，1981.
〔6〕马晓．中国古代木楼阁〔M〕．北京：中华书局，2007.
〔7〕罗哲文．中国古代建筑〔M〕．上海：上海古籍出版社，2003.
〔8〕候幼彬，李婉贞．中国古代建筑历史图说〔M〕．北京：中国建筑工业出版社，2003.
〔9〕陈植．园冶注释〔M〕．北京：中国建筑工业出版社，1981.
〔10〕潘谷西，何建中．营造法式解读〔M〕．南京：东南大学出版社，2005.
〔11〕梁思成．营造法式诠释（卷上）〔M〕．北京：中国建筑工业出版社，1983.
〔12〕祝纪楠．《营造法原》诠释〔M〕．北京：中国建筑工业出版社，2012.
〔13〕侯洪德，候肖琪．图解《营造法原》做法〔M〕．北京：中国建筑工业出版社，2014.
〔14〕苏州民族建筑学会．苏州古典园林营造录〔M〕．北京：中国建筑工业出版社，2005.
〔15〕文化部文物保护科研所．中国古建筑修缮技术〔M〕．北京：建筑工业出版社，1983.
〔16〕马炳坚．中国古建筑木作营造技术〔M〕．北京：科学出版社，1997.
〔17〕刘大可．中国古建筑瓦石营法〔M〕．北京：中国建筑工业出版社，1995.
〔18〕边精一．中国古建筑油漆彩画〔M〕．北京：中国建材工业出版社，2007
〔19〕过汉泉．古建筑木工〔M〕．北京：中国建筑工业出版社，2004.
〔20〕过汉泉，陈家俊．古建筑装折〔M〕．北京：中国建筑工业出版社，2006.
〔21〕李金明，周建忠．古建筑瓦工〔M〕．北京：中国建筑工业出版社，2004.
〔22〕刘一鸣．古建筑砖细工〔M〕．北京：中国建筑工业出版社，2004.
〔23〕孙俭争．古建筑假山〔M〕．北京：中国建设工业出版社，2004.
〔24〕祝纪楠．假山营造〔M〕．北京：中国建筑工业出版社，2014.
〔25〕崔晋余．苏州香山帮建筑〔M〕．北京：中国建筑工业出版社，2004.
〔26〕王庭熙，周淑英．园林建筑设计图选〔M〕．南京：江苏科学技术出版社，1988.
〔27〕庄秉权，徐锦华．实用木工程建筑详图〔M〕．上海：新亚书店，1953.
〔28〕庄秉权，徐锦华．实用砖工程建筑详图〔M〕．上海：上海科学技术出版社，1961.
〔29〕徐守桢．实用材料强弱学〔M〕．上海：商务印书馆，1949.
〔30〕叶迪新．简明建筑力学〔M〕．北京：建筑工程出版社，1959.
〔31〕沈煜．材料力学入门〔M〕．上海：上海科学技术出版社，1960.

〔32〕林智喜．木结构入门〔M〕．上海：上海科学技术出版社，1965.

〔33〕张宏建，费本华．木结构建筑材料学〔M〕．北京：中国林业出版社，2013.

〔34〕国家标准．木结构设计规范（GB50005－2003）〔S〕．北京：中国建筑工业出版社，2003.

〔35〕国家标准．古建筑修建工程质量检验评定标准（南方地区）（CJJ70－96）〔S〕．北京：中国建筑工业出版社，1996.

〔36〕居阅时．庭院深处〔M〕．北京：生活·读书·新知三联书店，2006.

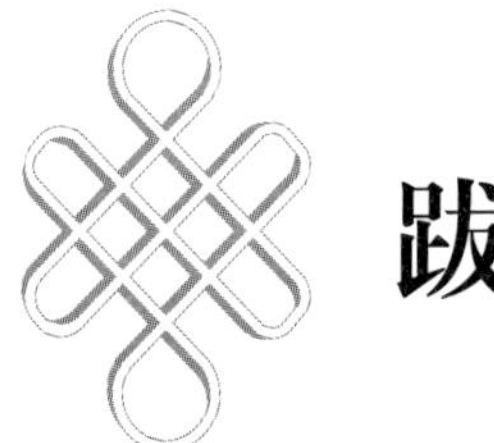

跋

撰书至此，已旷年余，本该搁笔怡情，吾友刘归群及夫人周利多为“怂恿”，并对本书劳心费神，整理编绘，如今终可脱稿，嘱我定案付梓。就其内容所及，反思总觉尚欠透彻全面，仍是蜻蜓点水，不足面面俱到，仅集过去之篇段、心得，留稿质诸读者共享，当作敲门砖可也。开始执笔尚一气呵成，回首斟酌意犹未尽。

我国古代建筑体系，独立于世界建筑体系之一秀，却有其独特之处，而近乎现代结构框架体系，特别是木结构中榫卯接点之微妙所在，尚未得其真谛。当受力后变形，却又能恢复原状，不损整体而保持原貌，实是奇异。其他工种之工艺操作规范、程式、程序，亦均符合科学序律可循，每一步骤俱合乎自然规律，反之，乱之，即犯错误，甚至可导致报废、返工。过去传承由师傅带徒弟，传、帮、带，一对一地教授，学习者，有讨生活的动力，则名师能出高徒。如今批量“大生产”，一位导师可带领一批研究生，最后连自己都不认识哪一位是自己的挂名弟子，其结果“门下”只能是刚入门时，不问为什么会这样，学成到毕业时，竟什么都“能”，都“懂”了，踏进社会时，都又不懂了，当“意气风发”时，又什么都“能”了，要是真刀实枪干时，又“懵懵懂懂”了，这是一个传承的问题。

苏州传统建筑营造技艺的代表：香山帮匠作，包含了整个建筑行当，博大精深，范围很广。要得其精粹，光说不动手做是不能修得正果的，要明白“天道酬勤”才能有所收获，必须不断经过实践，才能明理，步步为营，扎实下功夫，始可不误入歧道。偷不得懒，取不得巧，卖不得乖，诚心而为。

事物的发展总是随着时间因序渐进的，在不断发展的过程中有所创新，才有动力、活力，也有不合时宜的必遭淘汰出局。但是有一个理，就是要有扎实的基础，经得起实践考验，才能立足传世。并不在于“花里胡哨”违背自然规律的或矫枉过正的变化。譬如“斗栱”的演变从汉代粗壮的雏形是为主要的结构件，逐步发展到明清时，构件渐趋精巧，已失去结构本意而成为纯装饰性构件。在继承传统技艺的同时，要体现出时代性，表现形式有个性化，只要是要有传承核心理念。对于材料、工艺手法，应与时俱进。当代的建筑材料品种之改进、发展，层出不穷，加工工艺的革新，也逐渐从手工进化到机械化、电脑操作，即使木材节点的灵魂——榫卯结构。如今在日本亦有出现利用电脑数控机械加工榫头、卯口，能做到精确配合，要比传统的卡板出样，来得轻松便利了许多。柔性的木结构节点，只适宜铰接，是“松散联邦制”，硬要用铁板或万能胶合强行做成固接，到头来只能折裂告终。单从传统木工技艺而言，不论大木作或是小木作，从造屋建房到家具、清供，保持着从前的姿态，好像显得有些陈旧，但几乎都留住历史的手艺痕迹，修补后的反复使用，蕴含着对一种生活方式，一种艺术爱好，以至于是一种象征、遗产，留在内心的深处，乌可等闲视哉！感慨外部世界的巨变，已使它存在的处境发生剧变，体现在如何对待的态度上，如何珍重爱护这样的人类非物质文化遗产代表之一——香山帮传统建筑营造技艺。当我们看到雄伟、美丽的建筑物的诞生，若说没有精致优良的传统手工艺为基础，衍生的现代构造理念来指导施工工艺，建屋造房，将是不可能的。连匠人都当不成，这样简朴的道理不会理解，将是十分悲哀的。

愚已八零后，深感纸本日趋艰难，然图画必以纸本为据，方能领悟，绝非网上阅读可胜任，感于斯事紧逼，亦籍作一篑之献，拾薪之举。传统之技艺，虽限于师承、心传、手授，然核心诀窍，悉秘而不泄，幸得近来有识之士、开明匠师、名家、非遗技艺传承人等纷纷献艺著书，按各行当分述精粹。作为传统建筑技艺的整体，涉及多种专业，但诸多著作如仅限于本专业中一斑，而不及其余者见多，今拟试作概括性跨专业简介，以览全貌，完其整体关系，亦是抛砖引玉之举。连年经广读博览择要举荐于诸君，至于其中出自何方，恕吾忘怀，只能致歉谅解，请予以包涵，抚躬自问，与前辈之敬业精神相较，实是不足齿数了，忆昔日梁先生《清式营造则例》才定稿仅用油印讲义作教材，即举办专题讲座、教授课文。有日，课间解衣休息时，发现先生因患骨椎疾病，穿一件厚重牛皮硬背心马夹，尚且坚持半日之授课，此等精神岂不令人汗颜。如今有幸能付梓出版，得到中国建筑工业出版社鼎力支持，以及诸多志同道合之仁人友朋相助，有了一个共同目标，为传承传统建筑技艺贡献一分力量，能与共享吾亦心安自慰了。欲知更多内容，尽可参考书后参考文献所列著作等，定将醍醐灌顶。

本书内容可否使用，惟限于陋见旧作，谬误疏漏之处在所难免，仅作一得之见，以求高明斧正，能促使传统之绵延，乃吾之大愿矣。鉴于传统建筑中构件选材尺寸权衡，均有老师傅根据师传独门口诀相承定料。如《营造法原》中列举屋料定例的口诀，概括建屋所有用料的选料尺寸关系，能予公开，实属不易，随之反而引起疑窦，为了求证是否符合科学理论，特别加以青睐，经多方专家，多次求证演算，得到满意结果，才心服前辈不输今人，真是实践出真知，此言不谬矣。

本书之最后整理定稿及图版绘制，幸得苏州景苏建筑园林设计院王美华院长、夏正华院长大力支持下，最后由王振国同志辛苦帮助重新整理图文才得以渐臻完善，再次深表敬意，致谢。

2015 年立冬　祝纪楠　于石湖湾
偕门内诸同仁共订